Workflowmanagement
in der Produktionsplanung
und -steuerung

T0255821

Springer
Berlin
Heidelberg
New York
Honkong
London
Mailand
Paris
Tokio

Engineering ONLINE LIBRARY

http://www.springer.de/engine/

H. Luczak · J. Becker (Hrsg.)

Workflowmanagement in der Produktionsplanung und -steuerung

Qualität und Effizienz der Auftragsabwicklung steigern

Springer

Professor Dr.-Ing. Dipl.-Wirt.-Ing. HOLGER LUCZAK
Forschungsinstitut für Rationalisierung (FIR) e.V.
an der RWTH Aachen
Pontdriesch 14/16
52062 Aachen

Professor Dr. JÖRG BECKER
Institut für Wirtschaftsinformatik
Universität Münster
Leonardo-Campus 3
48149 Münster

ISBN 3-540-00577-3 Springer Verlag Berlin Heidelberg New York

Bibliografische Information der Deutschen Bibliothek
Die Deutsche Bibliothek verzeichnet diese Publikation in der
Deutschen Nationalbibliografie; detaillierte bibliografische
Daten sind im Internet über <http://dnb.ddb.de> aufrufbar

Springer-Verlag Berlin Heidelberg New York
ein Unternehmen der BertelsmannSpringer Science+Business Media GmbH

© Springer-Verlag Berlin Heidelberg 2003
Printed in Germany
http://www.springer.de

Einbandgestaltung: Erich Kirchner, Heidelberg

68/3020 UW – Gedruckt auf säurefreiem Papier – 5 4 3 2 1 0

Vorwort

Mit dem zunehmenden Wettbewerb auf globalen Märkten und dem damit einhergehenden Kostendruck sind die Fertigungsunternehmen gezwungen, kontinuierlich ihre Effizienz zu steigern. Gleichzeitig existieren steigende Qualitäts-, Leistungs- und Geschwindigkeitsanforderungen. In der Vergangenheit wurden aus diesem Grund Produktionsabläufe optimiert, Fertigungsschritte automatisiert und die Ressourcennutzung verbessert. Das Hauptaugenmerk lag dabei vorrangig auf den direkten Bereichen (Arbeitsvorbereitung, Fertigung, Montage). Die Geschäftsprozesse in den indirekten Bereichen (Vertrieb, Konstruktion, Einkauf, Administration) und deren Anbindung an die direkten Bereiche bieten bisher noch vernachlässigte Potenziale.

Das hier vorliegende Buch beinhaltet neuartige Ansätze zur Verbesserung der Qualität, Transparenz und Effizienz der industriellen Auftragsabwicklung auf Basis von Workflowmanagementsystemen. Es fokussiert damit Erkenntnisse zur Optimierung der drei wesentlichen logistischen Ziele Qualität, Kosten und Zeit in der Auftragsabwicklung, dem zentralen Geschäftsprozess der Fertigungsunternehmen.

Durch Workflowmanagementsysteme kann die Funktionsintegration direkter und indirekter Bereiche aktiv gestaltet und gesteuert werden. Dadurch lassen sich Potenziale erschließen, die zu einer Verbesserung der Wettbewerbsfähigkeit von Fertigungsunternehmen führen:

- Prozesseffizienz und -durchlaufzeiten verbessern
- Know-how zu den Prozessabläufen bündeln und bewahren
- Mitarbeitereinsatz flexibilisieren
- Transparenz zum Auftrags- und Prozessstatus schaffen
- Auftragsdurchläufe überwachen und steuern
- Qualität der Prozesse sicherstellen
- Prozessziele analysieren und bewerten u.v.m.

Viele der vorgestellten Erkenntnisse stammen aus dem Forschungsverbundprojekt "Produktionsplanung und -steuerung mit Workflowmanagementsystemen für eine effiziente Auftragsabwicklung (PROWORK)". An diesem Forschungsvorhaben haben das Forschungsinstitut für Rationalisierung (FIR) Aachen, das Institut für Wirtschaftsinformatik der Westfälischen Wilhelms-Universität Münster, die Softwareanbieter COI und PSIPENTA sowie die Industrieunternehmen Hoesch Design, Hotset, Sauer-Danfoss und Windhoff zielführend mitgearbeitet. Das Forschungsprojekt wurde durch das Bundesministerium für Bildung und Forschung (BMBF) – Projektträgerschaft Produktions- und Fertigungstechnologien (PFT) unter dem Kennzeichen 02PV408 gefördert.

In dem Buch werden die Kompetenzen aus dem Projekt PROWORK zu konzeptionellen und informationstechnischen Fragestellungen der Einführung von Workflowmanagement in der PPS gebündelt und dem Leser zur Verfügung gestellt. Neben der theoretisch fundierten Ableitung und Konzeption der Workflow-basierten Auftragsabwicklung werden die praktische Umsetzung der Konzepte bei den Industriepartnern und die Weiterentwicklung von Anwendungssoftware durch die Softwarepartner dargestellt.

Das Buch richtet sich an Praktiker aus Industrieunternehmen, Softwareentwickler für PPS- und Workflowmanagementsysteme sowie wissenschaftliche Einrichtungen.

Für die Unterstützung und die erfolgreiche Bearbeitung des Forschungs- und Buchvorhabens möchten wir allen Partnern danken. Zuallererst richtet sich unser Dank an das Bundesministerium für Bildung und Forschung (BMBF) und den Projektträger Produktions- und Fertigungstechnologien (PFT) für die Förderung dieses Forschungsprojekts. Des Weiteren geht der Dank an alle Projektpartner, die Institute, Softwareanbieter und Industrieunternehmen. Die Zusammenarbeit ist für alle außerordentlich fruchtbar gewesen. Dem Springer Verlag möchten wir ebenfalls für die freundliche Unterstützung bei der Veröffentlichung der Forschungsergebnisse in Form dieses Buchs danken.

Aachen, März 2003   Holger Luczak
                                                               Jörg Becker

Inhaltsverzeichnis

1 Grundlagen des Workflowmanagements in der Produktion

1.1 Ausgangssituation und Zielsetzung

von David Frink, Svend Lassen und Holger Luczak

1.1.1 Prozessorientierung in der Produktionsplanung und -steuerung

Die Steigerung von Effizienz und Flexibilität sind wesentliche Ziele für die Produktionsplanung und -steuerung (PPS) in der Fertigungsindustrie. Nach Luczak u. Eversheim (1998, S. 3) umfasst die Produktionsplanung und -steuerung die gesamte Auftragsabwicklung von der Angebotsbearbeitung bis hin zum Versand. Sie plant und steuert die betrieblichen Aufgabenbereiche Konstruktion, Vertrieb, Einkauf, Teilefertigung, Montage und Versand. Produktionsplanung und -steuerung sowie technische Auftragsabwicklung werden aus diesem Grund synonym verwendet.

Den Zielen der PPS stehen in der Praxis hohe Durchlaufzeiten für administrative Prozesse, eine große Dokumentenvielfalt und eine zu geringe Prozesssicherheit in der Auftragsabwicklung gegenüber. Zwar existieren betriebswirtschaftlich-konzeptuelle Überlegungen zur prozessorientierten Integration der einzelnen Aufgaben der Auftragsabwicklung, jedoch liegen bislang kaum Konzepte für die informationstechnische Umsetzung vor (s. Abschn. 1.1.2.2). Einerseits sind gegenwärtige DV-Systeme in der industriellen Auftragsabwicklung nach wie vor stark geprägt durch Insellösungen (z.B. Vertriebsinformationssysteme, Leitstände und Lagerverwaltungssysteme), welche ein der Prozessorientierung entgegenstehendes Denken in Funktionen widerspiegeln.

Andererseits erschweren existierende Komplettlösungen durch die vorherrschende Schnittstellenproblematik die den individuellen Funktionsanforderungen gerecht werdende Nutzung von Applikationen unterschiedlicher Anbieter und die Integration von Altanwendungen. Aufgrund ihrer hohen Customizing-Anforderungen und ihrer restriktiven Vorgabe von Standardprozessen weisen sie eine unzureichende Flexibilität hinsichtlich der Spezifikation und der Unterstützung situativ-variabler Geschäftsprozesse auf (z.B. Abbildung nicht nur standardisierter, sondern auch situativ benötigter Varianten). Den Anforderungen an ein flexibles Prozessmanagement (z.B. Unterstützung einer bedarfsgerechten Informationsbereitstellung, Definition von Prozessvarianten usw.) kann damit nicht hinreichend entsprochen werden (Abb. 1.1-1).

Einen Lösungsansatz zur Behebung der Defizite findet sich mit Workflowmanagementsystemen (WfMS) in der Office Automation. Workflowmanagement (WfM) bezeichnet die aktive, auf einem Prozessmodell basierende Planung, Steuerung und Überwachung von Geschäftsprozessen (WfMC 1999, S. 7). Vorteile des Workflowmanagement-Konzepts sind die Verbesserung der Transparenz über den Status von Prozessobjekten und die Integration von aufbauorganisatorisch getrennten Funktionsbereichen.

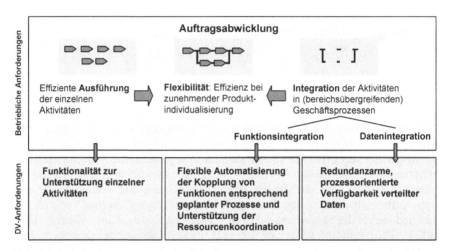

Abb. 1.1-1. Anforderungen an ein flexibles Prozessmanagement in der Auftragsabwicklung

Der mögliche Einsatz eines Workflowmanagementsystems ist allerdings oft mit der Befürchtung verbunden, die Geschäftsprozesse zu zementieren und damit für Veränderungen unzugänglich zu machen. Dass es mit der Weiterentwicklung des Workflowmanagements sinnvolle und zukunftsweisende Ansätze für einen Einsatz in der Produktionsplanung und -steuerung gibt, wird im Rahmen des Projektes "Produktionsplanung und -steuerung mit Workflowmanagementsystemen für eine effiziente Auftragsabwicklung (PROWORK)" gezeigt.

1.1.2 Vorstellung des Projekts PROWORK

1.1.2.1 Ziele und Inhalte von PROWORK

PROWORK ist ein durch das Bundesministerium für Bildung und Forschung (BMBF) – Projektträgerschaft Produktions- und Fertigungstechnologien (PFT) gefördertes Forschungsverbundprojekt. Die Projektpartner sind das Forschungsinstitut für Rationalisierung (FIR) Aachen, das Institut für Wirtschaftsinformatik der Westfälischen Wilhelms-Universität Münster, die Softwareanbieter COI und PSIPENTA sowie die Industrieunternehmen Hoesch Design, Hotset, Sauer-

Danfoss und Windhoff, bei denen die erarbeiteten Lösungen umgesetzt wurden.

Ziel des Forschungsvorhabens war die Konzeption, Realisierung und exemplarische Einführung von Workflow-gestützten Architekturen in PPS-Systemen. Im Mittelpunkt stand dabei die Auftragsabwicklung, der aus Kundensicht entscheidende Wertschöpfungsprozess von der Kundenbestellung bis zur Lieferung des fertigen Produkts.

Das Projekt bestand aus zwei Entwicklungsstufen, die aufeinander aufbauten. In der ersten Entwicklungsstufe wurden die Integration von (unveränderten) PPS-Kernfunktionen sowie vor- und nachgelagerten Funktionsbereichen über die Nutzung von Workflowmanagement-Funktionalitäten konzipiert (s. Abb. 1.1-2) und in den Prozessen der Industriepartner umgesetzt. Die zweite Entwicklungsstufe sah eine Neukonzeption der Integrationsarchitekturen von Workflowmanagement- und PPS-Systemen vor.

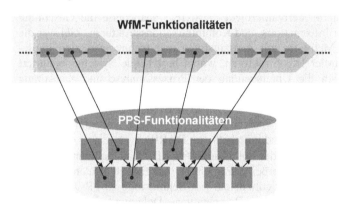

Abb. 1.1-2. Verknüpfung von PPS-Funktionen zu Prozessen

1.1.2.2 *Stand der Forschung und Abgrenzung zu weiteren Projekten*

Wichtige Ansätze zur informationstechnischen Unterstützung industrieller Produktionsprozesse gehen auf die CIM-Diskussion zurück. Diese fokussierte hauptsächlich die Automatisierung der Produktionseinheiten und die Datenintegration von CAx- und PPS-Systemen. Auf der anderen Seite wurden im Rahmen der *Office Automation* Computer-Supported-Cooperative-Work-Systeme (CSCW-Systeme) realisiert, denen auch die mittlerweile relativ ausgereiften Dokumenten-, Workgroup-Computing- und Workflowmanagementsysteme zuzurechnen sind. Die Anwendung des Workflowmanagements auf die Integration direkter und indirekter Bereiche der Produktionsplanung und -steuerung oder für eine prozessorientierte Auftragsabwicklung wurde allerdings nicht betrachtet.

Die zu untersuchenden Problemstellungen wurden im Vorfeld von PROWORK in anderer (nicht direkt vergleichbarer) Form durch einige Forschungsprojekte analysiert:

- Der Schwerpunkt des umfassenden BMBF-Verbundprojektes „GiPP"[1] (vgl. Borowsky et al. 1997, S. 76ff.) – Geschäftsprozessgestaltung mit integrierten Prozess- und Produktmodellen – war die konzeptionelle, weitgehend referenzmodellbasierte Geschäftsprozessgestaltung mit einem Schwerpunkt auf der Ausarbeitung des Zusammenhangs zwischen Produkt- und Prozessmodellen. Bezüglich des Themas Workflowmanagement ist der in GiPP entwickelte Kriterienkatalog zur Systemauswahl, der Vergleich dreier Systeme sowie ein Auswahlprojekt im Rahmen der Workflow-Einführung für produktionsnahe Prozesse beim Fertigungsversuchswesen bei Siemens Halbleiter, Regensburg, für PROWORK relevant.

- Das BMBF-geförderte Verbundprojekt „DARIF"[2] analysierte die Gestaltung mehrdimensionaler Informations- und Kommunikationsstrukturen. Ziel war die Entwicklung von Methoden zur partizipativen und rechnergestützten Implementierung dezentraler IKS-Strukturen, wobei bestehende Systeme integriert wurden. Wenngleich die Untersuchung der Prozessanalyse und -gestaltung auch ein Gegenstand von DARIF war, so lag der Schwerpunkt nicht auf einer Automatisierung der Prozessausführung, wie sie durch Workflowmanagement erfolgen kann. Die Produktionsplanung und -steuerung war ebenfalls kein besonders fokussierter Gegenstand innerhalb von DARIF.

- Bei dem Projekt „iViP"[3] lag der Fokus auf einer EDV-Unterstützung des Produktentstehungsprozesses. Hierbei wurde ein standardisiertes Datenaustauschformat (Ergänzung zu STEP) entwickelt. Als Schnittstelle zu PROWORK ist die Integration der Konstruktions-, Berechnungs-, Dokumentations-, Kommunikations- und Planungsschritte zu sehen.

---

[1] GiPP ist ein gefördertes Forschungsverbundprojekt im Schwerpunkt „Informationstechnik in der Produktion" des Rahmenkonzeptes Produktion 2000 vom Bundesministerium für Bildung und Forschung (BMBF).

[2] Das Forschungsverbundprojekt DARIF – Werkzeuge und Methoden für Dezentrale Arbeits- und Informationsstrukturen auf der Basis von Geschäftsprozessen – wurde innerhalb des Rahmenkonzeptes Produktion 2000 vom BMBF unter dem Kennzeichen 02PV4301/7 gefördert.

[3] Das Forschungsprojekt „Innovative Technologien und Systeme für die virtuelle Produktentstehung (iViP)" wurde im Schwerpunkt „Leitprojekte – Innovative Produkte auf der Grundlage neuer Technologien sowie zugehöriger Produktionsverfahren" im Rahmenkonzept Produktion 2000 unter der Förderkennziffer 02PL10 durch das BMBF gefördert und vom Projektträger Produktion und Fertigungstechnologien, Forschungszentrum Karlsruhe, betreut. Die Leitung des Projektes wurde durch ein Konsortium aus IPK (Koordinator), Siemens Business Services und VW (Konsortialführer) übernommen. Zusätzlich sind 50 Anwender und 18 Softwarehäuser in das Projekt eingebunden.

- Ziel des Projektes „INTRAPRO"[4] war die Erstellung eines offenen Informationssystems unter Verwendung der Intranet-Technologie. Anwendern wird mit diesem ermöglicht, die in ihrem Unternehmen vorhandenen Informationen zu strukturieren. Dies wurde innerhalb des Projektes an ausgewählten Geschäftsprozessen beispielhaft realisiert. Die Schnittstelle zu PROWORK liegt in der geschäftsprozessorientierten Informationsstrukturierung. Der Schwerpunkt von INTRAPRO war jedoch vor allem in der Intranet-Technologie und deren Einsatz zu sehen.

- Das BMBF-geförderte Verbundprojekt „MOVE"[5] (Herrmann et al. 1998) untersuchte den Lösungsbeitrag des Workflowmanagements zur Verbesserung von Geschäftsprozessen. Es liegt keine besondere Betrachtung der Produktionsplanung und -steuerung vor. Schwerpunkte bilden u.a. die Mitarbeiterorientierung sowie methodische Aspekte (z.B. Erweiterung von Workflow-Metamodellen).

Des Weiteren existieren kommerziell verfügbare Software-Produkte, mit denen einzelne Lösungsansätze für die Integration von bspw. Workflowmanagement im Produktentstehungsprozess (Engineering) umgesetzt wurden.

Zusammenfassend ist festzustellen, dass mit dem Workflowmanagement zwar eine weit entwickelte Informationstechnologie vorliegt; zur Entwicklung darauf basierender Lösungen für die Produktionsplanung und -steuerung fehlen jedoch wesentliche konzeptionelle Vorarbeiten. Bisher gab es keine umfängliche Auseinandersetzung mit einer informationstechnisch gestützten, prozessorientierten Integration direkter und indirekter Bereiche in der industriellen Produktion.

1.1.2.3 Beteiligte Forschungs-, Industrie- und Softwarepartner

An dem Projekt waren Projektpartner aus den Bereichen der Industrie, Forschung und Softwaretechnik beteiligt. Die *Industriepartner* haben die betriebswirtschaftlichen Anforderungen aufgestellt, brachten Praxiskenntnisse ein und bewerteten die Umsetzung. Zugleich wurden die organisatorischen Aspekte der Einführung und des Betriebs der Lösungen berücksichtigt. Die *Softwarehäuser* lieferten Wissen über PPS- bzw. WfM-Systeme und waren für die Systementwicklung und -einführung verantwortlich. Die *Forschungsinstitute* haben die methodischen und konzeptionellen Arbeiten innerhalb der Bereiche Technische Auftragsabwicklung und PPS bzw. Informations- und Workflowmanagement erbracht und waren für das Requirements Engineering der Workflow-einbeziehenden PPS-Systeme zuständig.

---

[4] Das Projekt „INTRAPRO – Intranet-Kommunikationssystem für die Produktion" wurde durch das BMBF im Rahmenkonzept Produktion 2000 im Schwerpunkt „Informationstechnik für die Produktion – Kommunikations- und informationstechnische Unterstützung von kooperativen Abläufen in Unternehmen" gefördert.

[5] Unter dem Titel „Verbesserung von Geschäftsprozessen mit flexiblen Workflow-Management-Systemen (MOVE)" wurde dieses Projekt durch das BMBF unterstützt (Fördernummer: 01 HB 9606/1), Projektträger ist der DLR.

Der Tabelle 1.1-1 kann eine kurze Beschreibung der beteiligten Forschungsinstitute entnommen werden.

Tabelle 1.1-1. Forschungsinstitute

	Forschungsinstitut für Rationalisierung an der RWTH Aachen	Westfälische Wilhelms-Universität Münster, Institut für Wirtschaftsinformatik
Branche:	Forschung	Forschung
Produkte:	Industrienahe Forschung	Industrienahe Forschung
Mitarbeiter:	150	50
Teilprojekt-titel:	Entwicklung eines neuartigen PPS-Konzeptes zur Erhöhung der Effizienz in der Auftragsabwicklung	Referenzmodell für die Workflow-basierte Produktionsplanung und -steuerung

Das Forschungsinstitut für Rationalisierung (FIR) an der RWTH Aachen verfügt
über langjährige Erfahrung im Bereich des Managements der industriellen Auftragsabwicklung (Kaiser et. al. 1998), der betriebswirtschaftlichen und technischen Aspekte der PPS (Luczak u. Eversheim 1998) und der tatsächlichen Umsetzung von PPS-Konzepten in verfügbaren PPS-Systemen (Wienecke et al. 2002)
sowie des industriellen Qualitäts- und Umweltmanagements (Hannen 1996).

Das Institut für Wirtschaftsinformatik beschäftigt sich mit organisatorischen
und informationstechnischen Problemstellungen des Workflowmanagements, wobei Schwerpunkte in den Bereichen Prozesscontrolling (vgl. Rosemann 1997),
Metamodellierung (vgl. Rosemann u. zur Mühlen 1998), industrielles Workflowmanagement (vgl. Rosemann u. von Uthmann 1997, von Uthmann et al. 1997)
sowie Informations- und Materialflussintegration liegen (vgl. Becker 1991, Becker
u. Rosemann 1993, Becker u. Schütte 1996). Die Institute brachten vor allem kon-
zeptionelles Wissen zum PPS- bzw. WfMS-Gebrauch, Entwurf und Realisierung
ein. Sie waren in diesem Rahmen auch für die Recherche von Literatur, die Mode-
ration fachbezogener Diskussionen, die Dokumentation der Projektergebnisse sowie deren Verallgemeinerung und Positionierung in den Domänen des Produk-
tionsmanagements bzw. der Wirtschaftsinformatik zuständig.

Tabelle 1.1-2. Softwareunternehmen

	COI – Consulting für Office und Information Management GmbH	PSIPENTA Software Systems GmbH
Branche:	Softwareindustrie	Softwareindustrie
Produkte:	Workflow (COI BusinessFlow), Dokumentenmanagement	PPS/ERP-Software (System PSIPENTA.COM)
Mitarbeiter:	ca. 120	ca. 300
Teilprojekt-titel:	Entwicklung einer Workflow-Architektur zur Unterstützung der technischen Auftragsabwicklung und PPS	Entwicklung einer Workflow-integrierten PPS-Architektur

In der Tabelle 1.1-2 sind die Softwareunternehmen aufgeführt, die ihre Kompetenz für die Entwicklung und Einführung von PPS- und WfM-Systemen in das Projekt eingebracht haben. Die Tabelle 1.1-3 stellt die Industrieunternehmen dar, bei denen die erarbeiteten Lösungen umgesetzt wurden.

Tabelle 1.1-3. Industrieanwender

	Hoesch Metall + Kunststoffwerk GmbH	**Hotset Heizpatronen und Zubehör GmbH**
Branche:	Konsumgüter	Gerätetechnik
Produkte:	Bade- und Duschwannen, Duschabtrennungen	elektrische Heizelemente für industrielle Anwendungen
Mitarbeiter:	ca. 780	ca. 290
Teilprojekttitel:	Konzeption und Einführung eines Workflowmanagements zur Erhöhung der Flexibilität in der variantenreichen Kleinserienfertigung auf Basis der bestehenden PPS	Konzeption und Einführung von Workflowmanagement zur Erhöhung der Effizienz und Effektivität der Auftragsabwicklung auf Basis einer neuartigen PPS-Architektur

	Sauer-Danfoss GmbH & Co.	**Windhoff AG**
Branche:	Maschinenbau	Maschinen- und Anlagenbau
Produkte:	Hydrostatische Antriebssysteme	Bahntechnik, Industrietechnik, Flughafentechnik, Wasseraufbereitung und Software Engineering
Mitarbeiter:	ca. 580	ca. 750
Teilprojekttitel:	Konzeption und Einführung eines Workflowmangements zur Steigerung der Effizienz in der Auftragsabwicklung auf Basis der bestehenden PPS	Konzeption und Einführung von WfM zur Unterstützung der fremdfertigungsintensiven, projektbasierten Auftragsabwicklung auf Basis einer neuartigen PPS-Architektur

Die Produktionsunternehmen wurden so ausgewählt, dass alle Unternehmen eine auftragsorientierte Fertigung aufweisen. In diesem Segment liegt eine starke Vernetzung der indirekten Auftragsabwicklungsprozesse (in Vertrieb und Einkauf) mit den fertigungsnahen Prozessen (Fertigungssteuerung etc.) vor, so dass der Einsatz von integrierten Workflow- und PPS-Systemen besonders nutzbringend erschien. Eine Gegenüberstellung der Fertigungsarten der Industrieanwender ist in Tabelle 1.1-4 gegeben.

Als Betriebstypen sind sowohl Einzel- und Kleinserienfertiger (Sauer-Danfoss und Windhoff) sowie Serienfertiger (Hoesch Design und Hotset) beteiligt. Die einzelnen Unternehmen unterscheiden sich hinsichtlich Größe (mittleres und größeres Unternehmen, alle mit mittelständischen Strukturen), Produktstruktur (komplexe Produkte in Einzelanfertigung mit hohem Konstruktionsanteil, einfache seriennahe Produkte mit auftragsspezifischer Endmontage, komplexe variantenreiche Produkte) und ihrer organisatorischen Einbindung in Konzernstrukturen (eigenständig vs. Konzernzugehörigkeit), so dass das Spektrum der Anforderungen an eine Unterstützung der Auftragsabwicklungsprozesse durch die Vertreter des Industriekonsortiums vollständig abgedeckt wurde.

Tabelle 1.1-4. Beschreibungs- und Unterscheidungsmerkmale der Industriepartner

	Hoesch	Hotset	Sauer-Danfoss	Windhoff
Größe	groß	mittel	groß	groß
Branche	Konsumgüter	Gerätetechnik	Maschinenbau	Maschinenbau
Produkt-struktur	einfach	komplex	komplex	komplex
Organisatorische Einbindung	eigenständig	eigenständig	konzernzugehörig	konzernzugehörig
Eingesetztes PPS-System	Waiblinger Softwarehaus	PSIPENTA.COM	Seitz Diaprod	PSIPENTA.COM
Weitere relevante Systeme	Lotus Notes, CAD, Interflex (BDE)	Eigenerstellte Software für Produktkonfiguration und Produktionsplanung	Lotus Notes	TARIS, COSSVISU, ATOSS (PZE),
Fokus der Untersuchungen	Variantenmanagement bei der Angebotserstellung und Produktspezifikation	Auftragsbearbeitung, Stammdaten, Fremdbezug, technische Auftragsklärung	Auftragseinlastung, Auftragsrückmeldung	Angebotsbearbeitung und Auftragseinplanung, Änderungswesen, Koordination der Fremdfertigung

Bei den Unternehmen Windhoff und Hotset ist das PPS-System PSI-PENTA.COM, bei Sauer-Danfoss das System Seitz Diaprod und bei Hoesch ein System des Waiblinger Softwarehauses (WSH) im Einsatz. Dadurch, dass bei den beteiligten Industrieunternehmen neben einem innovativen, objektorientierten System (PSIPENTA.COM) auch „traditionelle" PPS-Systeme (Diaprod, WSH) zur Anwendung kommen, wurde eine Verallgemeinerung der Ergebnisse des Projektes erleichtert. Insbesondere bei Sauer-Danfoss wurden die Integrationsmöglichkeiten einer ERP-Altlösung mit WfM-Systemen untersucht. Bei den PSIPENTA-Kunden stand dagegen die Entwicklung einer Workflow-basierten PPS-Systemarchitektur im Vordergrund.

1.1.3 Aufbau und Gestaltung des Buchs

Das erste Kapitel des Buches gibt einen Überblick über den Stand der Wissenschaft und Technik in den Domänen Produktionsplanung und -steuerung und Workflowmanagement (s. Abb. 1.1-3). Es werden die theoretischen Grundlagen des Projekts, die zugrundeliegenden Modelle (Bsp. Aachener PPS-Modell), Theorien (Bsp. Koordinationstheorie) und Konzepte (Bsp. Prozessorientierung, Workflowmanagement) erklärt.

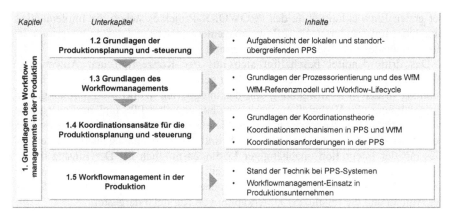

Abb. 1.1-3 Aufbau des Kapitels 1

Die beiden weiteren Kapitel entsprechen den zwei Entwicklungsstufen. Die Abb. 1.1-4 stellt den Aufbau des zweiten Kapitels dar. Zunächst wird ein Vorgehensmodell zur Einführung von Workflowmanagement in Produktionsunternehmen vorgestellt. Die dabei benötigten Methoden werden anschließend in den einzelnen Unterkapiteln erläutert.

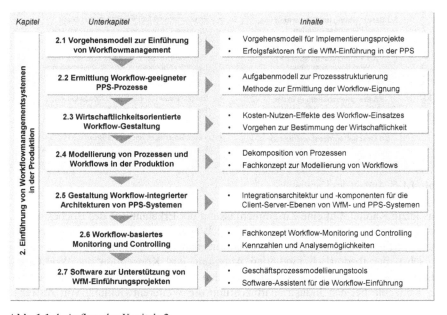

Abb. 1.1-4. Aufbau des Kapitels 2

Dazu gehören bspw. eine Methode zur Bestimmung der Workflow-Eignung von Prozessen, zur Wirtschaftlichkeitsermittlung des Workflow-Einsatzes, zur Modellierung von Workflows und zum Controlling von Workflow-Prozessen. Gemäß der ersten Entwicklungsstufe des PROWORK-Projektes stehen die Implementierung eines unveränderten Workflowmanagementsystems und dessen Integration in ein bestehendes PPS-System im Vordergrund.

Das dritte Kapitel beschäftigt sich mit der Konzeption und Anwendung Workflow-integrierter Architekturen. Dazu gehören Komponenten zur Ereigniserkennung in der PPS-Anwendung und der integrierten Workflow-Zuordnung, zur Unterstützung von Verhandlungsprozessen bei verteilter PPS und zum geschäftsprozessorientierten Wissensmanagement. Diese und weitere Architekturbausteine verbinden die Anwendungsbereiche PPS und Workflowmanagement stärker als dies mit der Integration unabhängiger Lösungen möglich ist. Der Einsatz dieser Komponenten eröffnet dabei die Möglichkeit, Anwendungsszenarien umzusetzen, die über die reine Prozesssteuerung hinausgehen. In der folgenden Abb. 1.1-5 sind der Aufbau und die Inhalte der Unterkapitel von Kapitel 3 dargestellt.

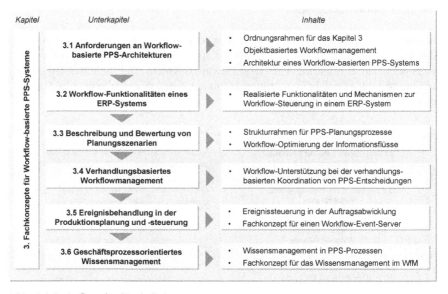

Abb. 1.1-5. Aufbau des Kapitels 3

Das letzte Kapitel gibt eine Zusammenfassung der Erkenntnisse des Buches wider und beschreibt davon ausgehend mögliche Weiterentwicklungsmöglichkeiten für das Workflowmanagement in der Produktionsplanung und -steuerung.

Neben der theoretisch fundierten Ableitung und Konzeption der Workflow-basierten Auftragsabwicklung werden in allen Kapiteln die praktische Umsetzung der Konzepte bei den Industriepartnern und die Weiterentwicklung von Anwendungssoftware durch die Softwarepartner beschrieben (gekennzeichnet durch grau hinterlegte Kästen). Diese Fallbeispiele vermitteln ein Verständnis für die praktische Umsetzbarkeit der Ergebnisse, die zu berücksichtigenden Rahmenbedingungen, die Probleme bei der Implementierung und die Nutzenpotenziale der realisierten Lösungen.

1.1.4 Literatur

Becker, J.: CIM-Integrationsmodell. Berlin et al. 1991.

Becker, J., Rosemann, M.: Logistik und CIM. Berlin et al. 1993.

Becker, J., Schütte, R.: Handelsinformationssysteme. Landsberg/Lech 1996.

Borowsky, R.: Einführung von Workflowmanagement für produktionsnahe Prozesse. In: Information Management 12(1997), Sonderausgabe 1997 Business Engineering, S. 76-78.

Hannen, Chr.: Informationssystem zur Unterstützung des prozessorientierten Qualitätscontrolling. Aachen 1996.

Herrmann, Th., Scheer A.-W., Weber H.: Verbesserung von Geschäftsprozessen mit flexiblen Workflow-Management-Systemen. Springer Verlag, Berlin et al. 1998.

Kaiser, H., Heiderich, Th., Pillep, R.: Reorganisation der PPS. In: Luczak, H., Eversheim, W. (Hrsg.): Produktionsplanung und -steuerung. Berlin et al. 1998, S. 268-291.

Luczak, H., Eversheim, W. (Hrsg.): Produktionsplanung und -steuerung - Grundlagen, Gestaltung und Konzepte. 2.Auflage, Springer Verlag, Berlin et al. 1998.

Rosemann, M.: Arbeitsablauf-Monitoring und -Controlling. In: Workflowmanagement. Hrsg.: St. Jablonski, M. Böhm, W. Schulze. Bonn u.a. 1997, S. 201-210.

Rosemann, von Uthmann, C.: Workflowmanagement in der industriellen Produktion. ZwF, 92 (1997) 7/8, S. 351-354.

Rosemann, M., zur Mühlen, M.: Evaluation of Workflow Management Systems - a Meta Model Approach. In: Australian Journal of Information Systems, 6 (1998) 1, S. 103-116.

Von Uthmann, C., Stolp, P, Meyer, G.: Workflowmanagement in integrierten Anwendungssystemen. Ein Bericht über das Workflow-Projekt der ABB Turbinen Nürnberg GmbH. HMD, 34 (1997) 198, S. 107-114.

Wienecke, K., Kampker, R., Philippson, C., Gautam, D., Kipp, R.: Marktspiegel Business Software ERP / PPS 2002, Anbieter - Systeme - Projekte. Aachen 2002.

WfMC o.V.: Workflow Management Coalition - Terminology & Glossary. 3. Auflage, Winchester, April 1999.

1.2 Grundlagen der Produktionsplanung und -steuerung

von Philipp Schiegg

1.2.1 Produktionsplanung und -steuerung

In diesem Abschnitt werden die grundlegenden Begrifflichkeiten rund um die PPS definiert. Hierzu wird auf das Aachener PPS-Modell zurückgegriffen, welches sich in seiner derzeitigen Form auf die innerbetriebliche Gestaltung der PPS beschränkt.

Die Erweiterung des Aachener PPS-Modells zu einem Modell, das betriebsübergreifend die Produktionsplanung und -steuerung in Netzwerken beschreibt, wird im zweiten Abschnitt beschrieben werden.

1.2.1.1 Das Aachener PPS-Modell – Übersicht

Das Aachener PPS-Modell (Luczak u. Eversheim 1998) wurde mit dem Ziel entwickelt, Praxisvorhaben (im Folgenden Projekte genannt) zur Darstellung, Analyse und Optimierung betrieblicher Organisation effizient zu unterstützen. Inhalte solcher Projekte sind insbesondere:

- die Reorganisation der PPS sowie Auswahl und Einführung von PPS-Systemen,
- die Entwicklung von PPS-Konzepten oder
- die Entwicklung von PPS-Systemen.

Das Aachener PPS-Modell soll dabei im Wesentlichen folgende Aufgaben übernehmen:

- die Beschreibung verschiedener Teilaspekte der PPS,
- die Unterstützung der Ermittlung von PPS-Zielgrößen und
- die Unterstützung bei der Anwendung von Gestaltungs- bzw. Optimierungsmethoden.

Hauptaufgabe des Modells ist die Beschreibung von Teilen der PPS aus verschiedenen Blickwinkeln. Auf dieser Grundlage können z.B. eine überbetriebliche PPS, Fachkonzepte für PPS-Systeme oder auch betriebsspezifische Soll-Konzepte erstellt werden. Darüber hinaus soll das Aachener PPS-Modell helfen, Zielgrößen zu entwickeln, die die Ausrichtung eines Systems, Konzeptes oder einer Organisation vorgeben. Solche Zielgrößen können etwa Durchlaufzeiten, Auftragskosten oder Ressourcenverbrauch sein. Schließlich dient das Modell der Anwendungsunterstützung von Gestaltungs- und Optimierungsprozessen, indem es z.B. bei der prozessorientierten Auswahl und Einführung von PPS-Systemen zugrunde gelegt werden kann. Es fungiert daneben als Referenz für die objekt-, komponenten- oder prozesskostenorientierte Gestaltung solcher Systeme.

Die Analyse der Einflüsse, Wirkungen und Strukturen verschiedener Aspekte der PPS führt auf drei Gruppen von Aspekten, die mit grundsätzlich unterschiedlichen Zielsetzungen und Modellanforderungen verbunden sind:

- betriebswirtschaftliche Aspekte (Organisation),
- informationstechnische Aspekte (Technik) und
- humanorientierte Aspekte (Mensch).

Allerdings können Maßnahmen u.U. gleichzeitig mehrere dieser drei Bereiche betreffen bzw. mehr die eine oder die andere Gruppe erfassen. Die unterschiedlichen Aspekte der PPS sind ein wesentliches Kriterium für die Bildung von verschiedenen Sichten im Aachener PPS-Modell.

Referenzsichten

Das Aachener PPS-Modell stellt die betriebliche Organisation modellhaft aus verschiedenen Blickwinkeln (im Folgenden Referenzsichten, s. Abb. 1.2-1) dar. Die Referenzsichten beinhalten Inhalte, Strukturen und Formulierungen, die sie für bestimmte Verwendungszwecke prädestinieren. Die Auswahl der Teilmodelle hängt dabei vom jeweiligen Zweck der Modellanwendung ab.

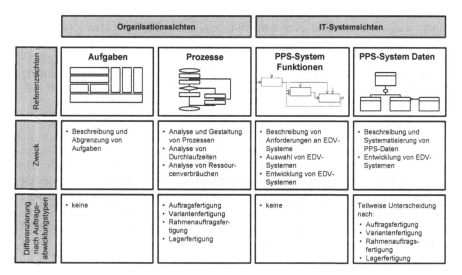

Abb. 1.2-1. Referenzsichten des Aachener PPS-Modells

Die vier folgenden Referenzsichten stellen dabei den Kern dar:

- Aufgaben der PPS (Aufgabensicht),
- Auftragsabwicklungsprozesse (Prozesssicht),
- IT-Systemfunktionen der PPS (Funktionssicht) und
- IT-Systemdaten der PPS (Datensicht).

Aufgaben- und Prozesssicht dienen in erster Linie der Organisationsgestaltung und werden somit unter dem Begriff Organisationssichten zusammengefasst. Funktions- und Datensicht sind dagegen vor allem Grundlage für die Auswahl, Gestaltung und Einführung von PPS-Systemen und werden daher als IT-System-sichten bezeichnet. Im Folgenden werden die Referenzsichten kurz skizziert.

Aufgabenreferenzsicht

Die Aufgabenreferenzsicht spezifiziert und detailliert die Aufgaben der PPS in einer allgemeingültigen, hierarchischen Abstraktion. Die Struktur der Aufgaben soll möglichst unabhängig von aufbauorganisatorischen Gliederungsmöglichkeiten sein, damit die einzelnen Aufgaben prinzipiell auch verschiedenen Einheiten zugeordnet werden können. Dadurch bleibt die Aufgabenreferenzsicht betriebstypen-unabhängig und determiniert keine festen Abläufe. Allerdings muss dabei trotz höchst möglicher Abstraktion stets eine Zuordnung jeder betriebsspezifischen Aufgabe gewährleistet sein. So lässt sich eine weitgehende Allgemeingültigkeit des Modells realisieren. Unter diesen Prämissen gestaltet, eignet sich das Aufgabenmodell zur Analyse und Gestaltung der Aufbauorganisation einerseits sowie zur Beschreibung und Diskussion von Tätigkeitsinhalten und -zielen im Rahmen von Reorganisationsprojekten andererseits.

Das Modell sieht eine Trennung in Kernaufgaben und übergreifende Querschnittsaufgaben vor. Die Kernaufgaben beinhalten die Produktionsprogramm- und Produktionsbedarfsplanung, sowie die Eigenfertigungs- und Fremdbezugsplanung und -steuerung. Die Querschnittsaufgaben umfassen die Auftragskoordination, das Lagerwesen und das PPS-Controlling. Die Aufgabe der Datenverwaltung stellt eine Querschnittsaufgabe sowohl für die Kern- als auch für die übrigen Querschnittsaufgaben dar.

Prozessreferenzsicht

Das Prozessmodell zeigt eine genauere Sicht auf die einzelnen Aufgaben, indem es sie in eine zeitbezogene Ordnung bringt und die Inhalte genauer darstellt. Da ein einziges betriebstypenunabhängiges Modell zu einer zu hohen Komplexität aufgrund der sehr hohen Zahl von zu berücksichtigenden Fallunterscheidungen führen würde, ist eine Typologie entwickelt worden, die vier Typen der Auftragsabwicklung in Fertigungsunternehmen mit Stückgutfertigung unterscheidet (Schomburg 1980, Sames u. Büdenbender 1997):

- Auftragsfertiger,
- Rahmenauftragsfertiger,
- Variantenfertiger sowie
- Lagerfertiger.

Ein morphologisches Merkmalsschema (s. Abb. 1.2-2) weist dem jeweiligen Auftragsabwicklungstypen spezifische Merkmalsausprägungen zu. So kennzeichnet den Auftragsfertiger etwa die Produktion auf Bestellung mit Einzelaufträgen. Dieser Auftragsabwicklungstyp stellt den kundenauftragsbezogenen Einmalfertiger bzw. Einzelfertiger dar. Der Lagerfertiger kann dagegen alle Kundenaufträge ab

Lager erfüllen, da er auftragsneutral und ausschließlich nach Programm produziert. In dieses Programm fließt die Nachfrageentwicklung allerdings mit ein. Das dem Auftragsabwicklungstypen Lagerfertiger zuzuordnende Unternehmen produziert dementsprechend ausnahmslos variantenlose Standarderzeugnisse.

Durch die Anwendung des Merkmalsschemas können Gruppen von Produktionsunternehmen gebildet werden, die sich hinsichtlich der analysierten Aspekte gleichen. Solche sind z.B. die vier „Auftragsabwicklungsfamilien". Dabei werden allerdings nur die Merkmale berücksichtigt, in deren Ausprägungen sich jedes Industrieunternehmen mit Stückgutfertigung wiederfinden kann.

Für Unternehmen, deren Auftragsabwicklung mehreren Typen zugeordnet werden kann, können auch mehrere Teilmodelle relevant sein. Grundsätzlich stehen für alle vier Auftragsabwicklungstypen verschiedene Modelle zur Verfügung. Ziel der Verwendung dieser Typologie ist es, durch die Zuordnung eines bestimmten Produktionsunternehmens zu einem der Auftragsabwicklungstypen schnell ein aussagefähiges und in sich stimmiges Prozessmodell für dieses Unternehmen zu erhalten.

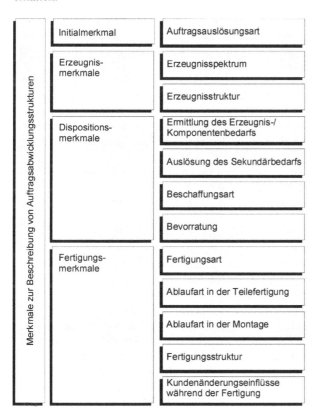

Abb. 1.2-2. Merkmale zur Beschreibung von Auftragsabwicklungstypen

Funktionsreferenzsicht

Informationstechnisch klar definierbare (Teil-)Aufgaben können durch EDV-Systeme unterstützt werden. Die Funktionsreferenzsicht dient der Beschreibung von Anforderungen an ein EDV-System, das alle PPS-Aktivitäten unterstützt. Dazu werden die Funktionen semantisch beschrieben, sie sind dabei in einer flachen Hierarchie geordnet. Ihre Gliederung entspricht der des Aufgabenmodells, so dass sich schnell die Funktionen identifizieren lassen, die zur Unterstützung bestimmter Aufgaben dienen können. So können durch die Angabe von EDV-gestützten Funktionen prozess- oder aufgabenorientiert Anforderungen an PPS-Systeme ermittelt und dokumentiert werden.

Die PPS-Funktionen werden durch Merkmale beschrieben, die aus Nennung, Beschreibung und Ausprägung der Merkmale bestehen. Es können dabei u.a. Funktionen zur Datenverwaltung und -struktur und klar abgegrenzte Algorithmen (Methoden) sowie Oberflächenmerkmale abgefragt werden.

Datenreferenzsicht

Unter PPS-Daten werden alle Informationen verstanden, die für die Ausführung der PPS relevant und formatierbar sind. Die Daten beschreiben die Produkt- sowie die Fertigungs- und Auftragsstruktur. Dabei werden gleichermaßen Stamm- und Bewegungsdaten erfasst bzw. verarbeitet.

Die Datenreferenzsicht soll bei der Entwicklung von relational aufgebauten PPS-Systemen Unterstützung bieten. Ferner soll die systematische Erfassung von Mengengrößen zur Auslegung von PPS-Hardware unterstützt werden. Bei der Reorganisation kann die Datenreferenzsicht einen Überblick über gegebenenfalls noch zu analysierende Informationen in den Organisationseinheiten und die Informationsflüsse liefern.

Es werden je nach PPS-Aufgabenbereich Datenmodelle für die bereits im Prozessreferenzmodell erwähnten Auftragsabwicklungstypen unterschieden. Die Struktur der einzelnen Datenmodelle lehnt sich an die ERM-Systematik von Chen (1976) an.

Modell- und Projektsicht

In der Praxis müssen die einzelnen Teilmodelle aufgrund ihres hohen Abstraktionsgrades in der Regel fallspezifisch überarbeitet und modifiziert werden. Auch die Erstellung völlig neuer (Teil-)Modelle ist denkbar. Wie bereits erwähnt, ist eine zentrale Aufgabe des Aachener PPS-Modells die Beschreibung der verschiedenen Teilaspekte der PPS. Anhand des Modells kann so eine Art Inventar der jeweiligen innerbetrieblichen PPS erstellt werden, das die vorhandenen Strukturen abbildet. Die Anpassung des abstrakten Modells an die individuelle Betriebssituation erfolgt über Ergänzung, Modifikation und Streichung verschiedener Elemente (z.B. Prozesse). Durch die betriebsspezifische Konkretisierung der Modelle können diese in der Folge etwa auch zum Ausgangspunkt für die Entwicklung eines die Auftragsabwicklung unterstützenden IT-Systems werden.

1.2.1.2 Exemplarische Darstellung der Aufgabenreferenzsicht

Im Rahmen der Aufgabendurchführung werden die Produktionsressourcen, also Betriebsmittel, Material und Personal, von übergeordneten zu untergeordneten Planungsstufen mit zunehmendem Detaillierungsgrad und abnehmendem Planungshorizont geplant. Die Planungsergebnisse einer Stufe sind Vorgaben für die nächstfolgende Stufe. Mit Hilfe einer regelkreisähnlichen Abstimmung erfolgt die Rückführung von Informationen an die nächsthöhere Planungsstufe.

Zur Veranschaulichung werden die folgenden Aufgaben exemplarisch dargestellt (s. Abb. 1.2.-3):

- Produktionsprogrammplanung,
- Produktionsbedarfsplanung,
- Eigenfertigungsplanung und -steuerung sowie
- Auftragskoordination.

Die eher langfristige Produktionsprogramm- und mittelfristige Produktionsbedarfsplanung sowie die weitgehend kurzfristige Eigenfertigungsplanung und -steuerung gehören zu den Kernaufgaben, die die Entwicklung eines Auftrages vorantreiben sollen. Die Auftragskoordination dient als Querschnittsaufgabe der bereichsübergreifenden Integration und Optimierung der PPS, während auf die Datenverwaltung sowohl von den Kern- als auch von den Querschnittsaufgaben zurückgegriffen wird.

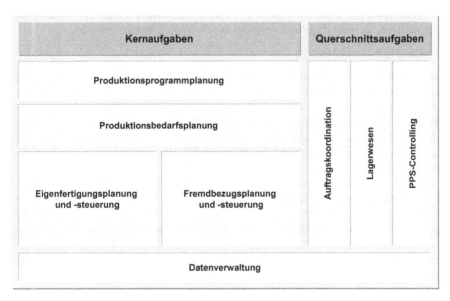

Abb. 1.2-3. Aufgabenreferenzsicht des Aachener PPS-Modells

Produktionsprogrammplanung

Die Produktionsprogrammplanung ist die langfristigste Planungsaufgabe im Rahmen des Aufgabenreferenzmodells. Sie umfasst die vier Teilaufgaben der Absatz-, Bestands-, Primärbedarfs- und Ressourcengrobplanung. Dabei legt die Absatzplanung die Lieferbarkeit eines vorgegebenen Erzeugnissortiments bezüglich der Mengen und Fristen bzw. Perioden fest. Dazu muss eine ausreichende, aber ökonomische Disposition der Bestände gewährleistet sein. Die Bestandsplanung ist für die Minimierung der Lagerbestände unter Vermeidung von Fehlbeständen verantwortlich. Im Anschluss daran wird aus den vorliegenden Kundenaufträgen und eventuellem internem Bedarf in Abgleich mit den Lagerbeständen der Nettoprimärbedarf ermittelt und ausgewiesen. Ergebnis der Primärbedarfsplanung ist ein Produktionsplan oder Produktionsprogrammvorschlag. Schließlich erfolgt der Abgleich mit den verfügbaren Ressourcen aus Personal, Betriebsmitteln, Hilfsmitteln und Material im Rahmen der Ressourcengrobplanung.

Die Produktionsprogrammplanung legt demnach zunächst die herzustellenden Erzeugnisse nach Art, Menge und Termin für einen definierten Planungszeitraum fest. Ergebnis ist der hinsichtlich seiner Umsetzbarkeit und Realisierbarkeit abgestimmte Produktionsplan, der verbindlich festlegt, welche Leistungen, d.h. Primärbedarfe in Form von verkaufsfähigen Erzeugnissen sowie kundenanonym vorzuproduzierenden Standardkomponenten, in welchen Stückzahlen (Mengen) zu welchen Zeitpunkten produziert werden sollen. Die Produktionsprogrammplanung ist eine rollierende Planung, die z.B. monatlich durchgeführt wird. Die Erstellung des Produktionsprogramms erfolgt in enger Abstimmung zwischen Produktion und Vertrieb, da Nachfrage und Angebot synchronisiert werden müssen.

Produktionsbedarfsplanung

Ausgehend vom Produktionsprogramm erfolgt mit der Produktionsbedarfsplanung die Planung der erforderlichen Ressourcen. Optimal ist dabei eine Simultanschaltung von materiellen und zeitlichen Ressourcen, was in der Praxis wegen des hohen zu bewältigenden Datenvolumens oft mit Problemen verbunden ist. Die Produktionsbedarfsplanung soll die Realisierbarkeit des Produktionsprogramms sicherstellen. Sie befasst sich mit der Planung aller Ressourcen, die in den betrieblichen Produktionsprozess einfließen.

Aus dem ermittelten Primärbedarf wird zunächst der Bruttosekundärbedarf und in Abgleich mit den Lagerbeständen, Reservierungen, Umlauf-, Sicherheits- und Meldebeständen sowie Bestellungen der Nettosekundärbedarf ermittelt. Mittels Stücklistenauflistung erfolgt die Ermittlung des Bedarfs hinsichtlich Art, Menge und Termin. Auch die Entscheidung, ob ein ermittelter Bedarf durch Eigenfertigung oder Fremdbezug gedeckt werden soll, wird im Rahmen der Produktionsbedarfsplanung getroffen (Beschaffungsartzuordnung).

Die Durchlaufterminierung stellt zeitliche Zusammenhänge zwischen den Fertigungsaufträgen her. Die Durchlaufzeit setzt sich aus der Belegungszeit (Rüst- und Bearbeitungszeit) sowie der Übergangszeit (Wartezeiten vor und nach Bearbeitung, Kontroll- und Transportzeit) zusammen. Bei der Durchlaufterminierung wird von unbegrenzten bzw. freien Kapazitäten ausgegangen, d.h. die Belastung der Kapazitäten wird (noch) nicht berücksichtigt. Da die Fertigungskapazitäten tatsächlich aber begrenzt sind, muss aus den terminierten Arbeitsgängen der sich durch die Einlastung von Aufträgen ergebende Kapazitätsbedarf in den Planungsperioden ermittelt und dem verfügbaren Kapazitätsangebot gegenübergestellt werden (Kapazitätsbedarfsermittlung und -abstimmung). Diskrepanzen zwischen Kapazitätsbedarf und -angebot können etwa mittels Anpassung, d.h. Erhöhung der Kapazitäten z.B. durch Überstunden oder Sonderschichten, oder zeitliche und räumliche Verlagerung behoben werden.

Eigenfertigungsplanung und -steuerung

Die sich an die Produktionsprogrammplanung anschließende Produktionsbedarfsplanung löst die Bestellvorgänge des Fremdbezugs aus und gibt in Form von Fertigungsaufträgen die Eingabeinformation für die Eigenfertigungsplanung und -steuerung aus. Die Fertigungsaufträge des Eigenfertigungsprogramms können dabei je nach Fertigungsstruktur die komplette Fertigung eines Enderzeugnisses bzw. einer Baugruppe oder einzelne Arbeitsgangfolgen, wie z.B. Montagearbeiten, enthalten. Die Arbeitsinhalte sind mit Mengen und spätesten Endterminen vorgegeben.

In der Eigenfertigungsplanung und -steuerung werden die Planvorgaben im Rahmen des zur Verfügung stehenden Dispositionsspielraums detailliert und deren Umsetzung kontrolliert. Der Dispositionsspielraum der Eigenfertigungsplanung ergibt sich aus der Differenz von frühest und spätest möglichem Starttermin der Fertigung und der Verteilung der zu fertigenden Mengen auf die Werkstattaufträge. Dabei sind allerdings Auswirkungen auf Durchlaufzeiten und Lagerbestände zu beachten, auch eventuelle Produktionsstörungen sind zu berücksichtigen.

Die Eigenfertigungsplanung und -steuerung umfasst zahlreiche Teilaufgaben, die weder zwingend noch eindeutig in ihrer Reihenfolge festgelegt sind. Nach der Aufschlüsselung der Fertigungsaufträge in ihre einzelnen Arbeitsgänge bietet sich etwa die Festlegung der Losgröße unter ökonomischen Aspekten an (Losgrößenrechnung), wobei hohe Rüstzeiten und -kosten bei kleinen Losen mit Unflexibilität und hohen Beständen konkurrieren.

Eine weitere Aufgabe besteht in der Feinterminierung, die die Eckdaten der Fertigungsaufträge präzisiert und den einzelnen Bearbeitungs- und Übergangszeiten zuordnet. Sie kann als Rückwärts-, Vorwärts- oder Engpass- bzw. Mittelpunktterminierung gestaltet werden. Daraufhin gleicht die Ressourcenfeinplanung den Ressourcenbedarf mit den tatsächlich vorhandenen Ressourcenbelastungen ab. Über- und Unterauslastungen werden sichtbar und können gegebenenfalls angepasst werden. Den einzelnen Arbeitsgängen werden im Rahmen der Reihenfolgeplanung Prioritäten eingeräumt. Dabei ist die Einhaltung der geforderten Endtermine oberstes Ziel.

Mit der Verfügbarkeitsprüfung für einzelne Werkstattaufträge beginnen die steuernden Aufgaben der Eigenfertigungsplanung und -steuerung. Maßnahmen können z.B. die Revidierung der Feinterminierung oder die Änderung der Reihenfolge sein. Schließlich können die Aufträge freigegeben, gegebenenfalls Belege erstellt und die Arbeitsgänge den Kapazitäten zugeteilt werden (Auftragsfreigabe). Es erfolgt dabei eine ständige oder periodische Auftragsüberwachung, die vor allem auf Soll-Ist-Vergleichen von Terminen und Mengen basiert und ihre Ergebnisse u.a. an die Auftragskoordination weiterleitet. Ebenso wie die Auftragsüberwachung bezieht auch die Ressourcenüberwachung ihre Informationen aus der Betriebsdatenerfassung. Bei alarmierender Situation der Kapazitäten kann etwa eine erneute Feinterminierung oder Reihenfolgeplanung angestoßen werden.

Auftragskoordination

Über alle Phasen der Auftragsabwicklung werden die Aufgaben der Auftragsplanung, -steuerung und -überwachung zu einer integrierten Auftragskoordination zusammengefasst. Der phasenübergreifende Charakter der Auftragskoordination für die Auftragsabwicklung macht sie zur Querschnittsaufgabe. Dabei kommen ihr im Wesentlichen Abstimmungs- und Synchronisationsaufgaben zu, um die Prozesstransparenz und -flexibilität nachhaltig zu erhöhen.

Zu diesem Zweck umfasst die Auftragskoordination alle Aufgaben, die eine integrierte Planung und Steuerung der Aufträge erlauben, d.h. hier wird der Auftrag vom Kunden angenommen, ständig überwacht und abgeschlossen. In den Wirkungsbereich der Auftragskoordination fallen damit sowohl klassische Vertriebsaufgaben als auch klassische Aufgaben der Produktionsprogrammplanung. Teilaufgaben der Auftragskoordination sind etwa die Angebotsbearbeitung, Auftragsklärung und Grobterminierung, die auftragsbezogene Ressourcengrobplanung sowie die Auftragsführung. Die Auftragskoordination steht daher in ständigem Kontakt mit sämtlichen Bereichen, die an der Auftragsabwicklung beteiligt sind.

1.2.2 Produktionsplanung und -steuerung in Netzwerken

Ausgehend von der Betrachtung der Produktionsplanung und -steuerung stand bis Anfang der 90er Jahre zunächst vor allem die Gestaltung der Aufgaben und Organisationsstrukturen im Vordergrund. Technische Gestaltungsaspekte der Produktionsplanung und -steuerung waren insbesondere die IT-Systemauswahl und -einführung, während zu den humanorientierten Gestaltungsaspekten vorwiegend die Qualifikation und Motivation der Mitarbeiter gehörten.

Spätestens mit Aufkommen der BPR-Welle („Business Process Reengineering", Hammer u. Champy 1993) Anfang der 90er Jahre hat sich der Gestaltungsbereich von der Kern-PPS auf die gesamte innerbetriebliche Auftragsabwicklung erweitert. Infolgedessen ist zu der Gestaltung von Aufgaben und Organisationsstrukturen vor allem die Betrachtung der innerbetrieblichen Prozesse hinzugekommen.

In dieser Zeit wurde das Aachener PPS-Modell in seiner derzeitigen Form entwickelt (vgl. Luczak u. Eversheim 1998). Es stellt ein Referenzorganisationsmodell dar, das den Organisationsgestalter bei der Analyse und Gestaltung der innerbetrieblichen Auftragsabwicklung einerseits und der Auswahl von IT-Systemen andererseits – insbesondere bei der Auswahl von PPS-/ERP-Systemen und deren Zusatzkomponenten – unterstützt.

Mit Beginn der zunehmenden Vernetzung von Unternehmen hat sich inzwischen der Gestaltungsbereich der innerbetrieblich ausgerichteten Produktionsplanung und -steuerung auf das überbetrieblich ausgerichtete Management ganzer Supply Chains ausgedehnt. Hierdurch treten zusätzlich Fragen nach der Gestaltung der Kooperation, der überbetrieblichen Prozesse und der Koordination der verteilten Leistungserstellung auf. Auch für die Gestaltung der IT treten neue Fragestellungen auf, nämlich die Frage nach der Vernetzung mit Kooperationspartnern und zunehmend auch die Frage nach dem Outsourcing von IT. Auch diese Entwicklung stellt neue Anforderungen an die Mitarbeiter: gefragt sind kooperatives Verhalten im Umgang mit Kooperationspartnern, die möglicherweise gleichzeitig Konkurrenten sind. Insgesamt ist festzustellen, dass die Gestaltungsaufgaben von der Produktionsplanung und -steuerung zum Management von Supply Chains dabei nicht substituiert wurden, sondern sich permanent erweitert haben. Dies stellt auch neue Anforderungen an bestehende Referenzmodelle wie das Aachener PPS-Modell.

1.2.2.1 Die Erweiterung des Aachener PPS-Modells

Hervorgerufen durch die beschriebenen Vernetzungstendenzen im Unternehmensumfeld wird derzeit am Forschungsinstitut für Rationalisierung an der Erweiterung des Aachener PPS-Modells gearbeitet (vgl. Friedrich 2002). Es handelt sich hierbei um eine Weiterentwicklung auf der Basis des bestehenden Aachener PPS-Modells, die die lokalen, innerbetrieblich ausgerichteten Aufgaben um überbetrieblich ausgerichtete Aufgaben der Produktionsnetzwerkebene ergänzt. Ein weiterer wesentlicher Aspekt ist die Ergänzung der Prozess- und IT-System-Gestaltungsebene um die Dimension der Strategiegestaltung.

Das erweiterte Aachener PPS-Modell geht von fünf Referenzsichten aus, die sich analog zum bestehenden Modell in Organisationssichten und IT-Systemsichten unterteilen (s. Abb. 1.2-4). Dabei wird zwischen den folgenden Referenzsichten – unterteilt in Organisations- und IT-Systemsichten – unterschieden:

- Aufgaben,
- Operative Prozesse,
- Prozessarchitektur,
- IT-Systemeinsatzarchitektur und
- IT-Systemfunktionen.

Die Aufgaben- und die Prozesssicht (Operative Prozesse) werden aus dem bestehenden Modell übernommen und im Hinblick auf die neuen Anforderungen angepasst. Gleiches gilt für die IT-Systemfunktionen, während die Prozessarchitektursicht und die IT-Systemeinsatzarchitektur als neue Referenzsichten in das Modell eingeführt werden. Die Datenreferenzsicht des bestehenden Modells, die mitunter als Grundlage für die Entwicklung von IT-Systemen entwickelt wurde, wird aufgrund des eingeschränkten Anwendungszusammenhangs nicht in das erweiterte Modell übernommen.

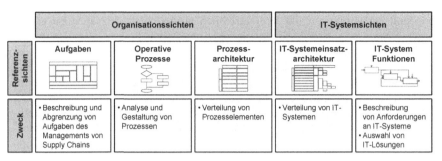

Abb. 1.2-4. Referenzsichten des erweiterten Aachener PPS-Modells

Die Aufgabensicht dient weiterhin der allgemeingültigen Beschreibung und Strukturierung von Aufgaben. Sie unterscheidet dabei allerdings nun zwischen Aufgaben der lokalen und solchen der Netzwerkebene. Die Aufgaben sind in diesem Zusammenhang unabhängig von zeitlichen Abläufen zu sehen, wenn sie auch nach ihrem Planungshorizont unterschieden werden können. Als neue Aufgaben auf der Netzwerkebene kommen etwa die lang- und mittelfristige Netzwerkplanung, die eher kurzfristige Netzwerksteuerung und die globale Auftragskoordination hinzu (vgl. auch Abschn. 1.2.2.4).

Mit der Prozessarchitektursicht wird eine neue Referenzsicht geschaffen, die eine Zuordnung der aus den Aufgaben resultierenden Prozesse zur lokalen oder zur Netzwerkebene gewährleisten soll. Je nach Supply-Chain-Typ kann eine idealtypische Verteilung von bestimmten Aufgaben bzw. Prozessclustern ermittelt werden. Die Prozessarchitektursicht kann auf diese Weise etwa eine Hilfestellung bei der Entscheidung leisten, ob gewisse Prozesse der lokalen oder der Netzwerkebene zuzuordnen sind und ob sie zentral oder dezentral durchzuführen sind.

Die Prozesssicht wird weiterhin zur Analyse und Gestaltung von Prozessen genutzt und um Prozesse der Netzwerkebene erweitert. Eine Differenzierung erfolgt jedoch nicht mehr nur typspezifisch nach Auftragsabwicklungsart, da ja u.U. mehrere Auftragsabwicklungstypen zum Unternehmensnetzwerk gehören können. Stattdessen setzt die Prozesssicht eine grundlegend neue Typologie verschiedener Supply Chains voraus. Die Entwicklung dieser Supply-Chain-Typologie ist ebenfalls Bestandteil der Weiterentwicklungsarbeiten.

Die neue Sicht der IT-Systemeinsatzarchitektur leitet sich ebenfalls aus der Aufgabensicht ab. Dabei werden den PPS-Aufgaben die auf dem Markt befindlichen IT-Systeme und –komponenten gegenübergestellt, die eine potenzielle Unterstützung dieser Aufgaben bieten. So ergibt sich schließlich eine Systemeinsatzarchitektur, die Unternehmen einerseits in die Lage versetzt, mögliche IT-Systeme und –komponenten für einen spezifischen IT-Unterstützungsbedarf zu identifizieren, und andererseits eine Hilfestellung bei der Ableitung einer überbetrieblichen IT-Strategie bieten.

Die Funktionssicht unterstützt auch weiterhin die Beschreibung von Anforderungen an IT-Systeme sowie die Auswahl von IT-Lösungen. Allerdings wird die Funktionssicht im Gegensatz zum bestehenden Modell um Funktionen von sog. E-Business-Systemen erweitert, z.B. Funktionen von Supply-Chain-Management

(SCM)-Systemen. Die Funktionssicht wird in Abhängigkeit von Supply-Chain-Typ und betrachteter Einsatzbranche differenziert.

1.2.2.2 Aufgabensicht des erweiterten Aachener PPS-Modells

Da die Aufgabensicht die Grobstruktur für die weiteren Sichten liefert, wird die Aufgabenreferenzsicht des erweiterten Aachener PPS-Modells im Folgenden näher erläutert (Friedrich 2002). Die Erweiterung des Aachener PPS-Modells um die Ebenen der Strategiegestaltung und der Gestaltung des operativen Prozessnetzwerks hat unmittelbare Auswirkungen auf die Struktur der Aufgabenreferenzsicht. So wird in der Aufgabenreferenzsicht des erweiterten PPS-Modells nach Aufgaben der lokalen Ebene und Aufgaben der Produktionsnetzwerkebene unterschieden.

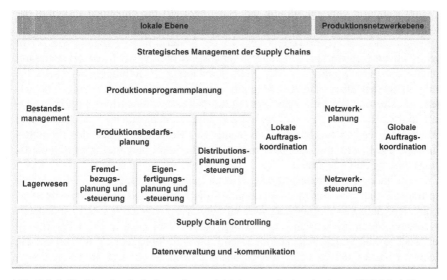

Abb. 1.2-5. Struktur der Aufgabenreferenzsicht des erweiterten Aachener PPS-Modells

Die Aufgaben der PPS auf der lokalen Ebene entsprechen im Wesentlichen den klassischen Aufgaben des bisherigen Aachener PPS-Modells wie z.B. der langfristigen Produktionsprogrammplanung, der mittelfristigen Produktionsbedarfsplanung oder der kurzfristigen Fremdbezugsplanung und -steuerung und Eigenfertigungsplanung und -steuerung. Ergänzt bzw. eingerahmt werden die klassischen Aufgaben durch die mittel- und kurzfristige Distributionsplanung und -steuerung bzw. das Bestandsmanagement, das Lagerwesen und die Auftragskoordination. Horizontal sind die Aufgaben somit entsprechend der Unternehmensfunktionen Beschaffung, Produktion und Distribution angeordnet.

Sämtliche Aufgaben der lokalen Ebene ergeben sich analog auch auf der Ebene des Produktionsnetzwerkes. Auf der Netzwerkebene wird hierbei zwischen

- den Aufgaben der Netzwerkplanung und der Netzwerksteuerung als Aufgaben des Ressourcenmanagements und

- der globalen Auftragskoordination als Aufgabe des Auftragsmanagements unterschieden.

Zur Netzwerkplanung gehören vor allem die Aufgaben der Netzwerkproduktionsprogrammplanung und der Materialflussplanung zwischen den Netzwerkpartnern. Als Beispiel sei die Aufgabe der Produktionsplanung bei Vorliegen mehrerer Produktionsstandorte angeführt. Der Produktionsplan eines Produktionsstandortes kann sich beispielsweise aus einem zentralen Netzwerkabsatzplan ableiten, indem unter Berücksichtigung der Kapazitäts- und Bestandssituation der einzelnen Produktionsstandorte eine Zuordnung der Nachfrage auf die einzelnen Produktionsstandorte vorgenommen wird.

Gegenstand der Netzwerksteuerung ist die Materialflusssteuerung. Sie ist im Vergleich zur Netzwerkplanung operativer ausgerichtet. In der Netzwerksteuerung werden die Planvorgaben aus der Netzwerkplanung im Rahmen des zur Verfügung stehenden Dispositionsspielraumes detailliert und die Umsetzung kontrolliert. Als Beispiel kann die Detaillierung des Netzwerkproduktionsprogramms angeführt werden. Durch Auflösung der zugrundeliegenden Stücklisten und Arbeitspläne erfolgt hierbei die Auslösung von Bestellvorgängen des Fremdbezugs und die Ermittlung von Eckterminen für die lokal durchgeführte Eigenfertigungsplanung und -steuerung.

Teilaufgaben der globalen Auftragskoordination sind beispielsweise die globale Auftragsklärung, die Auftragsallokation auf die Partner und die Auftragsüberwachung. Beispielsweise können Kundenanfragen in einer zentralen Auftragsleitstelle zusammengeführt werden. Dort erfolgt dann beispielsweise die Überprüfung der Machbarkeit von Kundenaufträgen und die Zuordnung von Aufträgen auf die Netzwerkpartner, derer es zur Abwicklung des Auftrages bedarf. In der Auftragsleitstelle erfolgt auch die Überwachung des Auftragsstatus über die verschiedenen Netzwerkpartner hinweg.

Unterstützt werden sämtliche Aufgaben der lokalen Ebene und Netzwerkebene durch die übergreifenden Aufgaben des Supply Chain Controlling und der Datenverwaltung und -kommunikation. Unter das Supply Chain Controlling fällt beispielsweise die kontinuierliche Messung der logistischen Leistungsfähigkeit sowohl auf der lokalen als auch der Netzwerkebene anhand von Kennzahlen oder sog. Key Performance Indikatoren (KPI), z.B. Bestands-, Durchlaufzeit- oder Auslastungskennzahlen.

Das strategische Management der Supply Chains ist als übergreifende Aufgabe anzusehen. Diese Aufgabe untergliedert sich in die Teilaufgaben

- Supply Chain Design,
- Produkt- und Beschaffungsprogrammplanung sowie
- Kooperations- und Verhaltensgestaltung.

Unter Supply Chain Design wird die Gestaltung von Strukturen sowohl auf der Netzwerkebene als auch auf der lokalen Ebene verstanden. Hierunter fallen einerseits die Definition und Gestaltung der Kompetenzen und Ressourcen, die sowohl auf der Netzwerk- als auch auf der lokalen Ebene vorgehalten werden müssen. Die Gestaltung der Geschäftsprozesse, d.h. der Netzwerkprozesse auf der Netzwerkebene und der Geschäftsprozesse auf der lokalen Ebene, fällt ebenso in den Aufgabenbereich des Supply Chain Designs.

Die Produktprogrammplanung hat die Festlegung des Produktprogramms bzw. -angebots sowohl auf der Netzwerk- als auch auf der lokalen Ebene zum Gegenstand. Damit wird abgegrenzt, welche Produkte überhaupt durch entweder das Einzelunternehmen oder das Unternehmensnetzwerk angeboten werden. Im teilweise nachgelagerten Schritt der Beschaffungsprogrammplanung wird dann festgelegt, welche der im Produktprogramm definierten Produkte in Eigenleistung erbracht und welche beschafft werden. Dies stellt eine Make-or-Buy-Entscheidung auf strategischer Ebene dar.

Im Rahmen der Kooperations- und Verhaltengestaltung als dritter Ebene der Strategiegestaltung stehen Aspekte der Vertrauensbildung im Unternehmensnetzwerk, der Schaffung von Motivations- und Anreizsystemen oder die Umsetzung der Unternehmenskultur im Vordergrund. Hierbei werden insbesondere mitarbeiterzentrierte Gestaltungsaspekte des Supply Chain Managements betont.

1.2.3 Literatur

Chen, P. P.: The Entity-Relationship-Model: Towards a Unified View of Data. In: ACM Transactions on Database-Systems 1 /1976, S. 9-36.

Friedrich, M.: Von der Produktionsplanung und -steuerung zum Management von Supply Chains – Gestaltungsfelder und Ansatzpunkte zur Weiterentwicklung des Aachener PPS-Modells. Doktorvortrag, Forschungsinstitut für Rationalisierung, Aachen, 25. April 2002.

Hammer M., Champy J.: Reengineering the Corporation: A Manifesto for Business Revolution. New York 1993.

Luczak, H., Eversheim, W.: Produktionsplanung und -steuerung. Grundlagen, Gestaltung und Konzepte. 2. Auflage, Aachen 1998.

Sames, G., Büdenbender, W.: Aachener PPS-Modell. Das morphologische Merkmalsschema, Sonderdruck 4/90. 6. Auflage, Forschungsinstitut für Rationalisierung, Aachen 1997.

Schomburg, E.: Entwicklung eines betriebstypologischen Instrumentariums zur systematischen Ermittlung der Anforderungen an EDV-gestützte Produktionsplanungs- und -steuerungssysteme im Maschinenbau. Dissertation, RWTH Aachen 1980.

1.3 Grundlagen des Workflowmanagements

von Jörg Becker, Holger Hansmann und Thomas Serries

1.3.1 Grundlagen der Prozessorientierung

1.3.1.1 Von der Funktions- zur Prozessorientierung

In den vergangenen Jahrzehnten konnten Unternehmen durch die Orientierung an der effizienten Ausführung von Einzelfunktionen signifikante Steigerungen der Produktivität und Qualität herbeiführen (Becker u. Kahn 2001, S. 4). Durch diese isolierte Betrachtung einzelner Unternehmensbereiche ergaben sich jedoch Strukturen, die durch „lokale Optima" und eine stark segmentierte Ablauforganisation mit vielen aufbauorganisatorischen Schnittstellen gekennzeichnet waren. Dies führte zur Zerschneidung von Interdependenzen, zu redundanten Aufgabenerfüllungen und zu hohen Kosten für die Koordination der einzelnen Unternehmensbereiche. Daraus resultierte schließlich die Forderung nach einer gesamtheitlichen Betrachtungsweise, die durch Abkehr von der Konzentration auf Einzelfunktionen und durch Fokussierung auf die Geschäftsprozesse eines Unternehmens charakterisiert ist (vgl. Becker u. Kahn 2001, S. 5, Kugeler 2000, S. 1, v. Uthmann 2001, S. 60).

Ein *Prozess* ist die inhaltlich abgeschlossene, zeitliche und sachlogische Folge von Aktivitäten, die zur Bearbeitung eines betriebswirtschaftlich relevanten Objektes notwendig sind (vgl. Becker u. Schütte 1996, S. 53, Rosemann 1996, S. 9). Ein solches Objekt, das den Prozess prägt, kann z.B. eine Rechnung, ein Kundenauftrag, ein Arbeitsplan oder eine Stückliste sein. „Ein *Geschäftsprozess* ist ein spezieller Prozess, der durch die obersten Ziele der Unternehmung (Geschäftsziele) und das zentrale Geschäftsfeld geprägt wird.[6] Wesentliche Merkmale eines Geschäftsprozesses sind seine Schnittstellen zu den Marktpartnern des Unternehmens" (Becker u. Kahn 2001, S. 6f.). Beispiele für Geschäftsprozesse sind die Auftragsabwicklung in einem Produktionsbetrieb, die Abwicklung einer Instandsetzungsmaßnahme durch einen technischen Dienstleister und die Kreditvergabe bei einer Bank. Durch Hierarchisierung können Prozesse außerdem in *Teilprozesse* zerlegt werden, die auf einem detaillierteren Abstraktionsniveau betrachtet werden. So stellt die Kapazitätsterminierung bspw. einen Teilprozess des Geschäftsprozesses Auftragsabwicklung dar und kann ihrerseits in Teilprozesse wie z.B. Durchlaufterminierung[7] und Kapazitätszuordnung[8] zerlegt werden.

---

[6] In der Literatur werden die Begriffe *Prozess* und *Geschäftsprozess* häufig synonym verwendet.

[7] Terminierung von Fertigungsaufträgen ohne Beachtung von Kapazitätsrestriktionen.

[8] Zuordnung von Arbeitsgängen zu Ressourcen und Erstellung von Belastungsprofilen für den Kapazitätsabgleich.

Zur Systematisierung von Prozessen kann der in Tabelle 1.3.-1 dargestellte morphologische Kasten verwendet werden.

Tabelle 1.3.-1. Merkmale von Prozessen (vgl. Kugeler 2000, S. 16.)

Merkmal	Ausprägung		
Leistungsempfänger	Kernprozess (extern)	Supportprozess (intern)	
Individualität	unternehmensspezifischer Prozess	Referenzprozess	
Ausdehnungsbereich	innerbetrieblich	Überbetrieblich	
Ausprägungsebene	Prozesstyp	Prozessinstanz	
Wiederholfrequenz	Regelprozess	einmaliger Prozess	
Geltungsanspruch	Istprozess	Sollprozess	Idealprozess
Aufgabenkomplex	Durchführungsprozess	Managementprozess	
		strategisch	Operativ

In den 80er Jahren führten die Arbeiten von Gaitanides (*Prozessorganisation*), Porter (*Wertkettenansatz*), Davenport (*Process Innovation*) sowie Hammer und Champy (*Business Process Reengineering, BPR*) zu einer Sensibilisierung für eine prozessorientierte Unternehmensgestaltung, gaben jedoch nur wenige über die theoretische Fundierung der Konzepte hinausgehende Empfehlungen zur operativen Umsetzung. Trotzdem fanden Ansätze wie *BPR* nach und nach Einzug in die Unternehmenspraxis (vgl. Becker u. Kahn 2001, S. 5, Rosemann 1996, S. 8, Gaitanides 1983, Porter 1989, Davenport 1993, Hammer u. Champy 1994).

BPR ist definiert als fundamentales Überdenken und radikales Redesign von Unternehmen oder wesentlichen Unternehmensprozessen mit dem Ziel, Verbesserungen in den Kategorien Kosten, Zeit und Kundennutzen (insbesondere Qualität und Service) zu erreichen (vgl. Hammer u. Champy 1994, S. 48ff.). Der BPR-Definition liegt die Erkenntnis zu Grunde, dass viele Aufgaben im Unternehmen nicht der Erfüllung von Kundenwünschen, sondern der Erfüllung nicht wertschöpfender, interner organisatorischer Anforderungen dienen. Daher beinhaltet BPR die Empfehlung, die bestehenden Prozesse grundsätzlich in Frage zu stellen und neu zu gestalten. Somit bedeutet BPR nicht die Verbesserung bestehender Unternehmensabläufe, sondern eine radikale *Neugestaltung* (vgl. Hammer u. Champy 1994, S. 13ff.)

Obwohl Hammer u. Champy die „Optimierung" von bestehenden Prozessen als den „ungeheuerlichsten Fehler, den man im Business Reengineering begehen kann" (Hammer u. Champy 1994, S. 261) bezeichnen, erfordert die Anpassung eines Unternehmens an veränderte Umweltbedingungen eine kontinuierliche Überarbeitung und Verbesserung der Organisation (vgl. Neumann et al. 2001, S. 297). Im Gegensatz zu Hammer und Champy sind Scheer et al. der Meinung, dass Prozesse nicht einmalig „reengineert" werden, sondern einer laufenden systematischen Modellierung, Steuerung und Verbesserung unterzogen werden müssen (vgl. Scheer et al. 1995, S. 430). Dieser Forderung tragen Konzepte wie *Kaizen* bzw. *Continuous Improvement (CI)* (vgl. Imai 1992, Emrich 1996, S. 53ff., Al-Ani

1996, S. 142ff.) und *Kontinuierliches Prozessmanagement (KPM)* (vgl. Neumann et al. 2001, S. 297) Rechnung.

Allerdings schließen sich *revolutionäre* Ansätze wie das BPR und *evolutionäre* Ansätze wie KPM nicht aus. Um neuen Anforderungen dynamisch Rechnung zu tragen, sind Prozesse im Anschluss an die radikale Neugestaltung solange an sich wandelnde Umweltbedingungen anzupassen, bis eine erneute grundlegende Umgestaltung erforderlich ist (vgl. Bogaschewsky, Rollberg 1998, S. 251, Al-Ani 1996, S. 143, Neumann et al. 2001, S. 298ff.). Die wesentlichen Unterschiede der beiden Kategorien von Ansätzen ist in Tabelle 1.3.-2 dargestellt.

Tabelle 1.3-2. Charakteristika von revolutionären und evolutionären Ansätzen zur Prozessgestaltung (vgl. Bogaschewsky u. Rollberg 1998, S. 250)

Revolutionäre Ansätze	Evolutionäre Ansätze
Neudefinition der Aufgaben und Prozesse	Orientierung an bestehenden Aufgabeninhalten und Prozessen
Innovativer, einmaliger Veränderungsprozess	Inkrementeller, u.U. permanenter Verbesserungsprozess
Grundsätzlich ganzheitliche Prozesssicht	Fokus auf einzelne Prozesse bzw. -abschnitte möglich
Erstmalige Einführung der Prozessorganisation (Schnittstellenvermeidungsstrategie)	Aufbau auf bestehenden Organisationsstrukturen (Schnittstellenmanagement)
Einseitige Priorisierung der Prozesseffizienz; Ressourceneffizienz durch IT-Nutzung	Berücksichtigung aller organisatorischen Ziele und Effizienzkriterien
Instabiler Umbruch	Relative Stabilität bei kontrolliertem Wandel
Top-down-Vorgehensweise	Bottom-up-Vorgehensweise

Obwohl die Prozessorientierung sich in vielen Konzepten wie BPR, CI, KPM und Prozessoptimierung manifestiert, sind die wesentlichen organisatorischen Gestaltungselemente allen Ansätzen gemeinsam (vgl. Theuvsen 1996, S. 67):

* Bildung abgegrenzter organisatorischer Einheiten;
* betonte Delegation;
* Abflachung von Hierarchien;
* Prozessverbesserung bzw. -neugestaltung;
* Lösung von Abstimmungsproblemen durch Schnittstellenmanager;
* prozessorientierte Motivation der Mitarbeiter;
* Etablierung neuer Führungskonzepte;
* Orientierung an den Kundenwünschen.

1.3.1.2 Informationsmodelle als Grundlage der prozessorientierten Organisationsgestaltung

Bei der prozessorientierten Gestaltung handelt es sich originär um eine Organisationsaufgabe (vgl. Rosemann 1996, S. 8). Gegenstand der Gestaltung sind die Aufbau- und insbesondere die Ablauforganisation. Während die *Aufbauorganisa-*

tion die Gliederung des Gesamtsystems Unternehmung in Subsysteme (z.B. Abteilungen, Divisionen, Stellen) und die Zuordnung von Aufgaben zu diesen Subsystemen beinhaltet (vgl. Lehmann 1974, S. 290, Kosiol 1976, S. 32), umfasst die *Ablauforganisation* die Durchführung dieser Aufgaben sowie die Koordination der zeitlichen und räumlichen Aspekte der Aufgabendurchführung (vgl. Schweitzer 1974, S. 1, Esswein 1993, S. 551). Da die Ablauforganisation die Unternehmensprozesse als zentralen Betrachtungsgegenstand hat, stellt sie den Fokus der prozessorientierten Organisationsgestaltung dar. Der Begriff *Prozessorganisation* umfasst die prozessorientierte Organisations*struktur* sowie ihre *Gestaltung* (vgl. Kugeler 2000, S. 61).[9]

Als Grundlage der prozessorientierten Organisationsgestaltung können Informationsmodelle dienen (vgl. Kugeler 2000, S. 95ff., Becker u. Schütte 1996, S. 24, Scheer et al. 1995, S. 429). Ein *Informationsmodell* ist die abstrakte Repräsentation eines Sachverhaltes für die Zwecke der Organisations- und Anwendungssystemgestaltung (vgl. Becker et al. 2001, S. 8). Der zu beschreibende Sachverhalt wird durch eine gedankliche Vereinfachung mittels Abstraktion in ein Modell überführt. Als vom Modellierer relevant empfundene Komponenten des Sachverhaltes werden in das Modell aufgenommen, als irrelevant empfundene Komponenten werden vernachlässigt (vgl. Zelewski 1996, S. 51 ff.).

Ein Modell dient einerseits einer *Erkenntnisaufgabe*, die in der Explizierung von Struktur und Verhalten sowie in der Abstraktionsleistung bei der Modellerstellung liegt, und andererseits einer *Gestaltungsaufgabe* durch Generierung von Verbesserungs- und Lösungsideen zur Veränderung eines Systems (vgl. Kugeler 2000, S. 95, Becker u. Schütte 1996, S. 23). Der Ausgangspunkt der Modellierung ist der abzubildende Sachverhalt, z.B. die aktuelle Struktur eines bestehenden Geschäftsprozesses in der Form eines *Istmodells*, das für die Analyse und Dokumentation bestehender Schwachstellen verwendet werden kann und somit der Erkenntnisaufgabe dient. Ein *Sollmodell* stellt dagegen einen Vorschlag für eine Problemlösung dar und repräsentiert somit das Ergebnis des prozessorientierten Gestaltungsprozesses. *Idealmodelle* abstrahieren von aktuellen Restriktionen und besitzen somit idealisierenden Charakter. Anhand des Erstellzeitpunktes und der geplanten Gültigkeit, die für ein Modell dokumentiert werden, kann dessen Aktualität nachvollzogen werden (vgl. Kugeler 2000, S. 96, Becker u. Schütte 1996, S. 22).

Unternehmensspezifische Modelle repräsentieren die Strukturen und Abläufe eines konkreten Unternehmens, während *Referenzmodelle* allgemein gültigere Modelle für eine Klasse von Unternehmen (z.B. für eine Branche oder softwarespezifisch, z.B. SAP-Referenzmodell) sind und einen Ausgangspunkt für die Erstellung spezifischerer Modelle bilden. Der Nutzen von Referenzmodellen liegt in der Erleichterung der Strukturierung der betrachteten betriebswirtschaftlichen Sachverhalte, in der Beschleunigung des Modellerstellungsprozesses, in der Standardisierung von Begriffen und in der Vorgabe erprobter betriebswirtschaftlicher Konzepte. *Mastermodelle* stellen darüber hinaus eine Komposition mehrerer soft-

---

[9] Ein referenzartiges Vorgehensmodell zur prozessorientierten Organisationsgestaltung beschreibt Kugeler (vgl. Kugeler 2000, S. 187ff.).

warespezifischer Referenzmodelle dar (vgl. Becker u. Schütte 1996, S. 22 und S. 25ff.). Zur Klassifikation von Modellen kann Tabelle 1.3.-3 herangezogen werden.[10]

Tabelle 1.3-3. Merkmale von Informationsmodellen (vgl. Rosemann 1996, S. 22)

Merkmal	Ausprägung				
Geltungsanspruch	Istmodell		Sollmodell		Idealmodell
Inhaltliche Individualität	unternehmensspezifisches Modell		Referenzmodell		Mastermodell
Abstraktionsgrad	Ausprägungsebene	Typebene		Metaebene	Meta-Metaebene
Beschreibungssicht	Daten	Funktionen	Organisation	Leistungen	Prozesse
	Objekte				
Beschreibungsebene	Fachkonzept		DV-Konzept		Implementierungskonzept

Nach der Beschreibungs*sicht* können Modelle in Daten-, Funktions-, Organisations-, Leistungs- und Prozessmodelle unterteilt werden. Hinsichtlich der Beschreibungs*ebene*, die die Nähe zur Informationstechnik widerspiegelt, werden Fach-, DV-Konzept und Implementierung unterschieden. Modelle des Fachkonzepts weisen eine hohe Nähe zur betriebswirtschaftlichen Problemstellung auf. Sie sind soweit formalisiert, dass sie Ausgangspunkt einer informationstechnischen Umsetzung sein können. Eine größere Nähe zur Informationstechnik besitzen Modelle auf DV-Konzeptebene. In der Implementierungsebene erfahren diese Modelle ihre Umsetzung in konkrete Produkte der Hard- und Softwaretechnik (vgl. Scheer 1998b, S. 33ff.). Die Aufteilung in Beschreibungssichten und -ebenen entspricht den Strukturdimensionen der in Abb. 1.3-1 visualisierten *Architektur integrierter Informationssysteme (ARIS)*.

Die Prozessmodellierung dient der Darstellung der betrieblichen Ablauforganisation. Prozessmodelle beschreiben die logische Abfolge betrieblicher Funktionen bzw. Aktivitäten, die Zuordnung von Input- und Outputinformationen zu Aktivitäten sowie die Zuordnung von Aufgabenträgern und Informationssystemkomponenten zu Aktivitäten. Die Prozess- bzw. Steuerungssicht dokumentiert demnach das integrative Zusammenwirken von Aktivitäten, Daten und Organisationseinheiten, indem aufgezeigt wird, *was* mit *welchen* Informationen von *wem* gemacht wird (vgl. Scheer 1998b, S. 36). Für die logische Abfolge der in den Modellen abgebildeten betrieblichen Funktionen findet sich auch die Bezeichnung *Kontrollfluss*.

---

[10] Zum Begriff der Metamodelle vgl. Becker, Schütte 1996, S. 22f.

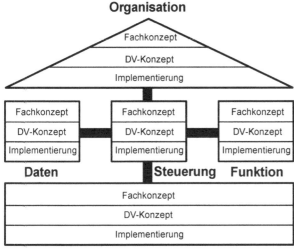

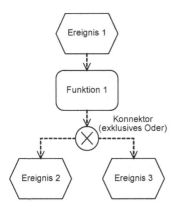

Abb. 1.3-1. Architektur integrierter Informationssysteme (ARIS) (vgl. Scheer 1998a, S. 41)

Für die Beschreibung der Modellinhalte ist eine *Modellierungssprache* erforderlich, die die Menge der zu verwendenden Symbole (Darstellungstechnik) und eine Menge von Regeln (Handlungsanleitung) für die Anwendung der Darstellungstechnik enthält. Die Semantik, d.h. die Bedeutung der einzelnen Symbole, ergibt sich erst durch die Anwendung der Syntax bei der Konstruktion des Modells (vgl. Kugeler 2000, S. 96).

Abb. 1.3-2. Beispielhafte EPK

Zur Prozessmodellierung aus betriebswirtschaftlich-fachkonzeptueller Sicht hat die Methode der *Ereignisgesteuerten Prozessketten (EPK)* weite Verbreitung erlangt. EPKs sind gerichtete Grafen, die den Kontrollfluss durch die drei Basisob-

jekte *Ereignisse*, *Funktionen* (Aktivitäten) und *Konnektoren* (Verknüpfungsoperatoren) beschreiben (s. Abb. 1.3-2). Durch Erweiterungen der Methode lassen sich
zusätzliche Elemente wie Organisationseinheit, Anwendungssystem und Input-/
Outputinformation modellieren, so dass EPKs bei der prozessorientierten Organisationsgestaltung mit unterschiedlichem Fokus verwendet werden können.[11]

1.3.1.3 Unterstützung der Prozesskoordination durch Workflowmanagementsysteme

Neben der Modellierung und Gestaltung von Geschäftsprozessen auf Typebene ist
auch der Übergang vom Modell zur Ausführungsebene Gegenstand eines integrierten Geschäftsprozessmanagements (vgl. Scheer et al. 1995, S. 429). Als Bezugsrahmen für das ganzheitliche Management von Geschäftsprozessen – von der
organisatorischen Gestaltung bis hin zur DV-technischen Implementierung und
kontinuierlichen Verbesserung – kann das in Abb. 1.3-3 visualisierte *ARIS - Hou-
se of Business Engineering (HOBE)* herangezogen werden.

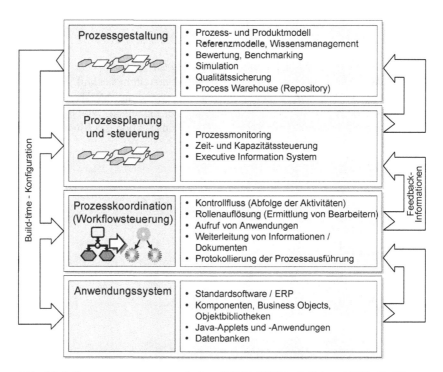

Abb. 1.3-3. Prozessmanagement nach dem AIRS-HOBE (vgl. Scheer 1998b, S. 56)

---

[11] Konkrete Erläuterungen zu EPKs und den Erweiterungen können einer Vielzahl von
Veröffentlichungen entnommen werden (vgl. Scheer 1998a, S. 125 ff., Becker u. Schütte
1996, S. 55 ff., Scheer 1997, S. 49ff., Keller u. Meinhardt 1994, S. 10 ff., Hoffmann et al.
1993, Keller et al. 1992).

Die dem HOBE-Konzept zugrundeliegende Prozessmanagement-Systematik generalisiert viele Konzepte und Verfahren, die ihren Ursprung in der Planung und Steuerung von Fertigungsprozessen haben, und beschreibt diese auf vier Ebenen (vgl. Scheer 1998b, S. 54f.):

1. *Prozessgestaltung:* Analog zur Arbeitsplanung in der Fertigung werden die Geschäftsprozesse modelliert und systemgestützt verwaltet.[12] Dabei können bestehende, allgemeingültige Referenzmodelle die Effizienz und Qualität der Modellerstellung erhöhen. Gleichzeitig werden Verfahren zur „Optimierung", Bewertung (Benchmarking), Simulation und Qualitätssicherung der Prozesse eingesetzt.

2. *Prozessplanung und -steuerung*: Der Prozesseigentümer plant und steuert die laufenden Prozesse unter Einsatz von Verfahren zur Zeit- und Kapazitätssteuerung sowie zur (Prozess-)Kostenanalyse. Der aktuelle Bearbeitungszustand von Prozessen wird im Rahmen des Prozessmonitoring überwacht.

3. *Prozesskoordination (Workflow-Steuerung)*: Die Koordination der Prozesse zur Laufzeit wird von WfMS übernommen. Sie sichern die korrekte Ausführungsreihenfolge der Aktivitäten (Kontrollfluss) und stellen den beteiligten Bearbeitern die notwendigen Dokumente, Informationen und Anwendungssysteme zur Verfügung.

4. *Anwendungssystem*: Die eigentlichen Funktionen des Geschäftsprozesses werden in Anwendungssystemen wie z.B. Textverarbeitungsprogrammen bis hin zu komplexen ERP-Systemen konkret bearbeitet.

Die vier Ebenen sind durch Informationsflüsse zur Laufzeit miteinander verbunden. Beispielsweise liefert die Prozesssteuerung Informationen für die Bewertung der Wirtschaftlichkeit der laufenden Prozesse im Rahmen des Kontinuierlichen Prozessmanagements (Ebene Prozessgestaltung). Ferner meldet die Workflowsteuerung Ist-Daten über die ausgeführten Prozesse (Mengen, Durchlaufzeiten etc.) an die Prozesssteuerungsebene zurück. Die Module der Anwendungssystem-Ebene werden vom WfMS aufgerufen (vgl. Scheer 1998b, S. 55).

Demnach können WfMS als Systeme zur Unterstützung der Ebene *Prozesskoordination* angesehen werden. Sie stellen somit die technologische Basis für die Umsetzung prozessorientierter Organisationsstrukturen dar (vgl. zur Mühlen u. Hansmann 2001, S. 373).

1.3.2 Grundbegriffe des Workflowmanagements

Heute vorherrschende Anwendungssysteme sind vielfach in funktionalen Programmhierarchien aufgebaut oder gruppieren die Funktionen des Systems nach den zu bearbeitenden Objekten (vgl. zur Mühlen 2000, S. 297). Für eine an Geschäftsprozessen orientierte Ablauforganisation sind sie nicht besonders gut ge-

---

[12] Hierzu sind Werkzeuge wie z.B. das ARIS Toolset am Markt verfügbar.

eignet, da durch die Funktionsorientierung die Zusammenhänge zwischen den einzelnen Schritten eines Prozesses verloren gehen. Mit Hilfe von *Workflowmanagementsystemen* (WfMS) können diese Einzelfunktionen jedoch in prozessorientierte Anwendungen integriert werden, indem das WfMS die Ausführungsreihenfolge der Aktivitäten eines Prozesses überwacht, anstehende Aktivitäten menschlichen oder technischen Bearbeitern zur Ausführung zuordnet und die zur Bearbeitung benötigten Anwendungssysteme zur Verfügung stellt (vgl. zur Mühlen u. Hansmann 2001, S. 376).

Bei der Prozessausführung koordiniert ein WfMS die in Abb. 1.3-4 dargestellten Elemente (vgl. im Folgenden Becker u. zur Mühlen 1999, S. 59). Es automatisiert die Übergänge zwischen den einzelnen Prozessaktivitäten und stellt so die zeitlich-sachlogische Reihenfolge der auszuführenden Funktionen sicher (*Aktivitätenkoordination*). Zur Bearbeitung anstehende Aktivitäten werden den zuständigen Anwendern (*Aktoren*[13]) basierend auf einem Qualifikationsprofil zugewiesen. Über die sog. Rollenauflösung übernimmt das WfMS die *Aktorenkoordination*. Beim Aufruf einer Aktivität durch einen Aktor wird das entsprechende Anwendungssystem vom WfMS gestartet (*Anwendungssystemkoordination*). Beim Start des Anwendungssystems koordiniert des WfMS darüber hinaus auch die Bereitstellung der prozessspezifischen Daten, indem es sicherstellt, dass die Anwendung mit den benötigten Daten gestartet wird (*datenbezogene Koordination*). Da Aktoren, Anwendungssysteme und Daten Ressourcen darstellen, können die Aktorenkoordination, die Anwendungssystemkoordination und die datenbezogene Koordination unter dem Begriff *Ressourcenkoordination* zusammengefasst werden. Die *regulierende Koordination* eines WfMS ist weniger auf die aktive Steuerung der Workflow-Ausführung durch das WfMS ausgerichtet. Vielmehr sollen Bearbeiter bei der Überwachung und Neugestaltung von Prozessabläufen unterstützt werden, indem zum einen durch Monitoring-Werkzeuge einzelne Workflowinstanzen beobachtet und so z.B. Fehler durch den Modellierer erkannt werden können. Zum anderen analysieren Controlling-Werkzeuge die Effizienz der Workflow-Ausführungen und geben somit Informationen für die Umgestaltung von Geschäftsprozessen.

Durch die Automatisierung der Prozesssteuerung werden insbesondere bei Prozessen mit großer Wiederholhäufigkeit Ziele wie die Reduktion von Liegezeiten oder Parallelisierung von Prozessabläufen verfolgt. Erreicht werden können diese Verbesserungen durch die Automatisierung von Routinearbeiten (z.B. Freigabe von Artikeln, sobald alle Stammdaten gepflegt wurden) und die Vermeidung von papiergebundenen Informationen, die bisher entlang der Prozesskette von Bearbeiter zu Bearbeiter weitergegeben wurden. In einem Workflowmanagementsystem werden die Informationen in elektronischer Form den Bearbeitern zur Verfügung gestellt und sind somit an mehreren Orten zeitgleich nutzbar. Außerdem soll eine bessere Prozesskontrolle durch Auswertung von Protokolldaten ermöglicht werden.

---

[13] Die Begriffe Aktor und Akteur werden synonym verwendet.

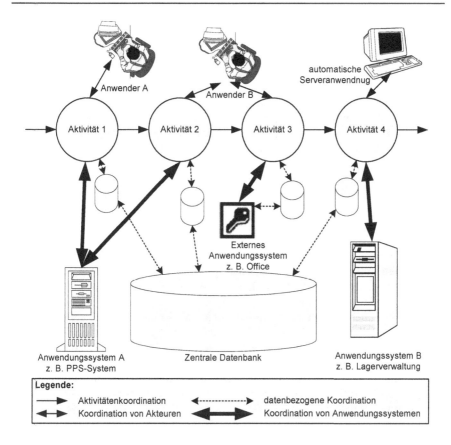

Abb. 1.3-4. Koordinationsarten des Workflowmanagements

Die Durchführung eines Prozesses, bei der die Funktionsübergänge von einem Computersystem überwacht und gesteuert werden, wird als *Workflow* bezeichnet (vgl. Rosemann u. Schwegmann 2002, S. 57). Wird ein Workflow formal so beschrieben, dass ein Informationssystem diese Beschreibung vergleichbar zu einem Programm ausführen kann, spricht man von einem *Workflowmodell*. Dabei kann ein Workflowmodell sowohl mittels einer formalen Sprache programmiert als auch in Form eines Graphen modelliert werden.

Zur Durchführung eines spezifischen Workflows (z.B. die Bearbeitung des Auftrags 393851 von Firma Meier) wird ein Abbild des entsprechenden Workflowmodells (hier „Auftragsbearbeitung") erzeugt. In dieser *Workflow-instanz* sind alle zur Steuerung der Auftragsbearbeitung erforderlichen Informationen enthalten. Hierdurch wird eine parallele Bearbeitung von mehreren gleichartigen Workflows ermöglicht.

Workflowmanagement umfasst alle Aufgaben, die für eine zielgerichtete Nutzung von Workflows im betrieblichen Umfeld erforderlich sind. Neben der initialen Überführung von (Teil-)Prozessen in Workflowmodelle ist die Integration mit den benötigten Anwendungssystemen sicherzustellen, und die Workflowmodelle sind während der gesamten Nutzungsdauer aktuell zu halten. Zur Laufzeit einer Workflowinstanz ist sicherzustellen, dass die im Workflowmodell festgelegten formalen Spezifikationen eingehalten werden. Informationstechnisch wird das Workflowmanagement durch spezielle Anwendungssysteme bzw. Anwendungssystemkomponenten in Form von WfMS umgesetzt. Ein in einem WfMS implementierter Workflow mit allen integrierten Anwendungssystemen wird auch als *Workflow-Anwendung* bezeichnet. Der Umfang der zur Ausführung von Workflows (Run-time) benötigten Funktionen ist im Groben bei allen Systemen gleichartig. Das WfMS koordiniert Funktionen (im Workflow-Kontext *Aktivität* genannt), Daten und Ressourcen. Dazu überwacht es den Status aller in Bearbeitung befindlichen Workflows. Wird die Bearbeitung einer Aktivität als fertig gemeldet, übernimmt das WfMS die Kontrolle über den Workflow und wertet anhand des Workflowmodells und der Statusinformationen der jeweiligen Workflowinstanz die Übergänge zu den folgenden Aktivitäten aus. Werden dabei Aktivitäten ermittelt, die im Anschluss bearbeitet werden müssen, werden diese vom System an entsprechende Bearbeiter weitergeleitet. Unterschiede zwischen den Systemen zeigen sich in den Details wie der Mächtigkeit der Modellierungssprache oder der Möglichkeit, den Verlauf von bereits gestarteten Workflows zu verändern. Außerdem ist der Umfang der Werkzeuge zur Erstellung von Workflowmodellen systemabhängig. Während einige Systeme z.B. auf Werkzeuge zur Geschäftsprozessmodellierung wie ARIS oder Bonapart zugreifen, bieten andere Systeme eigene Werkzeuge zur Workflowmodellierung an (vgl. Rosemann u. zur Mühlen 1998, zur Mühlen 1999). Ebenso sind die gebotenen Funktionen zur Analyse von Workflow-Ausführungen (Monitoring und Controlling) von System zu System verschieden.

1.3.3 Workflowmanagement-Lebenszyklus

Durch WfMS unterstützte Prozesse sind betrieblichen Veränderungen ebenso ausgesetzt wie jeder andere Geschäftsprozess auch. Ein Workflowmodell wird daher nach einer Zeit, in der es mehrfach unverändert ausgeführt wurde, angepasst werden müssen. Die Möglichkeit, die Ausführung der Workflowinstanzen zur Laufzeit zu beobachten und Laufzeitdaten zu erfassen, bietet eine zusätzliche Entscheidungsgrundlage für die Überarbeitung der Workflowmodelle. Es kommt zu einem Zyklus aus Modellierungs-, Nutzungs- und Analysephasen. Der *Workflow-Lebenszyklus* lässt sich wie in Abb. 1.3-5 dargestellt grob in die folgenden Phasen gliedern (vgl. im Folgenden Galler u. Scheer 1995). Die Phasen 2 bis 4 werden in den folgenden Abschnitten ausführlich beschrieben; zur Phase 1, der Modellierung von Prozessen und Workflows, vgl. Abschn. 2.4.

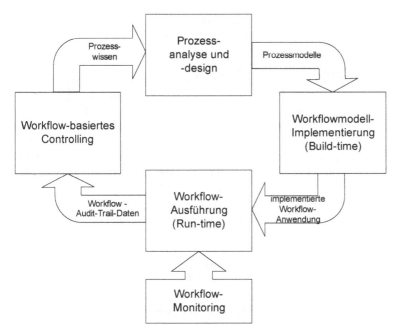

Abb. 1.3-5. Workflow-Lebenszyklus (vgl. Galler, Scheer 1995, S. 22)

1. *Prozessanalyse und -design:* Workflow-Projekte werden in der Regel mit Aktivitäten der Prozessmodellierung begonnen. So besteht die Möglichkeit, den bisherigen Ablauf unter dem Blickwinkel neuer Möglichkeiten durch den Einsatz eines Workflowmanagementsystems zu analysieren und ggf. zu verbessern. Das Ergebnis ist ein neues Fachkonzept in Form eines Prozessmodells (vgl. zur Prozessmodellierung Abschn. 1.3.1; zu den Besonderheiten der Prozessmodellierung in der Produktion vgl. Abschn. 2.4).

2. *Workflowmodell-Implementierung* (*Build-time*)*:* Für die Umsetzung mit einem WfMS werden geeignete Geschäftsprozesse oder Teile von diesen zur *Build-time* in Workflowmodelle überführt (zur Auswahl von Workflow-geeigneten Prozessen vgl. Abschn. 2.2 Voraussetzung für die Modellierung der Ablauforganisation ist, dass parallel dazu ebenfalls die Aufbauorganisation im WfMS abgebildet wird. Als Ergebnis liefert diese Phase ein DV-Konzept und die Implementierung der Workflow-Anwendung.

3. *Workflow-Ausführung* (*Run-time*)*:* Die Workflowmodelle werden für die Bearbeitung von einzelnen Prozessinstanzen in Workflowinstanzen überführt. Das WfMS übernimmt die Kontrolle über diese und koordiniert die Weiterleitung der Aktivitäten an die zuständigen Mitarbeiter. Über das Workflow-Monitoring kann der Verlauf einzelner Instanzen überwacht werden. Aufgezeichnete Laufzeitdaten werden für Analysezwecke bereitgestellt.

4. *Workflow-basiertes Controlling:* Die aufgezeichneten Laufzeitdaten werden dazu genutzt, die Effizienz der Workflowmodelle zu überprüfen. Das daraus entwickelte Prozesswissen fließt in die Überarbeitung der Geschäftsprozess-

modelle ein. Darüber hinaus können die Laufzeitdaten Hinweise auf Modellierungsfehler in Workflows geben.

1.3.3.1 Workflowmodell-Implementierung

Bei der Implementierung von Workflowmodellen wird festgelegt, in welcher Reihenfolge die Aktivitäten eines Workflows ausgeführt werden: *Kontrollfluss-Modellierung*. Durch Bedingungen lässt sich dabei genau festlegen, unter welchen Bedingungen welche Pfade (Folgen von Aktivitäten) ausgeführt werden. Die *Organisationsmodellierung* dient der Abbildung der Aufbauorganisation des Unternehmens und stellt die Grundlage für die Integration der Aktoren in Workflowmodelle. Die Beziehungen zwischen Daten liefernden und Daten benötigenden Aktivitäten wird bei der *Datenfluss-Modellierung* abgebildet.

Kontrollfluss-Modellierung

Die Workflowmodelle stellen die Beziehungen zwischen den Funktionen, Bearbeitern, Anwendungssystemen und Daten auf der Ebene des DV-Konzepts her (vgl. Becker et al. 1999, S. 5, Becker u. zur Mühlen 1999, S. 59). Dabei werden die in der fachkonzeptionellen Prozessmodellierung erfasste Funktionen durch *Aktivitäten* abgebildet. Diese legen ggf. auch fest, mit welchen Parametern und welcher Funktion das jeweilige Anwendungssystem aufzurufen ist. Mit dem Aufruf werden gleichzeitig die im Anwendungssystem zu bearbeitenden und von diesem zurückgegebenen Daten definiert.

Damit WfMS die Koordination der zu bearbeitenden Aufgaben übernehmen können, dürfen Aktivitäten nur eine Funktion eines Anwendungssystems aufrufen. Dieses ist jedoch eine Einschränkung, wenn z.B. aus Gründen der Arbeitsergonomie mehrere Bearbeitungsschritte in einem Anwendungssystem zusammengefasst werden sollen.[14] Ähnlich ist die Situation, wenn für die Bearbeitung in einem System weitere Informationen aus anderen Systemen angezeigt und diese somit parallel gestartet werden müssen.[15]

Die Aktivitäten werden über Vorgänger-Nachfolger-Beziehungen in der gewünschten zeitlich-sachlogischen Reihenfolge angeordnet (zum Vorgehen bei der Überführung von Prozessmodellen in Workflowmodelle vgl. Abschn. 2.4.2). Operatoren erlauben darüber hinaus auch die Verzweigung des Kontrollflusses in voneinander unabhängige Zweige. AND-Operatoren leiten einen Teil des Workflows ein, in dem die folgenden Zweige zeitlich parallel zueinander ausgeführt werden können. Mit dem XOR-Operator können Varianten eines Workflows abgebildet werden, wobei zur Laufzeit (manuell oder automatisch) entschieden wird, in welchem Zweig die Bearbeitung weiter fortgesetzt wird. Mit dem OR-Operator kann

---

[14] In dieser Situation ist der Anwender für die vollständige Bearbeitung aller Bearbeitungsschritte verantwortlich.

[15] Hier kann von der Forderung nach einem eindeutigen Anwendungssystem pro Aktivität abgewichen werden. Stattdessen werden alle benötigten Systeme automatisch gestartet und das Fertigmelden der Aktivität erfolgt aus dem System heraus, in dem die Daten zu bearbeiten sind.

mit einer beliebigen Auswahl der folgenden Zweige (mindestens jedoch einem) die Bearbeitung fortgesetzt werden. Zu jedem der Operatoren existiert ein Synchronisationsoperator, in den die parallel verlaufenden Zweige wieder zu einem Zweig zusammengeführt werden. Mit der Bearbeitung des folgenden Teils des Workflows wird erst fortgefahren, sobald alle eingehenden (und in Bearbeitung befindlichen) Zweige vollständig bearbeitet worden sind. Der XOR-Operator kann in einigen Systemen auch zur Abbildung von Schleifen verwendet werden. Nach dem XOR-Operator wird der Kontrollfluss entweder normal (sequenziell) fortgesetzt, oder er führt zu einem schon passierten Punkt im Workflow zurück, an dem ein XOR-Synchronisations-Operator steht.

Ein Workflowmodell kann selbst wieder als Bestandteil eines anderen Workflows dienen. Dabei enthält ein Workflow mit einer gröberen Granularität eine Aktivität, die selbst einen vollständigen Workflow (*Sub-Workflow*) repräsentiert (s. Abb. 1.3-6).[16] Die vollständige Bearbeitung eines Sub-Workflows entspricht der Fertigmeldung der Aktivität, die den Start des Sub-Workflows veranlasst hat. Generell bleibt die Wahl der Granularität einzelner Aktivitäten und Workflows eine Entscheidung des Modellierers (vgl. Becker u. zur Mühlen 1999).

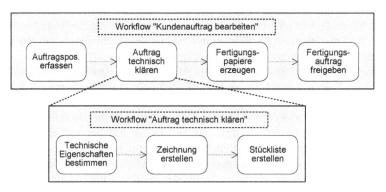

Abb. 1.3-6. Geschachtelte Workflowmodelle

Organisationsmodellierung

Aus Gründen der Flexibilität ist davon abzuraten, in einem Workflowmodell Aktivitäten einzelnen Personen zuzuordnen. Eine derartige Modellierung hätte zur Folge, dass bei einem Personalwechsel neben dem Modell der Aufbauorganisation auch alle Workflowmodelle angepasst werden müssten, in welche die jeweilige Person involviert ist. Vielmehr sind Konstrukte sinnvoll, die sowohl von den Per-

---

[16] Diese Methode ist mit einem Prozeduraufruf bei der prozeduralen Programmierung vergleichbar. In einigen Quellen werden statt „Workflow" und „Aktivität" „komplexer Workflow" und „atomarer Workflow" unterschieden. (vgl. z.B. Weske et al. 1997, S. 2ff. oder Weske 1999, S. 50). Dabei entspricht ein komplexer Workflow einem Workflowmodell, dessen Aktivitäten als Sub-Workflows bezeichnet werden und selbst wieder komplexe Workflows sein können.

sonen als auch den zu bearbeitenden Aufgaben abstrahieren. In einfachen Fällen bietet sich beispielsweise die Organisationseinheit als Gruppierungsinstrument an, bei dem alle Mitarbeiter der von Ihnen ausgeübten betrieblichen Funktion (z.B. „Einkäufer") zugewiesen werden. Die Verknüpfung mit den Aktivitäten im Workflowmodell erfolgt durch Zuweisung der für die Ausführung erforderlichen betrieblichen Funktion zu den Aktivitäten.

Im Workflowmanagement hat sich das Konstrukt der *Rolle* als atomares organisatorisches Konstrukt durchgesetzt (vgl. Rosemann u. zur Mühlen 1998, S. 79). Eine Rolle fasst *Kompetenzen* (aufgrund interner Regelungen zugestandene Rechte, bestimmte Aufgaben auszuführen) und *Qualifikationen* (von Personen erworbene Fähigkeit, die nicht durch interne Regelungen erteilt oder entzogen werden können wie z.B. Sprachkenntnisse) zusammen (vgl. Rosemann u. zur Mühlen 1998, S. 79f., Heilmann 1996, S. 159f.) und ist dabei idealer Weise von der Struktur der Aufbauorganisation unabhängig. Nach Derungs, Vogler, Österle ist eine Rolle – vergleichbar mit einer Stelle – „ein Bündel von Workflow-Aktivitäten, die der Rollenträger ausführen kann/muss" (Derungs et al. 1996, S. 37). Folglich werden Mitarbeitern die Rollen zugeordnet, die sie aufgrund von Berechtigung und Befähigung ausüben können bzw. sollen. In den Workflowmodellen werden den Aktivitäten die Rollen zugeordnet, die zur Bearbeitung der Aktivität erforderlich sind. Um abbilden zu können, dass der Bearbeiter einer Aktivität die Bedingungen für mehrere Rollen gleichzeitig erfüllen muss, ist eine Hierarchisierung der Rollen sinnvoll (vgl. Rosemann u. zur Mühlen 1998, S. 82).

Neben diesen statischen Zuordnungen von Aktivitäten zu Bearbeitern existieren in betrieblichen Prozessen auch dynamische Regelungen. Eine bestimmte Aktivität in einer Workflowinstanz soll von der gleichen Person bearbeitet werden, die auch die direkt oder indirekt vorhergehende Aktivität der gleichen Instanz bearbeitet hat. Hierfür ist es erforderlich, dass das WfMS die Inhaber von Rollen zur Laufzeit bestimmen kann. Ähnlich ist die Situation, wenn die Ablauf*struktur* eines Workflows zwar stabil ist, die Personengruppe, die bestimmte Aktivitäten ausführen soll, jedoch von bestimmten Eigenschaften der Workflowinstanz abhängig ist. So reichen bspw. grobe und somit eher stabile Rollen wie „Einkäufer" nicht aus, wenn der Einkauf nach Produktgruppen oder Auftragsvolumina organisiert ist. Die Einführung von entsprechend spezifischen Rollen führt zu einer Diversifizierung der Einkäufer-Rollen, und die Anzahl vervielfacht sich. Aus theoretischer Sicht besteht eine Alternative in der *bedingten Rollenauflösung*, bei der man die Zuordnung von Personen zu Rollen mit Attributen (*Properties*) anreichert, um die Kompetenzen einzuschränken (vgl. Bußler u. Jablonski 1995, S. 835f.). Für jeden Rolleninhaber werden die Ausprägungen der Rollenattribute festgelegt, die der Rolleninhaber erfüllen kann. Erfordert eine Aktivität die Einschränkung der Rolleninhaber, werden die Rollenattribute bei der Zuordnung der Rolle zur Aktivität mit den entsprechenden Werten belegt (vgl. Rosemann et al. 1998, S. 88). Bußler und Jablonski setzen dieses Verfahren in einer Policy Resolution Engine um (vgl. Bußler 1994, S. 43ff.).

Eine Ausnahme von der Regel, dass allen Aktivitäten Rollen zuzuordnen sind, stellen Systemaktivitäten dar. Sobald zur Laufzeit eine Systemaktivität zur Bearbeitung freigegeben ist, führt das WfMS die in ihnen spezifizierten Aktionen vollständig automatisch aus. Eine Interaktion mit einem Benutzer erfolgt nicht.

Datenfluss-Modellierung

Zur Erstellung von Workflows werden ausgewählte Prozessmodelle (oder Teile von diesen) in die vom WfMS unterstützte Beschreibungssprache überführt. WfMS-intern werden Kontrolldaten wie ausgewertete Start- und Endbedingungen, Start- und Endzeitpunkte der Bearbeitung oder der Bearbeiter einer Aktivität, die den aktuellen Status einer Workflowinstanz wiedergeben, für die entsprechenden Elemente des Modells automatisch protokolliert. Auf Basis dieser Kontrolldaten steuert das WfMS zur Laufzeit den Ablauf des Workflows.

Zusätzlich enthalten Workflowmodelle Datencontainer (Prozessvariablen) für die bei der Bearbeitung einer Workflowinstanz zwischen den aufgerufenen Anwendungen auszutauschenden Anwendungsdaten. Im Kontext von PPS-Systemen können dies z.B. Kundenauftragsnummern (in der Auftragsbearbeitung) oder Artikelnummern (bei der Bestellbearbeitung oder Arbeitsvorbereitung) sein. Durch die *datenbezogene Koordination* stellt das WfMS sicher, dass in jedem Bearbeitungsschritt der Workflowinstanz die Anwendungssystemfunktionen mit den korrekten Anwendungsdaten gestartet werden.

Eine scharfe Trennung zwischen Kontrolldaten und Anwendungsdaten ist jedoch nicht immer möglich. So kann ein Workflowmodell vorsehen, dass in Abhängigkeit der Produktgruppe oder des Verfügbarkeitsstatus eines zu fertigenden Artikels unterschiedliche Arbeitsschritte durchlaufen werden. Diese Daten werden als *kontroll(-fluss)relevante Anwendungsdaten* bezeichnet.

1.3.3.2 Workflow-Ausführung

Die zur Build-time erstellten Workflowmodelle dienen als Schablone, von der zur Erzeugung einer neuen Workflowinstanz eine „Kopie" erstellt wird. Beim Start der Workflowinstanz werden ggf. schon bekannte Anwendungsdaten in die dafür vorgesehenen Prozessvariablen geschrieben und die Instanz unter die Kontrolle des WfMS gestellt („die Instanz wird gestartet").

Aktivitäten, die bearbeitet werden können, erscheinen als Workitem im individuellen Arbeitsvorrat (*Worklist*) aller berechtigten Mitarbeiter. Wählt ein Mitarbeiter einen Eintrag zur Bearbeitung aus, wird die entsprechende Aktivität für die Bearbeitung durch andere gesperrt, das Workitem aus deren Arbeitsvorrat entfernt und so das doppelte Bearbeiten eines Workitem verhindert. Am Arbeitsplatz des aufrufenden Mitarbeiters wird vom WfMS die in der Aktivität hinterlegte Funktion des Anwendungssystems aufgerufen und ggf. die benötigten Daten bereitgestellt. Parallel verlaufende Äste der Instanz bleiben hiervon unberührt und können unabhängig bearbeitet werden. Erst wenn der Bearbeiter die Aktivität als fertig meldet, übernimmt das WfMS ggf. die veränderten Anwendungsdaten und überprüft die auf die bearbeitete Funktion folgenden Aktivitäten darauf, ob diese gestartet werden können.

Bei Abweichungen zwischen der realisierten und der geplanten Ausführung eines Workflows (Ausnahmesituationen wie Überschreitung der vorgesehenen Be-

arbeitungsdauer, Fehlschlagen einer Rollenauflösung, Verhinderung der vollständigen Bearbeitung durch Start-/Endbedingungen) kann über Eskalationsmechanismen in die Bearbeitung einer Workflowinstanz eingegriffen werden.
Mögliche Reaktionen können sein:

- Ein Workflow-Verantwortlicher wird über das Problem informiert. Er löst das
  Problem bzw. bricht den Workflow ab.
- Es wird ein zuvor definierter Workflow gestartet, der die Ausnahmesituation
  behebt. Der auslösende Workflow wird entweder nach der Bearbeitung des Behebungs-Workflows weitergeführt oder mit dessen Start abgebrochen. Im zweiten Fall ersetzt der neue Workflow den auslösenden.
- Dem Workflow-Verantwortlichen wird eine Menge von Behebungs-Workflows
  angeboten, von denen er eine beliebige Menge starten kann.

In der PPS können viele Workflows nicht exakt wie geplant durchgeführt werden,
da die den Modellen zugrundeliegenden Annahmen in der Realität nicht erfüllt
sind. Beispiele hierfür sind: Auftragsänderung durch den Kunden nach der Freigabe des Auftrags oder Nichtverfügbarkeit eines Materials, das laut PPS-System auf
Lager sein sollte. Da diese nicht vom WfMS erkannt werden können, obliegt es
den Anwendern, den Workflow geeignet fortzuführen. In der Regel sind die Störungen von außen nicht so bedeutend, dass der Workflow abgebrochen werden
muss. Vielmehr sind Änderungen an der Ablauflogik erforderlich. Wiederholen
bereits ausgeführter Schritte, Ausführen zusätzlicher Aktivitäten, bevor der
Workflow weiter ausgeführt werden kann, oder Wegfall einzelner Schritte.

Adaptive Workflows unterstützen Unternehmen in Situationen, die höhere
Flexibilitätsanforderungen stellen, indem sie Veränderungen an den Ablauflogiken
von Workflowinstanzen zur Laufzeit zulassen. Dabei lassen sich die Modifikationen wie folgt klassifizieren (vgl. van der Aalst 1999, S. 118):

- *Ad-hoc-Modifikationen* betreffen nur einzelne Workflowinstanzen. In Folge
  von Fehlern, seltenen Ereignissen oder auf Kundenanforderung wird der Verlauf von Workflows durch Hinzufügen oder Wiederholen von Bearbeitungsschritten sowie Überspringen von einzelnen Schritten oder ganzen Teilen eines
  Workflows verändert. Veränderungen am Kontrollfluss können zu unterschiedlichen Zeiten vorgenommen werden:

  - *Bei der Instanziierung:* Veränderungen sind nur zwischen Instanziierung und
    Start einer Workflowinstanz zulässig.
  - *On-the-Fly:* Zu jedem Zeitpunkt der Workflow-Ausführung kann der Kon-
    trollfluss verändert werden.

  Für Ad-hoc-Modifikationen muss für jede Instanz eine eigene Kopie des
  Workflowmodells erzeugt werden, in der die Modifikationen abgebildet wer-
  den. Der weitere Ablauf der Instanz erfolgt gemäß dem instanzspezifischen
  Modell.

- *Evolutionäre Modifikationen* finden im Rahmen des Workflow-Lebenszyklus
  statt, indem bestehende Workflowmodelle gemäß den veränderten Anforderun-

gen angepasst werden. Es ist jedoch zu beachten, dass zu betroffenen Workflowmodellen i.d.R. laufende Workflowinstanzen existieren. Die Veränderungen können dabei auf drei Arten auf die laufenden Instanzen übertragen werden:

– *Neustart*: Alle zum modifizierten Modell existierenden Instanzen werden abgebrochen und mit diesem als Vorlage erneut gestartet. Vielfach ist dieses Vorgehen technisch unmöglich, da nicht alle bisher ausgeführten Schritte rückgängig gemacht werden können, oder aufgrund der entstehenden Mehrarbeit aus betriebswirtschaftlicher Sicht nicht sinnvoll.
– *Fortsetzen:* Jede Instanz weiß, von welcher Version eines Modells sie abgeleitet worden ist. Bereits gestartete Instanzen werden gemäß des Kontrollflusses des alten Modells fortgeführt. Neu zu instanziierende Workflows verwenden das neue Modell. Somit können laufende Instanzen nicht von möglichen Verbesserungen des Ablaufs profitieren.
– *Transfer:* Sofern möglich, werden bereits gestartete Instanzen an den Kontrollfluss des neuen Workflowmodells angepasst. Welche Instanzen angepasst werden können und welche nicht, ist vom Bearbeitungsstatus der jeweiligen Instanzen abhängig (vgl. Weske et al. 1998, Schuschel 1998).

1.3.3.3 Workflow-Monitoring und Workflow-basiertes Controlling

Um eine nachträgliche Analyse von Workflow-Bearbeitungen zu ermöglichen, protokollieren viele Workflowmanagementsysteme Daten wie den Start- und Endzeitpunkt der Bearbeitung sowie den Bearbeiter eines Workitems in einem *Audit Trail*. Diese ermöglichen eine Auswertung von einzelnen Workflowinstanzen sowohl während als auch nach deren Ausführung. Während der Bearbeitung einer Workflowinstanz liegt das Hauptaugenmerk der Auswertung auf der Zustands- und Fortschrittsüberwachung (*Monitoring*). Vielfach bieten WfMS hierfür Anzeigewerkzeuge, die den aktuellen Bearbeitungszustand einer Workflowinstanz visualisieren.

Bei der Auswertung von Workflowinstanzen nach deren *Bearbeitung* (*Controlling*) stehen eher Aspekte wie Ressourceneffizienz, Durchlaufzeiten, Engpässe oder Durchführungskosten im Vordergrund. Statt einzelne Workflowinstanzen auszuwerten, werden dazu die Laufzeitdaten mehrerer Instanzen eines Workflowmodells aggregiert analysiert.[17] Abhängig vom Integrationsgrad des WfMS mit den Anwendungssystemen können neben den Audit-Trail-Daten auch Anwendungsdaten der Workflowinstanzen zu Analysezwecken genutzt werden (vgl. zur Mühlen 2002, S. 178-189, sowie Abschn. 2.6 zum Controlling von Workflows in der Produktion). Von besonderer Bedeutung sind die gewonnenen Daten für die Überarbeitung der Workflowmodelle und eine Neugestaltung der Geschäftsprozesse im Rahmen eines Business Process Redesign. Mit der Neugestaltung der Geschäftsprozesse schließt sich der Workflow-Lebenszyklus. Auf

---

[17] Zur Analyse von Audit-Trail-Daten vgl. zur Mühlen 2002.

diese Weise können WfMS bei der Umsetzung einer kontinuierlichen Prozessverbesserung unterstützen.

1.3.4 Merkmale von Workflow-Anwendungsarchitekturen

Die Ablaufsteuerung einer Workflow-Anwendung kann sowohl durch die Fachanwendung selbst als auch durch eine externe Anwendung bereitgestellt werden, wodurch sich zwei Architekturalternativen ergeben. Beide werden im Abschnitt Standalone- vs. Embedded-Systeme genauer beschrieben. Zur Integration eines WfMS mit anderen Anwendungssystemen müssen Schnittstellen zwischen den Funktionsblöcken der Ablaufsteuerung, der Fachanwendung, den Benutzerschnittstellen und Monitoring und Controlling geschaffen werden. Die WfMC hat hierfür ein Schnittstellenmodell vorgeschlagen, das im Abschnitt WfMC-Schnittstellen-Architektur vorgestellt wird.

Standalone- vs. Embedded-Systeme

Der Ursprung der WfMS-Entwicklung ist in dem Bestreben nach der Trennung von Anwendungslogik und Ablaufsteuerung zu sehen, das darin begründet ist, dass die zur Ablaufsteuerung von Workflows gehörenden Aufgaben anwendungs- und domänenneutral sind und somit aus den entsprechenden Systemen ausgegliedert werden können. WfMS sollten zu Datenbankmanagementsystemen vergleichbare Middleware-Komponenten werden, die von den Anwendungssystemen genutzt bzw. die Anwendungssysteme aufrufen sollten. Die Abb. 1.3-7 zeigt die Entwicklung von Architekturen von monolithischen Hostanwendungen hin zu auf Modulen basierenden Anwendungssystemen.

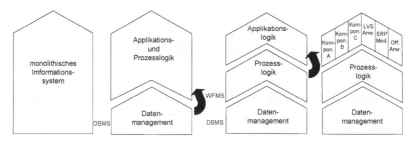

Abb. 1.3-7. Trennung der Ablauflogik von der Applikations- und Datensicht (vgl. zur Mühlen u. Hansmann 2002, S. 375)

Standalone-Systeme zeichnen sich dadurch aus, dass sie ein eigenständiges Software-Produkt sind, das unabhängig von anderen Anwendungen entwickelt wird und auch unabhängig von diesen betrieben werden kann. Zur Implementierung einer Workflow-Anwendung werden die Fachanwendungen über entsprechende Schnittstellen angesprochen. Für den Anwender stellt sich ein Standalone-WfMS in der Regel als eigenständige Applikation auf seinen Arbeitsplatzrechner dar. Mit ihr werden alle Aufgaben bearbeitet, die mit der Ausführung von Workflows verbunden sind; die Bearbeitung der fachlichen Aufgaben verbleibt weiterhin bei den aufgerufenen Anwendungen. Die Integration der aufgerufenen Anwendungen wird über Programmierschnittstellen oder direkte Programmaufrufe auf der Client-Seite realisiert. Für die Übergabe von Daten des Anwendungssystems an das WfMS müssen auf beiden Seiten geeignete Schnittstellen vorhanden sein.

Einen Überblick über die erforderlichen Schnittstellen zeigt Abb. 1.3-8. Da Standalone-WfMS keine Anwendungslogik zur Verfügung stellen, bieten sie in der Regel mehrere (häufig weit verbreitete) Schnittstellen zur Anbindung von Fremdsystemen. Sofern die Fremdsysteme ebenfalls diese Schnittstellen bieten, ist ein Anwendungsaufruf relativ einfach möglich. Zur Rückgabe von Informationen an das WfMS müssen entsprechende Aufrufe in das Anwendungssystem integrierbar sein (z.B. durch Makro-Aufrufe in Office-Anwendungen).

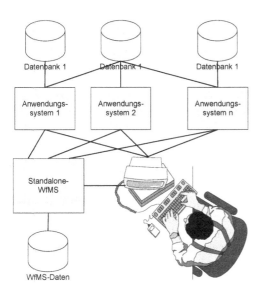

Abb. 1.3-8. Schnittstellen eines Standalone-WfMS

Bei der Verwaltung der Anwendungsdaten und des Organisationsmodells durch das Standalone-WfMS kommt es zu Redundanzen mit dem jeweiligen Anwendungssystem und somit zu Fehlerquellen. Werden bspw. die Berechtigungen aus dem Anwendungssystem nicht korrekt auf das Aufbauorganisationsmodell im WfMS übertragen, können Aufgaben an Personen delegiert werden, die im Anwendungssystem nicht berechtigt sind, die entsprechende Aufgabe durchzuführen, oder Personen, die diese Berechtigung haben, werden nicht über die anstehende Aufgabe informiert. Eine zentrale Organisationsdatenbank, in der die Berechtigungen und Rollen konsistent verwaltet werden, kann hier eine Lösung bieten (vgl. Becker et al. 2000, S. 47).

Gibt ein Anwendungssystem Daten aus dem eigenen Bestand an das WfMS (z.B. als Inhalt einer Prozessvariablen), können Datenunterschiede zwischen Anwendungssystem und WfMS nicht auf Dauer ausgeschlossen werden. Die Funktionen des Anwendungssystems stehen auch außerhalb der Kontrolle durch das WfMS zur Verfügung und können somit bereits an das WfMS übergebene Daten verändern. Haben die Prozessvariablen Einfluss auf den Kontrollfluss, kann der korrekte Ablauf des Workflow nicht mehr durch das WfMS sichergestellt werden.

Die Erweiterung des Funktionsumfangs von PPS-Systemen setzte sich auch in Bereich einer flexiblen Ablaufsteuerung fort und führte dazu, dass Workflow-Konzepte in diese Systeme integriert wurden. *Embedded-WfMS* zeichnen sich dadurch aus, dass ihre Leistungen nur genutzt werden können, wenn auch gleichzeitig das PPS/ERP-System eingesetzt wird. Die Oberfläche zur Nutzung der Workflow-Funktionalität ist in die Oberfläche des ERP-Systems integriert, so dass der Anwender keine neue Anwendung bedienen muss.

Durch die Integration der Workflow-Komponenten in das PPS/ERP-System lassen sich die für Standalone-Systeme aufgeführten Datenredundanzen leicht vermeiden, da ein Embedded-WfMS zur Laufzeit auf die aktuellen Daten des Anwendungssystems zugreifen kann. Fehler durch differierende Daten zum Zeitpunkt der Bestimmung des weiteren Verlaufs einer Workflowinstanz werden so vermieden.[18] Ist das PPS/ERP-System in der Lage, die Berechtigung der Anwender in Form einer für das WfM geeigneten Weise abzubilden, kann auf eine separate Modellierung der Aufbauorganisation verzichtet werden.

Bei ERP-Systemen, die eine eigene WfM-Komponente integriert haben, unterscheidet man noch, ob die ERP-Systeme auf dem Einsatz von Workflow-Technologie *basieren* oder diese „nur" *unterstützen*. Im ersten Fall können die Funktionen des ERP-System nur im Kontext eines Workflows genutzt werden. Soll eine Funktion außerhalb eines Workflows aufgerufen werden (z.B. weil noch kein entsprechender Workflow definiert wurde), muss zuerst ein neuer Workflow erstellt und instanziiert werden. Zur einfacheren Workflow-Erstellung werden hier in der Regel Werkzeuge/Methoden wie Ad-hoc-Workflows eingesetzt.

Die umfassende Abdeckung der Unternehmensaufgaben durch ERP-Systeme führt dazu, dass vielfach keine Integration zusätzlicher Fremdsysteme erforderlich ist. Entsprechend ist der Bedarf an Schnittstellen zu Fremdsystemen gering. Je weniger Schnittstellen jedoch vorgesehen sind, desto schwieriger gestaltet sich die Integration von Fremdsystemen. Die Abb. 1.3-9 zeigt ein (vereinfachtes) Schnittstellenmodell für ein Embedded-WfMS. Insbesondere fällt auf, dass die WfM-Komponente keine Verbindungen aus dem ERP-System heraus besitzt. In einem realistischen Umfeld wird ein PPS-System nicht ohne Verbindungen zu Fremdsystemen auskommen, da z.B. APS-Systeme oder Leitstände ebenfalls zum Einsatz kommen (vgl. Abschn. 3.1.3). Für die Unterscheidung in Standalone und Embedded-WfMS ist dieses jedoch nicht von Bedeutung.

---

[18] Auf die Möglichkeit, dass sich ein Workflow durch eine Veränderung an Daten in einem nicht mehr konsistenten Zustand – ein Zustand, der bei der Modellierung nicht in der notwendigen Weise berücksichtigt wurde – befindet, wird hier nicht weiter eingegangen, da dieses Problem unabhängig von der Architektur des WfMS auftritt. Neben der Schwierigkeit, solche Situationen automatisch zu erkennen, wird es in der Regel schwer fallen, ein standardisiertes Vorgehen zur Behandlung der Situation zu definieren.

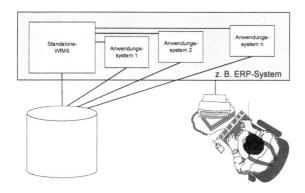

Abb. 1.3-9. Schnittstellen eines Embedded-WfMS

WfMC-Schnittstellen-Architektur

In ihrer Eigenschaft als Middleware zwischen der Anwendungslogik und der Ablauflogik von Prozessen müssen WfMS zum einen individuelle Schnittstellen zu den jeweiligen Fachanwendungen implementieren; zum anderen müssen die Fachanwendungen in der Lage sein, die Schnittstellen unterschiedlicher WfMS anzusprechen. Um nicht für jede Kombination von WfMS und Fachanwendungssystem eine eigene Schnittstelle entwickeln zu müssen, schlossen sich 1993 mehrere WfMS-Hersteller, Anwender, Analysten und Universitäten zur Non-profit-Organisation *Workflow Management Coalition* (*WfMC*) zusammen. Ihr Ziel besteht darin, durch die Etablierung von Standards die Interoperabilität zwischen Workflow-Produkten zu verbessern. Das Ergebnis der Standardisierungsbemühungen ist das in Abb. 1.3-10 dargestellte WfMS-Referenzmodell (vgl. WfMC 1995).

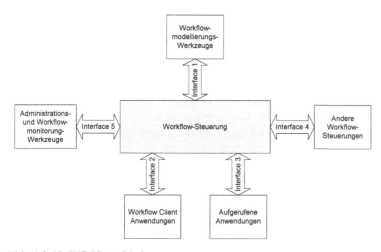

Abb. 1.3-10. WfMC-Architektur

Um die zentrale Workflow-Steuerungskomponente verteilen sich die übrigen Komponenten einer Workflow-Anwendung: Workflowmodellierungs-Werkzeuge, die Benutzerschnittstelle, aufgerufene Fachanwendungen, weitere WfMS sowie Werkzeuge zur Administration und zum Monitoring. Zu jeder dieser Komponenten ist eine Schnittstelle definiert worden:

- *Interface 1: Process Defintion Interchange* (vgl. WfMC 1999a)
  Über diese Schnittstelle können Workflowmodelle (*process definition*) zwischen unterschiedlichen Anwendungen ausgetauscht werden. Für den Austausch von Workflowmodellen zwischen Systemen kann es mehrere Gründe geben:

  - Es werden unterschiedliche Werkzeuge für die Definition, Analyse, Simulation und Dokumentation eines Workflows eingesetzt. Dabei ist die Auswahl der Werkzeuge unabhängig von der Steuerungskomponente des WfMS.
  - Die Modelle der Geschäftsprozesse sollen zusammen mit den zugehörigen Workflow-Modellen in einem zentralen und für unterschiedliche Werkzeuge offenen *Repository* gespeichert werden, um Inkonsistenzen und Übertragungsfehler zu vermeiden (vgl. Holten et al. 1997).
  - Ein Workflowmodell soll zwischen den Steuerungskomponenten mehrerer WfMS ausgetauscht werden, um einen laufenden Workflow in (technisch oder organisatorisch) unterschiedlichen Umgebungen bearbeiten zu können.

  Neben einer API umfasst die Schnittstelle auch eine eigene Beschreibungssprache für Workflowmodelle: *Workflow Process Definition Language* (*WPDL*).

- *Interface 2 und 3: Workflow Management Application Programming Interface* (vgl. WfMC 1998b)
  Die ursprünglich getrennt spezifizierten Schnittstellen 2 und 3 sind aufgrund von Überschneidungsbereichen bei der Schnittstellenspezifikation zusammengefasst worden. Im Einzelnen war das Interface 2 für die Kommunikation zwischen Steuerungskomponente und Benutzeroberfläche der Workflow-Laufzeit (Worklist) vorgesehen. Über diese Schnittstelle ist es z.B. möglich, die WfMS-eigene Oberfläche zur Worklist-Verwaltung durch eine bereits eingesetzte Groupware-Oberfläche (z.B. Outlook, Lotus Notes) auszutauschen. Hierdurch kann vermieden werden, dass ein an der Bearbeitung von Workflows teilnehmender Mitarbeiter eine neue (zusätzliche) Anwendung erlernen muss, da die Workitems in dem ihm bekannten Programm dargestellt werden können. Das Interface 3 adressiert(e) die Kommunikation zwischen Steuerungskomponente und aufgerufenen Anwendungen. Umsetzungen der Spezifikationen ermöglichen den Start der Anwendungsprogramme, den bidirektionalen Datenaustausch sowie die Übergabe von Status- und Fehlermeldungen von der Anwendung an die Workflow-Steuerung.

- *Interface 4: Workflow Interoperability* (vgl. WfMC 1999b)
  Die Interoperabilität zwischen Steuerungskomponenten mehrerer WfMS ist sowohl inner- als auch überbetrieblich von Bedeutung, um Teile einer Workflowinstanz von unterschiedlichen WfMS steuern zu lassen. Zum einen kann hierdurch die Trennung rechtlich unabhängiger Unternehmen, die im

Rahmen eines Prozesses eng zusammenarbeiten, aufrechterhalten bleiben, indem jedes Unternehmen selbst für die Steuerung der Teile des Prozesses, die es auszuführen hat, verantwortlich ist. Zum anderen können für unterschiedliche Teile des Prozesses besondere Anforderungen an das ausführende WfMS bestehen, die nicht vollständig von einem einzigen WfMS unterstützt werden können. Auch zur Lastenverteilung kann der Einsatz mehrerer WfMS-Steuerungskomponenten innerhalb eines Unternehmens erforderlich sein.

- *Interface 5: Audit Data Specification* (vgl. WfMC 1998a)
  Das Monitoring und Controlling von Workflow-Ausführungen wird über das Interface 5 von der Steuerungskomponente entkoppelt. Spezifiziert werden insbesondere die Informationen, die – aus unterschiedlichen Ereignissen wie Bereitstellung, Beginn der Bearbeitung oder Fertigstellung einer Aktivität resultierend – für Auswertungszwecke erfasst und gespeichert werden müssen. Außerdem wird festgelegt, über welche API auf diese *Common Workflow Audit Data* (CWAD) zugegriffen werden kann.

Die in der WfMC-Architektur beschriebenen Schnittstellen sind unabhängig von einer Programmiersprache, umfassen aber eine vollständige Spezifikation aller zwischen den Anwendungen auszutauschenden Daten einschließlich der Bedeutung und dem Datentyp der einzelnen Parameter. Um für Implementierungen nutzbare APIs zu definieren, werden die allgemeinen Schnittstellenspezifikationen von der WfMC auf unterschiedliche Programmiersprachen bzw. Middleware-Lösungen portiert.

Derzeit haben ca. 25 Firmen eine oder mehrere der Schnittstellen für ihre WfMS oder Modellierungswerkzeuge implementiert, Prototypen vorgestellt oder Absicht bekundet, WfMC-konforme Schnittstellen in Zukunft anzubieten. Zu den Firmen, die bereits WfMC-konforme Schnittstellen implementiert haben, zählen z.B. SAP, IBM, FileNET oder Staffware.

1.3.5 Literatur

Al-Ani, A.: Continuous Improvement als Ergänzung des Business Reengineering. In: zfo, 65 (1996) 3, S. 142-148.

Becker, J., Bergerfurth, J., Hansmann, H., Neumann, S., Serries, T.: Methoden zur Einführung Workflow-gestützter Architekturen von PPS-Systemen. In: Arbeitsbericht des Instituts für Wirtschaftsinformatik. Hrsg.: J. Becker, H.-L. Grob, S. Klein, H. Kuchen, U. Müller-Funk, G. Vossen. Münster 2000, Nr. 73. http://www.wi.uni-muenster.de/inst/arbber/ab73.pdf. Abrufdatum 2002-09-05.

Becker, J., Kahn, D.: Der Prozess im Fokus. In: Prozessmanagement. Ein Leitfaden zur prozessorientierten Organisationsgestaltung. Hrsg.: J. Becker, M. Kugeler, M. Rosemann. 3. Aufl., Berlin u.a. 2002, S. 3 - 15.

Becker, J., Knackstedt, R., Holten, R., Hansmann, H., Neumann, S.: Konstruktion von Methodiken. Vorschläge für eine begriffliche Grundlegung und domänenspezifische Anwendungsbeispiele. In: Arbeitsbericht des Instituts für Wirtschaftsinformatik. Hrsg.: J. Becker, H.-L. Grob, S. Klein, H. Kuchen, U. Müller-Funk, G. Vossen. Münster 2001, Nr. 77. http://www.wi.uni-muenster.de/inst/arbber/ab77.pdf. Abrufdatum 2002-08-20.

Becker, J., Schütte, R.: Handelsinformationssysteme. Landsberg/Lech 1996.

Becker, J., zur Mühlen, M.: Rocks, Stones and Sand - Zur Granularität von Komponenten in Workflowmanagementsystemen. In: IM Information Management & Consulting. 17 (1999) 2, S. 57-67.

Bogaschewsky, R., Rollberg, R.: Prozeßorientiertes Management. Berlin u.a. 1998.

Bußer, C. J.: Policy Resolution in Workflow Management Systems. In: Digital Technical Journal. Maynard, MA 6 (1994) 4, S. 26-49.

Bußler, C. J., Jablonski, S.: Policy Resolution for Workflow Management Systems. In: Nunamaker, J. F., Sprague, R. H. (Hrsg.): Proceedings of the 28th Annual Hawaii International Conference on System Sciences. Volume 4: Information Systems - Collaboration Systems and Technology Organizational Systems and Technology. Los Alamitos, CA, USA 1995, S. 831-840.

Davenport, T. H.: Process Innovation. Reengineering Work through Information Technology. Boston 1993.

Derungs, M., Vogler, P., Österle, H.: Metamodell Workflow. In: Arbeitsberichte des Instituts für Wirtschaftsinformatik, Universität St. Gallen. Hrsg.: Back, A., Österle, H., Schmidt, B. St. Gallen 1996.

Emrich, C.: Business Process Reengineering. In: io management, 65 (1996) 6, S. 53-56.

Esswein, W.: Das Rollenmodell der Organisation. In: Wirtschaftsinformatik, 35 (1993) 6, S. 551-561.

Gaitanides, M.: Prozeßorganisation. Entwicklung, Ansätze und Programme prozeßorientierter Organisationsgestaltung. München 1983.

Galler, J., Scheer, A.-W.: Workflow-Projekte: Vom Geschäftsprozeßmodell zur unternehmensspezifischen Workflow-Anwendung. In: Information Management, o. Jg. (1995) 1: S. 20-27.

Hammer, M., Champy, J.: Business Reengineering. Die Radikalkur für das Unternehmen. 2. Aufl., Frankfurt a. M., New York 1994.

Heilmann, H.: Die Integration der Aufbauorganisation in Workflow-Management-Systeme. In: Information Engineering. Hrsg.: H. Heilmann, L. J. Heinrich, F. Roithmayr. München, Wien 1996, S. 147-165.

Hoffmann, W., Kirsch, J., Scheer, A.-W.: Modellierung mit ereignisgesteuerten Prozeßketten. In: Veröffentlichungen des Instituts für Wirtschaftsinformatik. Hrsg.: A.-W. Scheer. Saarbrücken 1993, Nr. 101.

Holten, R., Striemer, R., Weske, M.: Vergleich von Ansätzen zur Entwicklung von Workflow-Anwendungen. In: Oberweis, A., Sneed, H. (Hrsg.): Tagungsband zur Software-Management '97. Leipzig 1997. S. 258-274.

Imai, M.: Kaizen. Der Schlüssel zum Erfolg der Japaner im Wettbewerb, München 1992.

Keller, G., Nüttgens, M., Scheer, A.-W.: Semantische Prozeßmodellierung auf der Basis „Ereignisgesteuerter Prozeßketten (EPK)". In: Veröffentlichungen des Instituts für Wirtschaftsinformatik. Hrsg.: A.-W. Scheer. Saarbrücken 1992, Nr. 89.

Keller, G, Meinhardt, S.: SAP R/3-Analyzer – Optimierung von Geschäftsprozessen auf Basis des R/3-Referenzmodells. Hrsg.: SAP AG. Walldorf 1994.

Kosiol, E.: Organisation der Unternehmung. 2. Auflage, Wiesbaden 1976.

Kugeler, M.: Informationsmodellbasierte Organisationsgestaltung. Modellierungskonventionen und Referenzvorgehensmodell zur prozessorientierten Reorganisation. Berlin 2000.

Lehmann, H.: Aufbauorganisation. In: Handwörterbuch der Betriebswirtschaftslehre. Hrsg.: E. Grochla, W. Wittmann. 4. Auflage, Stuttgart 1974, Sp. 290-298.

Neumann, S., Probst, C., Wernsmann, C.: Kontinuierliches Prozessmanagement. In: Prozessmanagement. Ein Leitfaden zur prozessorientierten Organisationsgestaltung. Hrsg.: J. Becker, M. Kugeler, M. Rosemann. 3. Aufl., Berlin u.a. 2002, S. 297 - 323.

Porter, M. E.: Wettbewerbsvorteile. Spitzenleistungen erreichen und behaupten. Frankfurt a. M., New York 1989.

Rosemann, M.: Komplexitätsmanagement in Prozessmodellen. Methodenspezifische Gestaltungsempfehlungen für die Informationsmodellierung. Wiesbaden 1996.

Rosemann, M., Schwegmann, A.: Vorbereitung der Prozessmodellierung. In: Becker, J., Kugeler, M., Rosemann, M.: Prozessmanagement. Ein Leitfaden zur Prozessorientierten Organisationsgestaltung. 3. Auflage, Berlin u.a., 2001, S. 47-94.

Rosemann, M., zur Mühlen, M.: Modellierung der Aufbauorganisation in Workflow-Management-Systemen: Kritische Bestandsaufnahme und Gestaltungsvorschläge. In: EMISA-Forum. Mitteilungen der GI-Fachgruppe „Entwicklungsmethoden für Informationssysteme und deren Anwendung", 1998, S. 78-86.

Scheer, A.-W. (1998a): ARIS – Modellierungsmethoden, Metamodelle, Anwendungen. 3. Aufl., Berlin u.a. 1998.

Scheer, A.-W. (1998b): ARIS – vom Geschäftsprozeß zum Anwendungssystem. 3. Aufl., Berlin u.a. 1998.

Scheer, A.-W.: Wirtschaftsinformatik. Referenzmodelle für industrielle Geschäftsprozesse. 7. Aufl., Berlin u.a. 1997.

Scheer, A.-W., Nüttgens, M., Zimmermann, V.: Rahmenkonzept für ein integriertes Geschäftsprozeßmanagement. In: Wirtschaftsinformatik, 37 (1995) 5, S. 426-434.

Schuschel, H.: Flexibilisierung von Workflows in einem verteilten, CORBA-basierten Workflow-Management-System. Diplomarbeit, Universität Münster, 1998.

Schweitzer, M.: Ablauforganisation. In: Handwörterbuch der Betriebswirtschaftslehre. Hrsg.: E. Grochla, W. Wittmann. 4. Auflage, Stuttgart 1974, Sp. 1-8.

Theuvsen, L.: Business Reengineering. In: Zfbf, 48 (1996) 1, S. 65-82.

v. Uthmann, C.: Geschäftsprozesssimulation von Supply Chains. Ein Praxisleitfaden für die Konstruktion von Management-orientierten Modellen integrierter Material- und Informationsflüsse. Erlangen 2001.

van der Aalst, W. M. P.: Generic Workflow Model: How to Handle Dynamic Change and Capture Management Information. In: Lenzerini, M., Dayal, U. (Hrsg.): Proceedings of the Fourth IFCIS International Conference on Cooperative Information Systems (CoopIS'99). Edinburgh, Scotland 1999. S. 115-126.

Weske, M., Hündling, J., Kuropka, D., Schuschel, H.: Objektorientierter Entwurf eines flexiblen Workflow-Management-Systems. In: Informatik Forschung und Entwicklung, 13 (1998) 4, S. 179-195.

Workflow Management Coalition (WfMC): Audit Data Specification. 1998a. http://www.wfmc.org/standards/docs/TC-1015_v11_1998.pdf. Abrufdatum 2002-09-05.

Workflow Management Coalition (WfMC): Interface 1: Process Definition Interchange. 1999a. http://www.wfmc.org/standards/docs/TC-1016-P_v11_IF1_Process_definition_Interchange.pdf. Abrufdatum 2002-09-05.

Workflow Management Coalition (WfMC): The Workflow Reference Model. 1995 http://www.wfmc.org/standards/docs/tc003v11.pdf. Abrufdatum 2002-09-05.

Workflow Management Coalition (WfMC): Workflow Management Application Programming Intercace (Interface 2&3) Specificaiton. 1998b. http://www.wfmc.org/standards/docs/if2v20.pdf. Abrufdatum: 2002-09-05.

Workflow Management Coalition (WfMC): Workflow Standard - Interoperability Abstract
    Specification. 1999b. http://www.wfmc.org/standards/docs/TC-1012_Nov_99.pdf. Ab-
    rufdatum 2002-09-05.
Zelewski, S.: Grundlagen. In: Betriebswirtschaftslehre. Hrsg.: H. Corsten, M. Reiß.
    2. Aufl., München, Wien 1996, S. 1-140.
zur Mühlen, M.: Workflow-based Process Controlling. Dissertation, Universität Münster
    2002.
zur Mühlen, M., Hansmann, H.: Workflowmanagement. In: Becker, J., Kugeler, M., Rose-
    mann, M.: Prozessmanagement. Ein Leitfaden zur Prozessorientierten Organisations-
    gestaltung. 3. Auflage, Berlin u.a., 2002, S. 373-409.

1.4 Koordinationsansätze für die Produktionsplanung und -steuerung

von Matthias Friedrich, Jörg Bergerfurth und Holger Hansmann

Workflowmanagementsysteme unterstützen, wie im vorherigen Abschnitt dargestellt, die Koordination von Aufgaben, Akteuren, Daten und Anwendungssystemen in Geschäftsprozessen. Im folgenden Abschnitt werden die Anforderungen der Auftragsabwicklung an die Koordination hergeleitet. Dazu sind zunächst Interdependenzen als Ursache für Koordinationsbedarfe und die Grundlagen der Koordinationstheorie zu beleuchten. Anschließend werden PPS- und WfM-Systeme hinsichtlich der eingesetzten Koordinationsmechanismen verglichen. Den Abschluss des Abschnitts bildet die Aufstellung der Koordinationsanforderungen aus Sicht der PPS.

1.4.1 Interdependenzen als Ursache der Koordination

Der Bedarf zur Koordination von Aufgaben und Entscheidungen in der PPS leitet sich aus der Organisation von Fertigungsunternehmen ab. Der Begriff Organisation kann auf zwei unterschiedliche Betrachtungsweisen verstanden werden:

- als Struktur (*ein Unternehmen ist eine Organisation*) und
- als Funktion (*ein Unternehmen hat eine Organisation*).

Im Folgenden wird die Organisation hinsichtlich ihres funktionalen Aspekts, also nach Kieser u. Kubicek (1992, S. 22), als ein formales Regelwerk zur Steuerung und Leitung von Organisationsmitgliedern – hier speziell Mitarbeitern – aufgefasst. Grundmerkmale der Organisationsstruktur sind nach Kieser u. Kubicek (1992, S. 79):

- Arbeitsteilung (Spezialisierung),
- Koordination,
- Konfiguration (Leitungssystematik),
- Kompetenzverteilung (Verteilung von Entscheidungen) und
- Formalisierung.

Wenn für die wirtschaftliche Tätigkeit eines Unternehmens mehr als eine Arbeitsperson benötigt werden, ergibt sich das Problem der Arbeitsteilung. Die Aspekte von Arbeitsteilung und Spezialisierung in Form von Funktionen, Abteilungen und Stellen sind Determinanten für die Koordination. Die Ursache eines Koordinationsbedarfs sind Interdependenzen zwischen den Aufgaben und Entscheidungen der einzelnen Organisationseinheiten (Thompson 1967, S. 54f).

Die Ausführung bzw. Instanziierung von Prozessen führt zu Interdependenzen und somit zu Koordinationsbedarf zwischen den beschriebenen Elementen des Modellsystems. In Anlehnung an das von Malone und Crowston geprägte Interdependenzverständnis entstehen Interdependenzen in Prozessen zwischen Aktivitäten und Ressourcen (vgl. Malone u. Crowston 1991, Malone u. Crowston 1994). Als grundsätzliche Alternativen unterscheiden Malone et al. (1999, S. 432) Flow-, Fit- und Share-Interdependenzen, auf die alle weiteren Interdependenzen durch Spezialisierungen oder Generalisierungen zurückgeführt werden können. Während Flow-Interdependenzen sequenzielle Abhängigkeiten zwischen Aktivitäten kennzeichnen, die durch eine Ressource verbunden sind, charakterisieren Fit-Interdependenzen Abhängigkeiten zwischen Aktivitäten, die eine gemeinsame Ressource erstellen. Flow- und Fit-Interdependenzen beschreiben demnach verschiedene Arten von Ablaufproblemen. Share-Interdependenzen treten auf, wenn mehrere Aktivitäten auf dieselbe Ressource zugreifen und führen zu Belegungs- bzw. Reihenfolgeproblemen. Assign-Interdependenzen, die durch Abhängigkeiten zwischen alternativ zur Auswahl stehenden Ressourcen entstehen und somit ein Allokationsproblem darstellen, werden als Spezialfall der Share-Interdependenz angesehen.

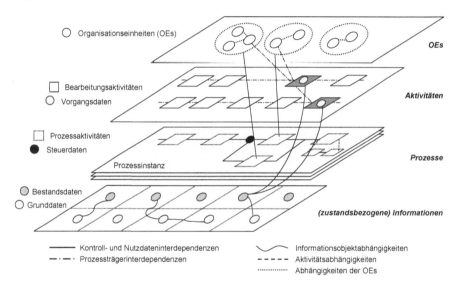

Abb. 1.4-1. Interdependenzen im Prozesskontext (Friedrich 2002, S. 63)

Im Kontext der Auftragsabwicklung können folglich Interdependenzen zwischen Aktivitäten und Informationen sowie zwischen Aktivitäten und organisatorischen Einheiten bzw. Informationssystemen entstehen (vgl. Abb. 1.4-1).

Darüber treten Abhängigkeiten zwischen den Ressourcen bzw. zwischen den Aktivitäten auf, die unter dem Begriff Ressourcen- bzw. Aktivitätsinterdependenzen subsummiert werden (vgl. Crowston 1994, S. 14).

1.4.2 Koordinationstheorie

Einen differenzierteren Ansatz zur Analyse und Gestaltung verschiedener Koordinationsformen liefern seit Anfang der 90er Jahre Malone u. Crowston unter dem Begriff der Koordinationstheorie. Die Koordinationstheorie umfasst Grundprinzipien, die sich mit der Frage beschäftigen, wie voneinander abhängige Aktivitäten koordiniert werden können. Kerngedanke der Koordinationstheorie ist, dass Abhängigkeiten nicht zwischen Organisationseinheiten auftreten, sondern vielmehr durch zielorientierte Ausführung von Aktivitäten durch Akteure und Ressourcen entstehen (Malone u. Crowston 1991, S. 2ff., Malone u. Crowston 1994, S. 90ff.). Die zwei zentralen Thesen der Koordinationstheorie sind:

- Interdependenzen und deren Koordinationsmechanismen sind allgemein, d.h. gleichartige Interdependenzen und Koordinationsmechanismen finden sich an verschiedenen Stellen einer Organisation.
- Zur Abstimmung einer Interdependenz stehen häufig verschiedene geeignete Koordinationsmechanismen zur Verfügung.

Hieraus ergibt sich, dass die Gestaltung von Prozessen durch die Identifikation der Interdependenzen und der Gestaltung von Koordinationsalternativen erfolgen kann (vgl. Crowston u. Osborn 1998, S. 7). Wesentlicher Unterschied zur konventionellen Organisationsgestaltung ist zum einen, dass sich die Koordinationsgestaltung nicht auf die statische Betrachtung von Abhängigkeiten zwischen Organisationseinheiten beschränkt. Zum anderen werden unterschiedliche Koordinationsmechanismen als Gestaltungsalternativen verstanden.

Zur Beschreibung der Prozesskoordinationsmechanismen werden qualitative und quantitative Merkmale verwendet. Die Ausprägungen der qualitativen Merkmale sind daher zu typisieren. Nahezu übereinstimmend werden in der Literatur als grundlegende Koordinationsprinzipien genannt (vgl. z.B. Kieser u. Kubicek 1992, S. 104):

- die Selbstabstimmung und
- die persönliche Weisung als personenorientierte Koordinationsformen sowie
- die Planung und
- die organisatorische Programmierung.

Die beiden letzten werden als technokratische Koordinationsformen bezeichnet, da (nur) sie einer Unterstützung durch IT-Systeme zugänglich sind. Eine Koordination durch Programmierung setzt einerseits die Standardisierung des Koordinationsbedarfs, d.h. der Interdependenzen, voraus und führt andererseits zu einer Standardisierung der Koordinationsleistung. Einige Autoren sprechen daher auch von einer Koordination durch Standardisierung (vgl. z.B. Mintzberg 1992, S. 19ff.). In der Praxis treten immer unterschiedliche Koordinationsformen in Kombination auf. Diese können sich teilweise substituieren.

1.4.3 Koordination in PPS- und Workflowmanagementsystemen

Unterschiedliche IT-Systeme können unterschiedliche Koordinationsleistungen erbringen und unterschiedliche Koordinationsstrategien unterstützen. Unterschiedliche Koordinationsstrategien schließen sich nicht gegenseitig aus, sondern können sich gegenseitig ergänzen (vgl. Hertweck 1998, S. 115).

PPS-Systeme planen vorrangig materialflussbezogene Aktivitäten. Planung in PPS-Systemen besteht überwiegend in der Terminierung der Ressourcennutzung, um Bedarfe an Produkten und untergeordneten Teilen zu decken. Die Ergebnisse einer Planungsaufgabe stellen Bedingungen für darauf folgende Planungsaufgaben dar (vgl. Scheer 1994, S. 19ff.). Die resultierenden Bedingungen können entweder als statische Eingangsinformation für eine folgende Aufgabe betrachtet werden (anweisungsorientierte Interdependenz) oder als Anforderung, die möglicherweise erfüllt werden kann, was evtl. eine Anpassung der ursprünglichen Planung erfordert (verhandlungsorientierte Interdependenz) (vgl. dazu auch Schütte et. al. 1999, S. 154f.).

Mechanismen wie Selbstabstimmung (verhandlungsorientiert) und persönliche Weisung (anweisungsorientiert) werden nicht direkt von PPS-Systemen unterstützt. Koordination anhand von Programmen ist in PPS-Systemen in Form von Arbeitsplänen zu finden, welche bei Instanziierung zu Fertigungsaufträgen werden. Bei Nutzung zusätzlicher Systeme wie Leitstände und Betriebsdatenerfassungsterminals können PPS-Systeme auch Feedback-Koordination ausüben. Feedback-Koordination basiert auf Informationen über den aktuellen Zustand, um Abweichungen von den ursprünglichen Plänen zu erkennen und zu vermindern. Während Abweichungen häufig automatisch erkannt werden können, müssen geeignete Maßnahmen zu ihrer Kompensation i.A. manuell ermittelt und koordiniert werden (vgl. Stadtler 2000, S. 158).

PPS-Systeme haben den Fokus auf Produktionsprozessen, d.h. sie planen und steuern materialverarbeitende Aktivitäten. Rein informationsflussorientierte Prozesse, insbesondere in den frühen Phasen der Auftragsabwicklung, die häufig den größeren Teil von Durchlaufzeit und Kosten verursachen, werden nicht systematisch koordiniert. PPS-Systeme steuern diese Klasse von Prozessen typischerweise anhand von Folgen des Auftragsstatus. Integritätsbedingungen können zusätzlich die korrekte Ausführungsreihenfolge sicherstellen (z.B. um das Buchen von Lieferantenrechnungen ohne vorherige Wareneingangsbuchung zu verhindern). Die Möglichkeiten zur Prozessdefinition bleiben abgesehen von Arbeitsplänen für die Fertigung jedoch beschränkt auf lineare, grobgranulare Folgen von Aktivitäten. Alternativen in der Prozessausführung, die sich erst zur Laufzeit ergeben, oder parallele Zweige werden nicht unterstützt. Hinzu kommt, dass nur Standardprozesse und keine Ausnahmebehandlungsprozeduren definiert werden (vgl. Strong et. al. 2001, S. 1050 f.). Der Vorwurf der Inflexibilität und Grobgranularität kann auch hinsichtlich der Abbildung organisatorischer Zuständigkeiten erhoben werden (vgl. Neumann et al. 2001, S. 135 f., Becker et al. 2000, S. 3 f.).

Die Steuerung der Ausführung informationsflussgetriebener Prozesse ist die Kernaufgabe von WfMS. Koordination durch Programme wird durch die Erstellung von Workflowmodellen in der Definitionsphase (Build-time) unterstützt, welche eine detaillierte Prozessdefinition repräsentieren. Workflowmodelle ermöglichen im Gegensatz zu den von PPS-Systemen gebotenen Arbeitsplänen eine äußerst umfassende Spezifikation des Kontrollflusses mit Alternativen und Parallelismus. Zur Laufzeit kann der aktuelle Zustand einer Workflowinstanz und der entsprechenden Workitems durch die Monitoring-Komponente eines WfMS kontrolliert werden.

Planung wird nur zu einem gewissen Ausmaß durch zusätzliche Attributierung der Workflowmodelle (z.b. Setzen des gewünschten Auslieferungsdatums als Zeitlimit für eine Workflowinstanz) unterstützt. Darüber hinaus stellt auch die Modellierung von Workflows eine Planungsaktivität im Sinne der Prozessplanung dar[19] (vgl. Kieser u. Kubicek 1992, S. 114f.). Generell ist die Koordination nach Plänen jedoch immer noch eher eine Kernkompetenz von PPS-Systemen. Ferner werden persönliche Weisungen und Abstimmungsmechanismen durch Modellierung von Ad-hoc-Workflows zur Laufzeit, durch Integration von CSCW-Komponenten oder durch andere nicht-prozedurale Workflow-Paradigmen wie z.b. dem Negotiation-Workflow-Ansatz (vgl. Krcmar u. Zerbe 1996) realisiert.

Es wird deutlich, dass die Integration der durch PPS-Systeme und WfMS bereitgestellten Koordinationsmechanismen eine Reihe von Synergieeffekten ermöglicht. Allerdings haben neuere Arbeiten gezeigt, dass aktuelle Ansätze zur Integration der Koordinationsmechanismen nicht die notwendigen Anforderungen erfüllen, um systematisch zwischen diesen Systemen verteilte Planungs- und Kontrollinformationen auszutauschen (vgl. Neumann et. al. 2001, S. 145 f.). Stattdessen ist eine neue Art von Systemarchitektur mit einem höheren Grad der Integration zwischen Produktionsplanungs- und Workflow-Steuerungsfunktionalität erforderlich. Dies kann nicht durch Interoperabilitätsstandards, wie sie heutzutage in kommerziellen Workflowmanagementsystemen umgesetzt sind, erreicht werden. Gleiches gilt auch für sogenannte „embedded" Workflow-Komponenten von ERP-/PPS-Systemen.

1.4.4 Anforderungen an das Koordinationssystem

Im Folgenden werden Sollanforderungen für die Koordination genannt, die von herkömmlichen PPS-Systemen i.d.R. nicht unterstützt werden. Dazu werden jeweils Techniken des Workflowmanagements betrachtet, die den Anforderungen für ein Koordinationsinstrument in der PPS entsprechen.

In der organisatorischen Gestaltungsphase der Auftragsabwicklung (Build-time-Phase im WfM) stehen bereits grob die Geschäftsprozesse und verantwortlichen Bereiche für die Bearbeitung eines Auftrags fest. Die Prozesse können vorstrukturiert und grob modelliert werden. Die genaue Spezifikation der Abläufe ergibt sich aber oft erst, wenn der Auftrag bearbeitet wird (Run-time-Phase im

---

[19] Dieser Auffassung soll hier im Gegensatz zu Kieser und Kubicek gefolgt werden, die einen engeren Planungsbegriff zu Grunde legen, bei dem Pläne Vorgaben bzw. Ziele für eine bestimmte Zeitperiode enthalten, die nicht wie der Inhalt von Programmen bzw. Workflowmodellen auf Dauer angelegt sind.

WfM). Zur Laufzeit müssen diese Abläufe im Detail spezifiziert werden. Zum Beispiel können kundenindividuelle Anpassungen eines Produktes Änderungen an den Prozessen notwendig machen. Es bestehen hohe Reihenfolgeabhängigkeiten bei den Schritten eines Auftrags. Bei Änderungen der Reihenfolge oder einer vom Schätzwert abweichenden Bearbeitungsdauer sind alle folgenden Tätigkeiten betroffen (Kapazitäts- und Zeitplanung). Zwischen den Aufträgen bestehen starke Abhängigkeiten bzgl. der Ressourcennutzung. Die Ressourcenbelastung kann im Vorhinein oft nicht abgeschätzt werden. Zudem treten häufig ungeplante Ereignisse ein (Maschinenstörung, Personalausfall, Rohstoffverfügbarkeit nicht gegeben), die eine kurzfristige Neuplanung erforderlich machen. Daraus ergeben sich folgende Anforderungen:

- Änderungen an den Prozessmodellen/Ablaufschemata sollten insbesondere zur Laufzeit möglich sein. Außerdem müssen die grob modellierten Prozesse verfeinert werden
- Eine Prozessbibliothek mit schon durchgeführten flexiblen Workflows kann durch die Wiederverwendung von (Teil-)Vorgängen die Workflowmodellierung beschleunigen. Bei einer großen Zahl von aufgezeichneten Prozessen ist es wichtig, gute Such- und Navigationsmöglichkeiten bereitzustellen, um gewünschte Prozesse schnell finden zu können. Die Prozessdokumentation kann ebenfalls einer Generalisierung von ähnlichen (erfolgreich durchgeführten) Prozessen und der kontinuierlichen Prozessverbesserung dienen. Für die kontinuierliche Prozessverbesserung im Sinne des Workflow-Lebenszyklus (zum Workflow-Lebenszyklus vgl. Abschn. 1.3) müssen zusätzlich noch Bearbeitungszeiten sowie Liege- und Wartezeiten aufgezeichnet werden.
- Ein Workflow-Assistent kann den Benutzer bei der Erstellung und Veränderung von Workflows zur Laufzeit unterstützen. Der Assistent ermöglicht auch dem normalen Benutzer, der mit der Modellierung von Workflows nicht so vertraut ist, eine schnelle Ablaufänderung. Zudem wird die Qualität der Modelle durch Standardisierung bzw. Modularisierung erhöht.

Ebenfalls eine Neuplanung erfordern kurzfristige Kundenwunschänderungen (Liefertermin, Produktspezifikation, Eilaufträge), da diese Auswirkungen auf andere Prozessinstanzen (Aufträge) im betrachteten Zeitraum haben.

Durch die Bildung von mehreren Fertigungslosen für einen Auftrag oder das Zusammenfassen von mehreren Aufträgen zu einem Los wird versucht, Ressourcen möglichst gut zu nutzen. Dies erfordert aus Prozesssicht ein Splitten bzw. das Zusammenführen von Prozessinstanzen. Folgende Punkte sind in diesem Zusammenhang für die Prozesstransparenz von Bedeutung:

- Ein instanzbezogener Prozessüberblick, z.B. zu einem Auftrag, sollte zentral möglich sein. Dabei kann es hilfreich sein, mit dem Workflow verbundene Objekte, wie z.B. Ressourcen, direkt abfragen zu können.
- Die konsequente Auswertung der Monitoring-Daten (Belegungszeiten, Liegezeiten) der Workflows ermöglicht z.B. die Ermittlung einer Ressourceneffizienz oder die Ermittlung von genauen Kosten für einen Auftrag (vgl. hierzu auch Abschn. 2.6).

Es zeigt sich, dass viele der Koordinationsanforderungen der PPS mit Methoden des Workflowmanagements erfüllt werden können. Inwieweit Workflowmanagement in der Produktion bereits verwendet wird, ist Gegenstand des nächsten Abschnitts.

1.4.5 Literatur

Becker, J., Bergerfurth, J., Hansmann, H., Neumann, S., Serries, T.: Methoden zur Einführung Workflow-gestützter Architekturen von PPS-Systemen. Arbeitsbericht Nr. 73 des Instituts für Wirtschaftsinformatik. Westfälische Wilhelms-Universität Münster 2000.

Crowston, J., Osborn, C. S.: A coordination theory approach to process description and redesign. Working Paper Massachusetts Institute of Technology, July 1998.

Crowston, K.: A Taxonomy of Organizational Dependencies and Coordination Mechanisms. Working Paper Massachusetts Institute of Technology, August 1994, http://ccs.mit.edu/papers/CCSWP174.html.

Friedrich, M.: Beurteilung automatisierter Prozesskoordination in der technischen Auftragsabwicklung. Dissertation, RWTH Aachen 2002.

Hertweck, M.: Die koordinationstheoretische Gestaltung und Bewertung alternativer Geschäftsprozesse unter Berücksichtigung des Einsatzes von Workflow Management und Workgroup Computing. Dissertation Albert-Ludwig Universität zu Freiburg im Breisgau 1998.

Kieser, A., Kubicek, H.: Organisation. 3., völlig neubearbeitete Auflage, de Gruyter, Berlin, New York 1992.

Krcmar, H., Zerbe, S.: Negotiation enabled Workflow (NEW): Workflowsysteme zur Unterstützung flexibler Geschäftsprozesse. In: Workflowmanagement – State-of-the-Art aus Sicht von Theorie und Praxis. Proceedings zum Workshop vom 10. April 1996. Arbeitsbericht des Instituts für Wirtschaftsinformatik Nr. 47. Münster 1996, S. 28-36.

Malone, T. W., Crowston, K., Lee, J., Pentland, B., Dellarocas, C., Wyner, G., Quimby, J., Osborn, C. S., Bernstein, A., Herman, G., Klein, M., O'Donnell, E.: Tools for Inventing Organizations: Toward a Handbook of Organizational Processes. In: Management Science 45(3), March 1999, S. 425 – 443.

Malone, T. W., Crowston, K.: Toward an Interdisciplinary Theory of Coordination. Working Paper Massachusetts Institute of Technology, April 1991.

Malone, T. W., Crowston, K.: The Interdisciplinary Study of Coordination. In: ACM Computing Surveys, Vol. 26, No. 1, March 1994, S. 87 – 119.

Mintzberg, H.: Die Mintzberg-Struktur. Organisationen effektiver gestalten. Verlag Moderne Industrie, Landsberg/Lech 1992.

Neumann, S., Serries, T., Becker, J.: Entwurfsfragen bei der Gestaltung Workflowintegrierter Architekturen von PPS-Systemen. In: Information Age Economy. Hrsg.: H. U. Buhl, A. Huther, B. Reitwiesner. Heidelberg 2001, S. 133 - 146.

Scheer, A.-W. (CIM): CIM – Computer Integrated Manufacturing: Towards the Factory of the Future. Berlin et al. 1994.

Stadtler, H.: Production Planning and Scheduling. In: Supply Chain Management and Advanced Planning: Concepts, Models, Software and Case Studies. Hrsg.: H. Stadtler, C. Kilger. Berlin u.a. 2000, S. 149 - 166.

Schütte, R., Siedentopf, J., Zelewski, S.: Koordinationsprobleme in Produktionsplanungs- und Steuerungskonzepten. In: Einführung in das Produktionscontrolling. Hrsg.: H. Corsten, B. Friedl. München 1999, S. 141 - 187.

Strong, D. M., Volkoff, O., Elmes, M.: ERP Systems, Task Structure and Workarounds in Organizations. In: Proceedings of the Seventh Americas Conference on Information System (ACIS 2001). Boston 2001.

Thompson, J. D.: Organisations in Action. Social Science Bases of Administrative Theory- New York 1967.

1.5 Workflowmanagement in der Produktion

von Klaus Wienecke

Der Einsatz von Workflowmanagement in Produktionsunternehmen scheint große Potenziale zu bieten. Eine mögliche Reduzierung der Durchlaufzeiten wird ebenso wie eine Verbesserung der Prozessstabilität gesehen. Um diese Potenziale auszuschöpfen, werden, wie in Abschn. 1.4 beschrieben, bestimmte Mechanismen benötigt, die ein ERP-/PPS-System bzw. ein gekoppeltes Workflowmanagementsystem unterstützen muss. Um den aktuellen Leistungsstand bei ERP-/PPS-Systemen einerseits und den tatsächlichen Einsatz in der betrieblichen Realität andererseits zu untersuchen, wurden zwei empirische Studien durchgeführt. In der ersten Studie wurde der funktionale Leistungsumfang von ERP-/PPS-Systemen abgefragt und statistisch ausgewertet. In einer zweiten Studie wurden neben den Anbietern auch die Anwender von ERP-/PPS-Systemen angeschrieben und zur betrieblichen Realität von Workflowmanagement befragt. Hierbei wurden sowohl Defizite bestehender Lösungen als auch mögliche Potenziale erfragt.

1.5.1 Workflowmanagement in ERP-/PPS-Systemen

Die erste Befragung wurde durchgeführt, um den aktuellen Leistungsstand von ERP-/PPS-Systemen bzgl. Workflowmanagement-Funktionalitäten zu analysieren. Basis der Analyse bildeten die Antworten, die 54 unterschiedliche Systemanbieter jeweils bzgl. der Funktionalität ihrer Systeme gegeben hatten. Die befragten Anbieter repräsentieren den Querschnitt der im deutschen Markt erhältlichen Systeme hinsichtlich Unternehmensgröße, bevorzugte Branche u.ä. Von diesen Anbietern gaben etwa 40% an, Workflows mit Hilfe einer eigenen Engine unterstützen zu können. Die übrigen Systeme besitzen keine proprietäre Engine und müssen im Anwendungsfall mit anderen speziellen Workflowmanagementsystemen gekoppelt werden. Im Folgenden wird erläutert, in welchem Maße Workflowmanagement-Funktionalitäten von den untersuchten ERP-/PPS-Systemen unterstützt werden.

Ein wesentlicher Punkt beim Workflowmanagement ist die Art der Gestaltung bzw. Modellierung von Workflows. Es können Prozessmodellierungswerkzeuge oder Geschäftsprozessdesigner zur Modellierung von Workflows verwendet werden. Dabei werden unter Zuordnung von Personen oder Rollen, Rechten und Verarbeitungsregeln aus einem Unternehmensmodell Workflows festgelegt. Unterscheiden lassen sich dabei externe Prozessmodellierungswerkzeuge wie z.B. Aris oder Bonapart, bei denen die generierten Modelle in das ERP-/PPS-System exportiert werden, und integrierte Prozessmodellierungswerkzeuge, die mit Standard-Referenzmodellen arbeiten. Etwa 30% der Anbieter geben an, Prozesse grafisch modellieren zu können. Häufig müssen jedoch weitere Anpassungen für die Definition durchgeführt werden. Workflows können innerhalb eines ERP-/PPS-Systems auch programmiert werden. Die Programmierung im Source-Code wird von über 35% der Systeme unterstützt. Einige Systeme (knapp 15%) bieten die Möglichkeit, Workflows mit Hilfe von Tabellen zu definieren. Dabei werden der Inhalt des Workflows sowie die Quelle und die Senke innerhalb einer Matrix abgebildet. Situationsbedingte Workflows werden als Ad-hoc-Workflows bezeichnet. Diese lassen sich von etwa 22% der Systeme abbilden. In der Regel werden hierbei Bearbeitungsschritte für einen nachfolgenden Arbeitsgang mit Hilfe eines E-Mail-Systems angestoßen (vgl. Abb. 1.5-1).

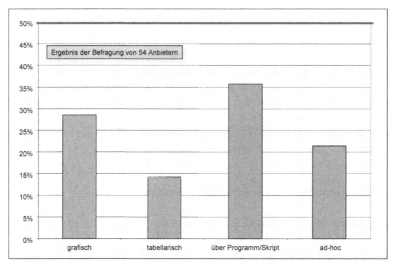

Abb. 1.5-1. Möglichkeiten zur Definition von Workflows

Um einen Workflow zu generieren, müssen verschiedene Elemente zur Verfügung gestellt werden. Das wichtigste Element, welches von etwa 50% der Systeme unterstützt wird, ist die Tätigkeit, die der auszuführenden Aktion entspricht. Wenn eine Tätigkeit nicht eindeutig definiert ist, sind Tätigkeitsbeschreibungen zu hinterlegen. Dies wird nur von etwa einem Drittel der Systeme abgebildet. Weiterhin lassen sich beispielsweise Personen, Rollen und Stellen als Aktoren definieren. Eine Stelle definiert unabhängig von der Person einen bestimmten Aufgabenbereich mit unterschiedlichen Anforderungen innerhalb eines Unternehmens. Eine Rolle beschreibt hingegen ein Profil, das aus bestimmten Anforderungen besteht, die nicht unbedingt einer Stelle zuzuordnen sind. Stellen und Rollen werden von etwa 25% der Systeme zur Abbildung von Workflows genutzt. Eine Worklist wird von etwa einem Drittel der Systeme zur Unterstützung von Workflows angeboten. Beliebige Dokumentarten können dagegen von knapp 70% der Systeme verwaltet werden. Einige Systeme bieten die Möglichkeit, beliebig viele Dokumente mit einem Workflow zu verknüpfen (vgl. Abb. 1.5-2).

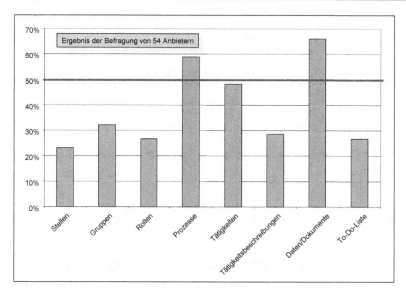

Abb. 1.5-2. Elemente zur Unterstützung der Workflow-Definition

Während der Laufzeit eines Workflows müssen einem Anwender verschiedene Möglichkeiten geboten werden, agieren bzw. reagieren zu können. Die einfachste Möglichkeit ist der Aufruf von ERP-/PPS-Funktionen gemäß Workflowmodell. Darüber hinaus muss im Bedarfsfall der Aufruf externer Funktionen (z.B. MS-Office) modellgemäß möglich sein. Ein Beispiel hierfür ist der Aufruf von MS-Excel für die Auswertung bestimmter Daten. Etwa 70% der Systeme bieten Schnittstellen mit entsprechenden Funktionalitäten an. Umgekehrt kann die Notwendigkeit gegeben sein, dass Dokumente – auch nach dem sie bearbeitet wurden – an Vorgänge angehängt werden sollen. In vielen Fällen ist es daher sinnvoll, einem Workflow unstrukturierte Informationen in Form von Notizen anhängen zu können (ca. 55%). Um einen reibungslosen Ablauf zu gewährleisten, sollte darüber hinaus die Angabe von Terminschranken für die Bearbeitung von Arbeitsschritten möglich sein. Auf diese Weise kann gewährleistet werden, dass wichtige Aufgaben nicht unbearbeitet an einer Stelle des Prozesses liegen bleiben. Ist der Termin erreicht, können in der Regel unterschiedliche Mechanismen greifen wie z.B. Vertreterregelungen oder Versenden von Meldungen. Bei ca. 40% der betrachteten Systeme können Terminschranken definiert werden. Unabhängig davon können über 60% der Systeme eine Wiedervorlage zu einem bestimmten Termin anbieten. Die Wiedervorlage eines Vorgangs zu einem Termin kann zum einen beim Bearbeiter und zum anderen beim Auslöser oder Controller des Workflows ausgelöst werden. Häufig sind innerhalb der Auftragsabwicklung einzelne Arbeitsschritte zu stornieren, wenn beispielsweise ab einem bestimmten Arbeitsschritt vom Standard-Prozess abgewichen wird. Etwa ein Drittel der Systeme unterstützen eine Stornierung von Arbeitsschritten (vgl. Abb. 1.5-3).

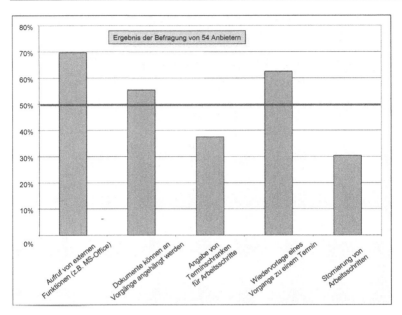

Abb. 1.5-3. Funktionale Workflow-Unterstützung zur Run-time

Während der Workflow-Ausführung müssen verschiedene Möglichkeiten des Workflow-Monitoring gegeben sein. Mit Hilfe eines Monitoring ist es möglich, rechtzeitig auf ungeplante Ereignisse reagieren zu können. Bei Überschreitung von Terminschranken oder durch externe Ereignisse (z.B. Kunde ändert Auftrag) können Fehlermeldungen entstehen (Alerts), die abhängig von ihrer Stufe die Einleitung von Maßnahmen bestimmen. Eine Überprüfung von Terminen wird von knapp 75% der Systeme unterstützt. Eine Behandlung externer Ereignisse wird hingegen von etwa 60% der Systeme angeboten. Des Weiteren sollte es möglich sein, die Bearbeitungs- , Durchlauf- und Liegezeiten zu analysieren, um frühzeitig Störungen oder Veränderungen entgegenwirken zu können. Eine Analyse der Bearbeitungs- und Durchlaufzeiten unterstützen etwa 50% der Systeme. Eine darüber hinaus gehende Analyse der Liegezeiten bilden noch 40% der Systeme ab (vgl. Abb. 1.5-4).

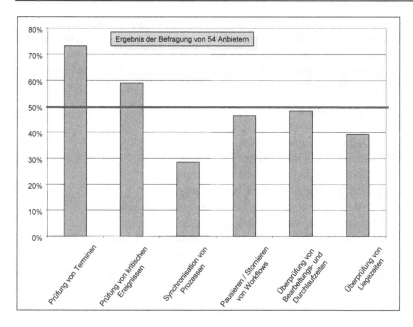

Abb. 1.5-4. Möglichkeiten zur Unterstützung von Workflow-Monitoring

1.5.2 Workflowmanagement in Produktionsunternehmen

Die Anbieter wurden darüber hinaus befragt, bei wievielen Kunden Teile der Auftragsabwicklung durch Workflowmanagement unterstützt werden. Es zeigt sich,
dass bei mehr als einem Drittel der Systemimplementierungen nur bei etwa 5%
der Kunden die Workflow-Engine genutzt wird. Etwa die Hälfte der Anbieter gibt
an, dass maximal 30% ihrer Kunden Workflowmanagement nutzen. Die Mehrheit
der Unternehmen nutzen somit ERP-/PPS-Systeme, ohne die Möglichkeiten einer
Workflow-Engine zu nutzen (vgl. Abb. 1.5-5).

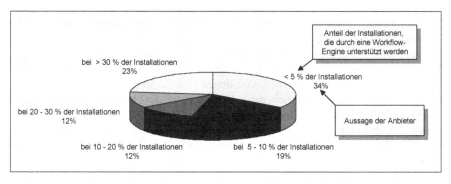

Abb.1.5-5. Angaben zur Unterstützung der Prozessabläufe durch eine Workflow-Engine

Aufgrund dieser Erkenntnis wurden ERP-/PPS-Systeme darüber hinaus aus Sicht von Anwendern untersucht. Im Rahmen einer Expertenbefragung, die während einer Arbeitskreissitzung (Arbeitskreis manufacturing workflow: AKmwf) durchgeführt wurde, wurden die Defizite heutiger Systeme diskutiert. Folgende Schwachstellen wurden ermittelt:

- mangelnde Prozesstransparenz,
- fehlende Ereignisorientierung,
- mangelndes Dokumentenmanagement,
- mangelnde Unterstützung ungeplanter Prozesse,
- fehlende Flexibilität bei Organisationsveränderungen,
- mangelnde Unterstützung administrativer Prozesse,
- mangelnde Prozessunterstützung zwischen Organisationseinheiten,
- mangelnde Unterstützung von Planungsprozessen,
- mangelnde Integration von anderen Anwendungssystemen sowie
- mangelnde Abbildung von Organisationsstrukturen.

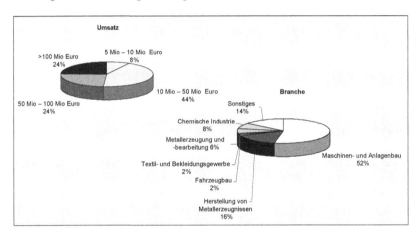

Abb. 1.5-6. Profil der Unternehmen

Diese Mängelliste bildete die Basis für eine weitere Befragung, die sowohl bei Produktionsunternehmen als auch bei ERP-/PPS-Anbietern durchgeführt wurde. Insgesamt wurden 760 Unternehmen angeschrieben. Von diesen haben sich 60 an der Befragung beteiligt, was einer Rückläuferquote von etwa 7,5% entspricht. Das Profil der Unternehmen findet sich in Abb. 1.5-6. Darüber hinaus wurden 136 ERP-/PPS-Anbieter angeschrieben, von denen sich 32 an der Befragung beteiligt haben (ca. 24% der angeschriebenen). Die Systeme der Anbieter repräsentieren einen Querschnitt des deutschen Marktes.

Die Unternehmen hatten fast alle ERP-/PPS-Systeme, FiBu und E-Mail im Einsatz. Groupware-Systeme wurden immerhin noch von (65%) der Unternehmen eingesetzt. Dagegen nutzten nur etwa 20% der Unternehmen Dokumentenmanagement-Systeme und weniger als 15% Workflowmanagementsysteme. Auf die

Frage, wie eine „Workflow-Unterstützung" im Unternehmen realisiert werde, antworteten knapp 90%, dass sie Dokumente manuell weiterleiteten und etwa 70%, dass sie E-Mail-Funktionalitäten nutzten. Deutlich weniger als die Hälfte der Unternehmen nutzen Workflowmanagement-Funktionalitäten des eingesetzten ERP-/PPS-Systems und nur 5% der Unternehmen nutzen ein externes Workflowmanagementsystem. Unternehmen führen demnach zum Großteil Workflowmanagement manuell durch. Das bedeutet, dass die Konsistenz der Daten nicht immer gewährleistet ist und Informationsflüsse über die „Hauspost" realisiert werden, was in der Regel zu längeren Durchlaufzeiten führt.

Des Weiteren wurden sowohl die Unternehmen als auch die Anbieter befragt, bei welchen Prozessen in den Unternehmen bereits Workflows realisiert wurden. Dazu wurden die Anwender befragt, ob sie bestimmte Prozesse bereits durch Workflowmanagement unterstützen und ob sie sich prinzipiell eine Unterstützung vorstellen könnten. Die Anbieter wurden nach realisierten Prozessen befragt. In Abb.1.5-7 sind die Ergebnisse dargestellt.

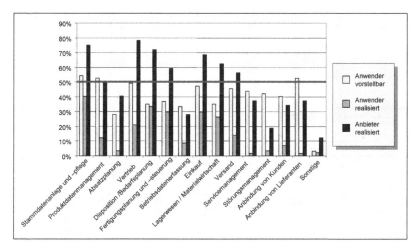

Abb. 1.5-7. Realisation von Workflows

Es zeigt sich, dass die Anbieter in der Regel einen höheren Realisationsgrad angegeben haben als die Unternehmen selbst. Das liegt unter anderem daran, dass Anbieter eher optimistisch antworten und angeben, welche Funktionalitäten evtl. unterstützt werden könnten. Zudem argumentieren Anbieter häufig marketingorientiert. Dagegen nennen die Anwender nur die Prozesse, die tatsächlich durch Workflow unterstützt werden. Bei den Prozessen Stammdatenanlage, Vertrieb und Einkauf haben die Anbieter einen sehr hohen Realisationsgrad und die Unternehmen sehen hier die höchsten Potenziale. Die Unternehmen können sich darüber hinaus vorstellen, dass in den Bereichen Produktdatenmanagement und Anbindung der Lieferanten Workflows realisiert werden. Die befragten Anbieter gaben jedoch an, Workflows bereits in Disposition, Fertigungsplanung und -steuerung, Lagerwesen und Versand umgesetzt zu haben. Bei der Umsetzung von Workflowmanagement bei Unternehmen zeigt sich, dass hauptsächlich Prozesse zur Stammdatenanlage und teilweise auch im Bereich Disposition / Bedarfsplanung umgesetzt wurden. Das bedeutet, dass nur wenige Prozesse tatsächlich unterstützt werden. Es ist demnach zu untersuchen, ob die Unterstützung durch ERP-/PPS-Systeme in der aktuellen Art ausreichend ist und wo die Defizite liegen.

1.5.3 Defizite aus Anwendersicht

Um die Defizite der vorhandenen DV-Unterstützung im Bereich der Produktionsplanung und -steuerung zu analysieren, sollten die Unternehmen vorgegebene Behauptungen bewerten. Hierbei bezogen sich sechs Behauptungen auf die Unterstützung der betrieblichen Abläufe und fünf auf die Unterstützung von Planungsaktivitäten. Die Unternehmen konnten die Behauptungen auf einer Skala von „ich stimme zu" bis „ich stimme nicht zu" innerhalb von fünf Stufen bewerten (vgl. Abb. 1.5-8). Die Behauptungen wurden phänomenologisch abgeleitet.

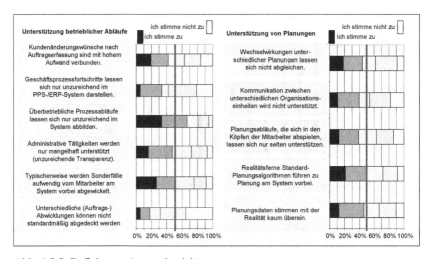

Abb. 1.5-8. Defizite aus Anwendersicht

Knapp 70% der befragten Unternehmen stimmten der Behauptung zu, dass sich überbetriebliche Prozessabläufe nur unzureichend abbilden lassen. Über 50% der Befragten stimmten mit der Behauptung überein, dass Sonderfälle aufwendig am System vorbei abgewickelt werden. Etwas weniger als 50% befürworteten die Behauptung, dass administrative Tätigkeiten nur unzureichend unterstützt werden und dass die Transparenz in diesen Bereichen unzureichend ist. Ebenso wird davon ausgegangen, dass Kundenänderungswünsche nach der Auftragserfassung mit hohem Aufwand im System zu pflegen sind. Die beiden Behauptungen, dass unterschiedliche Arten der Auftragsabwicklung nicht standardmäßig abgebildet werden können, sowie dass sich der Fortschritt der Geschäftsprozesse nur unzureichend im System darstellen lässt, werden nicht geteilt. Somit werden die

Hauptdefizite bzgl. der betrieblichen Abläufe in der Abbildung überbetrieblicher Abläufe und der Behandlung ungeplanter Ereignisse gesehen.

Über 50% der Unternehmen stimmen der Behauptung zu, dass realitätsferne Standard-Planungsalgorithmen zu einer Planung am System vorbei führen. Ebenso werden Defizite bzgl. eines möglichen Abgleichs von Wechselwirkungen zwischen unterschiedlichen Planungen gesehen. Für etwas weniger als 50% der Unternehmen stimmen Planung und Realität nicht überein. Weniger wird die Behauptung unterstützt, dass Planungsabläufe, die sich in den Köpfen der Mitarbeiter abspielen, nur selten durch das System unterstützen lassen. Die Behauptung, dass die Kommunikation zwischen unterschiedlichen Organisationseinheiten nicht hinreichend unterstützt wird, wird ebenfalls nicht geteilt. Die Hauptdefizite im Rahmen der Planung werden also hauptsächlich darin gesehen, dass Planungsalgorithmen realitätsfern sind und Planungsdaten selten mit der Realität übereinstimmen. Darüber hinaus existieren keine Mechanismen, mit deren Hilfe Wechselwirkungen zwischen Planungen hinreichend abgeglichen werden können.

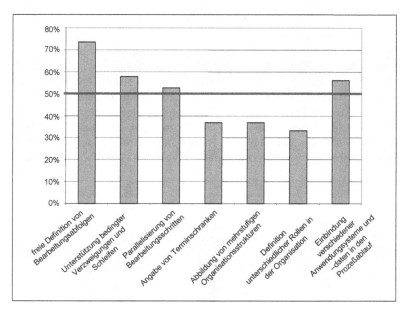

Abb. 1.5-9. Bedarf an Mechanismen zur Erhöhung der Prozessorientierung

Um zu analysieren, welchen Bedarf es an Mechanismen zur Erhöhung der Prozessorientierung gibt, wurde erfragt, welche der standardmäßigen Mechanismen von den Unternehmen genutzt würden. Die Antworten können in drei Bereiche unterteilt werden. Die freie Definition von Bearbeitungsfolgen kristallisierte sich als wichtigster Mechanismus heraus und wurde von 75% der befragten Unternehmen angegeben. Weiterhin werden drei Mechanismen von über 50% der befragten Unternehmen als wichtig eingestuft. Dazu zählen die Unterstützung bedingter Verzweigungen und Schleifen und die Parallelisierung von Bearbeitungsschritten. Ebenso wichtig wird die Einbindung verschiedener Anwendungssysteme und -daten in den Prozessablauf angesehen. Als weniger wichtig – mit einer Nennung von etwa einem Drittel der Unternehmen – wird beispielsweise die Angabe von Terminschranken gesehen. Von gleicher Wichtigkeit wird die Definition von Rollen innerhalb der Organisation oder die Abbildung mehrstufiger Organisationsstrukturen angesehen. Somit ergeben sich die hauptsächlichen Anforderungen für die Abbildung der Bearbeitungsabfolgen (vgl. Abb. 1.5-9).

1.5.4 Potenziale durch den Einsatz von Workflowmanagement

Neben der Ermittlung der Defizite bestehender ERP-/PPS-Systeme lag ein weiterer Fokus in der Bewertung von Potenzialen durch den Einsatz von Workflowmanagement. Hierzu wurden sowohl die Anbieter als auch die Unternehmen befragt. Die Befragung bezog sich auf die Bereiche Optimierung des Belegflusses, Optimierung von Abläufen, Integration verschiedener Anwendungssysteme sowie die Unterstützung von Ausnahmeprozessen. Die Potenziale wurden mit Hilfe der Bewertung vorgegebener Behauptungen ermittelt. Die Unternehmen konnten die Behauptungen auf einer Skala von „ich stimme zu" bis „ich stimme nicht zu" innerhalb von fünf Stufen bewerten. Generell hat sich gezeigt, dass die Anbieter höhere Potenziale durch den Einsatz von Workflowmanagement sehen.

Bezüglich der Optimierung des Belegflusses nehmen sowohl die Anwender wie auch Anbieter an, dass der Einsatz von Workflowmanagement zu einer Beschleunigung des Belegflusses führen wird, wobei die Anbieter eine deutlichere Steigerung sehen. In vergleichbarem Maße wird die Reduzierung der Durchlaufzeiten gesehen. Die Erhöhung der Sicherheit des Belegflusses wird von den Anbietern deutlich höher bewertet, als von den Unternehmen (vgl. Abb. 1.5-10).

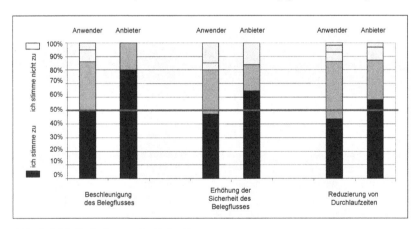

Abb. 1.5-10. Optimierung des Belegflusses

Bei der Bewertung der Optimierungspotenziale bzgl. der Abläufe werden die höchsten Verbesserungsmöglichkeiten bei der Optimierung der Kommunikation zwischen Standorten bzw. Unternehmen gesehen. Klassische ERP-/PPS-Systeme bieten hierzu in der Regel nur unzureichende Unterstützung. Weiterhin gehen sowohl Anbieter wie auch die Unternehmen davon aus, dass nur wenige Prozesse eine tatsächliche Nutzensteigerung bringen. Ebenfalls eher positiv wird das Potenzial zur Verbesserung der Abläufe durch Auswertung der Monitoringdaten des Workflowmanagementsystems gesehen. Dies spiegelt sich ebenfalls in der Defizitanalyse wider. Kritischer wird das Potenzial im Rahmen einer Erhöhung der Planungsqualität gesehen. Sowohl Anbieter als auch die Unternehmen sehen die verfügbaren Workflow-Mechanismen als nicht hinreichend an. Einigkeit herrscht ebenfalls bzgl. der Behauptung, dass es durch den Einsatz von Workflowmanagement kommt nicht zu einer Reduzierung der Flexibilität (vgl. Abb. 1.5-11).

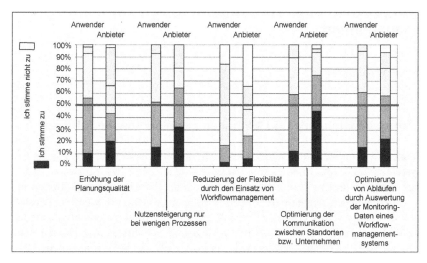

Abb. 1.5-11. Optimierung von Abläufen

Einer Unstützung von Ausnahmeprozessen mit Hilfe von Workflowmanagement wird ebenfalls Potenzial zugesprochen. Große Verbesserungsmöglichkeiten werden bei der Reduzierung von Fehlern durch die Standardisierung von Abläufen gesehen. Bestimmte Abläufe und Abfolgen können mit Hilfe von Workflows erzwungen werden. Etwa 80% der Befragten waren bzgl. dieser Behauptung positiv eingestellt. An eine Reduzierung des Koordinationsaufwands bei ungeplanten Ereignissen durch Workflowmanagement glauben jedoch nur etwa 60% der Unternehmen und 70% der Anbieter.

Insgesamt kann festgehalten werden, dass eine Reihe von Verbesserungspotenzialen im Einsatz von Workflowmanagement in der Produktion gesehen werden. ERP-/PPS-Systeme bieten zwar Mechanismen an, um Prozesse effizient zu gestalten, aber gerade aus Anwendersicht zeigte sich, dass viele Defizite existieren. Um die Potenziale nutzen zu können, sind demnach unterschiedliche Konzepte zu erarbeiten, die zum einen den Anwender bei der Einführung von Workflowmanagement unterstützt. Zum anderen sind bestehende Mechanismen in ERP-/PPS-Systemen geeignet zu ergänzen.

2 Einführung von Workflowmanagement-systemen in der Produktion

2.1 Vorgehensmodell zur Einführung von Workflow-management

von Stefan Neumann

2.1.1 Vorgehensmodelle und Methoden zur Workflow-Einführung

Bei Workflow-Applikationen handelt es sich um eine spezielle Art von Soft-waresystemen und ihre Entwicklung weist typische Züge des Software Engi-neerings auf. Wie andere komplexe Systeme müssen Workflow-Applikationen in einem systematischen, ingenieurmäßigen Vorgehen konstruiert werden. Dieses zeichnet sich dadurch aus, dass die Entwicklungsaufgabe und die zu entwickelnde Lösung in Teilaufgaben und -ergebnisse zerlegt und Schnittstellen zwischen den Ergebnissen vorab definiert werden (vgl. Teubner 1997, S. 74f.). Eine solche De-finition des Entwicklungsprozesses wird als *Vorgehensmodell* bezeichnet. Die im Vorgehensmodell enthaltenen Aufgaben werden zeitlich und logisch geordnet und grob in einzelnen Phasen gruppiert (vgl. Balzert 2000, S. 55, Bußler et al. 1997, S.142, Schwarze 1994, S. 219).

Workflowmanagement stellt die anspruchsvollste Form der Integration von Or-ganisations- und Informationssystemgestaltung dar, da es gerade in der Einbin-dung von Anwendungssystemfunktionalität in organisatorische Abläufe zum Ge-genstand hat (vgl. Becker u. Vossen 1996, S. 19f.). Die Entwicklung von Work-flow-Applikationen zeichnet sich gegenüber anderen Software-Engineering-Pro-jekten damit durch einen ausgeprägten Organisationsbezug aus. Workflow-getrie-bene Änderungen der Abläufe sind dabei die Regel (vgl. Kueng 1995, S. 3) und WfMS fungieren vielfach in erster Linie als „Enabler" im Rahmen der Organisati-onsgestaltung (vgl. Abschn. 1.3). Untersuchungsobjekte von Workflow-Projekten sind folglich

- die Prozesse des Unternehmens im Sinne der Regeln und Folgen von Funk-tionen, die zur betrieblichen Aufgabenerfüllung erforderlich sind,
- die Bearbeiter und Organisationseinheiten, die Funktionen ausführen, und ihre Beziehungen zueinander,

- die Funktionalität und Architektur der zur Ausführung der Prozesse nutzbaren Informationssysteme inkl. des WfMS zur Prozesskoordination.

Workflow-Projekte weisen daher zugleich Merkmale von Organisations- und IT-Projekten auf. Dies gilt für die Zusammensetzung des Projektteams und für die in den Phasen des Vorgehensmodells verwendeten Methoden.

Vorgehensmodellen zur Einführung von Workflowmanagement ist ein starker Fokus auf die Prozessmodellierung gemein. Die Workflow-Entwicklung wird im Wesentlichen als eine Transformation eines Workflowmodells aufgefasst (vgl. Weske et al. 2001, S. 36). Den Beginn macht dabei eine nichtformale Sammlung mehr oder weniger präziser Informationen zum organisatorischen Sachverhalt, die zunächst in ein semiformales Geschäftsprozessmodell überführt und anschließend sukzessive durch weitere Informationen konkretisiert und formalisiert wird. Schließlich erreicht das Ergebnis das Stadium einer von WfMS ausführbaren Workflow-Spezifikation, aus deren Betrieb weitere Informationen zur Verbesserung der Lösung gewonnen werden (vgl. Abb. 2.1-1).

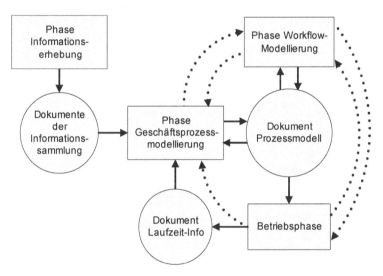

Abb. 2.1-1. Integrierter Ansatz zur Workflowmanagement-Einführung (vgl. Holten et. al. 1997, S. 14)

Zur Bearbeitung der einzelnen Aufgaben eines Vorgehensmodells werden Methoden angewendet, die Problemlösungstechniken für die Aufgabenerfüllung vorgeben. Methoden der Informationssystementwicklung beinhalten darüber hinaus i.d.R. Modellierungstechniken zur Erstellung und Repräsentation ihrer Ergebnisse (vgl. Becker et al. 2001 (Methodiken), S. 8ff., Teubner 1997, S. 95ff.). Mehrere alternative Methoden können sich zur Bearbeitung einer Aufgabe anbieten. Werden neben einem Vorgehensmodell konkrete Methoden vorgegeben sowie Regeln spezifiziert, die ihre Ergebnisse zueinander in Beziehung setzen, handelt es sich um eine *Methodik*.

2.1.2 PROWORK-Vorgehensmodell

2.1.2.1 Überblick

Im Projekt PROWORK wurde eine Methodik zur Einführung von Workflow-management verwendet, die den Besonderheiten von insbesondere kleinen und mittleren Industrieunternehmen Rechnung trägt. Das in Abb. 2.1-2 dargestellte Vorgehensmodell gruppiert die einzelnen Aktivitäten in Anlehnung an Standard-Vorgehensmodelle in die Phasen:

- *Projekteinrichtung*,
- *Analyse* der Unternehmensabläufe und -struktur sowie der IT-Landschaft,
- *Konzeption* der Reorganisation und des Workflow-Einsatzes,
- technische und organisatorische *Implementierung* der Anwendung sowie
- ihr *Betrieb* und die kontinuierliche Verbesserung.

Die Aktivitäten der einzelnen Phasen sind in Abb. 2.1-2 wiederum als Vierecke dargestellt, Ovale repräsentieren die Dokumente mit Ergebnissen jeder Phase. Die Besonderheiten der Methodik bestehen weniger in der Phasen- oder Aktivitäten-folge des Vorgehensmodells, als vielmehr in der spezifischen Ausprägung der ein-zelnen Methoden, die in den nachfolgenden Abschnitten dieses Buches einge-hender behandelt werden.

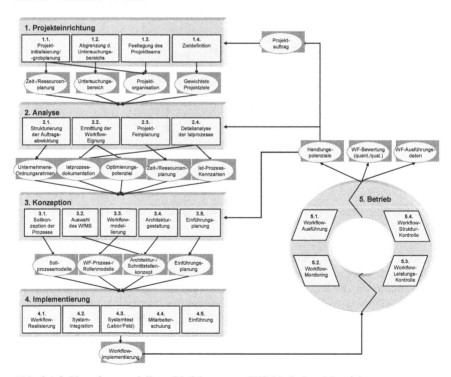

Abb. 2.1-2. Vorgehensmodell zur Einführung von WfM in Industriebetrieben

Die dargestellten Aktivitäten sind nicht notwendigerweise sequenziell im Sinne eines Wasserfallmodells auszuführen, zumal auch die Betrachtung mehrerer Prozesse vorgesehen ist, in denen eine Reorganisation bzw. WfMS-Einführung sukzessive erfolgen kann. Daher obliegt dem Projektmanagement die Entscheidung über die konkrete Ausprägung des Modells als streng sequenzielles, phasenüberlappendes, mit bedingten Rücksprüngen behaftetes oder iteratives Vorgehen.

2.1.2.2 Projekteinrichtung

Von der Einführung von Workflowmanagement versprechen sich Unternehmen grundsätzlich sinkende Durchlaufzeiten in Prozessen, geringere Fehlerraten, eine verbesserte Transparenz des Prozessfortschritts und/oder die Gewinnung von Hinweisen auf weitere Verbesserungspotenziale (vgl. Abschn. 1.5.4). Der Ausgangspunkt der Workflow-Einführung kann daher die Feststellung konkreter Defizite in bestimmten Prozessen sein, die sich quantitativ in Abweichungen entsprechender Prozesskennzahlen oder in Rückmeldungen der betroffenen Mitarbeiter äußern können. In diesen Fällen gibt ein *Bedarfssog* den Anstoß zur Projekteinrichtung. Auf der anderen Seite sehen sich Unternehmen auch einem *Technologiedruck* ausgesetzt (vgl. Dittrich et al. 1998, S. 78ff.). Neue Werkzeuge und Softwaretechnologien zur Anwendungsintegration, ERP-Systeme mit umfangreicher Workflow-Funktionalität und Systeme zur unternehmensübergreifenden Kopplung stehen einem Unternehmen und seinen Wettbewerbern zur Verfügung. Insbesondere die Einführung eines neuen ERP-Systems oder interorganisatorischer Lösungen stellt einen Anlass dar, die Auftragsabwicklungsprozesse umfassend auf den Prüfstand zu stellen und den verbliebenen Koordinationsbedarf zu ermitteln.

Die Initialisierung des Vorgehens erfolgt durch einen offiziellen Projektauftrag, der Zielsetzung und Zeitrahmen eindeutig beschreibt. In vielen Unternehmen werden für Optimierungsmaßnahmen generell zunächst Vorprojekte aufgesetzt, in denen im systemanalytischen Sinne Vorstudien erstellt werden. Ziel einer Vorstudie ist es, mit vertretbarem Aufwand den genauen Problembereich abzugrenzen und seine Wirkungszusammenhänge zu eruieren, grundsätzliche Lösungsmöglichkeiten zu identifizieren und hinsichtlich ihrer Realisierbarkeit und ihres Beitrags zur Problemlösung eine erste Bewertung abzugeben (vgl. Haberfellner et al. 1997, S. 39ff.). Vor-, Haupt- und Detailstudien werden im Vorgehensmodell nicht explizit unterschieden, lassen sich jedoch auf dessen einzelne Bestandteile abbilden. Werden im Unternehmen Vor- und Hautprojekt getrennt initialisiert, so sind spätestens für das Hauptprojekt aufgrund der z.T. beträchtlichen Auswirkungen des Workflow-Einsatzes auf Organisation und Mitarbeiter ein expliziter Projektauftrag und kontinuierliches Engagement der Geschäftsführung unentbehrlich.

An den Vorgaben des Projektauftrags richtet sich die Projekt-Grobplanung aus, die Ablauf- und Aufbauorganisation des Projektes festlegt, das Vorgehen grob terminiert und die Ausstattung mit Personal und Sachmitteln definiert. Da Workflow-geeignete Prozesse u.U. erst im weiteren Projektverlauf identifiziert, charakterisiert und priorisiert werden, ist eine Projekt-Feinplanung zu einem späteren Zeitpunkt erforderlich.

Aus dem Projektauftrag kann weiterhin die Abgrenzung des Untersuchungsbereichs des Projektes abgeleitet werden. Eine zu enge Abgrenzung birgt die Gefahr einer „lokalen Optimierung", bei der Verbesserungspotenziale in anderen Bereichen ungenutzt bleiben oder deren Nutzen durch unberücksichtigte negative Effekte kompensiert wird. Dennoch können z.B. Sparten, die nur geringe organisatorische und informationstechnische Beziehungen zum fokussierten Bereich aufweisen oder vor größeren Änderungen stehen, vorzeitig aus der Betrachtung genommen werden. Innerhalb des auf diese Weise abgegrenzten Untersuchungsbereiches werden konkret zu verändernde Prozesse erst im Laufe der nachfolgenden detaillierteren Analyse ermittelt.

Darauf aufbauend kann das Projektteam zusammengestellt werden. Die Projektstruktur bei der Einführung von Workflowmanagement umfasst mehrere Teilteams, deren Aufgaben und Anforderungen in Abb. 2.1-3 dargestellt sind.

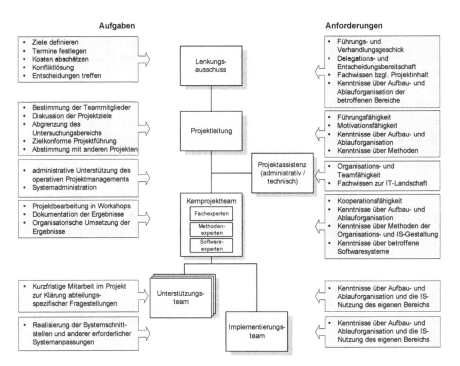

Abb. 2.1-3. Projektorganisation für die Einführung von Workflowmanagement (vgl. Schmitz 1998, S. 335ff., Hansmann u. Neumann 2001, S. 354f.)

Bei der Bildung des Kernteams ist vor allem darauf zu achten, dass nicht nur profunde Kenntnisse über die Geschäftsprozesse im Untersuchungsbereich vorhanden sind, sondern auch über die Funktionalität und Architektur der betroffenen Anwendungssysteme, insbesondere des PPS-/ERP-Systems, das die Prozessgestaltung prägt. Mitunter muss dieses Know-how durch Einbeziehung externer Beratung beschafft werden. Workflowmanagement fungiert zum einen als „Enabler" für organisatorische Veränderungen, zum anderen hängt die Ausgestaltung der Workflow-Lösung von den Möglichkeiten und Grenzen des einzusetzenden WfMS und seiner Kopplung mit den Anwendungssystemen ab. Mit Beginn der Konzeptionsphase ist daher zudem WfMS-spezifisches Expertenwissen erforderlich. Auch hier kann eine Einbindung externer Berater geboten sein.

Bedarfsweise werden in Unterstützungsteams Mitarbeiter aus betroffenen Fachbereichen hinzugezogen. Diese Einbeziehung der Fachvertreter ist aus mehreren Gründen erforderlich:

- Auch ein grundlegender Neuaufwurf der Prozesse muss Details der gegenwärtigen Prozessgestaltung und der Informationssystemnutzung, vorhandene Schwachstellen und Rahmenbedingungen berücksichtigen, die häufig nur den Prozessbeteiligten bekannt sind.
- Bei der Neukonzeption von Prozessen und der Kopplung von PPS-/ERP-System und WfMS bestehen auf feingranularer Ebene diverse Freiheitsgrade, die die Effizienz, Ergonomie und so letztlich auch die Akzeptanz der Workflow-Lösung beeinflussen. Daher kann durch die Beteiligung betroffener Mitarbeiter an der Feinkonzepterstellung und durch die Berücksichtigung arbeitspsychologischer Kriterien bei der Bewertung der Lösungsvarianten die Qualität der Ergebnisse verbessert werden (vgl. Hoffmann u. Herrmann 1998, Hoffmann et al. 1998).
- Die an der Konzeption beteiligten Mitarbeiter können nach der Einführung des Systems als „Key User" fungieren, die aufgrund ihres Informations- und Motivationsvorsprungs als kompetente Ansprechpartner die Systemeinführung auf der Anwendungsebene unterstützen und die Einweisung neuer Mitarbeiter vornehmen können (vgl. Hansmann u. Neumann 2001, S. 353).

Den Abschluss der Projekteinrichtungsphase bildet die Konkretisierung der Projektziele. Hierunter wird nicht die Beschreibung der angestrebten Veränderungen verstanden, sondern die Bewertung des von ihnen erwarteten Nutzens. Bei der Workflowmanagement-Einführung beziehen sich diese Ziele in den meisten Fällen auf Durchlaufzeit, Fehlerraten und Transparenz von Prozessen, also die *Prozesseffizienz*. Daneben kann Workflowmanagement auch zur Steigerung der *Ressourceneffizienz* beitragen, etwa wenn durch eine bessere Koordination von Dispositionsprozessen Lagerbestände verringert oder durch eine automatisierte Aufgabenverteilung die Mitarbeiterauslastung verbessert werden können (vgl. von Uthmann u. Rosemann 1998, S. 13f., Carsten et al. 1999. Zu den unterschiedlichen Effizienzarten vgl. Theuvsen 1996, S. 74f.). Die formulierten Ziele müssen in dieser Phase noch nicht hinsichtlich Ausmaß und Zeitbezug operationalisiert werden, sollten aber hinreichend präzise sein, um sie zur späteren Bewertung der Workflow-Eignung von Prozessen und Systemarchitekturvarianten heranziehen zu können (vgl. Abschn. 2.2).

2.1.2.3 Analyse

Die Analysephase beginnt mit der Identifikation und Abgrenzung der zu betrachtenden *Prozesse* und ihrer Beziehungen im Untersuchungsbereich (vgl. Abschn. 2.2.2). Die Prozesse, die im Rahmen der Geschäftsabwicklung eines Unternehmens ausgeführt und bei der Analyse abgegrenzt werden, können in einem komplexen Netzwerk durch unterschiedliche Beziehungen miteinander verbunden sein. Zum einen können Prozesse aus übergeordneten Prozessen heraus angestoßen werden bzw. nach Beendigung eines Vorgängerprozesses gestartet werden, zum anderen können Prozesse auch als Generalisierung der gemeinsamen Eigenschaften unterschiedlicher Prozessvarianten beschrieben werden. Die Variantenbildung kann nach unterschiedlichen Kriterien erfolgen, z.B. nach Sparten oder nach logistischen Kriterien, die die Form der Auftragsabwicklung beeinflussen. Die Herausforderung in diesem Schritt besteht in der Abbildung des komplexen Geschehens der Geschäftsabwicklung mit einer Vielzahl interdependenter Aufgaben in einer übersichtlichen und zugleich eindeutigen Prozessstruktur.

Dazu wird auf oberster Betrachtungsebene ein prozessorientierter *Ordnungsrahmen* des Unternehmens konstruiert. Der Ordnungsrahmen bietet einen groben Überblick über die prozessualen Zusammenhänge der Geschäftstätigkeit und grenzt Kern- von Unterstützungsprozessen sowie ggf. die wichtigsten Varianten der Auftragsabwicklung voneinander ab (vgl. Meise 2001, S. 62f., Becker u. Meise 2002, S. 95ff.). Dieses Top-Level-Modell der Unternehmensprozesse fungiert als Bezugspunkt für die weitere Analyse, in deren Verlauf die Ordnungsrahmenelemente weiter verfeinert werden.

Das Ziel der Strukturierung der Auftragsabwicklung besteht in der trennscharfen Abgrenzung von Prozessen, die Workflow-geeignet sein können (vgl. Abschn. 2.2.3). Dazu werden die Prozesse in Hinblick auf ihre Koordinationsanforderungen untersucht, die durch die spezifischen Leistungen von WfMS abgedeckt werden können. Aus den Koordinationsmechanismen in WfMS – Aktivitäten-, Aktoren-, datenbezogene, Anwendungssystem- und regulierende Koordination[1] – lassen sich daher Kriterien zur Ermittlung des Workflow-Potenzials eines Prozesses ableiten. Daneben müssen die Beiträge einer Workflow-Unterstützung zur Erreichung der Projektziele und bestehende organisatorische Restriktionen in die Betrachtung mit einbezogen werden. Um den Aufwand dieser mehrdimensionalen Bewertung in Grenzen zu halten, wird hier ein Top-down-Vorgehen vorgeschlagen, bei dem ausgehend vom Ordnungsrahmen die einzelnen Elemente hinsichtlich ihrer Workflow-Eignung bewertet und ggf. sukzessive weiter zerlegt werden. Prozesse, in denen eine Workflow-Unterstützung ungeeignet erscheint, werden dabei möglichst frühzeitig auf abstrakterer Ebene ausgesondert. Ergebnis dieser Projektaktivität sind eine Menge Workflow-geeigneter Prozesse, deren Struktur in der Folge detaillierter zu untersuchen ist.

Sind die Prozesse bekannt, die als Workflows realisiert werden sollen, und sind ihre Beziehungen zu anderen Bereichen des Unternehmens definiert, kann auch die Projektplanung konkretisiert werden. Auf der Grundlage der Erkenntnisse der

---

[1] Synonym kann auch von Feedback-Koordination gesprochen werden.

vorangegangenen Schritte lassen sich die zu bearbeitenden Prozesse priorisieren und die nachfolgenden Aktivitäten des Vorgehens für jeden Prozess genauer terminieren und mit Ressourcen ausstatten. Sofern noch nicht im Rahmen der Projekteinrichtung abschließend erfolgt, werden aktivitätenspezifisch zudem die einzusetzenden Methoden und Werkzeuge festgelegt, z.B. zur Prozessmodellierung.

Die Detailanalyse beinhaltet mindestens die Aufnahme folgender Informationen zu jedem Prozess:

- Outputdaten, d.h. die vom Prozess zu erstellende Leistung, und Inputdaten, also die vom Vorgängerprozess zu liefernden Ergebnisse;
- Ereignisse, die die Bearbeitung des Prozesses auslösen und die Beendigung des Prozesses kennzeichnen;
- unveränderliche organisatorische, technische oder rechtliche Rahmenbedingungen sowie
- bekannte Schwachstellen des Prozesses im gegenwärtigen Zustand.

Im Einzelfall ist zu entscheiden, ob darüber hinaus eine Modellierung der Prozessstruktur im Istzustand stattfindet (vgl. Becker u. Schütte 1996, S. 94). Gegen einen solchen Schritt sprechen der damit verbundene Aufwand und der dem Workflowmanagement-Einsatz inhärente Reengineering-Gedanke, der die bestehende Situation grundsätzlich in Frage stellt und die Neukonzeption der Geschäftsprozesse als Voraussetzung für die Realisierung der mit Workflowmanagement verbundenen Verbesserungspotenziale begreift. Andererseits stellt die Istmodellierung eine strukturierte Vorgehensweise zur Ermittlung der relevanten Spezifika, Rahmenbedingungen und Schwachstellen eines Prozesses dar, die auch für das Sollkonzept gelten bzw. darin zu beheben sind. Hinsichtlich der an der Modellierung beteiligten Mitarbeiter stellen die bei der Istmodellierung zu Tage tretenden Ineffizienzen einen zusätzlich motivierenden Faktor dar, der den Änderungsbedarf verdeutlicht. Besteht der Änderungsbedarf weniger in einer Reorganisation, sondern überwiegend in einer besseren informationstechnischen Unterstützung, lässt sich das Istmodell überdies wiederverwenden und mit geringem Aufwand in ein Sollmodell überführen.

2.1.2.4 Konzeption

Ausgehend von der Istaufnahme der Geschäftsprozesse werden Reorganisationsmaßnahmen konzipiert und dokumentiert. Der in dieser Phase festgestellte Reorganisationsbedarf kann verschiedene Ursachen haben:

- In der Analyse wurden Schwachstellen identifiziert, die durch veränderte organisatorische Regelungen ohne zusätzliche IT-Anforderungen beseitigt werden können;
- die Prozessbearbeitung erfolgt bislang zu uneinheitlich und wird überwiegend personenorientiert koordiniert, so dass ihre strukturierte Abbildung in einem Workflowmodell ohne vorherige Standardisierung und Formalisierung von Koordinationsmechanismen nicht sinnvoll ist; oder

- erst durch den Einsatz eines WfMS ergeben sich neue Möglichkeiten der Gestaltung einer Prozessstruktur oder der Integration unterschiedlicher Prozesse. Beispiele für diesen Fall sind die Parallelisierung und anschließende Synchronisation mehrerer Aktivitäten unterschiedlicher Bearbeiter im Rahmen der Teilestammdatenbearbeitung (vgl. Abschn. 2.2.4.3) oder die standortübergreifende Abstimmung von Planungsprozessen, etwa zur Verfügbarkeitsprüfung.

Typische Beispiele für Reorganisationsmaßnahmen in Geschäftsprozessen sind neben der Parallelisierung sequenzieller Aktivitäten der Wegfall überflüssiger Aktivitäten, z.b. Prüf- oder Kontrollfunktionen, die Reduzierung aufbauorganisatorischer Schnittstellen im Prozess und die Vereinheitlichung inhaltlich gleicher, aber strukturell verschiedener Prozesse (vgl. Krickl 1994, S. 27ff.). Auch bei der Sollkonzeption ist zu entscheiden, ob zunächst eine detaillierte, vom WfMS losgelöste Modellierung auf Fachkonzeptebene vorgenommen wird oder die Spezifikation erst mithilfe der vom WfMS unterstützten Technik zur Workflowmodellierung erfolgt.

Aus dem Sollkonzept gehen die funktionalen Anforderungen an das einzusetzende WfMS hervor. Die Auswahl des WfMS ist von zentraler Bedeutung auf die nachfolgenden Aktivitäten und wirkt u.U. auch auf die bereits erstellten Ergebnisse zurück. Neben den Koordinationsleistungen, die das WfMS für die zu unterstützenden Prozesse zu erbringen hat, und technischen Fragen der Interoperabilität sind auch nichtfunktionale Kriterien wie Größe, Zukunftsaussichten und Servicequalität des Herstellers für die Auswahlentscheidung von Bedeutung. In die Betrachtung können auch Workflow-fähige Systeme einbezogen werden, die im Unternehmen bereits vorhanden sind, etwa Groupware- oder Dokumentenmanagementlösungen. Diese werden hinsichtlich der angebotenen Koordinationsmechanismen bewertet.

Mit der Modellierungstechnik des WfMS werden die Sollkonzepte der Geschäftsprozesse in Workflowmodelle überführt. Dazu werden die kontrollflussbestimmenden Regeln formalisiert, der Detaillierungsgrad der modellierten Aktivitäten angepasst und die Aktivitäten hinsichtlich ihrer Ausführungseigenschaften näher charakterisiert. Da die von WfMS angebotenen Modellierungsmethoden und -werkzeuge selten für eine umfassende Geschäftsprozessmodellierung mit organisatorischem Schwerpunkt geeignet sind, erfolgt beim Übergang vom Sollprozessmodell zum Workflowmodell oftmals ein Methodenbruch. Die Zuordnung zu Bearbeitern erfolgt über das Organisationsmodell, in dem die Workflowakteure gemäß ihrer Qualifikation oder Kompetenz zu Rollen gruppiert werden, die mit ihren Beziehungen untereinander und zu Aktivitäten spezifiziert werden (vgl. Abschn. 2.4.2).

Anders als in vielen reinen Verwaltungsprozessen, die oftmals als Anwendungsfelder für WfMS angeführt werden und in denen WfMS die Integration unverbundener Einzelanwendungen oder manueller Aktivitäten herstellen, existiert in PPS-Prozessen im Regelfall bereits eine durchgängige Prozessunterstützung durch Anwendungssysteme mit spezifischen Koordinationsmechanismen und Möglichkeiten der Anpassung an die Unternehmensorganisation. Die Spezifikation muss daher auch eine Verteilung der Systemfunktionalität, die insgesamt für die Workflow-Applikation erforderlich ist, zwischen den beteiligten Systemen (WfM- und Anwendungssystemen) beinhalten. Diese Zuordnungsentscheidungen sind ggf. auf allen Ebenen der Systemarchitektur – Datenmanagement, Anwendungsfunktionalität, Prozesssteuerung, Benutzerführung – vorzunehmen (vgl. Neumann et al. 2001, S. 135-142, sowie Abschn. 2.5.2). Die Gestaltung der Integrationsarchitektur, die in diesem weiteren Sinne auch ein Problem der Konfiguration zur Verfügung stehender Systemkomponenten darstellt, muss mithin überlappend und in Abstimmung mit der Workflowmodellierung stattfinden und beeinflusst auch die WfMS-Auswahl. Die Architekturgestaltung im engeren Sinne baut auf diesem Konfigurationsentwurf auf, ermittelt die daraus resultierenden Interdependenzen zwischen den Systemkomponenten und spezifiziert die erforderlichen Schnittstellen.

Gegenstand der Einführungsplanung sind die Konzeption und Vorbereitung der Kommunikationsmaßnahmen, die die Einführung der neuen Lösung im Unternehmen flankieren. Hierzu zählen die Auswahl von Medien, die Planung von Mitarbeiterschulungen und die Erstellung von Schulungsunterlagen. Des Weiteren ist mit der Einführungsstrategie abschließend festzulegen, nach welchem Schema die Workflow-Applikation in Betrieb genommen wird (vgl. Hansmann et al. 2002, S. 266ff.). Dies beinhaltet auch Mechanismen zum Monitoring der Einführung und zur Regelung von Störungen.

2.1.2.5 Implementierung

Da Workflowsteuerung in der Ausführung von Modellen besteht, ist ein wesentlicher Teil der Systemrealisierung mit der Workflowmodellierung bereits erfolgt. Aus dem grafischen Modell wird automatisiert eine Workflow-Spezifikation generiert, die zur Ausführungszeit des Prozesses von einer Workflow-Engine interpretiert werden kann. Eine Programmierung kann folgende Eigenschaften der Workflow-Applikation betreffen:

- Funktionen zur Auswertung komplexer Kontrollflussbedingungen;
- spezifische Rollenauflösungsmechanismen, die nicht vom WfMS angeboten werden, oder
- Zugriffe auf Daten oder Funktionen von Anwendungssystemen.

Die Kopplung mit Anwendungssystemen verursacht häufig den größten Teil des Gesamtaufwandes einer WfMS-Einführung. Er ist umso höher, je feiner die Granularität der Anwendungssystemaufrufe ist (vgl. Becker u. zur Mühlen 1999, S. 64f). Eine enge Kopplung zwischen Workflowsteuerungs- und Anwendungsfunktionalität kann mit geringem Aufwand innerhalb von Embedded-WfMS realisiert werden.

Im nächsten Schritt schließt sich die Integration des neuen Systems in die Informationssystemlandschaft des Unternehmens an. Dazu werden die benötigten Softwarekomponenten für die Server und die Clients der Benutzer installiert. Insbesondere ist die Kopplung mit Anwendungs- und Datenbankmanagementsystemen herzustellen. Die Stammdaten des WfMS, z.B. zu den Workflow-Anwendern, werden erfasst bzw. aus anderen Systemen übertragen.

Tests des Systems werden sowohl vor als auch nach der Installation durchgeführt. Während vor der Installation („Labortest") die Korrektheit der Kontrollflussspezifikation im Vordergrund steht, können vor Ort auch die Stabilität und Fehlertoleranz der Integration mit anderen Systemen, die Performance unter Last und in gewissen Grenzen die Ergonomie getestet werden („Feldtest"). Es empfiehlt sich, eine größere Anzahl von Testläufen mit Daten historischer Geschäftsvorfälle durchzuführen. Zudem muss insbesondere die Robustheit der Workflow-Ausführung gegenüber fehlerhaften, unvollständigen oder extremwertigen Ausprägungen der Workflow-relevanten Anwendungsdaten geprüft werden.

Die Mitarbeiterschulung richtet sich sowohl an die zukünftigen Anwender als auch an die Führungskräfte, deren Bereiche von Prozessänderungen betroffen sind. Es hat sich bei den PROWORK-Industriepartnern bewährt, die Mitarbeiter zunächst mit den Grundideen der Prozessorientierung und des Workflowmanagements vertraut zu machen. Darauf aufbauend werden auf betriebswirtschaftlich-fachkonzeptioneller Ebene die Schwächen der bisherigen Prozessbearbeitung und die Neugestaltung der Abläufe diskutiert. Erst danach wird den Anwendern die softwaretechnische Umsetzung der zuvor vermittelten konzeptionellen Schulungsinhalte präsentiert und die Systembenutzung geschult.

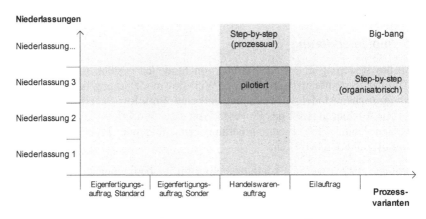

Abb. 2.1-4. Einführungsstrategien für Workflow-Lösungen im Überblick (vgl. Hansmann et al. 2001, S. 268)

Die Systemeinführung i.S. des Übergangs in den Produktivbetrieb kann gemäß der zuvor vereinbarten Einführungsstrategie sukzessive oder zu einem bestimmten Zeitpunkt erfolgen (vgl. Abb. 2.1-4). Bei einer auch als „Big Bang" bezeichneten Strategie wird das System für alle unterstützten Prozesse in allen Organisationseinheiten zeitgleich in Betrieb genommen. Eine mit geringerem Risiko behaftete „Step-by-Step"-Strategie dagegen pilotiert den Produktivbetrieb zunächst in ausgewählten Bereichen. Die Reihenfolge einer Step-by-Step-Einführung kann sich zum einen auf die verschiedenen Organisationseinheiten beziehen, in denen die Workflows ausgeführt werden sollen, oder auf eine kleinere Gruppe von Anwendern. Sollen mehrere Prozesse durch verschiedene Workflows unterstützt werden, können zum anderen auch einzelne Workflow-Typen vorab pilotiert werden. Auch ein einzelner Workflow-Typ kann zunächst nur für bestimmte Kategorien von Geschäftsvorfällen betrieben werden, z.b. für einzelne Auftragsarten (wie in Abb. 2.1-4 dargestellt). Bei diesen Varianten können generelle Schwächen des Systems, z.b. unzureichende Performance, Stabilität oder Mitarbeiterqualifikation, im Pilotbetrieb erkannt und beseitigt werden (vgl. Galler et al. 1995, S. 10).

2.1.2.6 Betrieb

Im Betrieb werden die spezifizierten Workflows beim Eintreten der vorgegebenen Startbedingungen instanziiert und ihre Ausführung durch das WfMS gesteuert. Alle steuerungsrelevanten Ereignisse während der Ausführung, z.b. Beginn und Ende der Bearbeitung von Workitems, werden im Audit Trail des WfMS protokolliert.

Die Vorauskoordination durch das WfMS wird zur Laufzeit ergänzt durch Feedback-Mechanismen, die als *Workflow-Monitoring* bezeichnet werden. Manuelle Aufgaben im Rahmen des Monitorings stellen die Reaktion auf (vom WfMS ermittelbare) Überschreitungen von Fristen sowie die Identifikation und Behandlung anderer Störungen des Ablaufs dar. Die Behandlung kann kontrollflussbezogen erfolgen, indem von Störungen betroffene Workflowinstanzen angehalten oder zurückgesetzt werden. Bei einem ressourcenbezogenen Eingriff werden Workitems unter Gesichtspunkten der Mitarbeiterverfügbarkeit, Lastverteilung oder Qualifikation nachträglich anderen Bearbeitern zugewiesen.

Eine andere Form der Feedback-Koordination stellt das Workflow-Controlling dar, das in zwei Ausprägungen beschrieben werden kann. Das *Workflow-Leistungscontrolling* prüft die Entwicklung von Prozesskennzahlen und die Erreichung der Sachziele des Projekts. Informationen zur Ermittlung von zeitbezogenen Ergebnissen und das Mengengerüst einer Prozesskostenrechnung lassen sich hauptsächlich aus den Protokolldaten der Workflow-Ausführung gewinnen (vgl. Abschn. 2.6). Die Zufriedenheit der Mitarbeiter sowohl mit den organisatorischen Veränderungen als auch mit der Benutzerfreundlichkeit des neuen Systems wird in Befragungen ermittelt. Gegenstand des *Workflow-Strukturcontrollings* ist die Adäquanz der Workflowmodellierung. Auch darüber können die Protokolldaten des WfMS Aufschluss geben. Einen Indikator für unzureichende Modelladäquanz stellt der Anteil der Prozessinstanzen dar, die aufgrund spezieller, nicht unterstützter Auftragsmerkmale nicht als systemgesteuerte Workflows ausgeführt wurden. Ebenso ist die Menge der Workflowinstanzen, die aufgrund ungeplanter Ereignisse abgebrochen oder zurückgesetzt wurden, zu untersuchen. Diese Ereignisse können klassifiziert und die Workflow-Spezifikation entsprechend angepasst werden, etwa durch Modellierung zusätzlicher Ablaufalternativen (vgl. Heiderich (1998), sowie Abschn. 3.5). Ergebnisse des Workflow-Controllings sind Handlungspotenziale, die entweder in kurzfristige Verbesserungen der bestehenden Lösung umgesetzt werden oder den Anstoß zu neuen Projekten geben können.

2.1.3 Kritische Erfolgsfaktoren bei der Einführung von Workflowmanagement

Viele Projekte zur Einführung von WfMS scheitern oder verursachen wesentlich höhere Kosten als ursprünglich geplant (vgl. Kueng 1995). Gerade in kleinen oder mittleren Produktionsunternehmen ist die Verbreitung des WfMS-Einsatzes noch gering. Die dargestellte Methodik stellt eine Referenz für ein effizientes Vorgehen unter Berücksichtigung der Spezifika industrieller Workflows dar. Verschiedene Bestandteile werden in den nachfolgenden Abschnitten detaillierter erörtert. Zusammenfassend lassen sich folgende Erfolgsfaktoren für die erfolgreiche Anwendung der Methodik herausstellen:

1. Aufgrund der u.U. weit reichenden Auswirkungen auf die Organisation und der Heterogenität der für die Workflow-Einführung erforderlichen Qualifikationen ist der Zusammensetzung des Projektteams besondere Bedeutung beizumessen. Kenntnisse über Methoden, unternehmensspezifische Abläufe, die betroffenen Anwendungssysteme und Spezifika des einzusetzenden WfMS müssen angemessen in der Projektorganisation repräsentiert sein. Auch in der Implementierungsphase ist ein Konzept für die effiziente Koordination der arbeitsteilig durchgeführten Entwicklungsaktivitäten erforderlich. Auch bei den Methoden- und Workflow-Experten im Projektteam sollte ein Verständnis für die komplexen Planungsstrukturen in der industriellen Auftragsabwicklung und ihre Abbildung in PPS-Systemen vorhanden sein.

2. Im Projekt muss Entscheidungskompetenz und -fähigkeit sichergestellt sein. Im Lenkungsausschuss sollte daher ein Mitglied der Geschäftsführung vertreten sein, das die Aktivitäten kritisch und konstruktiv begleiten kann und bereit ist, den Maßnahmen des Projektes die ihnen angemessene Priorität einzuräumen.

3. Bei allen Beteiligten sollten bereits zu Projektbeginn realistische Einschätzungen der Eigenschaften und des potenziellen Nutzens von Workflow-Applikationen vorhanden sein. Weder werden durch ein WfMS Prozesse zu starren Strukturen „zementiert" und flexible Reaktionen auf spezielle Ereignisse verhindert, noch können WfMS sämtliche Koordinationsdefizite in Prozessen beseitigen. Zudem lassen sich einige der festgestellten Schwachstellen möglicherweise durch einfachere Lösungen, z.B. Anpassungen der Anwendungssysteme, oder durch organisatorische Regelungen beheben. Auch solche Erkenntnisse sind erwünschte Resultate des Vorgehens.

4. Die zukünftigen Anwender müssen bereits auf konzeptioneller Ebene vom Nutzen des Workflowmanagements überzeugt werden. Mitarbeiter, die frühzeitig in die Aktivitäten einbezogen werden, stehen der neuen Technologie in den meisten Fällen positiv gegenüber und können individuelle Vorstellungen zu besonders geeigneten Ansatzpunkten und ergonomischen Anforderungen einbringen.

5. Bei einer umfassenden Analyse werden möglicherweise viele Schwachstellen, Verbesserungspotenziale und Workflow-geeignete Prozesse im Unternehmen

ermittelt. So wichtig die Aufnahme dieser Potenziale und der Anstoß von Verbesserungsmaßnahmen ist, so entscheidend für den Projektfortschritt ist auch die frühzeitige Erzielung von Implementierungsergebnissen – wenn auch zunächst prototypischer Natur. Nach der Analyse der Workflow-Eignung sollte frühzeitig der zuerst umzusetzende Workflow priorisiert werden. Dabei kann es sich auch um einen Prozess mit geringerem Beitrag zur Erreichung der Effizienzziele, dafür aber weniger komplexen oder kritischen Prozess handeln. Die Vernachlässigung einer konsequenten Fokussierung auf priorisierte Prozesse oder das Verfolgen einer „Maximallösung" bergen die Gefahr des viel zitierten Analyse/Paralyse-Syndroms (vgl. z.b. Becker et al. 2001, S. 44).

6. Ein möglichst hoher Detaillierungs- und Abdeckungsgrad von Workflowmodellen führt nicht zwangsläufig zur größten Effizienzsteigerung im Prozess. Zwar verbessert eine feiner granulare und umfassendere Abbildung die Kontrollmöglichkeiten, erschwert jedoch tendenziell die Abstimmung der Koordinationsmechanismen im WfM- und im PPS-System. Unter einer zu feinen Abgrenzung von Workitems, die manuell angenommen und bestätigt werden müssen, kann auch die Ergonomie der Bearbeitung leiden.

7. Der Aufwand für die technische Realisierung einer Workflow-Applikation darf nicht unterschätzt werden, auch wenn die Möglichkeiten der modellbasierten Generierung ausführbarer Workflow-Spezifikationen dazu verleiten. Auch hier besteht die Gefahr, überdimensionierte Konzeptionen in die Entwicklung zu geben, in denen insbesondere die Interaktionen mit Anwendungssystemen nicht mehr mit vertretbarem Aufwand umzusetzen sind.

8. Die Entscheidung für ein bestimmtes WfMS ist eine strategische und kann aufgrund der beträchtlichen konzeptionellen und technischen Differenzierung des Marktangebotes nicht kurzfristig revidiert werden. Sowohl das WfMS als auch die Gestaltung der Schnittstellen zu anderen Systemen müssen hinsichtlich ihrer Konformität mit zu erwartenden zukünftigen Standards bewertet werden. In jedem Fall ist eine skalierbare Lösung zu wählen, die ohne größeren Aufwand an eine größere Zahl von Anwendern, Workflowinstanzen oder Workflow-Typen angepasst werden kann.

9. Häufig wird die Auswahl des WfMS bereits getroffen, bevor in einer detaillierten Analyse der zu unterstützenden Prozesse die funktionalen Anforderungen exakt bestimmt worden sind (vgl. Weske et al. 2001, S. 37). Beschränkungen des WfMS führen dann zu einer suboptimalen Lösung oder zu einem deutlich erhöhten Implementierungsaufwand.

2.1.4 Fallbeispiel Hotset

Bei Hotset diente die Einführung von Workflowmanagement auch zur Initialisierung eines umfassenden Prozessmanagements. Dieses sollte aus drei Säulen bestehen: Prozessdokumentation, Prozesssteuerung, Prozesscontrolling. Das Prozessmanagement wurde mit Beginn des Projektes im Unternehmen institutionalisiert und in seinem Verlauf unter Verwendung der Projektergebnisse aufgebaut.

Mit der *Prozessdokumentation* wird eine umfassende und integrierte, prozessbezogene Verwaltung und Bereitstellung von Wissen über die Abläufe des Unternehmens angestrebt. Ein wesentlicher Bestandteil des Wissens sind Prozess- und Workflowmodelle, die jedoch ergänzt werden um textuelle Regelungen wie Verfahrens- und Arbeitsanweisungen sowie Hilfetexten zum Anwendungssystem. Eine Reihe von Dokumenten dieser Art lag bereits vor, jedoch in einer bezüglich Detaillierungsgrad, Vollständigkeit und Verknüpfung inadäquaten Form. Die im PROWORK-Projekt bei Hotset erarbeitete Prozessstruktur und die Einzelmodelle bildeten daher den Grundstock der neuen, integrierten Prozessdokumentation, die sukzessive um weitere Texte angereichert wurde. Eine situationsgerechte Bereitstellung dieses Wissens wurde über Hyperlinks und die Auswertung der Kontextinformationen des WfMS ermöglicht (vgl. auch Abschn. 3.6).

Eine verbesserte *Prozesssteuerung* stellte das Kernziel des PROWORK-Projektes bei Hotset dar. Der Bedarf dafür resultierte aus einem hohen Durchlaufzeit- und Gemeinkostenanteil von Teilprozessen, die nicht systemgestützt koordiniert wurden, an der Auftragsabwicklung. Aufgrund der Varianz und Papierorientierung dieser Abläufe wurde beträchtliches Effizienzssteigerungs-Potenzial im Einsatz von Workflowmanagement gesehen. In anderen Bereichen waren unternehmensspezifische Prozesssteuerungs-Mechanismen bereits durch Anpassungsprogrammierung im PPS-System verwirklicht worden. Im Projekt sollten zusätzlich die Prozessbereiche, deren Koordination nicht dem Einfluss des PPS-System unterlag, durch ein WfMS gesteuert und so ein durchgängiger Kontrollfluss ermöglicht werden.

Ebenso wie die Prozesssteuerung stützt sich auch das *Prozesscontrolling* auf Daten des PPS-Systems und des WfMS. Während sich aus dem PPS-System controllingrelevante Nutzdaten über Kosten und Erlöse extrahieren lassen, liefern die Protokolldaten des WfMS Aufschluss über das Prozess-Mengengerüst und die Bearbeitungszeiten der Auftragsabwicklung.

Der Projektleiter bei Hotset war das für Organisation und Informationstechnologie zuständige Mitglied der Geschäftsleitung, wodurch die Entscheidungskompetenz des Projektteams sichergestellt war. Weiterhin waren Mitarbeiter zur administrativen und technischen Assistenz kontinuierlich beteiligt; Vertreter der betroffenen Fachbereiche wurden fallweise hinzugezogen. Externes Know-how wurde durch Berater des PPS- und des WfM-System-Anbieters sowie durch Mitarbeiter von Forschungsinstituten mit Methodenkompetenz in das Projekt eingebracht.

Obwohl bestimmte Workflow-relevante Schwachstellen der Auftragsabwicklung vor Projektbeginn bereits bekannt waren, wurde der Untersuchungsbereich in Hinblick auf die o. a. Ziele des Prozessmanagements nicht zu eng gefasst. In einer Grobanalyse wurden zunächst die gesamte Auftragsabwicklung sowie die Stammdatenbearbeitung in ihre Teilprozesse zerlegt. Aus dieser Strukturierung ergaben sich auch die Schnittstellen der Workflow-geeigneten Prozesse zu den anderen Komponenten der Geschäftstätigkeit. Des Weiteren wurde das Projekt im Wesentlichen gemäß dem PROWORK-Vorgehensmodell unter Verwendung der dargestellten Methoden durchgeführt. Die Sollkonzeption der Geschäftsprozesse und die Workflowmodellierung wurden aufgrund aufbauorganisatorischer und architektonischer Änderungen während der Projektlaufzeit z.T. mehrfach iteriert. Während mehrere Prozesse parallel modelliert wurden, erfolgte vor der Realisierung und Einführung eine Priorisierung der weniger kritischen und komplexen Prozesse. Die Systemeinführung erfolgte „Step by Step". So wurde ein Workflow zur Stammdatenanlage zunächst für eine einzelne Teilegruppe eingeführt und ein Workflow zur Auftragsbearbeitung erst mit einer Auftragsart (Handelswarenaufträge) und in einem Geschäftsbereich (Auslandsaufträge) pilotiert.

Als besonders vorteilhaft bei der Workflow-Einführung bei Hotset haben sich folgende Faktoren erwiesen:

• Unterstützung durch die Geschäftsführung mit unkomplizierter Entscheidungsfindung und -durchsetzung;
• methodisch orientierte, innovationsfreudige Einstellung der Entscheidungsträger;
• offene, moderne Anwendungssystemlandschaft;
• Unterstützung durch den Anbieter des PPS-Systems bei der Verzahnung von PPS-Funktionalität und Workflow-Mechanismen;
• risikobewusste und mitarbeiterorientierte Einführungsstrategie.

Mit dem Übergang in den Produktivbetrieb wurde die Workflow-Lösung zum Gegenstand des kontinuierlichen Prozessmanagements. Kleinere Schwächen in Adäquanz der Workflowmodellierung und Ergonomie wurden sofort ermittelt und kurzfristig beseitigt. Darüber hinaus werden von der Auswertung der Workflow-Protokolldaten langfristig Erkenntnisse erwartet, die eine flexiblere Anpassung der Organisation an veränderte Rahmenbedingungen ermöglichen.

2.1.5 Literatur

Balzert, H.: Lehrbuch der Software-Technik. Band 1: Software-Entwicklung. 2. Aufl., Heidelberg, Berlin 2001.

Becker, J., Berning, W., Kahn, D.: Projektmanagement. In: Becker, J., Kugeler, M., Rosemann, M. (Hrsg.).: Prozessmanagement. Ein Leitfaden zur prozessorientierten Organisationsgestaltung. 3. Aufl., Berlin u.a. 2002, S. 17-45.

Becker, J., Knackstedt, R., Holten, R., Hansmann, H., Neumann, S.: Konstruktion von Methodiken. Vorschläge für eine begriffliche Grundlegung und domänenspezifische Anwendungsbeispiele. In: Arbeitsberichte des Instituts für Wirtschaftsinformatik. Nr. 77. Münster 2001.

Becker, J., Meise, V.: Strategie und Ordnungsrahmen. In: Becker, J., Kugeler, M., Rosemann, M. (Hrsg.): Prozessmanagement. Ein Leitfaden zur prozessorientierten Organisationsgestaltung. 3. Aufl., Berlin u.a. 2002, S. 95-144.

Becker, J., Schütte, R.: Handelsinformationssysteme. Landsberg/Lech 1996.

Becker, J., Vossen, G.: Geschäftsprozeßmodellierung und Workflow-Management. Eine Einführung. In: Vossen, G., Becker, J. (Hrsg.): Geschäftsprozeßmodellierung und Workflow-Management. Modelle, Methoden, Werkzeuge. Bonn 1996, S. 17-26.

Becker, J., zur Mühlen, M.: Rocks, Stones and Sand - Zur Granularität von Komponenten in Workflowmanagementsystemen. In: IM Information Management & Consulting, 17 (1999) 2, S. 57-67.

Bußler, C.: Entwicklung von Workflow-Management-Anwendungen. In: Jablonski, S., Böhm, M., Schulze, W. (Hrsg.): Workflow-Management: Entwicklung von Anwendungen und Systemen. Heidelberg 1997, S. 135-214.

Carsten, P., Schmidt, K., Wiil, U. K.: Supporting Shoop Floor Intelligence. A CSCW Approach to Production Planning and Control in Flexible Manufacturing. In: Proceedings of the International ACM Siggroup Conference on Supporting Group Work (Group'99). Phoenix 1999, S. 111-120.

Dittrich, J., Braun, M., Möhle, S.: Ein Workflow-orientiertes Componentware-PPS-System auf Basis von Microsoft-Bausteinen. In: von Uthmann, C., Becker, J., Brödner, P., Maucher, I., Rosemann, M. (Hrsg.): Proceedings zum Workshop „PPS meets Workflow". Gelsenkirchen, 9. 6. 1998, S. 78-91.

Galler, J., Scheer, A. W., Peters, S.: Workflow-Projekte: Erfahrungen aus Fallstudien und Vorgehensmodell. Veröffentlichungen des Instituts für Wirtschaftsinformatik. Nr. 117. Saarbrücken 1995.

Haberfellner, R., Nagel, P., Becker, M., Büchel, A., von Massow, H.: Systems Engineering. Methodik und Praxis. 9. Aufl., Zürich 1997.

Hansmann, H., Laske, M., Luxem, R.: Einführung der Prozesse - Prozess-Roll-out. In: Becker, J., Kugeler, M., Rosemann, M. (Hrsg.): Prozessmanagement. Ein Leitfaden zur prozessorientierten Organisationsgestaltung. 3. Aufl., Berlin u.a. 2002. S. 265-295.

Hansmann, H., Neumann, S.: Prozessorientierte Einführung von ERP-Systemen. In: Becker, J., Kugeler, M., Rosemann, M. (Hrsg.): Prozessmanagement. Ein Leitfaden zur prozessorientierten Organisationsgestaltung. Berlin u.a. 2002. S. 327-372.

Heiderich, T.: Ereignisorientierte Informationsverteilung auf Basis von PPS-Systemen. In: von Uthmann, C., Becker, J., Brödner, P., Maucher, I., Rosemann, M. (Hrsg.): Proceedings zum Workshop "PPS meets Workflow". Gelsenkirchen, 9. 6. 1998, S. 50-59.

Hoffmann, M., Herrmann, T.: Verbesserung von Geschäftsprozessen und Einführung von Workflow-Management mit arbeitspsychologischen Kennzahlen. In: Zeitschrift für Arbeitswissenschaft (ZfA), 52 (1998) 3.

Hoffmann, M., Krämer, K., Striemer, R.: Erfahrungen mit kooperativer Erhebung und Modellierung von Geschäftsprozessen. Eine Fallstudie. In: Herrmann, T., Scheer, A.-W., Weber, H. (Hrsg.): Verbesserung von Geschäftsprozessen mit flexiblen Workflow-Management-Systemen. Heidelberg 1998, S. 3-36.

Krickl, O. C.: Business Redesign. In: Krickl, O. C.: Geschäftsprozeßmanagement. Prozeßorientierte Organisationsgestaltung und Informationstechnologie. Heidelberg 1994, S. 17-38.

Kueng, P.: Ein Vorgehensmodell zur Einführung von Workflow-Systemen. In: Institutsbericht 95.02 des Instituts für Wirtschaftsinformatik. Linz 1995.

Meise, V.: Konstruktion von Ordnungsrahmen zur prozessorientierten Organisationsgestaltung. Strukturierung und Design von Modellen zur Kommunikation intraorganisationalen Wandels. Dissertation, Universität Münster, 2000.

Neumann, S., Serries, T., Becker, J.: Entwurfsfragen bei der Gestaltung Workflowintegrierter Architekturen von PPS-Systemen. In: Buhl, H. U., Huther, A., Reitwiesner, B. (Hrsg.): Information Age Economy. 5. Internationale Tagung Wirtschaftsinformatik. Heidelberg 2001, S. 133-146.

Schwarze, J.: Einführung in die Wirtschaftsinformatik. 3. Aufl., Herne 1994.

Teubner, R. A.: Organisations- und Informationssystemgestaltung. Theoretische Grundlagen und integrierte Methoden. Wiesbaden 1999.

Theuvsen, L.: Business Reengineering. Möglichkeiten und Grenzen einer prozeßorientierten Organisationsgestaltung. In: ZfbF, 48 (1996), S. 65-82.

von Uthmann, C., Rosemann, M.: Integration von Workflowmanagement und PPS: Potentiale und Problemstellungen. In: von Uthmann, C., Becker, J., Brödner, P., Maucher, I., Rosemann, M. (Hrsg.): Proceedings zum Workshop „PPS meets Workflow". Gelsenkirchen, 9. 6. 1998, S. 4-23.

Weske, M., Goesmann, T., Holten, R., Striemer, R.: Analysing, Modelling and Improving Workflow Application Development Processes. In: Journal on Software Process Management Improvement and Practice, 6 (2001) 1, S. 35-46.

2.2 Ermittlung Workflow-geeigneter PPS-Prozesse

von Jörg Bergerfurth, Holger Hansmann und Stefan Neumann

2.2.1 Vorgehen bei der Analyse der Prozesse

Technische Probleme bei der Realisierung von Workflowmanagement-Projekten sind in der Literatur ausgiebig diskutiert worden (vgl. bspw. Mohan 1996). Daneben kommt auch der Auswahl von geeigneten Prozessen für die Umsetzung in einem WfMS eine große Bedeutung zu, da die Eigenschaften der ausgewählten Prozesse die systemtechnischen und modellierungsspezifischen Anforderungen an ein WfMS sowie den betriebswirtschaftlichen Nutzen der Workflow-Einführung entscheidend beeinflussen (vgl. zur Mühlen u. von Uthmann 2000, S. 68.).

Die Ermittlung der Workflow-Eignung von Prozessen der Auftragsabwicklung erfolgt iterativ, indem die zu untersuchenden Prozesse zunächst auf einer groben Abstraktionsebene als *Ordnungsrahmen* strukturiert, und die enthaltenen Funktionen dann entsprechend dem im Folgenden beschriebenen Verfahren schrittweise verfeinert werden. Dabei werden auf jeder Ebene Prozesse herausgefiltert, die sich nicht durch ein WfMS sinnvoll unterstützen lassen (geringes *Workflow-Potenzial*). Diejenigen Prozesse, die ein hohes Potenzial aufweisen, werden für eine detailliertere Analyse anhand wirtschaftlicher Gesichtspunkte priorisiert (hohe *Workflow-Eignung*), um Erfolg versprechende Kandidaten für eine Realisierung als Workflow zu erhalten.

Zur Beschleunigung der Prozessmodellierung und zur Gewinnung erster Hinweise auf Prozesse mit hohem Potenzial können Referenzprozessmodelle wie z.B. das Modell von Scheer (vgl. Scheer 1997) dienen. Vor der eigentlichen Modellierung der unternehmensspezifischen Prozesse sollten also zunächst geeignete Referenzmodelle begutachtet werden (vgl. Abschn. 2.2.4).

Je nach Detaillierungsgrad der durchgeführten Prozessanalyse kann für die Menge der für die Workflow-Realisierung ausgewählten Prozesse eine Detailanalyse durchgeführt werden. Die Modellierung von Sollprozessen und Workflows erfolgt in der Konzeptionsphase.

Abb. 2.2-1 visualisiert die Aktivitäten, die im Rahmen der Analysephase zu durchlaufen sind, sowie deren Ergebnisse und die Datenflüsse zwischen den Aktivitäten.[2]

---

[2] Im Folgenden wird eine vom Technologiedruck getriebene Ausgangssituation vorausgesetzt. Die Methode lässt sich aber leicht anhand der vorangegangenen Ausführungen für den Fall eines Bedarfssoges adaptieren.

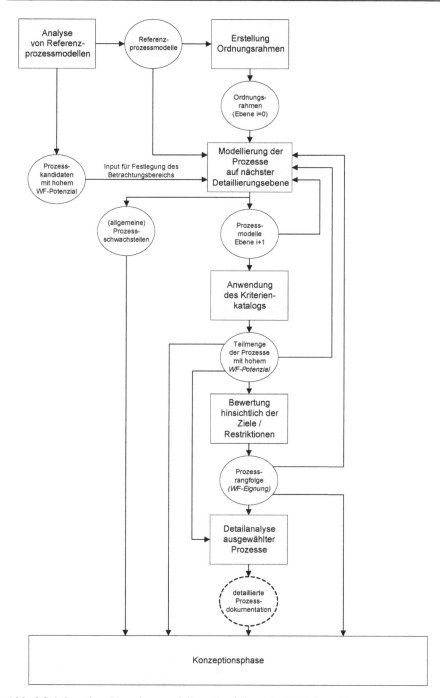

Abb. 2.2-1. Iteratives Vorgehensmodell zur Ermittlung der Workflow-Eignung

2.2.2 Strukturierung der Auftragsabwicklung

2.2.2.1 Konstruktion eines prozessorientierten Ordnungsrahmens

Vor dem Beginn einer detaillierteren Analyse ausgewählter Bereiche sollte ein Überblick über Geschäftsprozesse eines Unternehmens in ihrer Gesamtheit Gegenstand der Betrachtung sein. Zwar werden Workflow-Projekte häufig mit Blick auf einzelne Teilbereiche oder Prozesse eingerichtet, in denen besondere Koordinationsdefizite beobachtet werden. Dennoch sollte aus mehreren Gründen zunächst eine ganzheitliche Betrachtung des Unternehmens erfolgen. Zum einen bietet eine prozessorientierte Strukturierung des Unternehmens auf grober Ebene externen IT- oder Organisationsberatern die Gelegenheit, mit dem Unternehmen und seinen beispielsweise markt-, produkt- oder technologiegetriebenen Spezifika vertraut zu werden. Zum anderen können so die in der Folge analysierten Prozesse oder Workflow-Kandidaten innerhalb der Geschäftstätigkeit als Ganzes eingeordnet, Interdependenzen zu anderen Bereichen ermittelt und ihre Schnittstellen eindeutig beschrieben werden.

Zu den ersten Schritten in einem Workflow-Projekt zählt daher die Erstellung eines prozessorientierten *Ordnungsrahmens*. Ein Ordnungsrahmen gliedert die relevanten Elemente eines Unternehmens   hier die Geschäftsprozesse   auf einer hohen Abstraktionsebene. Durch die topografische Anordnung der Elemente im Ordnungsrahmen können darüber hinaus bestimmte Arten von Beziehungen zwischen ihnen repräsentiert werden. Auf diese Weise dient ein Ordnungsrahmen nicht nur der Schaffung eines Überblicks über die Prozesse, sondern auch als Einstiegspunkt für eine Gliederung der Prozesse auf einer detaillierten Ebene (vgl. Meise 2001, S. 62, Becker u. Meise 2001, S. 95). Die weitere Zerlegung führt zu einer konsistenten, hierarchie- oder netzwerkartigen Struktur von Prozessen. Das Gesamtmodell, dessen oberste Ebene der Ordnungsrahmen darstellt, wird aufgrund dieser Strukturierung auch als Prozess*architektur* bezeichnet.

Grundsätzlich wird an dieser Stelle von einer ganzheitlichen Betrachtung ausgegangen mit dem Anspruch, Workflow-geeignete Abläufe aus der Gesamtheit der Prozesse im Unternehmen zu ermitteln. Diese Perspektive begreift Workflowmanagement als Bestandteil eines umfassenden, unternehmensweiten Prozessmanagements (vgl. Abschn. 1.3). Vor diesem Hintergrund bietet ein Ordnungsrahmen folgende zusätzliche Nutzeneffekte:

- Er trägt zur Steigerung von Prozessorientierung und Qualitätsbewusstsein der Mitarbeiter bei, indem er die Zusammenhänge sämtlicher Aktivitäten und ihre Einordnung in die übergeordneten Prozesse der Auftragsabwicklung veranschaulicht.
- Er schafft durch die Vereinheitlichung von Prozessbezeichnungen eine unternehmensweite und auch -übergreifende terminologische Grundlage für jegliche prozessbezogene Kommunikation, etwa in IT- oder Organisationsprojekten.
- Hinsichtlich des hier vorgestellten Vorgehensmodells unterstützt ein Ordnungsrahmen in Verbindung mit der nächsten Detaillierungsebene die Projektorganisation, da anhand dieser Struktur die von einer Maßnahme betroffenen Fach-

bereiche ermittelt werden können, deren Mitarbeiter in die Projektaktivitäten zu involvieren sind.

Die Strukturierung des Prozessmodells kann sich auch an branchenspezifischen Referenz-Ordnungsrahmen orientieren, wie sie z.b. von Scheer für die industrielle Produktion oder von Becker und Schütte für den Handel vorgeschlagen werden (vgl. Abb. 2.2-2). Das Y-CIM-Modell von Scheer etwa unterscheidet zwischen den primär betriebswirtschaftlichen Aufgaben der PPS auf der linken Seite und der eher technisch orientierten Produktentwicklung auf der rechten Seite. Die charakteristische Form des Modells entsteht durch die Zusammenführung der beiden Schenkel im Bereich der Produktionssteuerung. Ein Referenz-Ordnungsrahmen kann den Ausgangspunkt für die Betrachtung darstellen und durch Hinzufügen, Entfernen, Neuausrichtung oder Umbenennung von Komponenten in eine unternehmensspezifische Lösung überführt werden.

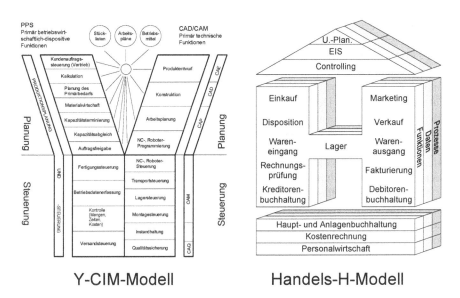

Y-CIM-Modell   **Handels-H-Modell**

Abb. 2.2-2. Beispiele für Referenz-Ordnungsrahmen (vgl. Scheer 1997, S. 93, Becker, Schütte 1996, S. 11)

2.2.2.2 Strukturierungsansätze für Prozessmodelle

Abgrenzung von Kern-, Unterstützungs- und Unternehmensführungprozessen

Entscheidenden Einfluss auf die Gestaltung des Ordnungsrahmens und der darunter liegenden Prozessstruktur üben die Branchenzugehörigkeit und andere betriebstypologische Merkmale aus. Anhand dieser Merkmale können bereits vor einer detaillierteren Analyse die prägenden Elemente der Prozessstruktur identifiziert und auf oberster Ebene angeordnet werden. Gleichzeitig erfordert die

Nutzung des Ordnungsrahmens als Kommunikationsinstrument die Ausrichtung des Prozessmodells an der Unternehmensstrategie.

Die Herausforderung besteht daher in einer Strukturierung, die auf abstrakter Ebene übersichtlich und einprägsam ist, zugleich jedoch den Besonderheiten der unterschiedlichen Geschäftsarten, Produkten, Organisationseinheiten und anderen Merkmalen gerecht wird und eine eindeutige Zuordnung aller Aktivitäten zu Elementen des Ordnungsrahmens ermöglicht.

Generell lässt sich das zu untersuchende Phänomen der „Geschäftstätigkeit" eines Unternehmens in die Kernprozesse und Unterstützungsprozesse und Prozesse der Unternehmensführung unterteilen (vgl. Abschn. 1.3).

Kernprozesse stellen „primäre" Aktivitäten dar, die einen direkten Bezug zu den Produkten des Unternehmens aufweisen und damit einen Beitrag zur Wertschöpfung leisten (Porter 1996, S. 63ff., Becker u. Kahn 2002, S. 7). Bezogen auf die Strategieorientierung des Ordnungsrahmens bedeutet dies die Ausrichtung an den Faktoren, die die strategischen Wettbewerbsvorteile des Unternehmens ausmachen, also denjenigen Aktivitäten, die ihm eine Kostenführerschaft oder eine Differenzierung über alleinstellende Produkteigenschaften ermöglichen (vgl. Porter 1996, S. 22f.). Alternativ bzw. in Ergänzung zu dieser marktbasierten Herangehensweise kann die Abgrenzung von Kernprozessen auch anhand der wahrgenommenen Kernkompetenzen, die letztlich zum Markterfolg des Unternehmens führen, erfolgen (vgl. Thiele 1997, S. 36, Prahalad u. Hamel 1990).[3] In Industrieunternehmen können vielfach neben der eigentlichen Produktionsdurchführung auch die Aufgaben der Produktionsplanung zu den Kernprozessen zählen, etwa wenn durch ihre individuelle Gestaltung besondere Kosten- oder Flexibilitätsvorteile erzielt werden können. Bei auftragsorientierter Fertigung wird häufig die gesamte Auftragsabwicklung von der Auftragseingangsbearbeitung bis zum Versand als Kernprozess aufgefasst. Die Prozesse der Produktentwicklung können ebenfalls Kernprozesse darstellen, insbesondere bei auftragsbezogener Konstruktion oder bei komplexeren Produkten. In diesem Sinne stellen die beiden Ordnungsrahmen in Abb. 2.2-2 vorwiegend Kernprozesse in Produktionsunternehmen dar.

Unterstützungsprozesse erfüllen das Kriterium der primären Wertschöpfung nicht, da sie keinen unmittelbaren Bezug zum Produkt aufweisen, stellen aber die Voraussetzung für die Ausführung von Kernprozessen dar. Typische Beispiele für Unterstützungsprozesse sind die Prozesse des strategischen Einkaufs, des Rechnungs- oder des Personalwesens (vgl. Becker u. Kahn 2002, S. 7). Da Unterstützungsprozesse nicht zu den „unternehmenskritischen" Abläufen gehören und ihre Automatisierung durch integrierte Anwendungssysteme häufig noch nicht so weit vorangeschritten ist wie etwa in der PPS, bieten sie typische Ansatzpunkte für Prozessverbesserungen mit Workflowmanagementsystemen. Darüber hinaus wird die Effizienz der Auftragsabwicklung vielfach durch eine unzureichende Abstimmung mit Unterstützungsprozessen beeinträchtigt.

---

[3] In Übereinstimmung mit Meise wird der oft zitierte Gegensatz zwischen dem marktorientierten und dem kernkompetenzenorientierten Ansatz hier nicht konstruiert (vgl. Meise (2001), S. 158ff.).

Die Prozesse der *Unternehmensführung* bieten dagegen aufgrund ihrer geringeren Strukturierbarkeit weniger Potenzial für eine Koordination durch Informationssysteme. Allerdings können die von WfMS gesammelten Ausführungsdaten in operativen Prozessen eine wichtige Grundlage für die dieser Kategorie zuzuordnenden Monitoring- und Controllingaufgaben darstellen (vgl. auch Abschn. 2.6).

Dekomposition der Prozesse

Die im ersten Schritt als Kern-, Unterstützungs- oder Unternehmensführungsprozess klassifizierten Elemente werden in Folge weiter verfeinert. Dabei ist grundsätzlich zwischen einer verrichtungsorientierten Zerlegung und einer Spezialisierung von Prozessen nach anderen Kriterien zu unterscheiden (vgl. Malone 1998, S. 426ff.). Bei der Zerlegung wird eine abstrakte Aufgabe, etwa die „Auftragsabwicklung", durch die zeitlich-sachlogische Folge ihrer Teilaufgaben – z.B. Terminierung, Auftragsfreigabe – detailliert. Eine solche Dekomposition in eine geringe Zahl von Teilprozessen kann bereits auf Ordnungsrahmenebene erfolgen, um sie als wesentlich oder kritisch hervorzuheben.

Bei der Spezialisierung werden verschiedene Varianten desselben Prozesses unterschieden, die spezifische Eigenschaften aufweisen. Die Variantenbildung kann nach folgenden Kriterien erfolgen:

- *Leistungserbringer*, wenn verschiedene Varianten eines Prozesses von unterschiedlichen Organisationseinheiten ausgeführt werden;
- *Leistungsempfänger*, wenn ein Prozess für verschiedene (interne oder externe) Kunden unterschiedlich ausgeführt wird;
- *Produkt* als Objekt der Bearbeitung, dessen Merkmale Varianten des Prozesses determinieren. Die Herstellung verschiedener Produktgruppen, Baureihen etc. wird häufig unterschiedlich geplant und durchgeführt, so dass der Auftragsabwicklungsprozess produktorientiert zu spezialisieren ist. In produktorientiert-divisonal aufgestellten Unternehmen kann der Ordnungsrahmen daher auch die Struktur der Aufbauorganisation in Teilen repräsentieren, analog zur o. a. Leistungserbringer-bezogenen Variantenbildung. Neben einer vertrieblich geprägten Gruppierung von Produkten ist auch eine Variantenbildung anhand anderer Merkmale möglich, beispielsweise die Unterscheidung zwischen Eigenfertigungs- und Fremdbezugsteilen oder zwischen Standard- und Sonderprodukten. Der Fertigungstyp wird in den meisten Fällen durch solche Produktmerkmale bestimmt.
- Orthogonal zu den obigen variantenbildenden Kriterien lassen sich *Aufträge* mit speziellen Merkmalen unterscheiden, z.B. Eilaufträge.

Im Zuge der weiteren Analyse können die Beziehungen zwischen den solchermaßen dekomponierten Prozessen näher spezifiziert werden. Dazu werden beispielsweise Start- und Endereignisse, die transferierten In- bzw. Outputdaten sowie die Art der zeitlich-sachlogischen Kopplung (direkt/indirekt) angegeben (Kugeler 2000, S. 198ff.).

2.2.2.3 Gestaltungsempfehlungen

Bei einer Top-down-Vorgehensweise, wie sie hier vorgeschlagen wird, hängt der Aufwand der Prozessanalyse entscheidend von einer geeigneten Strukturierung auf oberster Ebene ab. Da zudem die Projektteam-Bildung prozessorientiert erfolgen soll, übt diese Strukturierung auch Einfluss auf die Effizienz der Projektorganisation aus. Für die Analyse im Rahmen eines umfangreichen Prozess- und Workflowmanagement-Projektes lassen sich folgende Zusammenhänge konstatieren.

Die Granularität der Elemente im Ordnungsrahmen sollten so gewählt werden, dass jedes Element möglichst interdependente Teilaufgaben repräsentiert und die verschiedenen Elemente durch Schnittstellen klar voneinander abgegrenzt werden können. Die Zahl der Elemente im Ordnungsrahmen sollte nicht zu groß sein, um die Übersichtlichkeit nicht zu beeinträchtigen, sollte aber relevante Aussagen über die Auftragsabwicklung zulassen. Zumindest sollten im Ordnungsrahmen Kern- von Unterstützungsprozessen unterschieden werden können. Ist die Kooperation mit Kunden oder Lieferanten besonders eng oder bedeutend für die Wettbewerbsfähigkeit, können auch die relevanten Prozesse außerhalb der Unternehmensgrenzen angedeutet und in die weitere Analyse mit einbezogen werden.

Eine späte Variantenbildung birgt die Gefahr, dass der zu einem Element des Ordnungsrahmens gehörende Betrachtungsbereich zu heterogen bleibt, um in übersichtlicher Weise strukturiert und mit seinen Schnittstellen zu anderen Bereichen beschrieben werden zu können. Durch eine frühe Variantenbildung können individuelle Prozesseigenschaften frühzeitig erfasst und nachfolgend in separaten Prozessmodellen abgebildet werden (vgl. Speck u. Schnetgöke 2002, S. 202f.).

Eine zu frühe Bildung von Varianten erhöht damit allerdings die Zahl der zu untersuchenden Prozesse und führt unter Umständen zur Nichtbeachtung von Interdependenzen zwischen Prozessen. Des Weiteren werden Strukturanalogien in Abläufen möglicherweise nicht bemerkt, so dass Verbesserungen (z.B. durch IT-Lösungen) für eine kleinere Zahl von Geschäftsvorfällen konzipiert werden. Insbesondere Workflowmanagement bietet die Möglichkeit, Geschäftsvorfälle mit unterschiedlichen Merkmalen prozesssicher und standardisiert zu bearbeiten, wobei das WfMS die jeweils gebotenen Alternativen im Ablauf automatisch ermittelt. In diesem Fall sind mögliche Prozessvarianten erst im detaillierten Prozessmodell abzubilden. Darüber hinaus senkt eine späte Variantenbildung den Aufwand für die Pflege des Gesamtmodells, da Änderungen in Prozessen tendenziell eher die Modelle auf unteren Ebenen betreffen, die abstrakter gehaltenen übergeordneten Prozessmodelle jedoch unberührt bleiben.

2.2.2.4 Fallbeispiel Hoesch

Bei Hoesch wurde zu Beginn der Analysephase ein *generischer* (allgemeiner) Auftragsabwicklungsprozess modelliert, der für alle Arten von Aufträgen, Produkten usw. gültig sein sollte. Es stellte sich jedoch heraus, dass die einzelnen Produktgruppen Unterschiede bzgl. der ausgeführten Aktivitäten und des Kontrollflusses aufwiesen. Daher wurden ausgehend von dem bereits modellierten generischen Prozess Varianten der Kernprozesse für die zu unterscheidenden Produktgruppen gebildet und mit den identifizierten Supportprozessen wie Rechnungswesen und Materialwirtschaft[4] in einem Ordnungsrahmen integriert (vgl. Abb. 2.2-3).

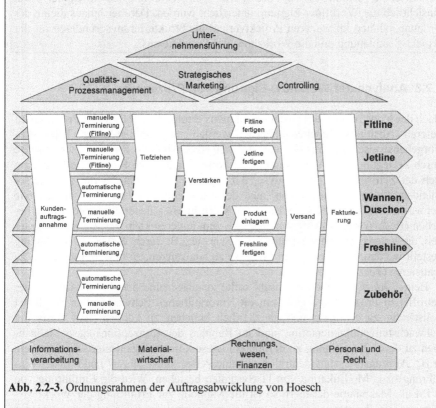

Abb. 2.2-3. Ordnungsrahmen der Auftragsabwicklung von Hoesch

---

[4] Da die Materialwirtschaft vorwiegend auftragsneutral durchgeführt wird, wurde sie den Supportprozessen zugeordnet. Da sie jedoch einen direkten Bezug zu den Produkten und Kernkompetenzen des Unternehmens aufweist, wäre es vertretbar, die Materialwirtschaft als Aktivität bzw. Teilprozess innerhalb der Kernprozesse zu modellieren.

Alle Varianten haben die Funktionen bzw. Teilprozesse Kundenauftragsannahme, Versand und Fakturierung gemeinsam, unterscheiden sich aber bzgl. der Art der Terminierung (manuell oder automatisch) und der Fertigung. Darüber hinaus sind nur bei den Produktlinien Fitline, Jetline und Wannen / Duschen die Teilprozesse Tiefziehen und Verstärken zu durchlaufen.[5] Die gestrichelte Darstellung dieser Prozesse innerhalb des Kernprozesses Wannen / Duschen bedeutet, dass es auch Prozessdurchläufe geben kann, bei denen kein Tiefziehen und daher auch kein Verstärken benötigt wird, weil bereits fertige Rohlinge auf Lager liegen. Der modellierte Ordnungsrahmen stellte die Basis für die weitere Modellierung dar, indem einzelne Aktivitäten aus den Kernprozessen sowie der Supportprozess Materialwirtschaft detaillierter in der Form von Teilprozessen modelliert und hinsichtlich der Workflow-Eignung untersucht wurden. Darüber hinaus diente der Ordnungsrahmen im weiteren Projektverlauf als Strukturierungsgrundlage für die Projekt-Feinplanung und die Workshops des Projektteams.

2.2.3 Analyse der Workflow-Eignung von Prozessen

Nach der Konstruktion des Ordnungsrahmens erfolgt die Analyse der Prozesse auf tieferen Abstraktionsebenen. Hierbei werden im Rahmen einer Top-down-Vorgehensweise die im Ordnungsrahmen dargestellten Prozesse schrittweise durch Zerlegung bzw. Variantenbildung verfeinert. Je nach Problemstellung kann sich der Schwerpunkt der Analyse, d.h. die Menge der detaillierter zu untersuchenden Prozesse zum einen aus der Notwendigkeit ergeben, bestehende Schwachstellen durch Reorganisation bzw. Einführung neuer Technologien zu beheben (*Bedarfssog*, vgl. Abschn. 2.1.2.2), zum anderen kann das Ziel darin bestehen, die Potenziale neuer Technologien, wie sie z.B. durch WfMS zur Verfügung gestellt werden, für die eigenen Prozesse zu analysieren, zu bewerten und ggf. zu realisieren (*Technologiedruck*).

Beim *bedarfs*getriebenen Ansatz sollte zunächst eine detaillierte Analyse der betroffenen Prozesse erfolgen, um die vordringlichen Schwachstellen möglichst vollständig zu ermitteln und ganzheitlich beheben zu können. Auf Basis der Schwachstellendokumentation sind im Rahmen der Konzeptionsphase Maßnahmen zu deren Beseitigung zu definieren. Diese können organisatorischer Art sein (z.B. „Auftragserfassung zentral durch eine Person durchführen") oder in der Einführung bzw. Modifikation von IT-Systemen bestehen. Wird die Einführung von WfM als Maßnahme definiert, so ist die Methode zur Ermittlung der Workflow-Eignung von Prozessen geeignet, um den zu erwartenden Zielerreichungsgrad und die Restriktionen bei dieser Maßnahme zu bewerten.

Betrachtet man vorrangig den *Technologiedruck* als Treiber für eine Workflow-Einführung, sind nicht bestehende Schwachstellen der Ausgangspunkt, sondern es stehen die Potenziale der WfM-Technologie im Vordergrund. Daher wird die Pro-

---

[5] Beim „Tiefziehen" handelt es sich um den Vorgang, bei dem eine Acrylplatte auf einer speziellen Maschine zu einem Wannen-Rohling verarbeitet wird. Bei einigen Modellen ist ein „Verstärken" des Rohlings erforderlich.

zessanalyse auf die Ermittlung der Workflow-Eignung ausgerichtet und für diejenigen Prozesse vertieft, bei denen eine hohe Eignung festgestellt wird. Darüber hinaus sollten bei diesem Ansatz ebenfalls Schwachstellen dokumentiert werden, um diese in der Konzeptionsphase berücksichtigen zu können. Insbesondere für Prozesse mit Schwachstellen, deren Beseitigung entscheidend zur Erreichung der Projektziele beiträgt, bietet sich eine Modellierung von Sollprozessen an, um das gewünschte Ergebnis der Prozessverbesserung zu dokumentieren.

Eine geeignete Methode zur Ermittlung der Workflow-Eignung muss eine effiziente Identifikation der Prozesskandidaten erlauben und den Aufwand einer detaillierten Prozessanalyse begrenzen (vgl. zu ähnlichen Ansätzen bspw. Kueng 1995, Kobielus 1997, von Uthmann u. Rosemann 1998). Die Eignung von Prozessen für eine Unterstützung durch WfMS sollte auf den drei Ebenen

- technisches Potenzial (*Workflow-Potenzial*),
- *Zielerreichungsgrad* bei Realisierung der Workflow-Unterstützung und
- organisatorische *Restriktionen* für die Realisierung

beurteilt werden.

2.2.3.1 Kriterien zur Ermittlung des Workflow-Potenzials

Das *Workflow-Potenzial* eines Geschäftsprozesses ist der Grad, in welchem dieser Prozess durch die Mechanismen eines WfMS zur *Ressourcen-*, *Aktivitäten-* und *regulierenden Koordination* geeignet unterstützt werden kann. Die Ressourcenkoordination umfasst Aktoren-, datenbezogene und Anwendungssystemkoordination (vgl. Abschn. 1.3.2).

Der mögliche Nutzen des Einsatzes dieser Mechanismen (und damit das Workflow-Potenzial) steigt mit der Koordinationsintensität eines Prozesses, da der u.U. hohe Aufwand einer manuellen Koordination (z.B. durch eine übergeordnete Organisationseinheit) im Falle einer automatisierten Koordination durch ein WfMS weitgehend entfallen kann.[6] Der Begriff der Koordination wird hier auf die *Steuerung*[7] von Prozessen beschränkt, da Planung bzw. Pläne als Koordinations-

---

[6] Der Aufwand für die Realisierung der Workflow-Unterstützung ist gegen die mögliche Einsparung von Koordinationsaufwand sowie gegen weitere Nutzenaspeke (z.B. Unterstützung von PPS-Zielen wie Verringerung der Durchlaufzeiten) abzuwägen. Im Rahmen der Methode zur Ermittlung der Workflow-Eignung wird diesem Aspekt durch die Berücksichtigung der Zielerreichungsgrade und der organisatorischen und technischen Restriktionen Rechnung getragen.

[7] Der Begriff *Steuerung* wird hier synonym zum Begriff *Regelung* aus der Kybernetik verwendet. Regelung bedeutet, dass in einem geschlossenen Kreis (Regelkreis) eine Zielgröße (hier z.B. bisherige Bearbeitungszeit eines Workitems) kontinuierlich erfasst und mit einer Führungsgröße (z.B. im Workflowmodell definierte maximale Bearbeitungszeit) verglichen wird, die einen von außen vorgegebenen Sollwert darstellt. Bei Abweichungen wird die Ziel- bzw. Regelgröße derart beeinflusst, dass eine Angleichung an die Führungsgröße erfolgt. Vgl. Haberfellner (1974), S. 49f.

instrument[8] zwar in PPS-Fachkomponenten realisiert sind, von bisherigen WfMS aber nicht oder nur unzureichend unterstützt werden (vgl. Abschn. 1.4.3). Prozesssteuerung umfasst überdies auch die Aktivitätenkoordination für Produktions*planungs*prozesse zur Laufzeit.

Die nachfolgend beschriebenen Kriterien messen somit die Koordinationsintensität für die drei erwähnten Koordinationsarten. Die Ausprägungen einiger der im Folgenden genannten Kriterien sind direkt anhand des Prozessmodells bestimmbar (vgl. Tabelle 2.2-1), andere müssen im Rahmen der Modellierungsaktivitäten durch die beteiligten Fachvertreter beurteilt werden.

Die Berechnung der Kennzahl *Workflow-Potenzial* erfolgt analog zu einer Nutzwertanalyse durch Summierung der gewichteten Kriterienausprägungen. Zur Vereinheitlichung der Ergebnisse empfiehlt sich die Wahl einer Normierung für die Kennzahl und die einzelnen Kriterien. Beispielsweise wurde das Workflow-Potenzial im Rahmen des PROWORK-Projektes auf einer ganzzahligen Skala von 1 (geringes Potenzial) bis 5 (hohes Potenzial) gemessen. Die einzelnen (qualitativen und quantitativen) Kriterien wurden ebenfalls auf einer Skala von 1 bis 5 bewertet (z.B. 5 = hoher Schwierigkeitsgrad, vgl. Kriterium 1) und unter Verwendung von Gewichten summiert. Eine geeignete Normierung kann bspw. durch die Formel

$$WP_j = \frac{1}{n} * \sum_{i=1}^{n} k_{i,j} * g_i$$

erreicht werden.[9] Da die Wahl der Gewichte von den Projektzielen abhängt, können diesbezüglich keine allgemeingültigen Empfehlungen gegeben werden (z.B. sind beim Ziel „Senkung der Durchlaufzeiten" die Liegezeiten und die Dauer von Abstimmungsvorgängen wichtig. Diese werden u.a. durch die Kriterien „Diskontinuität der Bearbeitung" und „Anzahl verschiedener Rollen" erfasst. Eine geringere Gewichtung wäre in diesem Fall für das Kriterium „Grad der Heterogenität der Benutzeroberfläche" zu vergeben). Je nach Ausprägung und Priorisierung der Projektziele kann sich im Extremfall eine Gewichtung ergeben, die einige Kriterien mit der Gewichtung *eins* selektiert und andere mit der Gewichtung *null* aussondert, so dass nur eine gleichgewichtete Teilmenge der Kriterien verwendet wird.

Der absolute Wert des Workflow-Potenzials (z.B. 2,5) ist zudem von geringer Bedeutung. Vielmehr steht der Vergleich der Werte der betrachteten Prozesse im Vordergrund, da das Ergebnis der Potenzialanalyse zu einer Rangfolge der Prozesse in Bezug auf ihre Eignung für eine Workflow-Einführung führen soll. Weist jedoch die überwiegende Zahl der Prozesse ein sehr geringes Potenzial bezogen

---

[8] Kieser und Kubicek unterscheiden die Koordinationsinstrumente *Koordination durch persönliche Weisungen, Selbstabstimmung, Programme* und *Pläne*. Vgl. Kieser, Kubicek 1992, S. 103ff. Der Begriff Koordinationsmechanismus wird hier nicht wie bei Kieser und Kubicek synonym zu Koordinationsinstrument verwendet, sondern bezeichnet die Funktionalität bzw. Teile der Funktionalität von WfMS zur Koordination von Prozessen.

[9] Mit WP_j = Workflow-Potenzial von Prozess j, n = Anzahl Kriterien, $k_{i,j}$ = Kriterienausprägung i für Prozess j, g_i = Gewicht für Kriterium i.

auf die verwendete Skala auf (z.b. wenn der „beste" Prozess ein absolutes Potenzial von 2,5 auf einer Skala von 1 bis 5 aufweist), weist dies darauf hin, dass eine Workflow-Unterstützung keine geeignete Maßnahme zur Prozessverbesserung darstellt. Problematisch erweist sich die Definition eines unteren Schwellenwertes für das Workflow-Potenzial, ab dem die betrachteten Prozesse als nicht geeignet angesehen werden sollen, da sich die Beurteilung der Kriterien aus der subjektiven Einschätzung der entsprechenden Fachvertreter ergibt.

Aktorenkoordination

Die Aktorenkoordination leistet als Teilaufgabe der Ressourcenkoordination die Ermittlung und Zuordnung von Bearbeitern zu Aktivitäten. Dies erfolgt auf der Basis bekannter Qualifikationen und Kompetenzen (*Rollen*), die zur Ausführung einer Aktivität notwendig sind. Der Personenkreis, der die einer Aktivität zugeordnete Rolle besitzt, ist grundsätzlich als Bearbeiter geeignet (vgl. auch Abschn. 1.3). Der konkrete Bearbeiter wird zur Laufzeit durch die koordinierende organisatorische Instanz bestimmt. Bei manueller Koordination wird diese Aufgabe bspw. durch einen Abteilungsleiter oder Disponenten ausgeführt, bei automatisierter Koordination übernimmt das WfMS die *Rollenauflösung*.

Anhand der im Prozessmodell angegebenen Organisationseinheiten bzw. Rollen können die im Folgenden beschriebenen Kriterien grob beurteilt werden. Bei der Ermittlung des Workflow-Potenzials anhand der Kriterien ist zu beachten, dass in Prozessen höherer Abstraktionsebenen durch die Modellierung der organisatorischen Zuständigkeit auf Abteilungsebene von der tatsächlichen Anzahl der zu koordinierenden Aufgabenträger abstrahiert wird. Bspw. kann die in einem Prozess abgebildete Organisationseinheit „Vertrieb" die Stellen „Verkäufer", „Auftragserfasser", „technischer Vertriebsmitarbeiter", „kaufmännischer Vertriebsmitarbeiter" und „Assistent Auftragserfassung" umfassen, d.h. obwohl nur eine Organisationseinheit modelliert ist, kommen mehrere Bearbeiter bzw. Rollen für die Bearbeitung der Aktivität in Betracht.

Zusätzliche, detailliertere Informationen, die über die im Prozessmodell dargestellten Sachverhalte hinausgehen (z.B. zu den in Punkt 1 erwähnten Merkmalen), können von den an der Analyse der Prozesse beteiligten Fachvertretern bezogen werden.

Zu beachten ist, dass hier zunächst nicht zwischen manueller oder automatisierter Koordination unterschieden wird, da die Koordinationsintensität unabhängig von den eingesetzten Mechanismen gemessen werden soll. Die Intensität der für den betrachteten Prozess erforderlichen Aktorenkoordination kann durch folgende Kriterien gemessen werden:[10]

1. *Schwierigkeitsgrad der Identifikation möglicher Aufgabenträger*, die eine bestimmte Qualifikation bzw. Kompetenz besitzen.
   Im Falle einer manuellen Koordination kann z.B. eine komplexe Koordinationsaufgabe darin bestehen, zu ermitteln, welche Mitarbeiter die Qualifikation besitzen, eine Umplanung beim Auftreten eines Maschinenausfalls durchzufüh-

---

[10] Die Reihenfolge der Kriterien impliziert keine Gewichtung.

ren. Auch muss die organisatorische Kompetenz, d.h. die Befugnis, die Umplanung der betroffenen Aufträge durchzuführen, berücksichtigt werden.[11] Zusätzlich komplexitätserhöhend wirkt sich die Anforderung aus, bei der Ermittlung der geeigneten Aufgabenträger bestimmte *Merkmale* zu berücksichtigen. Bspw. sollen bevorzugt Vertriebsmitarbeiter für die Bearbeitung eines Kundenauftrags ausgewählt werden, die schon früher Aufträge desselben Kunden bearbeitet haben. Ein weiteres Beispiel sind Fälle, in denen eine Aktivität zwingend von der gleichen Person bearbeitet werden muss, die eine andere Aktivität derselben Prozessinstanz zuvor bearbeitet hat, z.B. wenn die gleiche Person, die einen Kundenauftrag angelegt hat auch die entsprechende Auftragsbestätigung erstellen, prüfen und versenden soll. Auch die dynamische Berücksichtigung des Auslastungsgrades eines Mitarbeiters könnte bei der Aufgabenzuweisung berücksichtigt werden. Einige der am Markt verfügbaren WfMS berücksichtigen diese Anforderungen durch Mechanismen zur *bedingten Rollenauflösung* (vgl. auch Abschn. 1.3) anhand von Merkmalen.

2. *Anzahl verschiedenartiger Rollen*, die den Aktivitäten eines Prozesses zugeordnet sind.
   Die Koordinationsintensität steigt, wenn z.B. für jede Aktivität im Prozess ein anderes Qualifikations- und Kompetenzprofil, d.h. eine andere Rolle, benötigt wird, so dass die koordinierende Instanz die Rollenauflösung nach jeder Aktivität erneut durchführen muss. Auch denkbar ist die Zuordnung mehrerer, nicht-alternativer Rollen zu einer Aktivität, die kollaborativ von mehreren Aufgabenträgern bearbeitet wird.

3. *Anzahl verschiedener Personen*, die letztendlich die Aktivitäten eines Prozesses bearbeiten und somit zur Laufzeit koordiniert werden müssen.
   Zum Beispiel ist es möglich, dass allen Aktivitäten eines Prozesses die gleiche Rolle zugeordnet ist, dass aber die einzelnen Aktivitäteninstanzen von verschiedenen Personen bearbeitet werden, die alle die erforderliche Rolle aufweisen, da eine Qualifikation bzw. eine Kompetenz bei mehreren Personen vorhanden sein kann.
   Die von verschiedenen Personen durchgeführte Bearbeitung sequentieller oder paralleler Aktivitäten erhöht somit ebenfalls die Koordinationsintensität. Die Ausprägung des Kriteriums kann während der Analyse der Prozesse abgeschätzt werden, wenn bereits entschieden ist, ob wie bei Kriterium 1 beschrieben Merkmale potenzieller Aufgabenträger bei der Rollenauflösung zu berücksichtigen sind.

Datenbezogene Koordination

Bei der Durchführung einer Aktivität bearbeitet der Aufgabenträger i.d.R. Input- und Outputdaten. Die Suche vorhandener und das Ablegen neu erzeugter Daten kann durch die Koordinationsmechanismen eines WfMS insbesondere dann ver-

---

[11] Beispielsweise kann ein Auszubildender die technische Qualifikation besitzen, eine Umplanung im PPS-System anzustoßen, jedoch ist er nicht autorisiert, dies selbstständig zu tun.

einfacht werden, wenn die bestehenden Mechanismen von PPS-Systemen zu einem hohen Aufwand bei der Bearbeitung führen.

4. *Schwierigkeitsgrad der Suche nach Informationen* im betrachteten Prozess
   Der Vorgang der Informationssuche ist u.u. mit großem Zeitaufwand verbunden, wenn die identifizierenden Merkmale des gesuchten Objektes nicht im Detail bekannt sind bzw. von Attributausprägungen oder vom Status anderer Objekte abhängen (z.b. alle Bestellungen, die zu den Fertigungsaufträgen ausgelöst worden sind, die von einer Störung an einer bestimmten Maschine betroffen sind). Der Koordinationsaufwand steigt weiter, wenn Informationen benötigt werden, die (teilweise) in verschiedenen Systemen abgelegt sind. Wenn z.b. ein Kundenauftrag storniert werden soll, müssen die ggf. dazu bereits angelegten Bestellungen und Fertigungsaufträge gesucht und ebenfalls storniert bzw. umgeplant werden. Darüber hinaus sind Kapazitätsdaten anzupassen. Möglicherweise werden diese Daten in separaten Fertigungsleitständen oder Planungssystemen[12] verwaltet.
   Das WfMS kann dem Bearbeiter die benötigten Informationen durch Aufrufen von Methoden oder durch direkten Zugriff auf Daten des PPS-Systems[13] bereitstellen. Darüber hinaus ist das WfMS in der Lage, auch verknüpfte bzw. verteilte Informationen (s.o.) abhängig vom Kontext[14] des aktuellen Workflows zu lokalisieren. So kann z.b. einem Bearbeiter des Workitems „Kundenauftrag stornieren" automatisch der richtige Datensatz in der entsprechenden Maske im PPS-System geöffnet werden. Das WfMS kann ggf. auch betroffene Bestellungen und Fertigungsaufträge ermitteln. Diese Fähigkeiten von WfMS erfordern allerdings einen hohen Aufwand bei der Implementierung entsprechender Workflows, dem jedoch ein Gewinn an Flexibilität bei der Bearbeitung und ein geringerer Koordinationsaufwand gegenüber stehen. Die Reduktion des Koordinationsaufwandes, die durch eine Workflow-Unterstützung erreicht werden kann, steigt zudem mit dem Integrationsgrad der PPS- und Workflow-Komponente. Die hier beschriebenen Möglichkeiten sind in einem System der Entwicklungsstufe 1 demnach nur bedingt vorhanden.

5. *Anzahl der bearbeiteten Datenobjekte*
   Neben dem Schwierigkeitsgrad der Informationssuche steigert auch die *Anzahl* der verschiedenen Datenobjekte, auf die im betrachteten Prozess lesend oder schreiben zugegriffen wird, die Koordinationsintensität. Als Datenobjekte werden hier die Informationen verstanden, die durch einen eindeutigen Identifizierer (z.b. Materialstamm durch Materialnummer, Fertigungsauftrag durch Auftragsnummer) beschrieben werden.

---

[12] Nicht selten wird für Planungsaufgaben z.b. Excel verwendet.

[13] Beispielsweise über SQL-Befehle (zur *Structured Query Language* vgl. bspw. Vossen 1994, S. 221ff.) bzw. ODBC-Zugriffe (zu *Open Data Base Connectivity* vgl. Geiger 1997).

[14] Der Kontext eines Workflows besteht aus den Ausprägungen der Attribute aller Objekte, die er bearbeitet bzw. die mit ihm assoziiert sind, bspw. die Nr. des gerade bearbeiteten Fertigungsauftrages oder die ID eines anderen Workflows, durch den er angestoßen wurde.

6. *Anzahl der redundant verwalteten Datenobjekte*
In einer heterogenen PPS-Systemlandschaft kann das Problem auftreten, dass Daten redundant in verschiedenen Systemen gehalten werden (z.b. Ressourcen im PPS-System und in einem externen Fertigungsleitstand). Werden diese Daten verändert, muss durch eine koordinierende Instanz sichergestellt werden, dass keine Inkonsistenzen auftreten. Falls die betroffenen Systeme keine eigenen Mechanismen zur Erhaltung der Konsistenz bieten, können WfMS die veränderten Daten automatisch in die Zielsysteme übertragen oder alternativ Aktivitäten für das Management einer Datenredundanz erzeugen und geeigneten Bearbeitern zuweisen.

Anwendungssystemkoordination

Für die Bearbeitung einer Aktivität benötigt der Aufgabenträger ggf. die Funktionalität eines oder mehrerer Anwendungssysteme, z.b. die Maske zur Auftragsterminierung innerhalb des PPS-Systems oder die entsprechende Planungsfunktionalität des assoziierten Business Objects. Die Ressource „Anwendungssystem" wird zur Laufzeit bei manueller Koordination nicht durch eine separate Instanz, sondern durch den Bearbeiter selbst bereitgestellt, indem er das System aufruft und die zu bearbeitenden Objekte im System sucht.[15]

Der Aufwand für die Integration und Bereitstellung der benötigten Funktionalität von Anwendungssystemen kann durch WfMS verringert werden (vgl. Abschn. 1.3). Falls zur Ausführung einer Aktivität keine Interaktion mit einem Bearbeiter erforderlich ist, kann ein WfMS die Funktionsausführung automatisieren, indem es Funktionalität eines Anwendungssystems (z.B. des PPS-Systems) mit den benötigten Parametern aufruft.

Da auch hier das Workflow-Potenzial mit der Höhe der Koordinationsintensität, d.h. der Intensität der Interaktion des WfMS mit den benötigten Anwendungssystemen, steigt, können folgende Kriterien verwendet werden:

7. *Anzahl der durch das WfMS automatisierbaren Aktivitäten*
Diese Aktivitäten beinhalten bei manueller Koordination das Aufrufen von Systemfunktionalität durch den Bearbeiter. Es handelt sich dabei allerdings um Aktivitäten, die keine *menschliche* Entscheidung erfordern. Neben kontrollflussrelevanten Aktivitäten (Entscheidung über den weiteren Prozessablauf) können dies auch PPS-Transaktionen sein. Die für den automatisierten Aufruf von Funktionalität erforderlichen Parameter müssen vom WfMS bestimmt und übergeben werden.

8. *Grad der Heterogenität der Benutzeroberfläche*
Falls die Bearbeiter im Prozess mehrere Anwendungssysteme benutzen müssen, die nicht durch eine einheitliche Benutzeroberfläche integriert sind, kann ggf. durch eine Neugestaltung der benötigten Masken bzw. Formulare im WfMS eine Vereinheitlichung der Oberflächen erreicht werden.

---

[15] Die Informationssuche und die Datenintegration wird im Punkt *datenbezogene Koordination* behandelt.

Aktivitätenkoordination

Im Rahmen der Aktivitätenkoordination hat die koordinierende Instanz die Aufgabe, den Kontrollfluss eines Prozesses zu steuern, d.h. die Reihenfolge der Abarbeitung der Aktivitäten sowie deren Beginn- und Endzeitpunkte festzulegen. Komplexe Kontrollflussbeziehungen zwischen Aktivitäten führen zu einem hohen Koordinationsaufwand. Durch die im Workflowmodell zur Build-time spezifizierten Kontrollflussinformationen kann ein WfMS die Aktivitätenkoordination automatisieren. Folgende Kriterien können zur Beurteilung des Workflow-Potenzials bzgl. der Aktivitätenkoordination herangezogen werden:

9. *Diskontinuität der Bearbeitung*
   Dieses Kriterium erfordert eine qualitative[16] Bewertung der Häufigkeit, mit der die Bearbeitung der Instanzen eines Prozesses unterbrochen werden muss, weil auf Ereignisse bzw. Daten[17] aus anderen Prozessen / Organisationseinheiten gewartet werden muss (z.B. Ereignisse „Material ist verfügbar", „Arbeitsplan ist terminiert"). Eine große Häufigkeit führt dazu, dass viele Aktivitäten auf Ereignisse warten und somit häufige Überprüfungen durch die Koordinationsinstanz (z.B. den ausführenden Mitarbeiter) notwendig sind, damit die betroffenen Prozesse zeitnah fortgeführt werden können. Dies betrifft auch die Frage, ob der Prozess eine direkte zeitliche Kopplung mit einem Vorgängerprozess aufweist und durch diesen angestoßen wird, oder ob die Startbedingung des Prozesses manuell überprüft werden muss.

10. *Parallelisierungsgrad (Anteil[18] paralleler Prozessstränge)*
    Parallel ausgeführte Teile von Prozessen[19] müssen synchronisiert werden, damit nachfolgende Schritte zum korrekten Zeitpunkt gestartet werden und auf alle notwendigen Daten in der aktuellen Version zugreifen können.

11. *Verzweigungsgrad (Anteil alternativer Prozessstränge)*
    Bei Ablaufalternativen im Prozess muss die koordinierende Instanz je nach Ergebnis der vorhergehenden Aktivität unterschiedliche Folgeaktivitäten anstoßen. Bei der Zusammenführung der Alternativen sind z.B. mehrere alternative Starterereignisse eines Prozesses zu überwachen.

12. *Strukturierungsgrad des Prozesses*
    Dieses Kriterium bewertet qualitativ, inwieweit sich die Aktivitäten des Prozesses, deren Reihenfolge und weitere Prozesselemente zur Buildtime angeben lassen (Kontrollfluss, Daten, Organisationseinheiten, Verzweigungsbedingungen etc.). Ist auf Typebene keine Aussage über die genaue Struktur von Teil-

---

[16] Z.B. auf den Stufen 1 bis 5.

[17] Sowohl Ereignisse als auch Daten sind der Datensicht des ARIS-Ordnungsrahmens zuzuordnen (vgl. Scheer 1997, S. 13). Das Warten auf Daten kann daher auch durch das Warten auf ein Ereignis ausgedrückt werden (z.B. ist bei fehlender Stückliste auf das Ereignis „Stückliste vorhanden" zu warten).

[18] Qualitativ, z.B. 1 = 0 %, 5 = 100%.

[19] Z.B. beim Splitten von Fertigungsaufträgen oder bei parallelen Planungsschritten.

abschnitten des Prozesses möglich,[20] so werden diese Teile als Black-box bezeichnet. Die Koordination kann in diesem Fall nur schwer automatisiert werden, da kein stabiles Workflowmodell erstellt werden kann. Ggf. können die
Black-box-Abschnitte zur Laufzeit als dynamisch modelliert werden. Durch
Auswertung von Workflow-Protokolldaten (*Audit Trails*) mehrerer ausgeführter Instanzen können dann evtl. die Aussagen über die Prozessstruktur auf
Typebene konkretisiert werden.

Regulierende Koordination

Zusätzlich zu den bisher betrachteten Koordinationsarten, die auf die *proaktive*
Steuerung der Prozesse fokussieren, benötigt die regulierende Koordination Mechanismen für die *Prozesstransparenz* und *-kontrolle* zur *reaktiven* Prozesssteuerung im Sinne der Behebung von Störungen. WfMS können durch ihre Monitoring-Funktionalität zur Erhöhung der Transparenz in der Auftragsabwicklung
beitragen und das Prozesscontrolling durch die Dokumentation von Workflow-
Protokolldaten unterstützen.

13. *Transparenz*
   Das Kriterium macht eine qualitative Aussage darüber, inwieweit der Prozessstatus zur Laufzeit bestimmbar ist. Ein Bearbeiter oder Prozessverantwortli-
   cher, der die Information über den Fortschritt eines Prozesses benötigt, muss
   zu jeder Zeit feststellen können, an welcher Stelle im Prozess sich die laufende
   Instanz befindet oder ob die Prozessinstanz abgebrochen bzw. beendet wurde.
   Darüber hinaus gehört zum Prozessstatus die Information über die aktuellen
   Ausprägungen aller Prozesselemente (konkrete Bearbeiter, aktuelle Werte der
   benötigten Input- und Outputdaten etc.). Aufgrund der Tatsache, dass in den
   meisten PPS-Systemen nur grobe Werte für den Prozessstatus verwaltet werden (z.B. Werte von 1 bis 10 als Indikator für den augenblicklichen Zustand
   des Prozesses), bieten WfMS an dieser Stelle hohes Potenzial. Ist der Prozessstatus demnach bisher nur unzureichend bestimmbar, ist ein hoher Wert für
   das Kriterium zu vergeben.

14. *Kontrolle*
   Für Zwecke des Prozesscontrollings gibt das Kriterium an, ob Protokollinfor-
   mationen über den Prozess ex post verfügbar sind, die zur Ermittlung von
   Kennzahlenwerten verwendet werden können (z.B. Anzahl der Umplanungen,
   die durch die Annahme eines Kundenauftrags notwendig wurden). Ein hoher
   Wert deutet dabei eine geringe Verfügbarkeit an und weist somit auf ein hohes
   Workflow-Potenzial hin.

Unterteilt nach den Koordinationsarten *Ressourcen-*, *Aktivitäten-* und *regulierende
Koordination* werden die Kriterien, die zur Bewertung des Workflow-Potenzials
herangezogen werden, in einem Kriterienkatalog zusammengefasst (vgl. Tabelle
2.2-1)

---

[20] Z.B. weil häufig ungeplante Störereignisse eintreten und der genaue Prozessablauf nicht
   vorhersehbar ist.

Tabelle 2.2-1. Kriterienkatalog zum Workflow-Potenzial

Koordinationsart	Kriterium
Ressourcenkoordination	
a) Aktorenkoordination	1. Schwierigkeitsgrad der Identifikation möglicher Aufgabenträger
	2. Anzahl verschiedenartiger Rollen
	3. Anzahl verschiedener Personen zur Laufzeit
b) Datenbezogene Koordination	4. Schwierigkeitsgrad der Suche nach Informationen
	5. Anzahl der bearbeiteten Datenobjekte
	6. Anzahl der redundant verwalteten Datenobjekte
c) Anwendungssystem-koordination	7. Anzahl der durch das WfMS automatisierbaren Aktivitäten
	8. Grad der Heterogenität der Benutzeroberfläche
Aktivitätenkoordination	9. Diskontinuität der Bearbeitung
	10. Parallelisierungsgrad (Anteil paralleler Prozessstränge)
	11. Verzweigungsgrad (Anteil alternativer Prozessstränge)
	12. Strukturierungsgrad des Prozesses
Regulierende Koordination	13. Transparenz
	14. Kontrolle

2.2.3.2 Priorisierung der Prozesse

Im Rahmen des bereits beschriebenen Top-down-Vorgehens erfolgt auf jeder Abstraktionsebene die Analyse des Workflow-Potenzials der modellierten Teilprozesse anhand des Kriterienkatalogs. Um eine Rangfolge für die Prozesse bzgl. ihrer Eignung zur Unterstützung durch ein WfMS ermitteln zu können, müssen neben ihrem Workflow-Potenzial zusätzlich die Projektziele und antizipierbare organisatorische Restriktionen für eine Workflow-Einführung prozessbezogen berücksichtigt werden. Hierzu wird unternehmensindividuell der Beitrag eines jeden Prozesses zu den während der Projekteinrichtung definierten Projektzielen (im Falle einer Realisierung als Workflow, z.B. Reduzierung der Durchlaufzeit um x %) abgeschätzt. Über ein Scoringmodell (vgl. Abb. 2.2-4) erfolgt die Ermittlung der Rangfolge, die z.B. bei einem knappen Projektbudget oder Zeitrahmen Aufschluss darüber geben kann, welche der Prozesse mit Workflow-Potenzial auf tieferer Abstraktionsebene detaillierter betrachtet werden sollen. ‚X' bedeutet, dass die jeweils positive oder negative Gewichtung als Punktwert vergeben wird, andernfalls ist der Punktwert 0.

	Projektziele						Restriktionen						
	Erhöhung der Liefertreue			Verkürzung der DLZ		...	Schwierigkeits-grad der Reali-sierung als WF			voraussichtl. Akzeptanz der WF-Lösung bei den Mitarb.		...	
						Bewer-tung							Bewer-tung
	10-30 %	31-60 %	>60%	1-20 %	>20 %	(Ziele)	1	2	3	1	2	3	(Restr.)
Gewichtung Prozesse	3	4	5	2	4		4	0	-4	-3	0	3	
KA klären				X		...	2	X				X	...	7
KA terminieren	X				X	...	7	X			X		...	4
Produkt fertigen		X		X		...	6		X		X		...	-3
KA fakturieren	...	...	...	...	...	...	KO	...	...	...	...	...	...	KO

Abb. 2.2-4. Matrix zur Priorisierung der Prozesse mit Workflow-Potenzial

Zur Visualisierung der Ergebnisse kann die in Abb. 2.2-5 gewählte Darstellungsform dienen, welche den Zusammenhang der drei wesentlichen Dimensionen des Entscheidungsproblems (*Workflow-Potenzial, Zielbeitrag* und Ausprägung der *Restriktionen*) im Gegensatz zum Scoringmodell nicht zu einer einzigen Kennzahl (*Workflow-Eignung*) verdichtet, sondern grafisch veranschaulicht. Die Größe der Kreise drückt hier die Ausprägung der Restriktionen im positiven Sinne einer Chance aus (leichte Umsetzbarkeit, voraussichtliche Akzeptanz usw.).

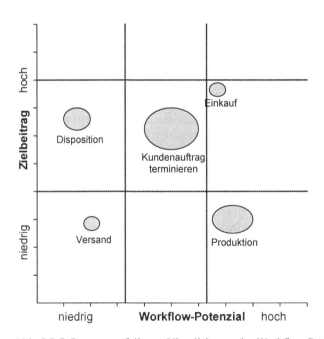

Abb. 2.2-5. Prozessportfolio zur Visualisierung des Workflow-Potenzials

Mit Hilfe der Portfoliografik lässt sich beispielsweise feststellen, dass es sinnvoll sein könnte, aufgrund der leichten Umsetzbarkeit zunächst den Prozess *Kundenauftrag terminieren* anstelle des Einkaufsprozesses umzusetzen, obwohl letzterer ein höheres Workflow-Potenzial und einen höheren Zielbeitrag aufweist. Die so erzielbaren Lerneffekte könnten dann bei der Realisierung der anderen Prozesse bzw. Workflows genutzt werden.

Nachdem anhand der gebildeten Rangfolge bzw. der Portfoliografik entschieden worden ist, welche Prozesse detaillierter zu betrachten sind, erfolgt die Modellierung der ausgewählten Prozesse auf tieferer Abstraktionsebene. Die dabei entstehenden Teilprozesse sind hinsichtlich ihres Workflow-Potenzials und ihrer Workflow-Eignung zu bewerten. Die iterative Verfeinerung der Modelle wird beendet, wenn das Workflow-Potenzial eines Prozesses auf der betrachteten Detaillierungsebene einen festgelegten Wert unterschreitet (vgl. zur Problematik eines unteren Schwellenwertes Abschn. 2.2.3.1). In diesem Fall ist die Koordinationsintensität auf dieser Ebene geringer als auf der übergeordneten Ebene (z.B. wenn nur ein Bearbeiter involviert ist). Das Potenzial des Prozesses ergibt sich also durch die in Ebene n-1 betrachtete Abstimmung der Teilaktivitäten bzw. -prozesse der Ebene n (vgl. Abb. 2.2-6). Die endgültige Granularität der Funktionen/Prozesse ergibt sich durch die Sollprozess- bzw. Workflowmodellierung in der Konzeptionsphase.

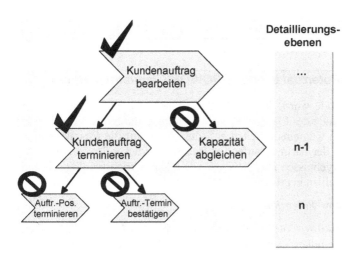

Abb. 2.2-6. Bestimmung der maximalen Detaillierungsebene

2.2.3.3 Schwachstellendokumentation

Damit die bei der Analyse der Prozesse identifizierten Schwachstellen klassifiziert und geeignete Maßnahmen abgeleitet werden können, wird eine Dokumentation gemäß Tabelle 2.2-2 vorgeschlagen. In den Prozessmodellen sind Schwachstellen zudem über ein entsprechendes Symbol zu kennzeichnen. Der eindeutige Bezug zwischen den Schwachstellen im Prozessmodell und in der Tabelle kann über die eindeutige Benennung und die Verwendung der Spalte Prozess oder über eine eindeutige Nummerierung gewährleistet werden. Die zur Klassifikation verwendeten Kategorien *Organisatorisch*, *DV-* und *WF-relevant* sind nicht disjunkt, d.h. Mehrfachzuordnungen sind zulässig. Rein organisatorisch bedingte Schwachstellen können durch Maßnahmen zur Reorganisation der Prozesse beseitigt werden, die keine Modifikationen der im Prozess verwendeten Anwendungssysteme erfordern. Schwachstellen der Kategorie *DV* sind dagegen im Wesentlichen auf Leistungsdefizite der Anwendungssysteme (i.d.R. des ERP-Systems) zurückzuführen. Darüber hinaus können Schwachstellen Workflow-relevant sein, wenn sie durch die Einführung von Workflowmanagement behoben werden können.

Tabelle 2.2-2. Schwachstellenklassifikation

			Klassifikation				Horizont		
Nr.	Bezeichnung / Erläuterung	Prozess	Orga-nisato-risch	DV	WF-rele-vant	Maßnahme	kurz-fristig	lang-fristig	Dead-line
1	manuelle Bearbeitung Lagerliste	Kundenauftrag manuell terminieren	X	X		-sollte als Datei im Netzwerk zur Verfügung stehen (kurzfr.) - Systematik der Artikelnummernvergabe überarbeiten	X		10.10.2000
2	Lagerliste liegt Vertrieb vor, Änderungen werden aber nicht alle an Vertrieb	Kundenauftrag manuell terminieren	X		X	siehe oben (Lagerliste)	X		
3	kein Wareneingang bei		X					X	
4	falsche Verfügbarkeit bei		X					X	
5	lange Laufzeit bis zur Klärung durch Vertrieb	Lagerbestand Fertigteil prüfen	X		X	Anbindung des Vertriebs über Workflow	X		

2.2.3.4 Workflow-Potenzial bei den PROWORK-Industriepartnern

Die dargestellte Methode wurde im Rahmen der Workflow-Einführung bei den vier Industrieunternehmen des PROWORK-Konsortiums validiert. Die Ergebnisse wiesen eine Reihe von Gemeinsamkeiten auf, die primär auf die Charakteristika der Domäne PPS und der darin ablaufenden Prozesse zurückzuführen sind. Abweichungen in den Ergebnissen sind dagegen vor allem betriebstypologisch und unternehmensindividuell zu begründen.

Ermittlung des Workflow-Potenzials

In der Kategorie „Workflow-Potenzial" wurden in den betrachteten Unternehmen auf einer mittleren Granularitätsebene die in Abb. 2.2-7 dargestellten Prozesse hoch bewertet. Die auf dieser Ebene untersuchten Prozesse ließen sich teilweise in detailliertere Prozesse mit unterschiedlich hohem Potenzial zerlegen.

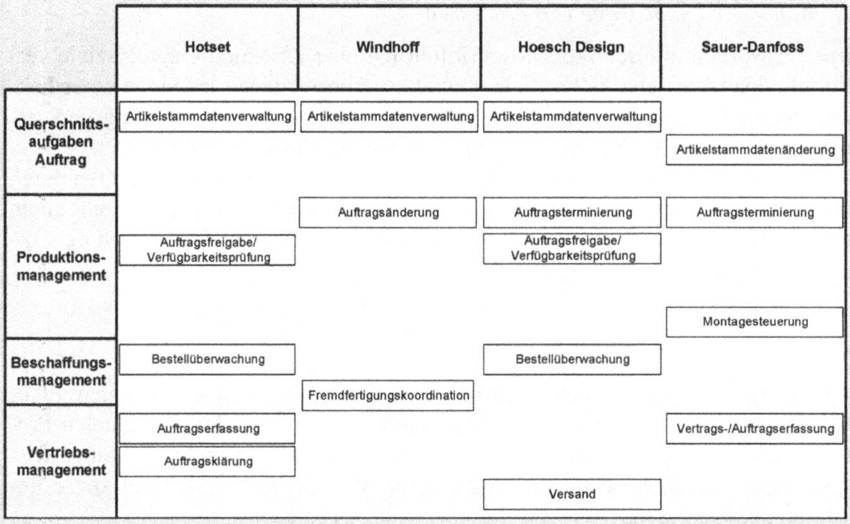

	Hotset	Windhoff	Hoesch Design	Sauer-Danfoss
Querschnitts-aufgaben Auftrag	Artikelstammdatenverwaltung	Artikelstammdatenverwaltung	Artikelstammdatenverwaltung	
				Artikelstammdatenänderung
Produktions-management		Auftragsänderung	Auftragsterminierung	Auftragsterminierung
	Auftragsfreigabe/ Verfügbarkeitsprüfung		Auftragsfreigabe/ Verfügbarkeitsprüfung	
				Montagesteuerung
Beschaffungs-management	Bestellüberwachung		Bestellüberwachung	
		Fremdfertigungskoordination		
Vertriebs-management	Auftragserfassung			Vertrags-/Auftragserfassung
	Auftragsklärung			
			Versand	

Abb. 2.2.7. Workflow-Potenzial in den Prozessen der untersuchten Unternehmen

Grundsätzlich weisen die Prozesse der *Terminierung* und *Produktionssteuerung* eher bei Produzenten komplexerer Produkte Workflow-Potenzial auf. Die Existenz von Engpasskapazitäten trägt zu dem hohen Potenzial dieser Prozesse bei. Im Unternehmen Hotset besteht aufgrund der geringeren Komplexität und geringeren Störanfälligkeit der Produktionsprozesse weniger Koordinationsbedarf in den direkten Bereichen. Dagegen führt eine hohe Variantenzahl bei Hotset und Windhoff zu höherem Workflow-Potenzial in den frühen Phasen der Auftragsabwicklung, da sich Auftragsklärung und Produktspezifikation i.d.R. außerhalb des PPS-Systems vollziehen und sich z.T. auf Papier als Medium stützen. Zudem macht eine geringere Standardisierung die Koordination von Abstimmungsprozessen zwischen kaufmännisch und technisch orientierten Bearbeitern erforderlich.

Bei allen Betrieben wurde Workflow-Potenzial in den Prozessen der Artikelstammdatenpflege festgestellt. In diesen Prozessen müssen mehrere Sichten auf die Daten durch verschiedene Bereiche (Vertrieb, Materialwirtschaft, Zeitwirtschaft etc.) bearbeitet und ggf. mehrfach geprüft werden. Artikelbezogene Daten werden darüber hinaus in mehreren Anwendungen geführt, wie beispielsweise PPS-, Qualitätsmanagement- oder CAD-Systemen. Besonderes Potenzial besteht im Falle einer auftragsbegleitenden Stammdatenbearbeitung, bei der die Auftragsabwicklung erst nach erfolgter Stammdatenanlage fortgesetzt werden kann oder Stammdatenänderungen mit laufenden Produktionsprozessen koordiniert werden muss.

Gleiches gilt für die auftragsbezogene Kooperation mit Lieferanten. Beschaffungsprozesse verlaufen überdies diskontinuierlich, da sie in Teilen außerhalb der Kontrollsphäre des beschaffenden Unternehmens ablaufen. Das Workflow-Potenzial in diesen Prozessen steigt sowohl mit der Varianz als auch der Komplexität der beschafften Erzeugnisse.

Ermittlung der Zielbeiträge von Prozessen

Generell wurden mit der Workflow-Einführung eher Zeit- und Qualitätsziele verfolgt als finanzwirtschaftliche Ziele. Qualitätsverbesserungen im Sinne einer Fehlerreduktion wurden insbesondere in den Prozessen der Auftragsklärung und -erfassung, aber auch der Koordination von Stammdatenänderungen erwartet.

In keinem Betrieb wurde Potenzial für eine Senkung von Durchlaufzeiten durch Workflowmanagement in Fertigungsprozessen gesehen. Dagegen wurde vor allem bei Serienfertigern eine Beschleunigung des Terminierungsprozesses und der Anlage von Artikel- und Vertriebsstammdaten angestrebt.

Restriktionen für die Workflow-Einführung

In drei der vier untersuchten Betriebe war die Einführung eines neuen ERP-Systems geplant oder wurde gerade durchgeführt. In vielen der betrachteten Prozesse waren daher z.T. gravierende Änderungen zu erwarten und keine längerfristig stabilen Workflow-Lösungen konzipierbar. Weniger Gewicht erhielt diese Restriktion bei Prozessen,

- die besonders unternehmensspezifisch sind und auch nach einem Systemwechsel in ähnlicher Form auszuführen sind, oder
- in denen eine effizienzsteigernde Workflow-Lösung mit geringem Aufwand eingeführt werden und sich so noch vor dem Systemwechsel amortisieren konnte.
- Bei Sauer-Danfoss und Hoesch bestand darüber hinaus keine Möglichkeit, schreibend auf die Nutzdaten des Legacy-PPS-Systems zuzugreifen. Es wurden daher diejenigen Prozesse höher bewertet, in denen eher Aktivitäten- oder Akteurkoordinationsbedarf bestand und die Nutzdatenführung dem PPS-System vorbehalten bleiben konnte.

Bei Hoesch wiesen nicht nur die Planungs-, sondern auch die Fertigungsprozesse durch Abstimmungsprobleme und mangelnde Transparenz durchaus Workflow-Potenzial auf. Eine Einführung von Workflowmanagement erschien in diesen Prozessen allerdings wegen der mangelnden DV-Durchdringung des Produktionsbereichs, die sich auch nicht kurzfristig verbessern ließ, nicht weiter verfolgen.

Restriktionen bestanden des Weiteren in Bereichen, die einer aufbauorganisatorischen Umgestaltung unterworfen waren oder werden sollten und in denen sich der nach der Reorganisation verbleibende Bedarf einer koordinatorischen Software-Unterstützung nicht abschätzen ließ.

Priorisierung von Prozessen

In den vier Unternehmen wurden die Prozesse des Untersuchungsbereichs in den drei dargestellten Kategorien bewertet und von der Projektleitung priorisiert. Abb. 2.2.8 zeigt beispielhaft das Prozessportfolio von Hotset. Auf dieser Grundlage wurde die Entscheidung getroffen, Workflowmanagement zunächst in der Bearbeitung von Handelswarenaufträgen einzuführen, da in diesen Prozessen kaum Umsetzungsrestriktionen (insbesondere ein geringes Einführungsrisiko) bestanden. In der Folge soll sich die Einführung auch auf den Teilestammdatenanlageprozess erstrecken, um weitere Lerneffekte zu realisieren. Im Falle positiver Erfahrungen in diesen Bereichen soll der unternehmenskritische Prozess der Auftragsbearbeitung (Auftragseingang bis Auftragsklärung) ebenfalls durch Workflowmanagement unterstützt werden.

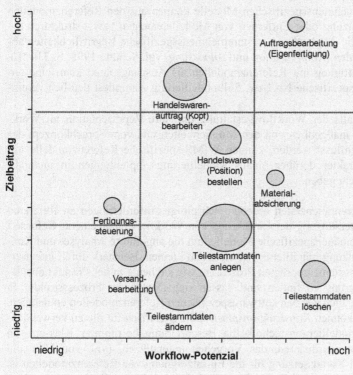

Abb. 2.2-8. Portfolio der Workflow-Eignung der Prozesse bei Hotset

2.2.4 Analyse von Referenzmodellen

2.2.4.1 Nutzen von Referenzmodellen für die Ermittlung von Workflow-Potenzial

Effizienz und Qualität der Modellierung betrieblicher Systeme können durch die Verwendung von Referenzmodellen gesteigert werden, in denen die betrachteten Sachverhalte in allgemein gültiger Form dargestellt sind. (vgl. Abschn. 1.3.1.2). Im Rahmen einer Workflowmanagement-Einführung können Referenzmodelle wie folgt genutzt werden:

- Auf einer detaillierteren Ebene können Referenz-Prozessmodelle Aufschluss über grundsätzlich vorhandenes Workflow-Potenzial in bestimmten Prozessen liefern, um die Auswahl und Modellierung unternehmensspezifischer Workflow-Kandidaten vorzubereiten.
- Diese unternehmensspezifischen Modelle können aus den Referenzmodellen durch Ergänzung oder Entfernen von Modellelementen bzw. -strukturen sowie durch die Angleichung an unternehmensspezifische Begrifflichkeiten abgeleitet werden (*Konfiguration* und *Anpassung*, vgl. Schütte 1998, S. 314 ff.). Die Beschäftigung mit Referenzmodellen als Ausgangspunkt kann eine unternehmensspezifische Ist- bzw. Sollmodellierung zumindest deutlich vereinfachen.
- Da die Details der Workflowgestaltung und ihre Repräsentation im Workflowmodell maßgeblich von den Möglichkeiten und vom Sprachkonzept des WfMS beeinflusst werden, können WfMS-spezifische Referenzmodelle mit Beispielcharakter darüber hinaus Modellierungsempfehlungen in methodischer Hinsicht geben.

Aus diesen Nutzenpotenzialen ergeben sich einige Anforderungen an Referenzmodelle zur Unterstützung der Einführung von Workflowmanagement. Gefordert sind zunächst domänenspezifische Modelle, um die angeführte Analyse- und Konzeptionsunterstützung inhaltlicher Art bieten zu können. Bei stark durch integrierte Anwendungssysteme geprägten Prozessen, wie sie heute in der Produktionsplanung und -steuerung zu finden sind, lassen sich Details der Prozessstruktur in großem Umfang auch aus den softwarespezifischen Referenzmodellen entnehmen. Darüber hinaus können *Konstruktionsmuster*, die spezifisch für die zu verwendende Workflow-Modellierungstechnik die Beschreibung bestimmter Klassen von Sachverhalten standardisieren, das Vorgehen unterstützen. (vgl. von Uthmann 2001, S. 149ff.). Voraussetzung für die Einsatzeignung von Referenzmodellen ist die Berücksichtigung Workflow-relevanter Informationen über die zu modellierenden Geschäftsprozesse. Dies sind bspw. die Strukturiertheit des Prozesses, die Wechselhäufigkeit von Organisationseinheiten und die Wiederholhäufigkeit des Prozesses.

2.2.4.2 Workflow-Potenzial in ausgewählten Referenzmodellen der PPS

Im Folgenden werden die Prozesse verschiedener Referenzmodelle auf potenzielle Workflow-Eignung untersucht. Die Modelle unterscheiden sich in ihrer Herkunft und Intention. Die Modelle von Scheer (vgl. Scheer 1997, S. 100-459) und Kurbel (vgl. Kurbel 1999, S. 53-188) versuchen möglichst allgemeingültig, die Aufgaben der PPS darzustellen. Als Grundlage dienen dabei verschiedene Betriebsuntersuchungen und Erfahrungswerte. Die ERP-Referenzmodelle von SAP (vgl. Curren u. Keller 1998, Keller 1999) und PSIPENTA (vgl. PSIPENTA 1999) bilden die Funktionalität der jeweiligen Softwaresysteme ab. PRO-NET vereint mehrere allgemeingültige Referenzmodelle, um einen möglichst großen Teil eines Unternehmens auf verschiedenen Aggregationsstufen darzustellen (vgl. Erzen 2000). Für die operative Ebene des PRO-NET-Modells dienen die Modelle von Eversheim (vgl. Eversheim 1989, S. 2ff.), Mertens (vgl. Mertens et al. 1996, S. 14-46) und das SCOR-Modell (vgl. SCOR 2001) als Grundlage. Das Aachener PPS-Modell (vgl. Luczak u. Eversheim 1998, S. 9-28) ist im wesentlichen Bestandteil der taktischen Ebene. Für die strategische Planung werden Modelle von Kuhn (vgl. Kuhn et al. 1998, S. 11) und. das Vier-Phasen-Modell des FIR (vgl. Wienecke et al. 2002, S. 57) herangezogen.

Tabelle 2.2-3. Anwendbarkeit der Kriterien zum Workflow-Potenzial in Referenzmodellen

Kriterium	Scheer	SAP	Kurbel	PRONET	PSIPENTA
Ressourcenkoordination					
Anzahl verschiedenartiger Rollen	X (grob)			X	X
Anzahl der bearbeiteten Datenobjekte	X	X		X	X
TEILBEWERTUNG					
Aktivitätenkoordination					
Diskontinuität der Bearbeitung	X	X		X	X
Verzweigungsgrad / Parallelisierungsgrad	X	X		X	X
Strukturierungsgrad des Prozesses	X	X		X	X
TEILBEWERTUNG					
GESAMTBEWERTUNG WF-EIGNUNG					

Tabelle 2.2-3 zeigt die Anwendbarkeit der Kriterien zur Workflow-Eignung von Prozessen in den betrachteten Referenzmodellen. Der Kriterienkatalog wurde hier ausgehend von der Gesamtkriterienliste aus Tabelle 2.2-1 auf die an grafischen Referenzmodellen (inklusive textueller Beschreibungen) messbaren Kriterien reduziert. Kriterien wie bspw. die „Schwierigkeit der Identifikation möglicher Aufgabenträger" sind an Referenzmodellen nicht messbar und werden daher in der Tabelle nicht berücksichtigt.

Die betrachteten Modelle sind recht unterschiedlich in ihrer Granularität und in ihrem Abbildungsumfang. Das Modell von Kurbel enthält nur Datenmodelle und macht keine Aussagen über die möglichen Prozesszusammenhänge. Es ist deshalb ungeeignet zur Erkennung von Prozessen mit Workflow-Potenzial und scheidet zur weiteren Untersuchung aus. Das SAP-Referenzmodell ist sehr feingranular und beinhaltet alle Prozesse, die innerhalb des Systems ablaufen können. Hinweise aufbauorganisatorischer Art sind in Form von Standard-Berechtigungsprofilen (Aktivitätsgruppen) zwar enthalten, das Zusammenwirken von Rollenträgern im Prozess lässt sich anhand des Modells allerdings nur schwer nachvollziehen. Da ein Bearbeiterwechsel ein wichtiges Indiz zur Erkennung von Workflow-Potenzial ist (s. Abschn. 2.2.3.1), leistet dieses Modell ebenfalls nur einen geringen Beitrag zur Untersuchung.

Die anderen Modelle (Scheer, PRO-NET, PSIPENTA) wurden anhand des Kriterienkataloges aus Tabelle 2.2-1 bewertet. Die Kriterien wurden auf die einzelnen Prozesse in den Modellen angewendet und gehen gleich gewichtet in die Teilbewertungen bzw. die Endbewertung ein (vgl. Tabelle 2.2-4). Die Bewertung erfolgte mit den Zahlen 1 bis 5, wobei 1 für ein geringes Workflow-Potenzial und 5 für ein hohes Workflow-Potenzial steht. Bei einer Bewertung größer 3 wurde ein Potenzial der Prozesse zur Umsetzung als Workflow angenommen (im Beispiel die Stammdatenverwaltung), das in Betriebsuntersuchungen noch zu validieren war.

Tabelle 2.2-4. Anwendung der Kriterien zum Workflow-Potenzial auf ausgewählte Prozesse aus dem Referenzmodell nach Scheer (exemplarisch)

Kriterium	Stammdaten-verwaltung	Verbrauchs-gesteuerte Disposition	Kapazitäts-abgleich
Ressourcenkoordination			
Anzahl verschiedenartiger Rollen	4	1	1
Anzahl der bearbeiteten Datenobjekte	4	1	2
TEILBEWERTUNG	*1,6*	*0,4*	*0,6*
Aktivitätenkoordination			
Diskontinuität der Bearbeitung	2	2	2
Verzweigungsgrad / Parallelisierungsgrad	4	1	2
Strukturierungsgrad des Prozesses	4	5	4
TEILBEWERTUNG	*2*	*1,6*	*1,6*
GESAMTBEWERTUNG WF-EIGNUNG	**3,6**	**2,0**	**2,2**

Abb. 2.2-9 zeigt die Prozesse, die aus dem Kontext der einzelnen Referenzmodelle heraus Potenzial zur Workflow-Unterstützung bieten. Die Ergebnisse der Modelluntersuchung zeigen relativ wenige Übereinstimmungen, was mit der Granularität der einzelnen Modelle und dem Darstellungsumfang zusammenhängt. Es sind z.B. die Produktionsprogrammplanung, die Kooperationsverhandlung, die Kundenauftragsakquirierung und die Reklamationsbearbeitung bei Scheer und PSIPENTA nicht explizit modelliert und können deshalb auch nicht als Ergebnis auftauchen.

Zudem sind in PRO-NET die Aufgabenfelder und Prozesse gröber dargestellt[21] als in den anderen beiden Modellen und bieten daher durch häufigeren Bearbeiterwechsel[22] mehr Workflow-Potenzial. Das PSIPENTA-Modell ist wesentlich detaillierter als das Scheer-Modell und beschreibt weniger Bearbeiterwechsel in einem Aufgabenfeld, was wiederum geringeres Workflow-Potenzial nahe legt.

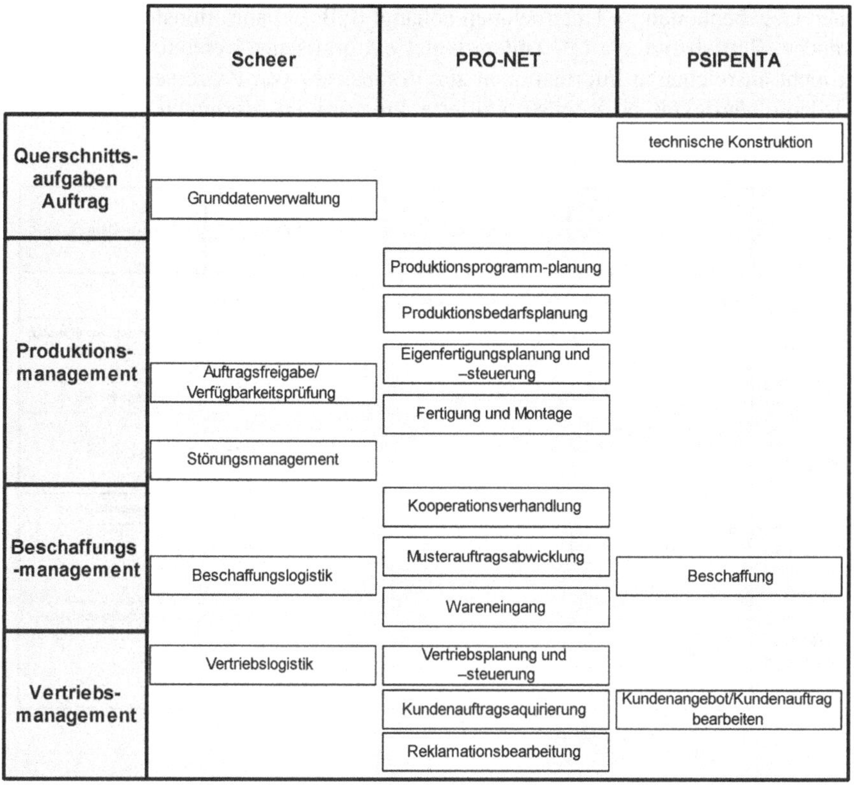

	Scheer	PRO-NET	PSIPENTA
Querschnitts-aufgaben Auftrag	Grunddatenverwaltung		technische Konstruktion
Produktions-management	Auftragsfreigabe/ Verfügbarkeitsprüfung	Produktionsprogramm-planung	
		Produktionsbedarfsplanung	
		Eigenfertigungsplanung und –steuerung	
		Fertigung und Montage	
	Störungsmanagement		
Beschaffungs-management	Beschaffungslogistik	Kooperationsverhandlung	
		Musterauftragsabwicklung	Beschaffung
		Wareneingang	
Vertriebs-management	Vertriebslogistik	Vertriebsplanung und –steuerung	
		Kundenauftragsaquirierung	Kundenangebot/Kundenauftrag bearbeiten
		Reklamationsbearbeitung	

Abb. 2.2-9. Prozesse mit Workflow-Potenzial

Die Ergebnisse der Referenzmodelluntersuchung können eine grobe Orientierung zur Identifikation von Prozesskandidaten für die unternehmensindividuelle Analyse des Workflow-Potenzials bieten.

Zur Überprüfung der Ergebnisse der Referenzmodelluntersuchungen wurden die Erfahrungen aus den Betriebsuntersuchungen bei den vier Anwendungspartnern aus dem PROWORK-Konsortium herangezogen. (vgl. auch Abschn. 2.2.3.4) Es hat sich gezeigt, dass die Artikelstammdatenverwaltung bei drei von vier Unternehmen Potenzial zur Workflow-Unterstützung bietet. Die Auftragsfreiga-

---

[21] Zumindest im strategischen und taktischen Teil.

[22] Zu beachten ist hierbei, dass die Rollen bzw. Organisationseinheiten in einheitlicher Granularität betrachtet werden sollten.

be/Verfügbarkeitsprüfung und die Bestellüberwachung haben bei zwei Unternehmen eine Chance zur Workflow-Unterstützung (vgl. Abb. 2.2-10). Die drei genannten Prozesse sind alle auch im Scheer-Modell identifiziert worden (vgl. Abb. 2.2-9). Das Scheer-Modell hätte also zumindest für die vier betrachteten Unternehmen die beste Hilfe zur Vorauswahl von Prozessen bieten können. Zu beachten ist jedoch, dass das Workflow-Potenzial von Prozessen sehr stark von den spezifischen Gegebenheiten im Unternehmen abhängt (z.b. Organisationsform, Abläufe, Branche, Betriebstyp, etc.) [23]. Zudem bietet ein grafisches Referenzmodell allein oft nicht ausreichende Informationen zur Vorauswahl von Prozessen, da z.B. die Wiederholhäufigkeit oder teilstrukturierte Prozesse im Vorhinein nicht ausreichend abgebildet werden können.

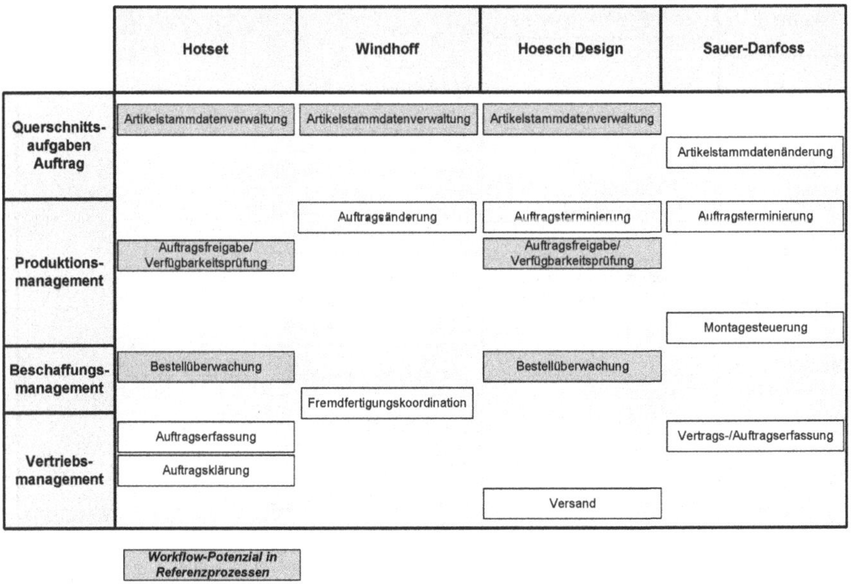

	Hotset	Windhoff	Hoesch Design	Sauer-Danfoss
Querschnitts-aufgaben Auftrag	Artikelstammdatenverwaltung	Artikelstammdatenverwaltung	Artikelstammdatenverwaltung	
				Artikelstammdatenänderung
		Auftragsänderung	Auftragsterminierung	Auftragsterminierung
Produktions-management	Auftragsfreigabe/ Verfügbarkeitsprüfung		Auftragsfreigabe/ Verfügbarkeitsprüfung	
				Montagesteuerung
Beschaffungs-management	Bestellüberwachung		Bestellüberwachung	
		Fremdfertigungskoordination		
Vertriebs-management	Auftragserfassung			Vertrags-/Auftragserfassung
	Auftragsklärung			
			Versand	

Workflow-Potenzial in Referenzprozessen

Abb. 2.2-10. Vergleich der Betriebsuntersuchungen mit den Referenzmodellergebnissen

Die Bestellüberwachung bei der Firma Hoesch hatte bei der Betrachtung der Referenzprozesse hohes Potenzial zur Workflow-Unterstützung. Kurzfristige Lieferterminverschiebungen bei den Rohstoffen, die erhebliche Auswirkungen auf Aufträge und deren Liefertermine haben, kommen oft vor. Insbesondere die überbetriebliche Abstimmung mit einem Zulieferer in Südafrika hatte hohes Workflow-Potenzial. Eine detaillierte Untersuchung der Prozesse zur Bestellüberwachung anhand der Unternehmensorganisation ergab ebenfalls ein hohes Workflow-Potenzial.

---

[23] Es hat bspw. der Prozess der Angebotsbearbeitung bei einem Auftragsfertiger tendenziell höheres Workflow-Potenzial, da im Regelfall deutlich mehr Bereiche beteiligt sind als bei einem Großserienfertiger, der Standardangebote vorformuliert hat.

Bei der Firma Windhoff wurde in der Prozessanalyse zunächst für die Bestellüberwachung ein hohes Workflow-Potenzial vermutet. Über die häufigen Lieferterminverschiebungen bei Zukaufteilen müssen die betroffenen Produktionsbereiche informiert werden. Aufgrund der hohen Produktkomplexität bei Windhoff hat eine Terminverschiebung eines Bauteils vielfältige Auswirkungen auf die Produktionsplanung der anderen Komponenten des Endprodukts. Bei einer genaueren Untersuchung stellte sich jedoch heraus, dass sämtliche koordinierenden Tätigkeiten im Bereich der Bestellüberwachung/Materialwirtschaft von genau einer Person durchgeführt werden. Somit schwindet das bei der Referenzprozessanalyse festgestellte Workflow-Potenzial, weil die unternehmensspezifische Organisation in dem betrachteten Bereich keine Workflow-Unterstützung benötigt.

2.2.4.3 Referenz-Workflow-Potenzial

Im diesem Abschnitt werden die Ergebnisse aus den Referenzmodell- und den Betriebsuntersuchungen weiter konsolidiert mit dem Ziel, möglichst allgemein gültig Prozesse anzugeben, die sich tendenziell zur teilautomatisierten Unterstützung durch Workflowmanagement eignen (vgl. Abb. 2.2-11).

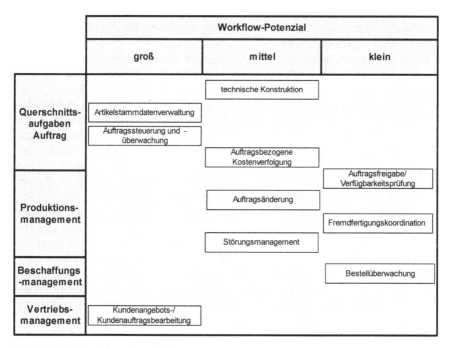

Abb. 2.2-11. Bereiche mit Workflow-Potenzial

Das Potenzial der einzelnen Bereiche wurde in die drei Bereiche groß, mittel und klein eingeordnet, um die Vorauswahl der Prozesse zu erleichtern.[24]

- *Artikelstammdatenverwaltung:*
  Bei einer Artikel*neuanlage* sind verschiedene Abteilungen involviert, die Daten einpflegen, ergänzen oder überprüfen müssen. Die Neuanlage wird normalerweise vom Vertrieb angestoßen. Denkbar ist auch eine zentrale Stelle, die sich nur mit der Neuanlage von Stammdaten befasst. Andere Abteilungen wie Entwicklung, Konstruktion, Arbeitsvorbereitung, Fertigung, Qualitätssicherung und Kalkulation ergänzen die Daten ihres Bereichs in dem neu angelegten Artikelstamm. Die Reihenfolge der Eingabe ist abhängig von Vorgabedaten anderer Abteilungen und kann produktabhängig auch variieren bzw. es können Schritte ausgelassen werden.
  Änderungen in Artikelstammdaten (z.b. technische Modifikationen) haben oft weitreichende Konsequenzen (Konstruktionsänderungen, Neukalkulation, etc.) für die involvierten Abteilungen. Ähnlich wie bei der Neuanlage ist eine Reihenfolge bei der Datenänderung zu koordinieren. Die Abteilungen müssen über die Änderungen informiert werden und ihre Bereichsdaten anpassen.
  Da Artikelstammdaten in den meisten Unternehmen häufig neu angelegt bzw. verändert werden und verschiedenste Abteilungen bei der Anlage koordiniert werden müssen, eignet sich dieser Bereich besonders für eine Unterstützung durch Workflowmanagement.
- *Kundenangebotsbearbeitung:* Die Abfolge der Arbeitsschritte und Zuständigkeiten der Angebotsbearbeitung stehen in der Regel im Vorhinein fest. So werden für eine Auftragsfertigung die Anfragebewertung, Lieferterminplanung und Angebotserstellung vom Vertrieb in Absprache mit Konstruktion, Arbeitsplanung, Produktion und Einkauf ausgeführt. Der Verkaufspreis wird vom Rechnungswesen (Kalkulation) mit Hilfe der vom Vertrieb ermittelten Angebotsdaten zum Angebot ergänzt. Da die oben genannten Bereiche zeitlich versetzt und räumlich verteilt an der Angebotsbearbeitung beteiligt sind, eignen sich diese für eine Unterstützung durch das Workflowmanagement. (vgl. auch Raufer 1997, Morschheuser 1997, S. 31ff., Much 1998, S. 151)
- *Kundenauftragsbearbeitung:* Nach Eintreffen der Kundenbestellung (u.U. auf ein Angebot) erfolgt in der Auftragsklärung die frühzeitige technische und ablauforganisatorische Klärung eines Kundenauftrages. Bei einem Auftrag auf ein Angebot wurde die technische Machbarkeit schon in der Angebotsbearbeitung geprüft. Die auftragsspezifischen Daten und Informationen werden so aufbereitet, dass allen an der Auftragsabwicklung beteiligten Bereichen die notwendigen Eingangsinformationen zur Verfügung stehen. Die in der Auftragsklärung konkretisierten Auftragsinformationen, Abläufe und involvierten Abteilungen können als Eingangsinformationen für die Instanziierung von Workflows für die Folgeprozesse verwendet werden.

---

[24] Diese Einordnung kann nur tendenziell erfolgen und ist von den unternehmensspezifischen Gegebenheiten abhängig.

- *Auftragssteuerung und -überwachung:* In der Auftragssteuerung und -überwachung werden die durch die Termin- und Kapazitätsplanung vorgegebenen Ecktermine für die einzelnen Arbeitsschritte der Auftragsabwicklung durchgesetzt und hinsichtlich ihrer Einhaltung kontrolliert. Die Feinplanung der zentral freigegebenen Aufträge wird innerhalb der vorgegebenen Ecktermine von den einzelnen Bereichen selbst durchgeführt. Für die zentrale Auftragsfreigabe, Überwachung und Störungsmeldung kann eine zentrale Produktionssteuerung verwendet werden, die durch die Freigabe der Aufträge die Bearbeitung in den dezentralen Werksbereichen anstößt. Die schon in der Auftragsklärung (vgl. die Ausführungen zur Kundenauftragsbearbeitung) festgelegten Informationen zu Abläufen von konkreten Aufträgen können durch ein Workflowmanagementsystem gesteuert werden. Das Workflow-Monitoring hilft dem Prozessverantwortlichen (Auftragsverantwortlichen) bei der Überwachung des Auftragsfortschritts. Es können durch vorher definierte Deadlines (Ecktermine) bei Verzug über die Eskalation frühzeitig regulierende Maßnahmen eingeleitet werden.
  Neben der oben beschriebenen Transparenz über den Fertigungsprozess ist ein weiterer Vorteil einer Workflow-gesteuerten Auftragskoordination, dass dem Kunden anhand der Kontrolldaten (Monitoring) jederzeit Auskunft über den Fortschritt seines Auftrages gegeben werden kann.
- *Technische Konstruktion:* Die von der Konstruktion erstellten Stücklisten werden von verschiedenen anderen Abteilungen benötigt und von diesen auftragsspezifisch angepasst (Ähnliches gilt auch für Arbeitspläne und technische Zeichnungen). Die Stücklistenänderung wird von der Technik selbst, der Beschaffung, dem Finanz- und Rechnungswesen und im Rahmen der Stücklistenverwaltung auch von der Produktion ausgeführt. Besonders die oft ähnlichen Abfolgen bei Änderungen zwischen den Abteilungen können dabei durch Workflowmanagement angestoßen werden (vgl. auch Reinhart u. Brandner 1996, S. 137f.) Ein Monitoring ermöglicht ständig Transparenz bzgl. der Veränderungen in der Stücklistenstruktur für eine auftragsbegleitende Kalkulation und Kontrolle.
- *Auftragsfreigabe/Verfügbarkeitsprüfung:* Die zentrale Verfügbarkeitsprüfung der notwendigen Ressourcen (NC-Programm, Werkzeug, Lagerbestand, Transportkapazität, Prüfmittel, Prüfplan) für einen Auftrag erfordert Informationen verschiedener Abteilungen der Fertigung (Arbeitsplanung, Werkzeugverwaltung, Werkslager, Werktransport, Qualitätssicherung). Diese Informationen können durch Workflowmanagement in den einzelnen Abteilungen angefordert werden.[25] Bei Vorhandensein der erforderlichen Ressourcen für einen Auftrag wird dieser freigegeben und einem oder mehreren Werksbereichen zur Bearbeitung zugeordnet. Die Zuordnung und Bereitstellung der notwendigen Daten kann bei ähnlichen Aufträgen nach vorgegebenen Regeln durch ein Workflowmanagementsystem erfolgen. Auch fehlende Komponenten eines

---

[25] Ein Workflow-Potenzial ist unter der Voraussetzung vorhanden, dass die erforderlichen Daten (Bestände etc.) nicht vollständig in *einem* System sind, so dass diese von den Abteilungen erfragt bzw. ausgehandelt werden müssen.

Auftrages können durch Workflowmanagement in den verantwortlichen Abteilungen angemahnt werden.

- *Auftragsänderung:* Bei einer (kundenseitigen) Auftragsänderung, müssen notwendige Schritte ermittelt werden und die betroffenen Abteilungen informiert werden. Die notwendigen Änderungen können durch einen Workflow koordiniert werden. Dieser informiert die involvierten Abteilungen (z.B. Konstruktion, Arbeitsvorbereitung, Fertigungsplanung), koordiniert die Reihenfolge der Bearbeitung und überwacht vorgegebene Ecktermine (vgl. auch die Ausführungen zur Artikelstammdatenänderung bzw. technischen Konstruktion)

- *Fremdfertigungskoordination:* Die technische Auftragsabwicklung und die Produktionsplanung der Zulieferer muss mit der innerbetrieblichen Planung des Herstellers abgestimmt werden. Insbesondere Änderungen vom Kunden und deren Auswirkungen müssen möglichst zeitnah auch dem Zulieferer mitgeteilt werden. Ebenso müssen Modifikationen in der Fertigungsplanung dem Zulieferer rechtzeitig mitgeteilt werden. Ein durchgängiger Workflow kann notwendige Aktivitäten beim Zulieferer anstoßen. Voraussetzung hierzu sind genormte Schnittstellen, über die die WfMS der einzelnen Firmen miteinander kommunizieren können (vgl. zur Schnittstellenspezifikation von verschiedenen WfMS z.B. Hayes et al. 2000, WfMC [1999]).

- *Störungsmanagement:* Betrachtet werden soll hier der Bereich des Störungsmanagements innerhalb der PPS, für den erforderliche Schritte bei einem Ereignis zumindest im Groben vorab planbar sind (z.B. notwendige Aktivitäten bei einem Maschinen-/Personalausfall). Unvorhersehbare Ereignisse können nicht sinnvoll mit Workflowmanagement koordiniert werden. Bei den potenziell planbaren Ereignissen kann ein sog. Kompensationsworkflow (vgl. Abschn. 3.5.4) notwendige Aktivitäten zur Störungsbeseitigung generieren.

- *Bestellüberwachung:* Im Rahmen der Bestellüberwachung durch den Hersteller kann automatisiert bei einer Liefertermüberschreitung der Vertrieb des Zulieferers getriggert werden und dort notwendige Aktivitäten auslösen. Voraussetzung ist ein betriebsübergreifender, durchgängiger Workflow (vgl. auch die Ausführungen zur Fremdkoordination). Alternativ, bei nicht durchgängiger Modellierung, kann auch ein Einkaufsverantwortlicher des Herstellers im Fall des Lieferungsverzugs per Workflow zu Maßnahmen veranlasst werden.

- *Auftragsbezogene Kostenverfolgung:* Der Schwerpunkt liegt hierbei auf der auftragsbegleitenden Gegenüberstellung von geplantem Auftragsbudget und den in den Produktionsbereichen anfallenden Ist-Werten, um ebenso wie bei der Terminüberschreitung rechtzeitig Steuerungsmaßnahmen einzuleiten. Auch diese Teilaufgabe kann durch Workflowmanagement unterstützt werden, indem die Bearbeitungszeiten und Ressourcenverbräuche aller Bereiche für einen Auftrag über die Monitoringdaten zur Verfügung gestellt werden (vgl. hierzu auch Abschn. 2.6). Hierzu müssten jedoch vor allem in den indirekten Bereichen, wie in der Produktion üblich, genaue Bearbeitungszeiten protokolliert werden. Die auftragsbezogenen BDE bzw. MDE-Aufzeichnungen, ergänzt um Materialverbräuche und Bearbeitungszeiten der indirekten Bereiche, können bei Überschreiten eines vorher festgelegten Soll-Kontos einen Prozessverantwortlichen informieren.

2.2.5 Literatur

Becker, J., Meise, V.: Strategie und Ordnungsrahmen. In: Prozessmanagement. Ein Leitfaden zur prozessorientierten Organisationsgestaltung. Hrsg.: J. Becker, M. Kugeler, M. Rosemann. 3. Aufl., Berlin u.a. 2002, S. 95-145.

Curren, T., Keller, G.: SAP R/3 Business Blueprint. Understanding the business process reference model. Upper Saddle River, NJ 1998.

Erzen, K.: Entwicklung eines Referenzmodells der überbetrieblichen Auftragsabwicklung in textilen Lieferketten. Dissertation, Forschungsinstitut für Rationalisierung (FIR) an der RWTH, Aachen 2002.

Eversheim, W.: Organisation in der Produktionstechnik. Bd. 4: Fertigung und Montage. 2. Auflage. VDI-Verlag, Düsseldorf 1989.

Geiger, K., Inside ODBC, Service Fachverlag, Wien 1995.

Haberfellner, R.: Die Unternehmung als dynamisches System. Der Prozeßcharakter der Unternehmensaktivitäten. Reihe Forschungsergebnisse für die Unternehmenspraxis des BWI ETH, Band 1, Zürich 1974.

Hayes, J. G. et al.: Workflow Interoperability Standards fpr the Internet. IEEE Internet Computing, 4 (2000) 3, S. 37-45.

Keller, G, Partner: SAP R/3 prozeßorientiert anwenden. 3. Auflage. Bonn u.a. 1999.

Kieser, A. und Kubicek, H. Organisation, 3. Aufl., Berlin, New York 1992.

Kobielus, J. G.: Workflow Strategies. Foster City et al. 1997.

Kueng, P.: Ein Vorgehensmodell zur Einführung von Workflow-Systemen. Technical Paper 95.02. University of Linz, Austria 1995.

Kuhn, A., Hellingrath, B., Kloth, M.: Anforderungen an das Supply Chain Management der Zukunft. In: Information Management & Consulting, 13 (1998)3, S. 7-13.

Kurbel, K.: Produktionsplanung und -steuerung. 4. Aufl., München u.a. 1999.

Luczak, Holger, Eversheim, Walter: Produktionsplanung und -steuerung. Grundlagen, Gestaltung und Konzepte. Berlin 1998.

Meise, V.: Ordnungsrahmen zur prozessorientierten Organisationsgestaltung . Modelle für das Management komplexer Reorganisationsprojekte. Hamburg 2001.

Mertens, P., Funktionen und Phasen der Produktionsplanung und -steuerung. In: Eversheim, W., Schuh, G. (Hrsg.), Produktion und Management "Betriebshütte", 7. völlig neu bearbeitete Aufl., Teil 2, Berlin u.a. 1996, S. 14-60.

Mohan, C.: Recent Trends in Workflow Management: Product, Standards and Research. Tutorial Notes, 5th Int. Conf. on Extending Database Technology (EDBT96), Avignon, 1996.

Morschheuser, S.: Integriertes Dokumenten- und Workflow-Management – Dargestellt am Angebotsprozeß von Maschinenbauunternehmen. Dissertation, Universität Erlangen-Nürnberg. Wiesbaden 1997.

Much, D.: Prozeßoptimierung durch Integration von Workflow-Management in PPS-Systeme. In: ZwF, 93 (1998) 4, S.148-152.

PSIPENTA: Referenzmodell des Systems. Internes Dokument der PSIPENTA Software Systems GmbH, Berlin 1999.

Raufer, H.: Dokumentenorientierte Modellierung und Controlling von Geschäftsprozessen. Integriertes Workflow-Management in der Industrie. Wiesbaden 1997.

Reinhart, G., Brandner, S.: Prozeßmanagement im Engineeringbereich mit PDM-Systemen. In: m & c, 4 (1996) 3, S. 133-140.

Scheer, A.-W.: Wirtschaftsinformatik - Referenzmodelle für industrielle Geschäftsprozesse. 7. Aufl., Berlin u.a. 1997.

Scheer, A.-W.: Wirtschaftsinformatik. Referenzmodelle für industrielle Geschäftsprozesse. 7. Aufl., Berlin u.a. 1997.

Schütte, R.: Grundsätze ordnungsmäßiger Referenzmodellierung: Konstruktion konfigurations- und anpassungsorientierter Modelle. Wiesbaden 1998.

SCOR: Supply Chain Operations Reference Model Version 5.0. http://www.supply-chain.org/members/scormodel.asp (Abrufdatum: 4. Dez. 2002).

v. Uthmann, C., Rosemann, M.: Integration von Workflowmanagement und PPS: Potentiale und Problemstellungen. In: Proceedings of the Workshop „PPS meets Workflow". Hrsg.: C. v. Uthmann, J. Becker, P. Brödner, I. Maucher, M. Rosemann. Gelsenkirchen 1998.

von Uthmann, C.: Geschäftsprozesssimulation von Supply Chains. Ein Praxisleitfaden für die Konstruktion von Management-orientierten Modellen integrierter Material- und Informationsflüsse. Gent 2001.

Vossen, G.: Datenmodelle, Datenbanksprachen und Datenbank-Management-Systeme. 2. Aufl., Bonn u.a. 1994.

WfMC: Workflow Management Coalition Workflow Standard – Interoperability. Abstract Specification. Document Number WFMC-TC-1012. Version 2.0a, November 30th, 1999. Winchester 1999.

Wienecke, K., Kampker, R., Philippson, C., Gautam, D., Kipp, R.: Marktspiegel Business Software ERP/PPS 2002 Anbieter - Systeme - Projekte, Forschungsinstitut für Rationalisierung (FIR) an der RWTH Aachen und Trovarit AG, Aachen 2002.

zur Mühlen, M., von Uthmann, C.: Ein Framework zur Identifikation des Workflow-Potenzials von Prozessen. In: HMD. Theorie und Praxis der Wirtschaftsinformatik, 37 (2000) 2, (Heft 213), S. 67-79.

2.3 Wirtschaftlichkeitsorientierte Workflow-Gestaltung

von Matthias Friedrich und Svend Lassen

2.3.1 Grundlagen zur Wirtschaftlichkeitsbewertung von Workflowmanagement

2.3.1.1 Bewertungsmodell für das Workflowmanagement

Im folgenden Abschnitt werden die Grundlagen für die Wirtschaftlichkeitsbewertung von Workflowmanagement beschrieben. Die Beurteilung einer Organisations- oder IT-Lösung wird aus betriebswirtschaftlicher Sicht zumeist auf Basis der Effizienz oder Wirtschaftlichkeit vorgenommen (Picot 1993, S. 110). Die Effizienz stellt das Verhältnis von Mitteleinsatz zur Leistungsabgabe dar. Die wertmäßige Ableitung der Effizienz ergibt die Rentabilität als Quotient aus Gewinn oder Ergebnis zu Aufwendungen bzw. Kosten. Eine mengenorientierte Sicht führt zur Produktivität. Die Effizienz unterscheidet sich damit von der Effektivität, die eine tatsächliche Leistungsabgabe ins Verhältnis zu einer geplanten Ausbringung stellt. Die Effizienz eignet sich im Vergleich dazu eher, operative Zielsetzungen zu unterstützen, wohingegen die Effektivität besser zur Darstellung strategischer Aspekte geeignet ist.

Da der wirtschaftliche Nutzen des Workflowmanagements und der damit verbundenen automatisierten Prozesskoordination vor allem in der besseren Ausführung der operativen Geschäftsprozesse zu erwarten ist, wird eine effizienzorientierte Betrachtungsweise zur Bewertung zugrunde gelegt. Die Beurteilung muss somit Aufschluss darüber geben,

* welche Leistungen durch das Workflowmanagement ermöglicht werden und
* welche Kosten mit dem Workflowmanagement verbunden sind.

Die zu bewertenden Wirkungen können sowohl auf der Leistungs- als auch auf der Kostenseite positive, negative oder gar keine Effekte zeigen. Allgemein wird die Leistung einer organisatorischen Alternative auch als Nutzen bezeichnet.

Formal-theoretisch lässt sich die Effizienz automatisierter Prozesskoordination in Abhängigkeit von der Koordinationsintensität erklären (s. Abb. 2.3-1). Eine höhere Intensität führt bis zum Erreichen des maximalen Potenzials zu einer Erhöhung des Nutzens. Gleichzeitig steigen die Kosten automatisierter Koordination (vgl. Frese 2000, S. 124ff.). Unter der vereinfachenden Annahme stetig steigender Kurven ermöglicht die Analyse der Differenzkurven die Bestimmung der Optima.

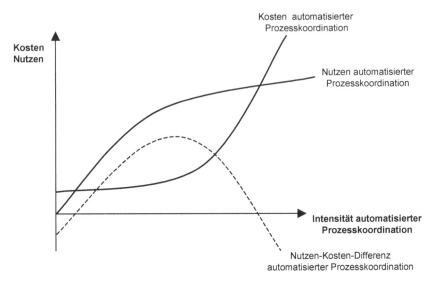

Abb. 2.3-1. Zusammenhang von Kosten und Nutzen automatisierter Prozesskoordination

Bei der Interpretation der Abbildung muss jedoch beachtet werden, dass die praktische Ermittlung der Kurven aus drei Gründen erhebliche Schwierigkeiten bereiten wird. Ein wesentliches Problem besteht darin, dass die Intensität automatisierter Prozesskoordination keine messbare, kontinuierliche Größe darstellt, sondern eine Aneinanderreihung diskreter Zustände. Jeder Zustand repräsentiert dabei eine bestimmte Koordinationsmechanismus-Konstellation. Die Reihenfolge der Zustände ist nicht allgemein festlegbar, sondern ergibt sich aus den spezifischen Merkmalen eines Prozesses.

Ferner ergeben sich durch den Einsatz IT-gestützter Prozesskoordinationsmechanismen unterschiedliche Effekte. Diese sind entweder durch die Automatisierung oder durch die organisatorische Veränderung von Koordinationsprinzip, Koordinationskonzept oder Interdependenzstruktur bedingt.

Die dritte wesentliche Problemstellung liegt in der durch Belastungsschwankungen, Störungen o.ä. Unregelmäßigkeiten hervorgerufenen Dynamik von Auftragsabwicklungsprozessen. Eine rein statische Betrachtung würde die Realität daher unzulässig vereinfachen.

Die effizienzorientierte Beurteilung organisatorischer Lösungen bereitet aus diesen Gründen in der betrieblichen Praxis erhebliche Probleme. Es ist nicht möglich, Kosten und Nutzen einer Organisationsalternative direkt abzulesen (vgl. Picot 1993, S. 113, Frese 2000, S. 21). Als Zwischenschritt sind zunächst sog. Realeffekte oder Auswirkungen zu ermitteln, die dann im Rahmen der Bewertung in Kosten oder Nutzen transformiert werden (Zangl 1987, S. 113f.). Grundsätzlich müssen sich organisatorische Gestaltungsmaßnahmen immer an dem übergeordneten Unternehmensziel orientieren (Grochla 1995, S. 61). Allgemein wird die langfristige Gewinnmaximierung als oberstes Unternehmensziel angesehen. Derartige Unternehmensziele erweisen sich dabei jedoch als zu global, so dass sich in Theorie und Praxis die Formulierung von Ersatz- oder Subzielen bewährt hat, die an Stelle des übergeordneten Unternehmensziels herangezogen werden (vgl. Frese 2000, S. 253ff.).

2.3.1.2 Nutzenziele automatisierter Auftragsabwicklungsprozesse

Als Subziele in der Auftragsabwicklung der PPS können die nachfolgend aufgeführten Leistungsziele:

- Reduzierung der Durchlaufzeit,
- Steigerung der Termintreue,
- Steigerung der Kapazitätsauslastung,
- Reduzierung der Materialbestände

sowie die bislang wenig konzeptualisierten Ersatzziele:

- Steigerung der Flexibilität und
- Steigerung der Qualität

genannt werden (vgl. Adam 1993, S. 404, Eversheim 1996, S. 27ff., Paegert 1997, S. 41ff., Schotten 1998, S. 43). Die genannten Ziele stellen jedoch insbesondere auf die Produktionsplanung und -steuerung als Bestandteil der Auftragsabwicklung ab, so dass sie als Zielgrößen für die Beurteilung der Prozessleistung von Auftragsabwicklungsprozessen nur teilweise geeignet sind.

Aufbauend auf der Untersuchung von Paegert (1997) werden die in der Abb. 2.3-2 dargestellten Zielgrößen für die Beurteilung einer automatisierten Prozesskoordination herangezogen und diskutiert.

Leistungsziele		
Dimension	**Zielkriterien**	**Beurteilbarkeit**
Durchlaufzeit	• Durchlaufzeitgrad	quantitativ
Termintreue	• Durchlaufzeitabweichungsgrad	quantitativ
Prozesssicherheit	• Fehlerrate	qualitativ

Abb. 2.3-2. Prozessleistungsziele

Kurze Durchlaufzeiten sind für produzierende Unternehmen von großer Wichtigkeit, da sie zu größerer Transparenz der Auftragsabwicklung, zu höherer Flexibilität sowie zu einer Verkürzung marktseitiger Lieferzeiten führen können (vgl. Klaus 1996, S. 91). Bezieht sich die Durchlaufzeit auf materielle Prozesse, wird durch eine Durchlaufzeitverkürzung zudem die innerbetriebliche Kapitalbindung positiv beeinflusst (Paegert 1997, S. 42). Die Verkürzung der Durchlaufzeit wird von vielen Autoren als dominante Zielgröße informationeller Prozesse gesehen (vgl. Zangl 1987, S. 58, Müller 1993, S. 68, Dobberstein 1997, S. 1, Scholz u. Vrohlings 1994, S. 58ff.). Mit dem Begriff der Durchlaufzeit wird allgemein der Zeitraum bezeichnet, den ein Objekt für die Zurücklegung eines bestimmten Durchlaufweges benötigt (Zangl 1987, S. 51). Für die hier vorliegende Betrachtung von Auftragsabwicklungsprozessen kann die Durchlaufzeit als Zeitdifferenz zwischen Prozessstart und Fertigstellung des Informationsobjekts bestimmt werden.

Störungen im Auftragsabwicklungsablauf und wechselnde Belastungssituationen führen zu einer schlechteren Prognostizierbarkeit der Durchlaufzeit und damit zu einer negativen Entwicklung der Termintreue (Paegert 1997, S. 44). Aktuelle Untersuchungen zeigen, dass die Unternehmen der Zielgröße Termintreue eine zunehmende Bedeutung zumessen (vgl. Schönheit 1997, S. 6ff.). Problematisch ist jedoch, dass die Termintreue häufig durch einen expliziten Marktbezug gekennzeichnet ist, da zu ihrer Ermittlung ein von außen vorgegebener Endtermin erforderlich ist. Die Ermittlung der Endtermine soll allerdings nicht Bestandteil des Bewertungskonzepts sein. Hinzu kommt, dass Systeme mit niedrigen Durchlaufzeitgraden i.d.R. auch eine hohe Termintreue aufweisen, so dass der zusätzliche Aussagewert der Zielgröße Termintreue für die hier vorliegende Betrachtung gering ist. Aus diesen Gründen wird anstelle der Termintreue häufig der Durchlaufzeitabweichungsgrad als Indikator für die Termintreue herangezogen (zur Herleitung vgl. Grobel 1993, S. 85). Der Durchlaufzeitabweichungsgrad ist ein Maß für die Streuungsbreite der realen Durchlaufzeiten um die mittlere Durchlaufzeit.

Die Qualität eines Auftragsabwicklungsprozesses wird vor allem durch den Prozessoutput, d.h. die Ausgangsinformationen, bestimmt. Vereinfachend werden die Kriterien zur Beurteilung der Qualität des Prozessoutputs unter dem Merkmal der Prozesssicherheit zusammengefasst. Unter der Sicherheit eines Prozesses wird die Wahrscheinlichkeit eines fehlerfreien Prozessoutputs verstanden. Mit zunehmender Sicherheit steigt der Nutzen für den Empfänger (Schulte-Zurhausen 1995, S. 112). Als Maß für die Prozesssicherheit wird daher die Fehlerrate, d.h. der Anteil fehlerhafter Prozessinstanzen, an der Gesamtanzahl festgelegt (vgl. Scholz u. Vrohlings 1994, S. 74 f.). Bei dieser Art der Betrachtung wird unterstellt, dass ein Prozessoutput eindeutig als richtig oder falsch bewertet werden kann.

2.3.1.3 Kostenziele automatisierter Auftragsabwicklungsprozesse

Kostenziele werden üblicherweise durch die Definition unterschiedlicher Kostenarten operationalisiert. Die Zielerfüllung erfolgt dann durch die Ermittlung der Kosten je Kostenart. Im Vergleich zur Messung der Leistung einer Koordinationsalternative gestaltet sich die Bestimmung der Kosten i.d.R. deutlich einfacher (vgl. Rosemann 1998, S. 45). In Analogie zur Ermittlung der Kosten betrieblicher Informationssysteme lassen sich die Kosten unterschiedlicher Prozesskoordinationsformen in einmalige und laufende Kosten trennen (vgl. Schotten 1998, S. 46). In der Abb. 2.3-3 sind die Kostenarten einmaliger und laufender Kosten der Prozesskoordination in Anlehnung an die Einteilung der Kostenkomponenten betrieblicher Informations- und Kommunikationssysteme nach Pietsch (1999, S. 43f.) dargestellt.

Kostenziele		
Dimension	**Zielkriterien**	**Beurteilbarkeit**
Einmalige Kosten	• Planungs- und Implementierungskosten • Anschaffungskosten • Schulungskosten	quantitativ
Laufende Kosten	• Personalkosten • Wartungskosten • Miet- oder Leasingkosten • (kalkulatorische) Zinskosten • Koordinationshilfsmittelkosten	quantitativ

Abb. 2.3-3. Prozesskostenziele

Während die Erfassung der einmaligen Kosten häufig auf Basis von Angeboten und Projektplänen gut spezifiziert werden kann, erfordert die Bestimmung der laufenden Kosten einer Prozesskoordinationsform i.d.R. auch Prognosen bzgl. der Wirkung der Alternativen. Einen wesentlichen und gleichzeitig schwierig zu ermittelnden Kostenblock stellen die Kosten für koordinative Aktivitäten dar. Hierunter fallen sämtliche Zeitverbräuche personeller Ressourcen für Tätigkeiten, die durch die Arbeitsteilung bedingt sind wie z.B. mehrmaliges Einarbeiten in einen Vorgang (geistiges Rüsten), Informationsbeschaffung und -weiterleitung (Informationstransport), Informationstransformation sowie Abstimmungs- und Kontrolltätigkeiten (vgl. Zangl 1987, S. 90ff.).

Die unterschiedlichen Kostenarten sind zunächst auf eine einheitliche Bezugsgröße (Cost-Driver) zu normieren. Zumeist werden die Kosten auf eine einmalige Prozessdurchführung oder auf eine Einheit der Prozessleistung bezogen. Hierbei sind leistungsmengeninduzierte und leistungsmengenneutralen Kosten zu unterscheiden. Leistungsmengeninduzierte Kosten sind in Bezug auf die Leistungsmenge veränderlich, während leistungsmengenneutrale Kosten bezogen auf die zugrundeliegende Bezugsgröße unabhängig sind. Oft wird für die leistungsmengeninduzierten Kosten eine lineare Kostenfunktion abhängig von der Leistungsmenge angenommen. Ist diese Annahme nicht zulässig, können mit Hilfe der ressourcenorientierten Prozesskostenrechnung durch die Trennung von mengenmäßigem und wertmäßigem Ressourcenverzehr exaktere Werte ermittelt werden (Schuh u. Kaiser 1995, S. 369ff.). Die Zeitverbräuche sind mit entsprechenden Personalkostensätzen monetär zu bewerten. Die leistungsmengenneutralen Kosten sind über geeignete Verrechnungsschlüssel, wie z.B. Prozentsätze, den Prozessen möglichst verursachungsgerecht zuzuordnen (vgl. Scholz u. Vrohlings 1994, S. 78ff.). Zu den leistungsmengenneutralen Kosten gehören die einmaligen Kosten sowie laufende Kosten für Hard- und Software. Kosten für Koordinationshilfsmittel können leistungsmengeninduziert oder leistungsmengenneutral sein. Die Bestimmung der Kostenzielerreichung ähnelt damit konventionellen Prozesskostenrechnungsverfahren (vgl. z.B. Coenenberg u. Fischer 1991, S. 21ff.). Gleichwohl kann zur Reduzierung des Aufwandes die Erfassung der Kosten auf Teilkostenbasis erfolgen. D.h. es werden nur die Kosten erfasst, die durch den Einsatz unterschiedlicher Koordinationsmechanismen beeinflusst werden. Die Kostenzielermittlung hat somit den Charakter einer Grenzplankostenrechnung.

2.3.2 Kosten-Nutzen-Effekte des Workflowmanagements

2.3.2.1 Prozessorientierte Koordinationsprinzipien

Im Folgenden sollen die organisatorischen Nutzen- und Kosteneffekte unterschiedlicher Prozesskoordinationsalternativen untersucht werden. Dazu müssen eingangs die für die Betrachtung wesentlichen Unterscheidungsmerkmale der Koordinationsprinzipien geklärt werden.

Für die Beschreibung der Koordinationsprinzipien sind vor allem zwei Kriterien von Bedeutung (weitere Kriterien finden sich in Friedrich 2002, S. 62ff.):

- Kontrollfluss und
- Ressourcenzuordnung.

Von Kontrollfluss wird gesprochen in Bezug auf Kontrolldaten, die die Ausführung der Prozessaktivitäten entsprechend des Prozessablaufs aktivieren. Kontroll- oder Steuerungsdaten sind Mitteilungen, Anweisungen, unerledigte Aufgaben und offene Posten. Nutzdaten stellen demgegenüber die zu bearbeitenden Daten und Informationen dar, bspw. Auftrags-, Kunden- und Reporting-Daten. Kontroll- und Nutzdaten sind dabei eng miteinander verbunden (vgl. Rosemann 1996, S. 13).

Im Zusammenhang mit dem Fluss von Kontroll- und Nutzdaten ist die Zuordnung dieser zu einem Prozessträger zu betrachten. Bzgl. des Koordinationskonzepts werden als Flussprinzipien grundsätzlich das Pull- und das Push-Pinzip sowie der Spezialfall des Blockadeprinzips unterschieden (vgl. Schönsleben 2000, S. 30 ff., von Uthmann 2001, S. 238). An einem Beispiel sollen die unterschiedlichen Koordinationskonzepte in Bezug auf die Kontrollflusskoordination veranschaulicht werden.

Einem Disponenten wird die Aufgabe übertragen, Bedarfe zu ermitteln und diese in Bestellanforderungen zu überführen. Ein Einkäufer erhält die Aufgabe, aus den Bestellanforderungen Bestellungen zu erstellen. Die Koordination des Ablaufes kann nach dem Pull-Prinzip erfolgen, wenn der Einkäufer angewiesen wird, regelmäßig zu prüfen, ob Bestellanforderungen vorliegen. Der Einkäufer löst in diesem Fall durch die Bearbeitung der Aktivität die Koordination aus. Dieses Koordinationsprinzip wird daher auch als passive Koordination bezeichnet. Informiert der Disponent den Einkäufer in gewissen Zeitabständen (z.B. einmal pro Tag) über das Vorliegen von Bestellanforderungen, handelt es sich um eine Koordination nach dem Blockade-Prinzip. Die Koordination wird bis zum Verstreichen eines Zeitzyklus blockiert. Bei dieses Koordinationskonzept wird von zyklischer Koordination gesprochen. Informiert der Disponent den Einkäufer nach jeder Bedarfsermittlung über das Vorliegen von Bestellanforderung wird dies als aktive Koordination bezeichnet. Zusammenfassend werden ein passiver, ein zyklischer und ein aktiver Kontrollfluss unterschieden.

Die Ressourcenzuordnung beschreibt die Zuordnung von Prozessaktivitäten zu einer Organisationseinheit. Hinsichtlich des Koordinationsprinzips können zunächst allgemein die Selbstabstimmung, die persönliche Weisung, die Planung und die Standardisierung unterschieden werden.

Jede Zuordnung erfordert mindestens ein Zuordnungskriterium. Typische Zuordnungskonzepte im Rahmen der Auftragsabwicklung sind die verrichtungsbezogene, die objektbezogene oder die vorgangsbezogene Zuordnung. Eine verrichtungsbezogene Form der Koordination stellt die Zuordnung gleichartiger Prozessaktivitäten zu einer Organisationseinheit und deren gebündelte Bearbeitung dar. Typische Beispiele hierfür sind im Kontext der Auftragsabwicklung die Abarbeitung regelmäßig erstellter Listen oder die Sammelvorgangsbearbeitung. Rüstzeiten treten dann nicht für jedes Prozessobjekt, sondern nur einmal pro Bearbeitungsvorgang auf. Eine objektbezogene Zuordnung führt dagegen zu einer Zusammenfassung von Prozessaktivitäten, die sich auf ein gleiches Objekt beziehen. Eine vorgangsbezogene Bearbeitung von Prozessaktivitäten wird durch Zuordnung der Prozessaktivitäten zu einer Ressourcen und deren separate Bearbeitung erzielt. Hierbei wird deutlich, dass eine eindeutige Zuordnung des Koordinationstyps bei dieser Interdependenzart bearbeitungsaktivitätsspezifisch vorgenommen werden muss.

2.3.2.2 Nutzeneffekte prozessorientierter Koordinationskonzepte

Die unterschiedlichen Koordinationsprinzipien und -konzepte haben wesentlichen Einfluss auf die Nutzenzielgrößen. Diese manifestieren sich vor allem in Veränderungen der Liegezeiten und der Liegezeitschwankungen, die aufgrund ihres dynamischen Charakters mit Hilfe der Simulationstechnik untersucht wurden.

Zur Erklärung der Liegezeiteffekte eines Auftragsabwicklungssystems wurde auf Erkenntnisse der Warteschlangentheorie zurückgegriffen. Ein Wartesystem ist gekennzeichnet durch einen Inputstrom von ankommenden Einheiten und einer Servicestelle, die die Einheiten mit einer gewissen Abfertigungsdauer passieren, wobei zufällige Schwankungen das Auftreten von Warteschlangen verursachen (Ferschl 1964, S. 32f.). Mit Hilfe ausgewählter Parameter kann das Modell eines Wartesystems auf ein Auftragsabwicklungssystem übertragen werden (genaue Darstellung des Versuchs in Friedrich 2002, S. 92ff.).

Die systematische Analyse verschiedener Einflussgrößen auf die dynamischen Kenngrößen Liegezeit und Liegezeitschwankungen bestätigt die Vermutung, dass sowohl Liegezeiten als auch Liegezeitschwankungen durch eine aktive, vorgangsbezogene Koordination deutlich reduziert werden können. Allerdings zeigt sich auch, dass sich durch eine Erhöhung der Bearbeitungsfrequenz vergleichbare Ergebnisse bei verrichtungs- bzw. objektbezogener Koordination erzielen lassen. Durch eine höhere Bearbeiteranzahl können bei der vorgangsbezogenen Koordination weitere deutliche Verbesserungen hinsichtlich der Liegezeiten und Liegezeitschwankungen erwartet werden.

Die zunächst als wesentlich vermuteten Auswirkungen der stochastischen Einflüsse auf ein Prozesssystem spielen im Vergleich dazu eine geringere Rolle. Allerdings ist festzustellen, dass eine verrichtungs- oder objektbezogene Koordination deutlich weniger sensibel auf Schwankungen der Ausführungszeit oder der Zwischenankunftszeit reagiert als eine vorgangsbezogene Koordination. Simulationsversuche in Verbundprozessen haben in diesem Zusammenhang gezeigt, dass sich derartige Schwankungen mit zunehmender Anzahl von Prozessaktivitäten verstärken (vgl. Friedrich 2002, S. 92ff.). Nachteilig wirkt sich hierbei insbesondere eine zyklusorientierte Kontrolldatenkoordination aus, da diese Konstellation zu einer Art getakteten Prozessabwicklung führt und somit die Gleichmäßigkeit des Ablauf zusätzlich stört.

Für eine Reduzierung von Liegezeiten und Liegezeitschwankungen werden daher vor allem drei Stellschrauben gesehen: eine weitgehende Vermeidung von stochastischen Einflüssen auf das Prozesssystem, die Abstimmung der Bearbeitungsfrequenz auf die Anfallfrequenz und eine Erhöhung der Anzahl der Bearbeiter zum Ausgleich von Belastungsspitzen. Die Beeinflussung stochastischer Einflüsse ist i.d.R. nur bedingt möglich, kann aber z.b. durch eine Reduzierung des Vorziehens bestimmter Prozessinstanzen (Eilaufträge) unterstützt werden. Die Abstimmung der Bearbeitungsfrequenz auf die Anfallfrequenz ist ebenso wie eine Erhöhung der Anzahl der Bearbeiter grundsätzlich mit erhöhtem Abstimmungsaufwand verbunden, der dem Zeitgewinn gegenüber gestellt werden muss. Ist eine aktive Koordination aus diesem Grund nicht möglich, ist zwischen zyklischer, vorgangsbezogener und verrichtungs- oder objektbezogener Koordination zu entscheiden. Basierend auf den Simulationsergebnissen kann hierzu die Aussage getroffen werden, dass sich die verrichtungs- oder objektbezogene Koordination robuster in Bezug auf stochastische Einflüsse verhält, jedoch die Potenziale einer parallelen Verteilung von Aktivitäten auf mehrere Bearbeiter weniger gut genutzt werden können.

2.3.2.3 Nutzeneffekte der Standardisierung

Die wesentliche Wirkung der Standardisierung besteht im Ausschluss potenzieller Handlungs- und Entscheidungsalternativen. Somit wird die Menge notwendiger Abstimmungs- und Kontrollzeiten aber auch der Aufwand für das Suchen von Informationen reduziert. Darüber hinaus können Produktivitätssteigerungen durch die Erhöhung der Wiederholhäufigkeit der zu treffenden Koordinationsentscheidungen erzielt werden. Eine Quantifizierung dieser Effekte ist jedoch insbesondere auch deshalb von untergeordneter Bedeutung, da mit Abnahme formeller Abstimmungsvorgänge ein Ansteigen informeller Kommunikation zu erwarten ist.

2.3.2.4 Nutzeneffekte einer Automatisierung der Prozesskoordination

Allgemein wird die Bedeutung des Einsatzes von Informationstechnik zur Koordination betrieblicher Aktivitäten darin gesehen, dass informationelle Prozesse schneller, sicherer und mit weniger Ressourceneinsatz durchgeführt werden können (vgl. Schotten 1998, S. 55). Frese (2000, S. 144f.) sieht die wesentlichen Implikationen des Einsatzes von IT in einer Reduzierung der Kommunikationskosten. Zu einem ähnlichen Ergebnis kommen Kieser u. Kubicek (1992, S. 192). Sie nennen als Haupteffekte eine verbesserte Informationsbasis der Organisationsmitglieder und eine erhöhte Effizienz der Koordinationsinstrumente. Grundsätzlich werden diese Einschätzungen geteilt. Es wird jedoch zudem die Auffassung vertreten, dass der Einsatz von IT nicht nur zu einer Reduzierung von Kosten sondern auch zu einer Erhöhung des Nutzens führen kann.

Häufig wird die Digitalisierung von Routineaufgaben als wesentliches Potenzial einer Workflow-Einführung genannt (vgl. Rosemann 1998, S. 46). Im Rahmen der automatisierten Prozesskoordination handelt es sich dabei um Aktivitäten, die ausschließlich der Prozesskoordination dienen, wie das Kombinieren und Trennen von Teilprozessen. Werden Koordinationsaktivitäten automatisiert, kann von einer vollständigen Eliminierung der Ausführungszeiten ausgegangen werden. Ein hiermit korrespondierender Effekt ist die Vermeidung von Schwankungen der Ausführungszeiten dieser Aktivitäten.

Ein wesentliches Potenzial wird weiterhin in der Verbesserung der Prozessleistungstransparenz liegen. Durch die Automatisierung der Prozesskoordination können i.d.R. die üblichen Prozesskenngrößen aufgezeichnet und für Zwecke des Prozesscontrollings genutzt werden. Durch die Vermeidung von Übertragungsfehlern sind auch Verbesserungen hinsichtlich der Fehlerrate zu erwarten. Eine exakte Prognose des Verhaltens der Prozessleistungstransparenz oder der Fehlerrate ist jedoch praktisch nicht möglich.

2.3.2.5 Effekte einer IT-getriebenen Reorganisation

Es ist weitestgehend unumstritten, dass beim Einsatz von IT-gestützten Prozesskoordinationsinstrumenten wesentliche Effekte durch eine vorgelagerte Reorganisation der Prozesse entstehen können. Für diese Betrachtung wird davon ausgegangen, dass die Effektivität der Prozesse im Vorfeld sichergestellt wurde, so dass auf eine vollständige Darstellung von Reorganisationsmöglichkeiten verzichtet werden kann. Aus Koordinationssicht können aber bei der Prozessreorganisation zwei grundsätzlich unterschiedliche Strategien verfolgt werden:

- Reduzierung der Koordinationskosten durch Verringerung von Interdependenzen,
- Erhöhung des Koordinationsnutzens durch interdependenzintensivere Organisationsstrukturen.

Die erste Strategie kann als organisationsgetrieben bezeichnet werden. Derartige Maßnahmen, wie z.B. die Zusammenfassung von Aufgaben, können völlig unabhängig vom Einsatz IT-gestützter Koordinationsinstrumente durchgeführt werden. Der zweite Ansatz kann dagegen als IT-getrieben bezeichnet werden. Organisationsänderungen beruhen darauf, dass bisher oder zukünftig angestrebte Organisationsstrukturen mit informationstechnischer Hilfe überhaupt erst oder zumindest besser realisiert werden können (Schotten 1998, S. 55). Als wesentliche Maßnahmen einer IT-getriebenen Reorganisation werden auf Basis der bisherigen Erkenntnisse die Parallelisierung von Aktivitäten und Bearbeitungskapazitäten gesehen (s. Abb. 2.3-4).

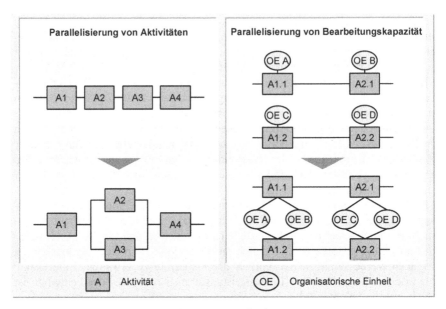

Abb. 2.3-4. Möglichkeiten IT-getriebener Reorganisation

Ein häufig vernachlässigtes Potenzial ist die zeitliche Parallelisierbarkeit von Aktivitäten. Zwar kann sehr häufig erst mit der Bearbeitung einer Aktivität begonnen werden, wenn die vorhergehende Aktivität vollständig abgeschlossen ist. In der Praxis treten aber auch sequenziell angeordnete Aktivitäten auf, die parallel abgewickelt werden können. Ein bekanntes Beispiel für die Nutzung einer parallelen Aufgabenbearbeitung ist das Simultaneous Engineering Konzept aus dem Bereich der Produktentwicklung (vgl. Eversheim 1991, S. 189ff.). Die Abstimmung parallel laufender Aktivitäten verkürzt zwar i.d.R. die Durchlaufzeit, erhöht jedoch den Koordinationsbedarf, da zusätzlich verschiedene Teilprozesse zeitlich zu synchronisieren sind. Die zusätzlichen Koordinationskosten sind mit dem Zeitgewinn zu verrechnen. Aufgrund des hohen Aufwandes konventioneller Prozesskoordination werden daher vielfach parallelisierbare Aktivitäten sequenziell abgewickelt. Das Ausmaß der Überschneidung wird durch sachlich (inhaltliche) Interdependenzen begrenzt. Beispielsweise kann eine Auftragsbestätigung erst erstellt werden, wenn alle Auftragspositionen geklärt wurden.

Ein weiteres Potenzial besteht in der Parallelisierung der Bearbeitungskapazität. Liegezeiten entstehen u.a. durch personelle Engpässe. Wie in Simulationsversuchen festgestellt wurde, können diese bis zu einem bestimmten Grade reduziert werden, wenn die Anzahl der potenziell zur Verfügung stehenden Bearbeiter erhöht wird. Bei konventioneller Prozesskoordination wird eine solche Uneindeutigkeit der Aktivitätszuordnung aber aus verschiedenen Gründen häufig vermieden. Im Falle der Selbstabstimmung besteht die Gefahr, dass es aufgrund mangelnder Abgestimmtheit der Bearbeiter zu Doppelarbeit kommt. Im Falle einer Koordination durch persönliche Weisung oder Standardisierung entsteht dagegen ein zusätzlicher Abstimmungs- und Kontrollaufwand. Die Kosten der mangelnden Abgestimmtheit (Autonomiekosten) bzw. die Abstimmungs- und Kontrollkosten sind auch hier dem Zeitgewinn gegenüberzustellen.

2.3.3 Vorgehen zur Bewertung des Workflowmanagements

Nachdem verschiedene Nutzenpotenziale des Einsatzes automatisierter Prozesskoordination diskutiert wurden, soll im Folgenden ein Vorgehen für die Findung und Bewertung von Umsetzungsalternativen vorgestellt werden. Die Anwendung des Bewertungsverfahrens soll es Industrieunternehmen ermöglichen, den Grad der Automatisierung der Prozesskoordination von Geschäftsprozessen bezüglich der Kosten-Nutzen-Ziele festzulegen und zu beurteilen.

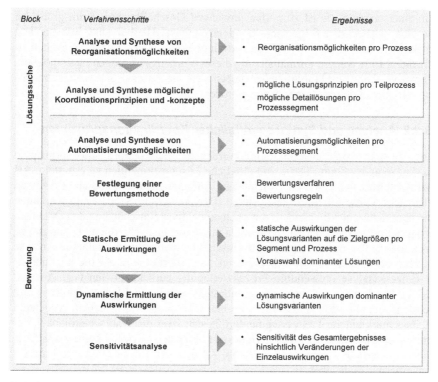

Abb. 2.3-5. Vorgehen zur Bewertung des Workflowmanagements

Das Bewertungsverfahren stellt die Phasen Lösungssuche und Bewertung im Problemlösungszyklus des Systems Engineering dar. Während die Lösungssuche die Suche und Festlegung von Maßnahmen und Mitteln zur Verbesserung des Istzustandes beinhaltet, werden bei der Bewertung die Auswirkungen der möglichen

Lösungsalternativen ermittelt und beurteilt. In der Abb. 2.3-5 sind die einzelnen Verfahrensschritte aufgeführt, die nachfolgend erläutert werden.

2.3.3.1 Analyse und Synthese von Reorganisationsmöglichkeiten

Die Verfahrensschritte der Lösungssuche unterteilen sich in die Synthese und die Analyse von Lösungen. Die Synthese von Lösungen ist der konstruktive, kreative Schritt im Problemlösungszyklus. Zweck der Synthese ist es, auf den Ergebnissen der Situationsanalyse und der Zielformulierung aufbauend Lösungsvarianten zu erarbeiten (Variantenkreation). Im Gegensatz dazu ist die Analyse der kritische, analytisch-destruktive Schritt. Zweck der Analyse ist es, die Realisierbarkeit eines Konzeptes zu prüfen und damit eine Vorauswahl von Lösungsvarianten zu treffen (Variantenreduktion). Synthese und Analyse lassen sich jedoch häufig nicht eindeutig voneinander trennen (Haberfellner et al. 1999, S. 52f.). Das Synthese-Analyse-Konzept wird auch im hier vorliegenden Verfahren in drei Konkretisierungsstufen angewendet.

In einer ersten Stufe ist zu prüfen, inwieweit Geschäftsprozesse mit größerem Koordinationsbedarf erfolgversprechend erscheinen. Hierbei sind insbesondere Aspekte wie die Parallelisierung von Aktivitäten oder Bearbeitungskapazitäten zu betrachten. Eine weitere Formalisierung dieses Vorgangs ist jedoch nicht möglich. Alternative Ablaufstrukturen fließen neben dem Ist-Zustand als zusätzliche Lösungsvariante in den weiteren Planungsprozess ein.

2.3.3.2 Analyse und Synthese möglicher Koordinationsprinzipien

In der zweiten Konkretisierungsstufe werden mögliche Koordinationsprinzipien und -konzepte bestimmt. Dazu sind mögliche Lösungsprinzipien zu ermitteln. Als Lösungsalternativen kommen verschiedene Automatisierungsgrade von Prozessen in Betracht. Diese gilt es zu analysieren. Der Ausschluss von Lösungsvarianten kann aber nicht objektiv sondern nur nach subjektiver Einschätzung des Organisationsgestalters vorgenommen werden. Da durchaus unterschiedliche Lösungsprinzipien innerhalb eines Prozesses zum Einsatz kommen können, findet die Analyse zunächst auf der Ebene von Teilprozessen statt. Hierbei wird auf die im Rahmen der Prozessanalyse notwendige Prozesszerlegung zurückgegriffen (vgl. Abschn. 2.2.2.2). Ein Prozesssegment sollte mindestens aus einem Elementarprozess und höchstens aus allen Elementarprozessen eines Teilprozesses bestehen. Allgemein gilt, dass mit kleinerer Prozesssegmentgröße sich zwar die Wahrscheinlichkeit der Ermittlung der optimalen Lösung verbessert, aber der Aufwand bei der anschließenden Bewertung zunimmt. In der Abb. 2.3-6 ist ein Beispiel für eine Prozesssegmentierung angegeben.

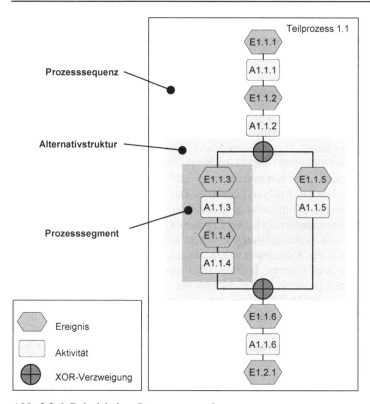

Abb. 2.3-6. Beispiel einer Prozesssegmentierung

Im Anschluss an die Prozesssegmentierung werden mögliche Lösungen für die programmierbaren Teilprozesse entwickelt. Die Synthese der Lösungsalternativen erfolgt auf Prozesssegmentebene. Von entscheidender Bedeutung ist hierbei, dass die prozesselementübergreifenden Organisationswirkungen erkannt und bei der Segmentbildung berücksichtigt werden. Es sind grundsätzlich abgeschlossene Prozesssegmentketten anzustreben (Müller 1993, S. 102). Die Schnittstellen zu anderen Prozessen über die Bearbeiter werden zur Reduzierung der Komplexität an dieser Stelle nicht berücksichtigt. Sie sollten nach dem Prinzip der Minimierung von Schnittstellen so gering wie möglich gehalten werden (vgl. Haberfellner et. al. 1999, S. 160).

2.3.3.3 Analyse und Synthese von Automatisierungsmöglichkeiten

In der dritten Konkretisierungsstufe wird dann der Umfang möglicher Automatisierung festgelegt. Ein kreativer Syntheseschritt ist hierbei nicht mehr erforderlich, da die Lösungsvarianten, die durch die Automatisierungsmöglichkeiten entstehen, bereits durch die Detaillösungsalternativen vorgegeben werden. Die Beurteilung der Komplexität einer durch den Grad der Automatisierung bestimmten Lösungsvariante erlaubt es, die Anzahl der Lösungsvarianten zu reduzieren. Hierzu sind zunächst die Komplexitätstreiber zu bestimmen, die K.O.-Kriterien einer Automatisierung darstellen. Die Synthese und Analyse von Automatisierungsmöglichkeiten bildet den Abschluss der Lösungssuchephase.

2.3.3.4 Festlegung einer Bewertungsmethode

Zur Beurteilung der Vorteilhaftigkeit von Lösungsalternativen stehen verschiedene Bewertungsverfahren zur Verfügung. Ausführliche Gegenüberstellungen verschiedener Methoden finden sich z.B. bei Nagel (1990) oder Pietsch (1999). Aufgrund der Mehrdimensionalität des Zielsystems sind für die hier vorliegende Betrachtung besonders die Nutzwertanalyse und die Kosten-Wirksamkeits-Analyse (Cost-Effectiveness-Analysis) geeignet. Bei der Nutzwertanalyse werden alle monetären als auch nicht-monetären Zielwirkungen über Gewichtungsverfahren in Präferenzpunkte transformiert. Das Ergebnis ist ein Nutzwert pro Lösungsvariante. Die Kosten-Wirksamkeitsanalyse unterscheidet sich von der Nutzwertanalyse dadurch, dass die Kostenwirkungen zunächst getrennt von den übrigen Zielwirkungen betrachtet werden. Hieraus wird eine Kostenkennzahl und eine Wirksamkeitskennzahl ermittelt, die nicht wie bei der Nutzwertanalyse addiert, sondern durch Division ins Verhältnis gesetzt werden. Als Ergebnis erhält man einen Kosten-Wirksamkeitsindex pro Lösungsvariante (vgl. Schulte-Zurhausen 1995, S. 339).

Weitere Bewertungstechniken sind statische und dynamische Verfahren der Investitionsrechnung. Für den Variantenvergleich sind diese eindimensionalen Methoden jedoch nicht geeignet. Sie kommen aber zum Einsatz, wenn am Ende der Beurteilung unterschiedlicher Varianten die Entscheidung getroffen werden muss, ob eine Investition getätigt werden soll oder nicht.

2.3.3.5 Statische Ermittlung der Auswirkungen und Bewertung

Nach Auswahl einer Bewertungsmethode beginnt der eigentliche Bewertungsvorgang mit der statischen Ermittlung der Auswirkungen der unterschiedlichen Lösungsvarianten. Hierzu wurde auf der Basis des Tabellenkalkulationsprogramms Microsoft Excel prototypisch ein Softwaretool entwickelt, welches eine aufwandsarme Ermittlung der quantifizierbaren Auswirkungen ermöglicht (s. Abb. 2.3-7). Pro Prozesssegment wird ein Tabellenblatt angelegt. Jedes Prozesssegmenttabellenblatt enthält einen Kopfteil mit allgemeinen Prozesssegmentinformationen und einen Fußteil mit Prozesselementinformationen. Die allgemeinen Prozesssegmentinformationen bestehen aus Kenngrößen zur Beschreibung der Prozesssegmentdynamik. Die Prozesselementinformationen enthalten die im Beschreibungsmodell dargestellten Zeit- und Kostengrößen der Aktivitäten. Auf einem weiteren Tabellenblatt werden allgemeine Prozessinformationen angegeben. Pro Prozesssegment werden dann die Ist-Werte der entsprechenden Kenngrößen eingegeben. Die Werte der Lösungsvarianten werden größtenteils automatisch nach den im Bewertungsmodell beschriebenen Formeln berechnet. Manuelle Eingaben sind lediglich hinsichtlich der Liegezeiten erforderlich. Die Prognose kann unter Nutzung der Multilinearform erfolgen. Eine aggregierte Gegenüberstellung der Lösungsvarianten eines Prozesssegmentes erfolgt auf einem separaten Tabellenblatt.

Die ermittelten Zielwerte können nun der Bewertung mit Hilfe des ausgewählten Bewertungsverfahrens zugeführt werden. Die Bewertung von Alternativen stellt somit einen Abgleich der von der Alternative ausgehenden Wirkungen mit erwerbswirtschaftlichen Zielsetzungen dar. Das zugrunde liegende Wertverständnis impliziert neben der Zielbezogenheit eine situativ bedingte Kontextabhängigkeit eines Bewertungsvorgangs (vgl. Zangl 1987, S. 114f.). Dies bedeutet, dass anhand der Bewertungskriterien die Auswirkungen einer Organisationsalternative objektiv bestimmbar sind, die eigentliche Bewertung jedoch durch eine Gewichtung der Bewertungskriterien entsprechend der subjektiven Präferenzen des Bewerters erfolgt.

Wie bereits erwähnt, dienen die Bewertungstechniken nicht dazu, die Wirtschaftlichkeit einer Lösung an sich zu prüfen, sondern den Vergleich mit anderen Varianten zu ermöglichen. Daher wurden die einmaligen Kosten bisher auf Teilkostenbasis erfasst. Insbesondere vor dem Hintergrund, dass die Einführung eines WfM-Systems häufig mit einer erheblichen Investition verbunden ist, kann im Anschluss an die Bewertung die Durchführung einer Investitionsrechnung erforderlich werden. Hierbei sind dann Ein- und Auszahlungen zusammenzuführen, die bei sämtlichen durch ein WfMS zu unterstützenden Prozessen anfallen.

				ohne Reorganisation						
Potenzialermittlung Teilprozess 1.1		Ist		Organisatorische Potenziale					Automatisierungspotenziale	
			Typ I	Typ II	Typ III	Typ IV	Typ V	Typ IV	Typ V
Nutzen										
Durchlaufzeit	h	13,04	14,21	14,21	11,88	14,21	7,79	12,83	6,41
Ausführungszeiten	h	1,21	1,21	1,21	1,21	1,21	1,21	1,16	1,16
Transferzeiten	h	1,33	1,33	1,33	1,33	1,33	1,33	0,00	0,00
Liegezeiten	h	10,50	11,67	11,67	9,34	11,67	5,25	11,67	5,25
Durchlaufzeitschwankung	h	5,36	6,34	6,34	4,87	6,34	2,66	6,34	2,66
Ausführungszeiten	h	0,12	0,12	0,12	0,12	0,12	0,12	0,12	0,12
Transferzeiten	h	0,08	0,08	0,08	0,08	0,08	0,08	0,00	0,00
Liegezeiten	h	5,36	6,34	6,34	4,87	6,34	2,65	6,34	2,65
Kosten										
Grenzkosten pro Auftrag	€	94,67	94,67	94,67	94,67	101,00	101,00	94,00	94,00
Einmalige Grenzkosten	€	0,00	0,00	0,00	0,00	0,00	0,00	4,00	4,00
Laufende Grenzkosten pro Auftrag	€	94,67	94,67	94,67	94,67	101,00	101,00	90,00	90,00
Ausführungskosten	€	93,00	93,00	93,00	93,00	93,00	93,00	90,00	90,00
Transportkosten	€	1,67	1,67	1,67	1,67	8,00	8,00	0,00	0,00

Abb. 2.3-7. Software-Prototyp zur Quantifizierung der Auswirkungen von Koordinationsalternativen

2.3.3.6 Dynamische Ermittlung der Auswirkungen

Bei der statischen Betrachtung wurden Wechselwirkungen zwischen verschiedenen Prozessen oder Prozesssegmenten nur isoliert berücksichtigt. In einem realem Prozessnetzwerk können aber beispielsweise Durchlaufzeitverkürzungen an der einen Stelle zu Liegezeiterhöhungen an einer anderen Stelle führen. Gleiches gilt für Durchlaufzeitschwankungen. Insofern unterliegen die Schätzwerte bzgl. Liegezeiten und Liegezeitschwankungen immer einer gewissen Fehlerhaftigkeit. Simulationsversuche haben gezeigt, dass diese Fehlerhaftigkeit mit stärkerer Vernetzung der Prozesselemente zunimmt.

Abhilfe kann hierbei nur die Simulation der spezifischen Prozesskonstellation leisten. Zu bedenken ist allerdings, dass eine Simulation grundsätzlich mit beträchtlichem Aufwand verbunden ist, so dass Kosten und Nutzen einer Simulation stets gegeneinander abzuwägen sind. Zur Reduzierung des Aufwands wurden auf Basis des Standard-Simulators Simple++ der Technomatix AG allgemeine Prozesselementbausteine entwickelt, die eine vergleichsweise schnelle Modellerstellung und -modifikation ermöglichen.

2.3.3.7 Sensitivitätsanalyse

Die im Rahmen des Planungsprozesses getroffenen Annahmen sind hinsichtlich ihrer Gültigkeit und Wirksamkeit mit einer gewissen Unsicherheit behaftet. Gründe hierfür sind, dass

- sozio-emotionale Effekte sich mit den hier betrachteten betriebsorganisatorischen Effekten überlagern,
- Wechselwirkungen mit anderen Faktoren bestehen oder
- die Beschreibung der Ausgangsgangssituation nicht mit ausreichender Genauigkeit erfolgen kann.

Mit Hilfe einer Sensitivitätsanalyse kann die Stabilität der Bewertung kontrolliert werden. Hierbei wird getestet, wie sensibel das Ergebnis der Bewertung auf eine Variation einzelner Effekte reagiert. Wenn bereits relativ kleine Veränderungen einzelner Effekte zu einer Verschiebung der Rangordnung führen, ist die Sensitivität des Bewertungsergebnisses groß. Verändert sich hingegen die Rangordnung erst bei größeren Modifikationen, kann das Bewertungsergebnis als stabil bezeichnet werden. Eine hohe Sensitivität sollte zum Anlass genommen werden, die Kriterienwerte und Zielgewichte zu überprüfen (Schulte-Zurhausen 1995, S. 341).

2.3.4 Literatur

Adam, D.: Produktions-Management. 7. vollständig überarbeitete und erweiterte Auflage, Gabler Verlag, Wiesbaden 1993.

Brinkmeier, B.: Prozessorientiertes Prototyping von Organisationsstrukturen im Produktionsbereich. Dissertation, Universität Karlsruhe Shaker-Verlag, Aachen 1998.

Coenenberg, A. C., Fischer, T. M.: Prozesskostenrechnung - Strategische Neuorientierung in der Kostenrechnung. In: DBW 51 (1991), S.21-38.

Corsten, H.: Produktionswirtschaft. Einführung in das industrielle Produktionsmanagement. 9. vollständig überarbeitete und wesentlich erweiterte Auflage, Oldenbourg-Verlag, München, Wien 2000.

Dobberstein, M.: Optimierung von Steuerungsstrukturen in dezentralisierten Produktionssystemen. Dissertation, RWTH Aachen, Shaker-Verlag, Aachen 1997.

Eversheim, W.: Organisation in der Produktionstechnik. Bd. 1., Grundlagen, 3.Auflage, VDI-Verlag, Düsseldorf 1996.

Eversheim, W.: Simultaneous Engineering – eine organisatorische Chance. In: VDI-ADB Jahrbuch 1990/91, VDI-Verlag, Düsseldorf, 1991, S.189-216.

Ferschl, F.: Zufallsabhängige Wirtschaftsprozesse. Grundlagen und Anwendungen der Theorie der Wartesysteme. Physika-Verlag, Wien, Würzburg 1964.

Friedrich, M.: Beurteilung automatisierter Prozesskoordination in der technischen Auftragsabwicklung. Dissertation, RWTH Aachen 2002.

Frese, E.: Grundlagen der Organisation. 8. Auflage, Gabler Verlag, Wiesbaden 2000.

Grobel, T.: Analyse der Einflüsse auf die Aufbauorganisation von Produktionssystemen. Dissertation, Universität Karlsruhe, Shaker-Verlag, Aachen 1993.

Grochla, E.: Grundlagen der organisatorischen Gestaltung. Schäffer-Poeschel-Verlag, Stuttgart 1995.

Haberfellner, R., Nagel, P., Becker, M., Büchel, A., Von Massow, H.: Systems Engineering. Methodik und Praxis. 10. durchgesehene Auflage. Verlag Industrielle Organisation, Zürich 1999.

Kaluza, B.: Rahmenentscheidungen zu Kapazität und Flexibilität produktionswirtschaftlicher Systeme. In: Corsten, H. (Hrsg.), Handbuch Produktionsmanagement, Strategie, Führung, Technologie, Schnittstellen. Gabler-Verlag, Wiesbaden 1994, S.51-74.

Kieser, A., Kubicek, H.: Organisation. 3., völlig neubearbeitete Auflage, Gruyter, Berlin, New York 1992.

Klaus, M.: Koordination der Auftragsabwicklung in der Konstruktion. Dissertation, RWTH Aachen. Verlag der Augustinus Buchhandlung, Aachen 1996.

Müller, S.: Entwicklung einer Methode zur prozessorientierten Reorganisation der technischen Auftragsabwicklung komplexer Produkte. Dissertation, RWTH Aachen. Shaker-Verlag, Aachen 1993.

Nagel, K.: Nutzen der Informationsverarbeitung. Methoden zur Bewertung von strategischen Wettbewerbvorteilen, Produktivitätsverbesserungen und Kosteneinsparungen. 2. überarbeitete und erweiterte Auflage, Oldenbourg Verlag, München, Wien 1990.

Paegert, C.: Entwicklung eines Entscheidungsunterstützungssystems zur Zeitparametereinstellung. Dissertation, RWTH Aachen, Shaker-Verlag, Aachen 1997.

Picot, A.: Organisation. In: Bitz, M., Dellmann, K., Domsch, M., Egner, H. (Hrsg.), Vahlens Kompendium der Betriebswirtschaftslehre, Vahlen Verlag, München 1993, S.103-174.

Pietsch, T.: Bewertung von Informations- und Kommunikationssystemen. Ein Vergleich betriebswirtschaftlicher Verfahren. Erich Schmidt Verlag, Berlin 1999.

Scholz, R., Vrohlings, A.: Prozess-Leistungs-Transparenz. In: Gaitanides, M., Scholz, R., Vrohlings, A., Raster, M. (Hrsg.), Prozeßmanagement. Konzepte, Umsetzungen und Erfahrungen des Reengineering. Hanser Verlag, München/Wien 1994, S. 57-98.

Schönsleben, P.: Integrales Logistikmanagement. Planung und Steuerung von umfassenden Geschäftsprozessen. 2., überarbeitete und erweiterte Auflage, Springer Verlag, Berlin u.a. 2000.

Schotten, M.: Beurteilung EDV-gestützter Koordinationsinstrumentarien in der Fertigung. Dissertation RWTH Aachen, Shaker-Verlag, Aachen 1998.

Schuh, G., Kaiser, A.: Kostenmanagement in Entwicklung und Produktion mit der Ressourcenorientierten Prozesskostenrechnung. In: Männel, W. (Hrsg.), Prozesskostenrechnung. Bedeutung – Methoden – Branchenerfahrungen – Softwarelösungen. Gabler Verlag, Wiesbaden 1995, S. 369-382.

Schulte-Zurhausen, M.: Organisation. Verlag Franz Vahlen, München 1995.

Von Uthmann, C.: Geschäftsprozesssimulation von Supply Chains - Ein Praxisleitfaden für die wirtschaftliche Konstruktion integrierter Informations- und Materialflüsse. Dissertation Universität MünsterGrunner Druck, Erlangen u.a. 2001.

Zangl, H.: Durchlaufzeiten im Büro. Prozessorganisation und Aufgabenintegration als effizienter Weg zur Rationalisierung der Büroarbeit mit neuen Bürokommunikationstechniken. 2., überarbeitete Auflage, Erich Schmidt Verlag, Berlin 1987.

2.4 Modellierung von Prozessen und Workflows in der Produktion

von Holger Hansmann

2.4.1 Prozessmodellierung in der Produktion

2.4.1.1 Ereignisgesteuerte Prozessketten als methodische Basis

Die Methode zur Modellierung von Prozessen der industriellen Auftragsabwicklung muss sämtliche relevanten Sachverhalte in der Form von *Modellelementen* darstellen können. Hierzu zählen insbesondere Aktivitäten (Funktionen) und die ausführenden Organisationseinheiten sowie Input-/Outputinformationen, Ereignisse, verwendete Anwendungssysteme und der Kontrollfluss, damit die Anwendbarkeit *der Methode zur Ermittlung der Workflow-Eignung* und des zugrundeliegenden Kriterienkatalogs gewährleistet ist. Hierdurch wird zusätzlich die Transformation in ein Workflowmodell erleichtert, da die durch die genannten Objekte repräsentierten Informationen für die Umsetzung des Workflows benötigt werden.

Die vorgestellte Methode zur Modellierung von Prozessen in der Produktion basiert auf Ereignisgesteuerten Prozessketten (EPK, vgl. Abschn. 1.3.1) und erweitert diese um Modellelemente, die für die Abbildung der Spezifika von Prozessen der industriellen Auftragsabwicklung benötigt werden. EPKs erweisen sich für die Beschreibung von Geschäftsprozessen als besonders geeignet, da sie im Vergleich zu Methoden wie den Petri-Netzen eine stärkere Ausrichtung des Modells an betriebswirtschaftlichen, insbesondere organisatorischen Anforderungen erlauben (vgl. Rosemann 1996, S. 64) und darüber hinaus auch für die Modellierung von Workflows auf DV-Konzeptebene anwendbar sind. Analog zu EPKs beinhaltet die Methode folgende Basiselemente (vgl. Rosemann 1996, S. 64f., Becker u. Schütte 1996, S. 55f.):

- *Funktionen* (Aktivitäten) sind die aktiven Elemente und transformieren Input- in Outputdaten (z.B. „Fertigungsauftrag terminieren"). Sie reagieren auf auslösende Ereignisse, erzeugen Folgeereignisse,[26] welche weitere Funktionen anstoßen können, und besitzen dadurch „Entscheidungskompetenz" über den weiteren Prozessverlauf. Im Prozessmodell werden Funktionen als abgerundete Rechtecke dargestellt.
- *Ereignisse* repräsentieren das Eintreten von ablaufrelevanten (Umwelt- bzw. Daten-)Zuständen („Auftragsmenge ist >5.000") oder von Zeitpunkten („Mahntermin ist erreicht") und verbrauchen im Gegensatz zu Funktionen weder Zeit noch Kosten. Ereignisse können *auslösende* oder *Folge*ereignisse oder beides sein. Sie werden im Prozessmodell als Sechsecke dargestellt.

---

[26] Chen und Scheer (1994, S. 7) unterscheiden Auslöse- und Bereitstellungsereignisse.

- *Verknüpfungsoperatoren* (Konnektoren) dienen zur Modellierung nicht-linearer Prozessverläufe. Eine Aufspaltung des Prozesses in parallele oder alternative Prozessstränge erfolgt durch eine *Ausgangsverknüpfung*, die Zusammenführung von Strängen an einer Stelle im Prozess wird durch eine *Eingangsverknüpfung* abgebildet. Verschiedene Konnektoren können überdies im Modell nacheinander folgen, um komplexe Bedingungen zu formulieren. Nach Ereignissen ist als Ausgangsverknüpfung nur das logische UND möglich (s. u.), da Ereignisse keine Entscheidungskompetenz darüber besitzen, welcher der Prozessstränge auf das Ereignis folgt. Es werden folgende Konnektoren unterschieden:

  - das „logische UND" (*a und b*, Symbol $\bigwedge$);
  - das „exklusive ODER" bzw. XOR (*entweder a oder b, aber nicht beide,* Symbol $\bigotimes$);
  - das „inklusive ODER" (*a oder b oder beide,* Symbol $\bigvee$).

Aus Gründen der Übersichtlichkeit wird hier auf die Forderung verzichtet, dass sich Funktionen und Ereignisse im Prozessmodell abwechseln müssen (*bipartiter Graph*). „Trivialereignisse" innerhalb einer linearen Abfolge von Funktionen, die lediglich angeben, dass die vorhergehenden Funktionen abgeschlossen sind (dies ist i.d.R. auch an der Benennung erkennbar, vgl. Abb. 2.4-1), können daher weggelassen werden, so dass Funktionen auch unmittelbar aufeinander folgen dürfen. Im Gegensatz dazu werden Ereignisse zur Modellierung von Verzweigungen benötigt, die durch inklusive oder exklusive ODER-Konnektoren repräsentiert werden. Sie geben in diesem Fall die Bedingungen für die Ermittlung des anzustoßenden Prozessstranges an.

Als zusätzliche Vorgabe für die Prozessmodellierung mit EPKs gilt, dass jeder Prozess mit einem Ereignis beginnen und aufhören muss. Repräsentiert das Modell nur einen Teilprozess, wird über einen Prozesswegweiser (vgl. Abb. 2.4-1) die Verbindung zu vor- und nachgelagerten Prozessen hergestellt (vgl. Rosemann 1996, S. 68). Hierbei empfiehlt es sich, das letzte Ereignis des Vorgängerprozesses als Startereignis des Nachfolgers zu verwenden. Neben einer solchen Segmentierung von Prozessen auf der gleichen Abstraktionsebene, die in Teilprozessen mit Vorgänger-Nachfolger-Beziehungen resultiert, ist es erforderlich, einzelne Funktionen von Prozessen als eigenständigen, detaillierteren Prozess zu modellieren (*Hierarchisierung*). Sind im übergeordneten Prozess auslösende und Folgeereignisse zu der Funktion modelliert, sind diese als Start- und Endereignis(se) für den Detailprozess zu verwenden.

Es ergibt sich folglich eine Prozessstruktur[27] mit Prozessen auf mehreren Hierarchie- bzw. Abstraktionsebenen (vgl. Abb. 2.4-2), bspw. als Ergebnis der iterativen Vorgehensweise bei der Ermittlung der Workflow-Eignung der Prozesse (vgl.

---

[27] Bei einer strengen Hierarchie könnten untergeordnete Prozesse nur einen übergeordneten Prozess aufweisen. Da eine Funktion (z.B. „Menge prüfen") aber in mehreren Prozessen auftauchen kann und somit ein ggf. diese Funktion verfeinernder Teilprozess mehreren Prozessen untergeordnet sein kann, wird hier von Strukturen ausgegangen, die dieses ermöglichen.

Abschn. 2.2.3). Die Navigation zwischen den verschiedenen Hierarchieebenen sollte im Modellierungstool durch Hyperlinks (z.B. „hinterlegte" Modelle im ARIS Toolset, vgl. Rosemann u. Schwegmann 2001, S. 81f.) unterstützt werden.

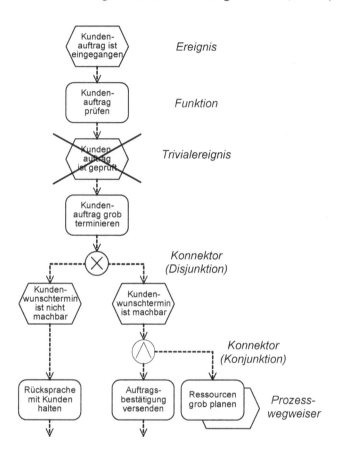

Abb. 2.4-1. Einfaches Beispiel einer EPK

Im Modell werden verfeinerte bzw. hierarchisierte Funktionen in der hier erläuterten Methode durch eine Schattierung gekennzeichnet. Neben der Hierarchisierung, die Prozesse verschiedener Abstraktionsebenen miteinander in Beziehung setzt, können *Prozessvarianten* auf derselben Abstraktionsebene gebildet werden, z.B. verschiedene Varianten des Auftragsabwicklungsprozesses für unterschiedliche Produktgruppen (zur Problematik der Variantenbildung bei der Prozessmodellierung vgl. Abschn. 2.2.2).

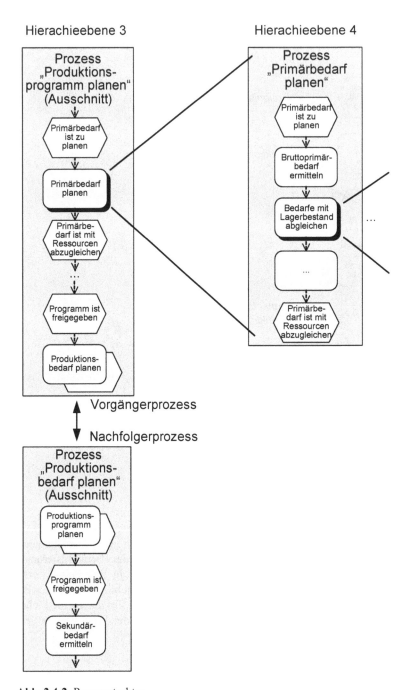

Abb. 2.4-2. Prozessstruktur

2.4.1.2 Vorgenommene Erweiterungen

Zusätzlich zu den grundlegenden Modellelementen kann die EPK-Modellierungstechnik um weitere Elemente angereichert werden, um die relevanten Sachverhalte betrieblicher Abläufe modellieren zu können. Hierzu werden die Modellierungselemente *Organisationseinheit* bzw. Rolle, *Anwendungssystem* und *Daten* benötigt. Die Verwendung verdeutlicht Abb. 2.4-3. Gemäß der ARIS-Systematik korrespondieren die in der EPK (Steuerungssicht) verwendeten Datenobjekte den Entitätstypen aus den z.b. als Entity Relationship Modell (ERM) modellierten Datenmodellen (Datensicht). Zusätzlich kann zwischen papierbasierten Dokumenten und elektronischen Daten unterschieden werden. Organisationseinheiten bzw. Rollen sind Bestandteil der Organisationssicht; Anwendungssysteme werden wie Funktionen der Funktionssicht zugeordnet.

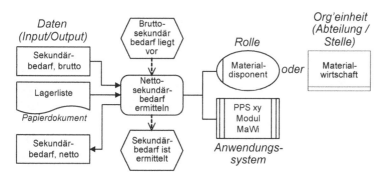

Abb. 2.4-3. Erweiterte EPK

Es empfiehlt sich, konkrete Organisationseinheiten (Stellen, Abteilungen) zu modellieren, wenn eine eindeutige Zuordnung einer Organisationseinheit zu einer Funktion möglich ist und keine alternativen Zuständigkeiten bestehen. Können für die Bearbeitung einer Funktion mehrere Organisationseinheiten zuständig sein (z.B. „Artikelstammsatz anlegen" durch Einkauf, Vertrieb oder Konstruktion) oder ist die Zuordnung zu einer konkreten Abteilung bzw. Stelle nicht möglich, können optional Rollen verwendet werden, die die erforderliche Qualifikation und Kompetenz repräsentieren (z.B. „Stammdatenpflege").[28] Im Rollenmodell (Organisationssicht) ist dann zu modellieren, welche Personen welche Rollen inne-

---

[28] Oftmals entsprechen die Bezeichnungen von Stellen in Unternehmen den Bezeichnungen von Rollen, die zur Abbildung der benötigten Qualifikation und Kompetenz gebildet werden könnten. Zum Beispiel könnte „Einkäufer" sowohl eine Rolle als auch eine Stellenbezeichnung sein. Der Unterschied besteht jedoch darin, dass zu einer Rolle nicht notwendigerweise eine konkrete Stelle existieren muss und dass die Personen, die eine Rolle innehaben, nicht notwendigerweise die gleiche Stelle besitzen. So könnte die Rolle „Prüfer Bestellwert" (muss z.B. Bestellungen über 5.000€ genehmigen) von einem Abteilungsleiter Einkauf, einem Einkäufer oder einem Disponenten wahrgenommen werden.

haben. Gegebenenfalls können Rollen anderen Rollen übergeordnet sein, so dass sich eine Rollenhierarchie ergibt (vgl. Abschn. 1.3.2)

Unabhängig von technischen Kriterien wie Überführbarkeit in ein Workflow-Modell unterstützt die Verwendung der sog. *Spaltendarstellung* (auch Schwimmbahndarstellung, Swim Lane, vgl. Abb. 2.4-4) die Übersichtlichkeit des Modells und somit die Akzeptanz bei den Projektmitarbeitern und Fachabteilungen.

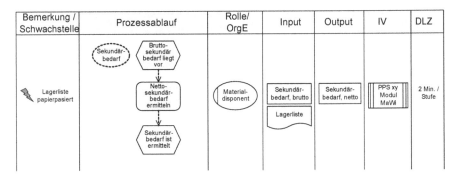

Abb. 2.4-4. Spaltendarstellung

Jeder Prozess besitzt nach der zugrundeliegenden Definition ein prägendes *Prozessobjekt*. Daher ist das Prozessobjekt durch eine gestrichelte Ellipse neben dem Ereignis darzustellen, das den Zustand des Objektes im Prozessmodell erstmalig beschreibt (z.b. „Auftrag ist eingegangen", „Bruttosekundärbedarf liegt vor", vgl. auch Abb. 2.4-4).[29] Dabei ist zu beachten, dass Teilprozessen oftmals spezielle Ausprägungen des Prozessobjektes des übergeordneten Prozesses zu Grunde liegen (vgl. Rosemann 1996, S. 76ff.). Die hierarchischen Beziehungen zwischen Prozessobjekten können separat in *Fachbegriffsmodellen* (vgl. Kugeler 2000, S. 151ff.) der Datensicht expliziert werden, die z.B. Beziehungstypen wie „ist Teil von" und „ist ein(e)" erlauben (z.B. „Bestellkopf *ist Teil von* Bestellung" und „technische Anlage *ist eine* Ressource").

Die eindeutige Zuordnung von Daten zu ihren Quellsystemen ist im Hinblick auf eine spätere Workflow-Unterstützung von großer Bedeutung. Sind bspw. in einem Prozessmodell einer Funktion mehrere Anwendungssysteme und gleichzeitig mehrere Datenelemente zugeordnet, kann dem Modell nicht entnommen werden, welches Datum aus welchem System stammt bzw. in welches System geschrieben werden muss. Diesem Problem kann durch Dokumentation der *Datenherkunft* in einem separaten Modell begegnet werden; die Modellierung von Kanten zwischen Datenelementen und Anwendungssystemen im Prozessmodell ist aus Gründen der Übersichtlichkeit nicht zweckmäßig. Die eindeutige Benennung der Modellelemente und die Einhaltung von Namenskonventionen über alle Sichten und Modelle hinweg stellt dabei eine wichtige Voraussetzung dar (vgl. auch Abschn. 2.4.3).

---

[29] Eine eigene Spalte für das Prozessobjekt erscheint nicht sinnvoll, da es i.d.R. innerhalb eines Prozesses nicht häufig wechselt.

Da in der PPS häufig Objekte[30] (wie z.B. Fertigungsaufträge, Bestellungen) ge-bündelt im Sinne einer *Losbildung* bearbeitet werden (auch: *Batch*-Bearbeitung), ist es bei der Modellierung zu kennzeichnen, falls sich die Funktionen auf die Be-arbeitung *mehrerer* Objektinstanzen beziehen. Durch die Verwendung spezieller Symbole kann dies visualisiert werden (vgl. Bestellung in Abb. 2.4-5).

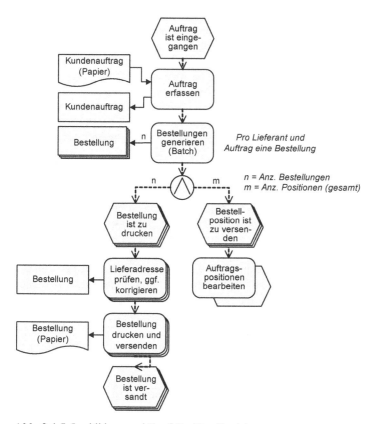

Abb. 2.4-5. Losbildung und Kopf-Position-Beziehung

Darüber hinaus weisen viele Belege in der PPS eine *Kopf-Position-Beziehung* auf (z.B. Bestellung setzt sich zusammen aus Bestellkopf und Bestellpositionen). In Abb. 2.4-5 ist beispielhaft dargestellt, wie die Bearbeitung einer Menge von Be-stellpositionen zu einer Bestellung und parallel dazu das Prüfen und Drucken aller erzeugten Bestellungen modelliert werden kann. Der Unterschied zur Losbildung besteht darin, dass bei der Losbildung für *eine* Tätigkeit *mehrere* Objektinstanzen

---

[30] Objekte entsprechen hier komplexen Daten im Sinne der in PPS-Systemen häufig imp-lementierten Business Objects bzw. Geschäftsobjekte. Das Geschäftsobjekt „Bestellung" enthält bspw. sämtliche Attribute, die zu einer Bestellung gespeichert werden, wie z.B. Lieferant, Lieferadresse und -datum, Ansprechpartner, Materialpositionen usw.

(desselben Typs) zusammengefasst werden, während bei einer Kopf-Position-Beziehung *mehrere* identische Tätigkeiten zur Bearbeitung der Positionen wiederholt durchgeführt werden. Dies ist durch Verwendung spezieller Symbole für die betroffenen Funktionen im Prozess zu kennzeichnen, da jede Funktion im Prozessmodell ein potenzielles Workitem im WfMS darstellt. Die im Prozessmodell verwendeten *Kardinalitäten* (n bzw. m) sind Variablen, die die Anzahl der zu bearbeitenden Objektinstanzen bzw. die Anzahl der auszuführenden Funktionsinstanzen beschreiben. Sie können ggf. erst während der Detailanalyse modelliert werden, um die Modellkomplexität in den frühen Phasen der Analyse nicht zu stark zu erhöhen, und dienen in der Konzeptionsphase als Anhaltspunkt für die detaillierte Spezifikation der Workflowsteuerung (s. Abschn. 2.4.2).

Eine weitere Erweiterung ist die Visualisierung bestimmter Aspekte der Analyse des *Workflow-Potenzials* im Modell für Zwecke der Dokumentation und der Unterstützung der Workflowmodellierung (vgl. auch den Kriterienkatalog aus Abschn. 2.2.3.1). Die folgenden Informationen können im Rahmen einer Detailanalyse modelliert werden (vgl. Abb. 2.4-6):

- *Merkmalsabhängige Identifikation von Aufgabenträgern:* Die Angabe der konkreten Merkmalsausprägungen und der entsprechenden organisatorischen Zuordnungen für die bedingte Workflow-Rollenauflösung ist erst im Rahmen der Workflowmodellierung erforderlich. Jedoch kann im Prozessmodell bereits dokumentiert werden, dass es sich um eine komplexe organisatorische Zuordnung handelt, die z.B. von der Produktgruppe oder der Auftragshöhe abhängt. Grafisch kann dies durch die Verwendung spezieller Kantentypen bei der Zuordnung der Organisationseinheit bzw. Rolle zur Funktion erfolgen (z.B. normale Linie für einfache Zuordnung und fette Linie für bedingte Zuordnung).
- *Datenredundanzen* können durch Explikation der Datenquellen und -senken in separaten Modellen aufgezeigt werden (s. o.).
- Im Rahmen der Detailanalyse können ggf. schon Hinweise auf *automatisierbare Funktionen* ohne Bearbeiterinteraktion gegeben werden. Zur Symbolisierung ist eine fette Umrandung der Funktion zu verwenden.
- Die *Diskontinuität* eines Prozesses kann durch Angabe von Liege-, Warte- bzw. Durchlaufzeiten zu einzelnen Funktionen oder Prozessabschnitten dokumentiert werden. Hierfür kann in der Spaltendarstellung (vgl. Abb. 2.4-4) eine eigene Spalte verwendet werden.
- Der Strukturierungsgrad des Prozesses kann durch Kennzeichnung von *Blackbox*-Abschnitten im Modell expliziert werden, die sich dadurch auszeichnen, dass sie einen Teil des betrachteten Sachverhaltes auf Grund seiner hohen Komplexität nur sehr grob abbilden. Oftmals bezieht sich diese Komplexität auf den Kontrollfluss,[31] so dass u.U. die verantwortlichen Organisationseinheiten, benötigten Daten und Anwendungssysteme modelliert werden können. Der Detaillierungsgrad des Black-box-Abschnittes kann somit vom restlichen Teil

---

[31] Beispielsweise können innerhalb von Black-box-Abschnitten die Verzweigungsbedingungen bzw. Ablaufalternativen oft nicht antizipiert werden, da sie sich je Prozessinstanz stark unterscheiden.

des Modells stark abweichen. Ist der gesamte Prozess unstrukturiert, so wird er nur als atomare Funktion im übergeordneten Prozess modelliert. Im Falle einer Workflow-Unterstützung können die Bearbeiter zur Laufzeit den entsprechenden Workflow-Abschnitt detaillierter modellieren und ausführen. Im Rahmen des Prozess- bzw. Workflow-Controllings können dann konkretere Aussagen über die unstrukturierten Bereiche gewonnen werden, indem die Audit-Trail-Daten einer größeren Anzahl von Workflowinstanzen hinsichtlich der zur Laufzeit modellierten Kontrollflüsse, Daten usw. ausgewertet werden.

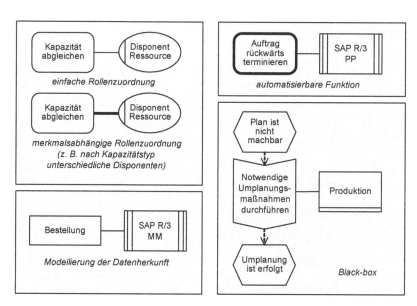

Abb. 2.4-6. EPK-Erweiterungen für die Analyse des Workflow-Potenzials

Zur Visualisierung der Hierarchiebeziehungen von Prozessen bzw. Funktionen, wird in der hier beschriebenen Modellierungsmethode die Verwendung eines Prozessstrukturmodells vorgeschlagen (vgl. Abb. 2.4-7). Dieses als erweitertes *Wertschöpfungskettendiagramm* (*WKD*) dargestellte Modell beschreibt sowohl Generalisierungen bzw. Spezialisierungen (im Sinne der Variantenbildung, s. Dreieckssymbol) als auch Hierarchiebeziehungen, die sich aus der Verfeinerung von Funktionen ergeben. Falls eine Funktion, die in *mehreren* Prozessen vorkommt, verfeinert wird, ist durch die Verwendung integrierter Modellierungswerkzeuge sicherzustellen, dass in den Modellen jeweils auf *denselben* verfeinerten Prozess referiert wird, um Inkonsistenzen durch nachträgliche Modifikation der Modelle oder durch Umbenennungen zu vermeiden. Bietet die verwendete Software keine ausreichenden Mechanismen zur Konsistenzsicherung, kann die Mehrfachverwendung dadurch gekennzeichnet werden, dass der entsprechende Prozess an mehreren Stellen im WKD abgebildet und grau dargestellt wird.[32]

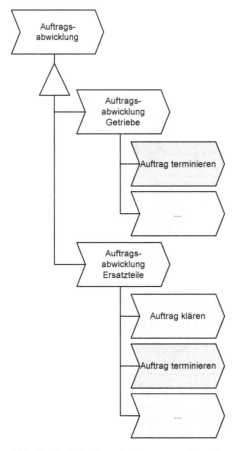

Abb. 2.4-7. Abbildung der Prozessstruktur als erweitertes Wertschöpfungskettendiagramm

Hinsichtlich der Erstellung von Prozessstrukturmodellen sind ferner die folgenden Restriktionen zu beachten:

- Die Anordnung der Prozesse gibt keinen Aufschluss über die logische Reihenfolge (zeitlich/sachlich).
- Es darf genau eine Kantenart aus einem Prozess herausgehen (entweder Verfeinerung oder Hierarchisierung).

---

[32] Die alternativ mögliche Modellierung nur eines einzigen Symbols für den Prozess und mehrerer Linien zu den jeweiligen übergeordneten Prozessen wird aus Gründen mangelnder Übersichtlichkeit nicht verwendet.

- Bei Variantenbildung (Generalisierung/Spezialisierung) kann ein untergeordneter Prozess maximal *einen* übergeordneten Prozess spezialisieren, da sonst bei Änderungen in einem der übergeordneten Prozesse Inkonsistenzen auftreten können.

Um im Prozessmodell auch Schwachstellen festhalten zu können, die z.b. durch Workflow-Mechanismen beseitigt werden können, wurde ein eigenes Symbol eingeführt, das in der Bemerkungsspalte der Spaltendarstellung platziert wird. Damit die identifizierten Schwachstellen klassifiziert und geeignete Maßnahmen abgeleitet werden können, wird eine Dokumentation gemäß Tabelle 2.2-2 vorgeschlagen. Der eindeutige Bezug zwischen den Schwachstellen im Prozessmodell und in der Tabelle kann über die eindeutige Benennung und die Verwendung der Spalte Prozess oder über eine eindeutige Nummerierung gewährleistet werden.

2.4.2 Vom Prozessmodell zum Workflowmodell

2.4.2.1 Zur generellen Vorgehensweise

Da kommerzielle WfMS i.d.R. *vorgangsorientierte* Modellierungsmethoden verwenden, die bzgl. ihrer Modellelemente und Modellierungsregeln an Petri-Netze bzw. EPKs angelehnt sind (vgl. bspw. Roller 1996, S. 357, Dinkhoff u. Gruhn 1996, S. 411), lassen sich die mit der hier vorgestellten Methode erstellten Prozessmodelle leicht in Workflowmodelle überführen. Darüber hinaus ist die Methode auch für die Workflowmodellierung geeignet und daher Bestandteil der Workflow-Komponente des Workflow-basierten PPS-Systems, dass in Abschn. 3.1 erläutert wird. Beispiele für andere Kategorien von Workflow-Modellierungsparadigmen sind *Objektmigrationsmodelle*, bei denen ein Vorgang streng aus der Sicht eines Dokumentes modelliert wird, und *konversationsstrukturorientierte Modelle*, die auf den Nachrichtenaustausch zur Auftragsabwicklung fokussieren, der als Konversation im Sinne der Sprechakttheorie aufgefasst wird (vgl. Schwab 1996, S. 306. Zu den Restriktionen der Ansätze vgl. Schwab 1996, S. 308ff., Carasik u. Grantham 1998, S. 61ff.). Aufgrund der geringen Verbreitung dieser Paradigmen, der umstrittenen Benutzerakzeptanz und ihrer Überführbarkeit in vorgangsorientierte Modelle werden sie allerdings hier nicht näher betrachtet.

Da die Prozesse der Auftragsabwicklung im Rahmen der Analysephase modelliert werden, stehen sie als Basis für die Workflowmodellierung zur Verfügung. Durch die Verwendung von Modellen betrieblicher Prozesse als Ausgangspunkt der Workflowmodellierung erhöht sich die fachliche Sicherheit durch den Bezug zu betriebswirtschaftlichen Zielen und durch die Orientierung an der Wertschöpfung. Außerdem steigt die Effizienz der Workflowmodellierung durch Wiederverwendung der Ergebnisse der Prozessmodellierung wie z.B. die Strukturierung der Modelle (Ordnungsrahmen) und die Modellinhalte, die bereits Workflowrelevante Aussagen beinhalten (z.B. Workflow-Potenzial, automatisierbare Funktionen, Hinweise auf merkmalsbasierte Rollenauflösung usw.).

2.4.2.2 Transformation der Modelle

Bei der Transformation von Prozessmodellen in Workflowmodelle sind einige Anpassungsschritte notwendig, die in Abb. 2.4-8 visualisiert sind (vgl. hierzu auch zur Mühlen 2000a, Folie 14). Insbesondere die Spezifikation der Aufrufe von Anwendungssystemkomponenten determiniert dabei den Aufwand der Workflowmodellierung. Hierzu zählen insbesondere die Zugriffe auf Daten des PPS-Systems und die Aufrufe von PPS-Funktionalität wie z.b. Algorithmen zur Bedarfsauflösung oder Durchlaufterminierung. Zusätzlich zum Workflowmodell ist i.d.R. ein WfMS-spezifischer Programmcode notwendig, der zur Spezifikation automatisierter Aktivitäten ohne Bearbeiterinteraktion, zur Realisierung zusätzlicher Funktionalität oder zur Auswertung komplexer Verzweigungs- bzw. Start- und Endbedingungen benötigt wird. Hierzu stellen gängige WfMS Skriptsprachen bzw. vollständige Programmiersprachen (z.b. Visual Basic, Java) zur Verfügung.

(Geschäfts-) Prozessmodell

- − Reduktion auf WF-relevante Funktionen

- + Anpassung der Granularität der Funktionen / Prozesse

- + Konkretisierung der benötigten Daten
  (Herkunft: System, Tabellen, Attribute)

- + Pflege der Rollen (Standard- und merkmalsabhängige)

- + Transformation der Kardinalitäten, Konnektoren und
  Ereignisse in mathematisch zugängliche Bedingungen
  für die Kontrollflusssteuerung

- + Pflege der jeweiligen Programmaufrufparameter
  der aufzurufenden Anwendungssysteme

- = **Workflowmodell**

- + Erstellung von zusätzlichem Programmcode in WfMS-
  spezifischer Skript- oder Programmiersprache

Feedback-Engineering

Abb. 2.4-8. Transformation von Prozess- in Workflowmodelle

Die wesentlichen Konstrukte der hier vorgestellten Methode zur Prozessmodellierung werden von den Modellierungssprachen moderner WfMS umgesetzt. Zum Beispiel können zur Repräsentation der Organisationseinheiten bzw. Rollen im Workflowmodell Workflow-Rollen verwendet werden. Bei *bedingter Rollenauflösung* anhand von Merkmalen müssen die Angaben aus dem Prozessmodell (Kantentyp „merkmalsbasiert") um konkrete Angaben zu Merkmalsausprägungen und zur organisatorischen Zuordnung erweitert werden. Zu beachten ist, dass nicht alle WfMS entsprechende Mechanismen bieten.

Zur Hierarchisierung der Modelle können zudem Super- und Sub-Workflows gebildet werden. Hinweise für die Festlegung der Granularität von Workflow-Aktivitäten finden sich in Tab. 2-4.2.

Bei der Umsetzung von Kardinalitäten muss bei der Workflowmodellierung spezifiziert werden, wie die Anzahl der zu instanziierenden Workflows oder Workitems vom WfMS ermittelt werden soll. Im Beispiel aus Abb. 2.4-5 (Losbildung und Kopf-Position-Beziehung) muss das WfMS z.b. die Größe *n = Anzahl der erzeugten Bestellungen* bestimmen können und in einer *Prozessvariablen* speichern, die später zur Instanziierung der Workitems und Folgeprozesse für die Bestellbearbeitung verwendet wird. Gegebenenfalls können solche Parameter aus den Workflow-Kontrollflussdaten bestimmt werden, evtl. sind sie aber nur durch Zugriffe auf PPS-Daten oder durch eine Kombination daraus bestimmbar. Einige WfMS bieten zur Unterstützung der Instanziierung multipler Instanzen Mechanismen wie z.b. „Aktivitätenbündel" (vgl. Abschn. 2.5.2.2), allerdings ist die Ermittlung der Informationen über die Anzahl der zu erzeugenden Instanzen auch in diesen Systemen problematisch und muss i.d.R. durch individuelle Implementierung von Skripten bzw. Programmcode gelöst werden.

Weiterhin ist im Falle einer Losbildung zu spezifizieren, wie das WfMS die Menge der durch eine Workflowinstanz zu bearbeitenden Objekte bestimmen soll. Dies kann in einer geeigneten Skriptsprache z.b. über die Verwendung von parametrisierbaren SQL-Abfragen (vgl. auch 2.2.3.1) und geeigneten Datencontainern zur Speicherung der Ergebnismenge erfolgen.

Darüber hinaus sind Verzweigungen und Zusammenführungen, die im Prozessmodell durch Konnektoren und Ereignisse repräsentiert sind, in die Modellierungssprache des verwendeten WfMS zu transformieren (vgl. Abb. 2.4-9 und die Erläuterungen im Abschn. 1.3.2).[33] Die durch Ereignisse ausgedrückten Bedingungen müssen im WfMS in mathematisch zugänglicher Form spezifiziert werden. Um auf Ereignisse aktiv reagieren zu können, die Zustandsänderungen an PPS-Daten repräsentieren (z.B. „Fertigungsauftrag ist freigegeben"), sind die dafür vorgesehenen Mechanismen des WfMS zu konfigurieren, bspw. Workflow-Agenten, die die Datenbank des PPS-Systems periodisch auf bestimmte Ausprägungen von Attributwerten überprüfen (vgl. zu ausführlichen Erläuterungen hierzu Abschn. 3.5).

---

[33] Problematisch im Hinblick auf eine spätere Workflow-Unterstützung ist das Problem, dass nicht entschieden werden kann, wie die Synchronisation bei der Zusammenführung des Kontrollflusses mit UND nach einer inklusiv-ODER-Verzweigung erfolgen muss (*Dead-Path-Elimination*). Zur Problematik des inklusiv-ODER-Konnektors (vgl. auch Rittgen 2000, S. 27ff.). In den meisten Workflow-Modellierungssprachen wird auf das inklusive ODER verzichtet, da es durch Kombinationen aus XOR- und UND-Konnektoren ersetzt werden kann.

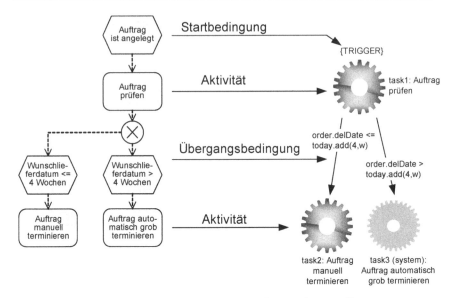

Abb. 2.4-9. Beispiel zur Transformation von Verzweigungen bzw. Bedingungen

2.4.3 Grundsätze ordnungsmäßiger Prozessmodellierung

Da Prozessmodelle in dem hier betrachteten Kontext für die Organisationsgestaltung und die Entwicklung und Realisierung von Workflow-Anwendungen verwendet werden, kommen als Adressaten neben Personen mit Methodenkompetenz (wie z.B. Modellierer und Entwickler) auch die am Projekt beteiligten Fachvertreter sowie die Unternehmensführung und die ausführenden Bearbeiter in Frage. Aufgrund dieser heterogenen Zielgruppe und der hohen Freiheitsgrade bei der Modellierung weisen die Prozessmodelle häufig eine ungenügende Adressatenorientierung auf (vgl. Rosemann 1996, S. 85). Dies mindert bspw. die Anschaulichkeit der Modelle, ihre Relevanz für bestimmte Modellnutzer, u.U. die inhaltliche Korrektheit und somit letztendlich die Akzeptanz. Über die Notationsregeln hinaus wurden daher in Form der *Grundsätze ordnungsmäßiger Modellierung (GoM)* Anforderungen an die Modellerstellung formuliert, die den o.g. Problemen Rechnung tragen.

Die GoM „verfolgen die Zielsetzung, spezifische Gestaltungsempfehlungen zu entwickeln, die die Modellqualität über die Erfüllung syntaktischer Regeln hinaus erhöhen." (Becker u. Schütte 1996, S. 65. Zu den GoM vgl. Becker et al. 1995).

Die sechs allgemeinen Grundsätze der GoM (Richtigkeit, Relevanz, Wirtschaftlichkeit, Klarheit, Vergleichbarkeit, Systematischer Aufbau) sollen hier um spezifische Anforderungen der Modellierung von Prozessen und Workflows der industriellen Auftragsabwicklung ergänzt werden. Nach der kurzen allgemeinen

Erläuterung eines Grundsatzes werden jeweils spezifische Empfehlungen gegeben, die z.T. auf den bisherigen Erläuterungen basieren.

Tabelle 2.4-1. Richtigkeit

Allgemein

- *Syntaktische Richtigkeit* („formal korrekt") bedeutet Vollständigkeit und Konsistenz gegenüber dem *Metamodell*, das die verwendete Darstellungstechnik repräsentiert.
  - *Vollständigkeit:* die verwendeten Modellierungskonstrukte sind im Metamodell beschrieben.
  - *Konsistenz:* die Informationsobjekte und deren Beziehungen entsprechen den im Metamodell beschriebenen Notationsregeln.
- *Semantische Richtigkeit* (bzw. Validität, Zweckmäßigkeit) bedeutet Struktur- und Verhaltenstreue gegenüber dem Objektsystem des betrachteten Sachverhaltes sowie Widerspruchsfreiheit. Die Richtigkeit von Modellen kann nicht allgemeingültig, sondern nur adressatenindividuell anhand des konkreten Zielsystems beurteilt werden.

Industrielle Auftragsabwicklung

- Kennzeichnung als *Ist-* oder *Sollmodell;*
- Angaben zum Abdeckungsgrad des Prozesses (z.B. nur die „80%-Fälle") und zur Prozess-Ausführungshäufigkeit;
- Sicherstellung der *Konsistenz* der verwendeten Informationsobjekte.
  - geeignete Toolunterstützung mit zentralem Repository für Modelle und -elemente (z.B. ARIS Toolset);
  - *Namenskonventionen:*
    - Die Bezeichnung von Funktionen/Prozessen endet mit einem Verb;
    - Die Bezeichnung von Funktionen entspricht der Bezeichnung von verfeinernden Prozessen;
    - Ereignisse, die das Eintreten eines bestimmten Zeitpunktes repräsentieren, werden im Perfekt formuliert („Bestellung ist eingegangen", „Mahntermin ist erreicht"); Ereignisse, das Eintreten von Datenzuständen beschreiben, die ab sofort (bis zum Eintreten eines weiteren zustandsverändernden Ereignisses) gültig sind („Bestellwert ist > 5.000"), werden im Präsens formuliert.

Tabelle 2.4-2. Relevanz

Allgemein
• *Adressaten-* und *zieladäquate* Auswahl des zu betrachtenden Realweltausschnittes durch Reduktion auf die relevanten Modellbestandteile / Informationen; • Wahl des *Abstraktionsgrades* und der Modellierungsmethode.
Industrielle Auftragsabwicklung

• Auswahl des relevanten Realweltausschnitts: Modellierung Top-down und Selektion der zu verfeinernden Funktionen anhand des vermuteten Workflow-Potenzials und der Priorisierung;
• Modellierung aller (voraussichtlich) für WfM relevanten Input- und Outputobjekte (Daten) sowie DV-Anwendungen/Masken; Organisationseinheiten sind möglichst konkret auf Stellen- bzw. Rollenebene zu modellieren (bei Bedarf hierarchisches Rollenmodell erstellen). Die eigentliche Durchführung und die Prozess- bzw. Aktivitätenverantwortung sind explizit zu trennen;
• Explikation der Prozessobjekte;
• Explikation von Prozessschnittstellen (vorgelagerte/nachgelagerte Prozesse) und von Koordinations- bzw. Entscheidungsaspekten;
• Explikation der Kardinalitäten für Losbildung und Kopf-Position-Beziehungen (im Rahmen der Detailanalyse);
• Angaben zu den Ist- und Sollwerten für relevante Zielgrößen wie Durchlaufzeit, Kosten, Liegezeiten usw.;
• Kennzeichnung der merkmalsbasierten Rollenzuordnung (im Rahmen der Detailanalyse);
• die Vernachlässigung von Sonderfällen ist problematisch; bei hoher Komplexität sind Teile des Realweltausschnittes ggf. als „Black Box" zu modellieren; durch Modellierung zur Laufzeit muss der Bearbeiter den Black-Box-Teil des zugehörigen Workflows konkretisieren; ferner sind Angaben zum Abdeckungsgrad des Prozesses zu machen (s. *Richtigkeit*);
• Explikation der Datenherkunft, damit der Datenzugriff bei der Implementierung der Workflows spezifiziert werden kann;
• für die Festlegung der *Granularität von Workflow-Aktivitäten* können folgende Empfehlungen herangezogen werden (vgl. zur Mühlen 2000b, Folie 16 und 17):
  – Aufteilung in zwei Aktivitäten, bei
    • Wechsel des ausführenden Bearbeiters;
    • Wechsel des aufgerufenen Anwendungssystems;
    • Wechsel der verwendeten Daten/Objekte.
  – Explizite Modellierung der Koordination und von Entscheidungsaspekten;
  – Betrachtung der Anwendungssysteme aus der Sicht ihrer Schnittstellen (Granularität des Zugriffs determiniert Granularität der Workflow-Aktivitäten);
  – Organisationsmodellierung auf den Ebenen
    • Ausführender;
    • Prozess- und Aktivitätenverantwortlicher (für Störungsmanagement);
    • Stellvertreter (Delegationsregelungen).

Tabelle 2.4-3. Wirtschaftlichkeit

Allgemein

* Wirkt als Restriktion für andere Grundsätze (u.U. konfliktär);
* Möglichst hohe Persistenz der Modelle (diese steigt mit dem Abstraktionsgrad);
* Adaptionsfähigkeit (Änderbarkeit mit geringem Aufwand) der Modelle;
* hierfür geeignete Toolunterstützung wählen (Konsistenzsicherung, Wiederverwendung von Objekten etc.).

Industrielle Auftragsabwicklung

* Beachtung von Referenzmodellen (vgl. Abschn. 2.2.4);
* Top-down-Modellierung und Abbruch bei geringer Workflow-Eignung;
* Verwendung der Prozessmodelle als Basis für die Workflowmodellierung.

Tabelle 2.4-4. Klarheit

Allgemein

* Adressatenindividuelle Betrachtung;
* Klarheit bedeutet Strukturiertheit, Übersichtlichkeit, Lesbarkeit;
* Regeln für grafische Anordnung der Informationsobjekte;
* anschauliche Erläuterungen der methodischen Konstrukte.

Industrielle Auftragsabwicklung

* Beschränkung der Hierarchieebenen durch Abbruchkriterium (geringe Workflow-Eignung);
* Verkettung von Prozessen durch Super-Prozess (Ordnungsrahmen bzw. Modell auf Ebene 0);
* Verwendung der Spaltendarstellung;
* Anordnung der Symbole im Prozess entsprechend dem Durchlauf von oben nach unten (nicht waagerecht);
* der Hauptstrang („Regel-Durchlauf") soll möglichst gradlinig von oben nach unten beschrieben werden; Ausnahmen verzweigen nach rechts oder links;
* Abwägung: Spezialisierungen von Prozessen verwenden (z.B. für Produktgruppen) oder Alternativen als Verzweigung im Prozess darstellen;
* Nutzung von Verfeinerungen und Prozesswegweisern, um die Komplexität innerhalb der Prozesse zu reduzieren;
* Namenskonventionen (siehe Richtigkeit).

Tabelle 2.4-5. Vergleichbarkeit

Allgemein
<ul><li>*syntaktisch:* Kompatibilität von mit unterschiedlichen Methoden erstellten Modellen;</li><li>*semantisch:* inhaltliche Modellvergleichbarkeit<ul><li>– Sollmodell vs. Istmodell;</li><li>– Referenzmodell vs. unternehmensspezifisches Modell;</li><li>– Modelle verschiedener Unternehmen.</li></ul></li></ul>
Industrielle Auftragsabwicklung
<ul><li>Namenskonventionen (s. Richtigkeit);</li><li>durchgängige Modellierungsmethode für Prozess- und Workflowmodellierung;</li><li>Klassifikation von Funktionen (XYZ transportieren, erstellen, kontrollieren, korrigieren, versenden, buchen, informieren usw.), d.h. standardisierte Ausdrücke verwenden.</li></ul>

Tabelle 2.4-6. Systematischer Aufbau

Allgemein
<ul><li>Integration der einzelnen Sichten (Funktionen, Daten, Aufbauorganisation, Prozesse) und dadurch Sicherung der Konsistenz der Informationsobjekte in den verschiedenen Sichten.</li></ul>
Industrielle Auftragsabwicklung
<ul><li>Sichtenintegration durch entsprechende Toolunterstützung (z.B. ARIS Toolset);</li><li>Besonders im Workflow-Kontext relevant (Daten und Ressourcen wie Scanner und Anwendungssysteme müssen im Workflowmodell eindeutig spezifiziert werden):<ul><li>– Informationsflüsse korrekt abbilden (korrekte Version von Dokumenten bzw. Daten; Eindeutigkeit bei der Modellierung);</li><li>– modellierte Rollen müssen konform zum gesamten Rollenkonzept sein;</li><li>– eindeutige Zuordnung und Benennung von Teilprozessen und zugehörigen Funktionen in übergeordneten Prozessen.</li></ul></li></ul>

2.4.4 Literatur

Amberg, M.: The Benefits of Business Process Modeling for Specifying Workflow-Oriented Application Systems. In: Workflow Management Coalition (WfMC) (ed.): Workflow Handbook, Wiley, Chichester 1997, p. 61-68.

Becker, J., Rosemann, M., Schütte, R.: Grundsätze ordnungsmäßiger Modellierung. In: Wirtschaftsinformatik, 37 (1995) 5, S. 435-445.

Becker, J., Schütte, R.: Handelsinformationssysteme. Landsberg/Lech 1996.

Carasik, R. P., Grantham, C. E., A case Study of CSCW in a Dispersed Organization, in E. Soloway, D. Frye, S. B. Sheppard (Hrsg.), CHI '88 - Human Factors in Computing Systems, New York 1988, S. 61-66.

Chen, R., Scheer, A.-W.: Modellierung von Prozeßketten mittels Petri-Netz-Theorie. Veröffentlichung des Instituts für Wirtschaftsinformatik Nr. 107. Saarbrücken 1994.

Dinkhoff, G., Gruhn, V.: Entwicklung Workflow-Management-geeigneter Software-Systeme. In: Geschäftsprozeßmodellierung und Workflow-Management. Hrsg.: G. Vossen, J. Becker. Bonn u.a. 1996, S. 405-421.

Kugeler, M.: Informationsmodellbasierte Organisationsgestaltung. Modellierungskonventionen und Referenzvorgehensmodell zur prozessorientierten Reorganisation. Berlin 2000.

Roller, D.: Verifikation von Workflows in IBM FlowMark. In: Geschäftsprozeßmodellierung und Workflow-Management. Hrsg.: G. Vossen, J. Becker. Bonn u.a. 1996, S. 353-368.

Schwab, K.: Koordinationsmodelle und Softwarearchitekturen als Basis für die Auswahl und Spezialisierung von Workflow-Management-Systemen. In: Geschäftsprozeßmodellierung und Workflow-Management. Hrsg.: G. Vossen, J. Becker. Bonn u.a. 1996, S. 295-317.

Rittgen, P.: Quo vadis EPK in ARIS? Ansätze zu syntaktischen Erweiterungen und einer formalen Semantik. In: Wirtschaftsinformatik 42 (2000) 1, S. 27-35.

Rosemann, M.: Komplexitätsmanagement in Prozessmodellen. Methodenspezifische Gestaltungsempfehlungen für die Informationsmodellierung. Wiesbaden 1996.

Rosemann, M., Schwegmann, A.: Vorbereitung der Prozessmodellierung. In: Prozessmanagement. Ein Leitfaden zur prozessorientierten Organisationsgestaltung. Hrsg.: J. Becker, M. Kugeler, M. Rosemann. 3. Aufl., Berlin u.a. 2002, S. 47-94.

zur Muehlen, M. (2000a): Workflow and BPR - Different Perspectives. In: Workflow Automation: State of the Art and Research Challenges. Tutorial at the 33rd Hawai'i International Conference on System Sciences. Hrsg.: C. Huth, M. zur Muehlen, E. A. Stohr, J. L. Zhao. Wailea, HI, USA, 4. Januar 2000.

zur Muehlen, M. (2000b): Workflow Technology and E-Commerce Applications. Tutorial at the 2000 Americas Conference on Information Systems (AMCIS 2000). Long Beach, 10. August 2000.

2.5 Gestaltung Workflow-integrierter Architekturen von PPS-Systemen

von Stefan Neumann

2.5.1 Integrationsgestaltung als Engineering-Prozess

Workflowmanagement beinhaltet Koordination durch Steuerung von Geschäftsprozessen zur Laufzeit. Das Ziel dieser Koordinationsleistung besteht in der *fachlichen Integration* von Bearbeitern, Daten, Funktionen und Prozessen. In diesem Sinne trägt die fachliche Integration zur übergeordneten organisatorischen Aufgabe der Koordination bei (vgl. Rosemann 1996, S. 156f.).

Die Voraussetzung dafür ist die *DV-technische Integration* der beteiligten Informationssysteme. Diese kann zum einen verstanden werden als die Integration heterogener Anwendungssysteme, die durch ein WfMS als Middleware erreicht wird, zum anderen als die Kopplung zwischen Anwendungssystemen und WfMS selbst. Letztere verursacht häufig den größten Teil des Aufwands in Workflow-Einführungsprojekten. Das Ergebnis der DV-technischen Zusammenführung dieser Komponenten zu einer Workflow-integrierten Systemarchitektur wird im Folgenden als *Integrationsarchitektur* bezeichnet (vgl. Neumann et al. 2001, S. 134). Sie besteht aus

- der Menge der relevanten Informationssysteme, die die Gesamtheit der Workflow-Applikation bilden, d.h. sowohl prozessunterstützender Anwendungssysteme (PPS-System und periphere Anwendungen) als auch prozesssteuernder Systeme (WfMS oder ggf. andere Groupwaresysteme);
- der Menge der aus der Verteilung von anwendungs- und steuerungsbezogenen Teilaufgaben resultierenden Interdependenzen zwischen diesen Systemen bzw. Modulen;
- der softwaretechnischen Bewältigung dieser Interdependenzen durch systemneutrale, systemspezifische oder individuell programmierte Schnittstellen.

Während im „klassischen" Software Engineering der Architekturentwurf die Abgrenzung noch zu realisierender Module vornimmt, handelt es sich bei der Architekturgestaltung für eine Workflow-Applikation in erster Linie um ein Problem der *Konfiguration* (potenziell) vorhandener Komponenten. Eingeschränkt werden die Konfigurationsalternativen durch die in diesen Komponenten bereits umgesetzten Schnittstellenkonzepte bzw. durch die Möglichkeit, sie über individuell entwickelte Schnittstellen anzusprechen. Dennoch bestehen i.d.R. unterschiedliche Freiheitsgrade, die der Aufgabe ein besonderes Gewicht mit gravierenden Auswirkungen auf Erfolg und Aufwand des weiteren Projektverlaufs verleihen.

Mittlerweile liegen verschiedene Arbeiten zur Konzeption Workflow-integrierter Anwendungssystemarchitekturen vor. Überwiegend sind diese jedoch domänenneutral und hinsichtlich der Besonderheiten der PPS nicht ausreichend konkretisiert (vgl. z.B. Böhm 1997) oder entwerfen statische Architekturen, ohne potenzielle (ggf. unternehmensspezifische) Probleme im Gestaltungsprozess zu thematisieren (vgl. Loos 1998, Gehring u. Gadatsch 2000). In der betrieblichen Praxis erfolgt die Gestaltung der Integrationsarchitektur trotz der Komplexität, des strategischen Charakters der Aufgabe und des damit verbundenen Risikos üblicherweise nicht systematisch. Zunächst ist daher darauf hinzuweisen, dass die Architekturgestaltung anhand der typischen Phasen eines Problemlösungszyklus des Systems Engineering beschrieben werden kann (vgl. z.B. Haberfellner et al. 1997, S. 47ff.).

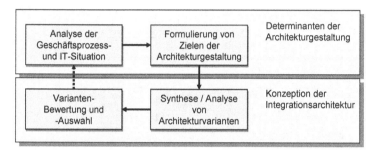

Abb. 2.5-1. Problemlösungszyklus bei der Gestaltung von Informationssystem-Architekturen.

Oftmals können unterschiedliche Architekturvarianten zur Workflow-Unterstützung von Geschäftsprozessen generiert und beschrieben werden (Synthese/Analyse, s. Abb. 2.5-1). Dazu müssen die im Einzelfall vorhandenen Gestaltungsparameter auf verschiedenen Architekturebenen bekannt sein. Im Anschluss erfolgt die Bewertung der Alternativen hinsichtlich der Erfüllung fachlicher und technischer Anforderungen und der Erreichung weiterer Ziele. Diese Determinanten des Entwicklungsprozesses werden im Rahmen einer Struktur- und Zielanalyse expliziert. Im Mittelpunkt der nachfolgenden Vertiefungen dieser Gestaltungsoptionen und Einflussfaktoren stehen spezifische Integrationsanforderungen der PPS. Darunter können sich Problemstellungen befinden, denen mit vorhandenen PPS- und/oder Workflowmanagementsystemen nicht oder mit kaum vertretbarem Aufwand begegnet werden kann. Daraus lassen sich Herausforderungen an eine neue, Workflow-basierte Architektur von PPS-Systemen ableiten, denen Kapitel 3 dieses Buches gewidmet ist.

2.5.2 Gestaltungsebenen der Integrationsarchitektur

Informationssystem-Architekturen werden üblicherweise in drei Ebenen unterteilt: Datenhaltung, Verarbeitung und Präsentation. Gemäß dieser Einteilung wird die nachfolgende Betrachtung unterschiedlicher Gestaltungs- und Integrationsoptionen Workflow-integrierter Architekturen von PPS-Systemen strukturiert.

Abb. 2.5.-2 zeigt eine generische Drei-Schichten-Architektur, die als Rahmen für die Diskussion alternativer Ausprägungen auf den verschiedenen Ebenen dient.

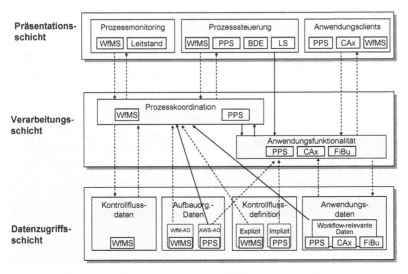

Abb. 2.5-2. Generische Workflow-integrierte PPS-Systemarchitektur

Die in Abb. 2.5-2 dargestellte Gesamtheit der Funktionen in einer Workflow-integrierten PPS-Architektur werden teils vom WfMS, teils von den Fachkomponenten des PPS-Systems oder peripheren Anwendungssystemen übernommen. Üblicherweise werden die prozessbezogenen Leistungen eines WfMS als komplementär zu den eher funktional orientierten Anwendungssystemen betrachtet. Da jedoch sowohl PPS-Systemen als auch WfMS der Anspruch einer umfassenden Geschäftsprozesskoordination zu Grunde liegt, ist auch die Abgrenzung bzw. Verteilung von Aufgaben zwischen den verschiedenen Systemen Bestandteil des Gestaltungsprozesses. Aus dieser Verteilung resultieren Interdependenzen zwischen den Komponenten, deren Dokumentation in eine Spezifikation der benötigten Schnittstellen mündet.

2.5.2.1 Integrationskomponenten der Datenzugriffsschicht

Die Aufgabe der Datenkoordination erfordert vom WfMS Zugriffe auf die Nutzdaten der Anwendungssysteme, insbesondere des PPS-Systems. Die technische Realisierung dieses Zugriffs ist abhängig von der Offenheit der Applikation und kann auf verschiedene Arten realisiert werden (vgl. Linthicum 2000, S. 23ff., Ader 2000, S. 228ff.):

- Im einfachsten Fall stellt das Anwendungssystem eigene Schnittstellen, so genannte *Application Program Interfaces (API)*, zum Lesen und Schreiben seiner Daten bereit. Dabei handelt es sich um ggf. parametrisierte Funktions- oder Methodenaufrufe, die den Vorteil bieten, dass i.d.R. auch beim Schreiben von

Daten Seiteneffekte vermieden werden und die Konsistenz der Applikations-
datenbank gewahrt bleibt.

- Verfügt die Anwendung nicht über Schnittstellen zum Aufruf seiner Funktionen, kann ein WfMS auch *direkt* auf ihre Datenbank zugreifen. In den meisten
  Fällen greifen PPS-Systeme auf die Dienste von Standard-Datenbankmanage-
  mentsystemen zurück, die das Ansprechen der PPS-Datenbank über standar-
  disierte Schnittstellen wie ODBC oder JDBC[34] zulassen. Schreibende Zugriffe
  auf die komplex strukturierte Datenbank eines PPS-Systems sollten jedoch aufgrund möglicher Seiteneffekte grundsätzlich unterbleiben.

- Scheiden die bisher genannten Alternativen aus, muss der Datenaustausch über
  die *Benutzeroberfläche* erfolgen. In der automatisierten Form wird durch das
  zugreifende System ein PPS-Anwender simuliert, der Daten aus den Bild-
  schirmmasken ausliest oder in die entsprechenden Felder einträgt. Diese
  Zugriffsform wird als „Screen Scraping" bezeichnet (vgl. Halter 1996, S. 192f.,
  Linthicum 2000, S. 79ff., Oberdorfer 2001, S. 137). Screen-Scraping-Mecha-
  nismen sind aufwändig zu implementieren und gelten als wenig robust. Daher
  kann auch eine manuelle Übertragung von Daten zwischen Anwendungssystem
  und WfMS eine einfache, aber adäquate Lösung darstellen.

Im Folgenden werden vier Kategorien von Daten unterschieden, die zwischen
WfMS, PPS-System und weiteren Anwendungssystemen ausgetauscht werden
müssen: „reine" Anwendungsdaten, die für das WfMS keine Semantik besitzen,
Workflow-relevante Daten, die den Prozessablauf beeinflussen können, Daten zur
Aufbauorganisation des Unternehmens und die Definition des Kontrollflusses im
zu unterstützenden Prozess.

Anwendungsdaten

Dem Zugriff auf reine Anwendungsdaten wird in der Workflow-Literatur ein hoher Stellenwert eingeräumt, wenn die Integration von Daten heterogener, zuvor
nicht gekoppelter Applikationen durch ein zusätzliches Middleware-System einen
signifikanten Nutzen des WfMS darstellt. Große Teile der Auftragsabwicklung
werden in der PPS jedoch üblicherweise funktional durch PPS-Systeme abgedeckt, deren Kernaufgabe gerade in der Integration der Daten der zugehörigen, unterschiedlichen Bereiche besteht. Das Lesen und Schreiben reiner Anwendungsdaten durch ein WfMS kann dennoch in folgenden Fällen notwendig sein:

- Für Aufgaben, die nicht zur PPS zählen (etwa die Konstruktion oder spezielle
  Planungsprobleme) sind externe Anwendungen im Einsatz und nicht direkt an
  das PPS-System gekoppelt. Externe Planungssysteme berechnen üblicherweise
  Termine und/oder Ressourcenbelegungen, die ggf. manuell ins PPS-System
  übertragen werden.

- Transaktionen des PPS-Systems werden aufgrund ungeeigneter, zumeist zu
  grober Granularität mit Hilfe des WfMS reimplementiert (s. Abschn. 2.5.2.2

---

[34] Open Database Connectivity (ODBC) und Java Database Connectivity (JDBC) sind
Standards zum einheitlichen Zugriff auf relationale Datenbanken.

und Abschn. 2.5.2.3). Zwischen WfMS und PPS-System muss dann ein Transfer der Input- und Outputdaten dieser Schritte stattfinden.

- Die Erfassung bestimmter Nutzdaten erfolgt zuerst im WfMS, da das PPS-System die entsprechenden Aktivitäten nicht unterstützt, z.b. im vertrieblichen Bereich.
- Zusätzliche Dokumente sind für die Bearbeitung des Prozesses relevant und werden durch das WfMS mit den Daten über PPS-Objekte verknüpft.

In Hinblick auf eine effektive Konsistenzsicherung sollte grundsätzlich die „Datenhoheit" für PPS-Daten beim PPS-System liegen, das die dazu geeigneten Mechanismen i.d.R. bereitstellt. DV-technische Problemstellungen der Verteilung, Transaktionssicherung oder Recoveryfähigkeit, die von vielen WfMS explizit unterstützt werden (vgl. Alonso u. Schek 1996), sind in heutigen PPS-Systemen bereits gelöst. Für das Datenmanagement beim Abbruch oder Rücksetzen von Prozessen und die Re-Iteration einzelner Aktivitäten stehen in PPS-Systemen ebenfalls adäquate Konzepte zur Verfügung. Veränderungen an Stammdaten bleiben durch Versionierungsmechanismen kontrolliert und nachvollziehbar. Bei ungeplanten Eingriffen in laufende Auftragsabwicklungsprozesse sind für die betroffenen Bewegungsdaten, den Grundsätzen ordnungsmäßiger Buchführung folgend, im PPS-System die gebotenen Änderungs- oder Stornierungsbelege zu erfassen. Schreibende Zugriffe auf die PPS-Datenbank sind daher grundsätzlich sowohl unter technischen als auch betriebswirtschaftlichen Gesichtspunkten problematisch. Die Aufgabe des WfMS ist in diesen Fällen eher die Handhabung ihrer Auswirkungen auf den Kontrollfluss und auf externe Anwendungen und weniger der „Rollback" von PPS-Daten.

Workflow-relevante Daten

Workflow-relevante Daten sind Anwendungsdaten, deren Ausprägungen beeinflussen können, welche Aktivitäten in einem Prozess auszuführen sind oder welche Bearbeiter damit beauftragt werden. Bei der Prozess- und Architekturgestaltung muss sichergestellt werden, dass diese Daten zur Laufzeit in der richtigen Weise gepflegt werden und so die korrekte Ausführung des Prozesses durch das WfMS gesteuert werden kann. Aus diesem Grund können zusätzliche Plausibilitäts- oder Vollständigkeitsprüfungen, die die Logik des PPS-Systems nicht vorsieht, in einer Transaktion erforderlich sein. Anderenfalls können möglicherweise Entscheidungen über Ablaufalternativen nicht automatisiert getroffen werden, da die Verzweigungsbedingungen auf fehlende oder unzulässige Werte in der PPS-Datenbank verweisen.

PPS-Daten können sich auf zwei Ebenen auf die Workflowsteuerung auswirken:

- Sind *Attribute* von PPS-Objekten in bestimmten Werten oder Wertebereichen ausgeprägt, kann sich eine andere Form der Bearbeitung ergeben. So können einzelne Auftragsarten zusätzliche Planungsschritte erfordern, Bestellungen ab einem gewissen Bestellwert eine Genehmigung voraussetzen oder Kunden nach regionalen Kriterien durch andere Bearbeiter betreut werden.

- Die Erzeugung neuer *Objektinstanzen* kann auch die Instanziierung neuer Workflows oder Workflow-Aktivitäten, die diese Objekte bearbeiten, nach sich ziehen.

Um die Korrektheit des Kontrollflusses sicherzustellen, müssen in der Verarbeitungsschicht der Systemarchitektur Mechanismen etabliert werden, die bei nachträglichen Änderungen Workflow-relevanter Attributwerte oder beim Erzeugen neuer Objektinstanzen im PPS-System die möglichen Auswirkungen auf die Workflowsteuerung überprüfen und ggf. Eingriffe in den Kontrollfluss veranlassen.

Aufbauorganisationsdaten

Sowohl PPS-Systeme als auch WfMS benötigen Daten zur *Aufbauorganisation.* Während PPS-Systeme zumindest Daten zu den einzelnen Systembenutzern und ihren Rollen verwalten müssen, um Zugriffsberechtigungen einzuschränken, sind in WfMS aufbauorganisatorische Daten eine wesentliche Grundlage zur aktiven Prozesssteuerung (vgl. Rosemann u. zur Mühlen 1998). Die Abbildung der Aufbauorganisation ist in WfMS daher detaillierter und komplexer. Gleichwohl werden Daten in WfM- und PPS-Systemen z.T. redundant gehalten. Zudem können Rollendefinitionen im Sinne von Berechtigungsprofilen im Anwendungssystem vom Rollenmodell des WfMS abweichen.

Veränderungen in den Personalstammdaten, insbesondere Mitarbeiterein- und -austritte und Stellenwechsel, müssen daher mit Änderungen in den Stammdaten sowohl der Anwendungssysteme als auch des WfMS verbunden werden. Vereinfacht werden kann dieser Prozess durch die Nutzung von Standardformaten für die Strukturierung von Organisationsdaten. Die vollständig integrierte Verwaltung organisationsbezogener Daten ist dagegen einer der Vorzüge von Workflow-integrierten PPS-Systemen. Hier reduziert sich das Problem auf die Abstimmung von Nutzer- und Berechtigungsdaten mit peripheren Anwendungssystemen.

Verteilung der Kontrollflussdefinition zwischen WfMS und PPS-System

WfMS steuern die Abfolge der Aktivitäten eines Prozesses auf der Grundlage einer Kontrollflussdefinition, dem Workflowmodell. Dazu kann eine vom WfMS vorgegebene Menge von Modellierungselementen verwendet werden. In den meisten WfMS ist die Ablaufdefinition in grafischer Form möglich. Semantische Einschränkungen der Modellierung werden nicht gemacht (mit Ausnahme von Rücksprüngen, die in einigen Systemen nicht modelliert werden können).

Restriktionen bei der Workflowmodellierung in der PPS ergeben sich jedoch durch die Konstrukte, die PPS-Systeme für die Definition von Abläufen vorsehen. Explizite Ablaufspezifikationen werden in PPS-Systemen in Arbeitsplänen oder Projektstrukturplänen vorgenommen. In Prozessen, die auf diese Weise geplant werden, also insbesondere in der Fertigung, ist mit der Einführung eines WfMS im Allgemeinen ein geringeres Verbesserungspotenzial verbunden. Allerdings geben auch in anderen Prozessen, z.B. der Auftragskoordination, PPS-Systeme ohne explizite Pläne gewisse Bearbeitungsreihenfolgen vor. Ein Instrument dazu sind *Statusfolgen*, die bearbeitete Aufträge durchlaufen müssen und die in vielen Systemen unternehmensspezifisch definiert werden können. Ein Statuswechsel korrespondiert zu einem Ereignis im Workflowmodell. Diese Form der Ablaufdefinition bleibt jedoch beschränkt auf sequenzielle Zustandsfolgen von grober Granularität. Durch ein WfMS kann der Prozess innerhalb des durch die Statusfolge vorgegebenen Rahmens detaillierter spezifiziert werden (vgl. Abb. 2.5-3).

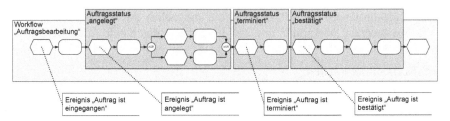

Abb. 2.5-3. Überschneidungen zwischen Workflowmodellierung und Statusdefinitionen im PPS-System

Bearbeitungsreihenfolgen sind zusätzlich auch durch die Integritätsbedingungen des PPS-Datenmodells vorgegeben. So können viele Belege nicht ohne Bezug zu einem Vorgängerbeleg erzeugt werden, z.B. die Buchung einer Kreditorenrechnung ohne existierende zugehörige Wareneingangsbuchung. In gleicher Weise wird in vielen Fällen eine zusammenhängende Bearbeitung mehrerer Objekte vorgeschrieben und ansonsten als unvollständig betrachtet, etwa die Anlage eines Kundenauftragskopfes ohne zumindest eine Auftragsposition.

Abb. 2.5-4 veranschaulicht die Beziehungen zwischen Workflow- und Objektstrukturen am Beispiel des Zusammenhangs von Kundenauftragspositionen und Bestellpositionen für Handelswaren. Ein Kundenauftrag kann zur Auslösung mehrerer Bestellungen führen, wenn Handelswaren unterschiedlicher Lieferanten bestellt werden. Eine Bestellung bezieht sich jedoch auf höchstens einen Kundenauftrag, d.h. es findet keine auftragsübergreifende Bündelung von Bestellpositionen statt. Es besteht daher eine 1:1-Beziehung zwischen Auftrags- und Bestellpositionen. Entsprechend können aus einer Workflowinstanz zur Bearbeitung eines Kundenauftragskopfes heraus mehrere voneinander unabhängige Instanzen eines Workflows zur Bestellbearbeitung generiert werden, während für die Bearbeitung von Auftrags- und Bestellpositionen evtl. nur ein Workflow-Typ definiert werden muss.

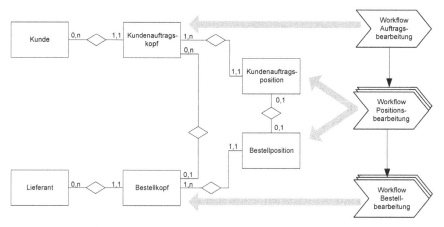

Abb. 2.5-4. Entity-Relationship-Modell zur Beziehung zwischen PPS-Objekten und Workflows

Vorgeschriebene Statusfolgen und Integritätsbedingungen des PPS-Systems müssen daher bei der Prozess- und Workflowmodellierung berücksichtigt werden und begrenzen auch die Freiheitsgrade bei der Reorganisation der Prozesse. Eine Wiederverwendung solcher durch das PPS-System gegebenen Strukturdefinitionen bei der Modellierung und Implementierung von Workflows wird derzeit nicht systemseitig unterstützt. Definitionen von Bearbeitungsreihenfolgen werden damit im PPS-System und im WfMS redundant verwaltet. Um zur Laufzeit eines Workflows die Konsistenz der Beziehungen zwischen den Objekt- und Workflowinstanzen zu gewährleisten, sind zusätzliche Implementierungsarbeiten erforderlich. Eine echte Integration der Kontrollflussdefinition ist bei der Kopplung zwischen heutigen WfMS und Anwendungssystemen nicht möglich und würde eine grundlegend neue Architektur Workflow-einbeziehender PPS-Systeme erfordern, wie sie in Kap. 3 dieses Buches konzipiert wird.

2.5.2.2 *Integrationskomponenten der Verarbeitungsschicht*

Die Verarbeitungsschicht umfasst in WfMS in erster Linie die Workflow-Engine, die zur Workflow-Steuerung nicht nur auf die PPS-Datenbank zugreifen muss, sondern auch direkt mit Komponenten der Verarbeitungsschicht des PPS-Systems interagiert. Dies betrifft neben dem Aufruf von Anwendungsfunktionalität auch die Verarbeitung Workflow-relevanter Ereignisse, die oftmals nur durch das PPS-System erkannt werden können und an das WfMS weitergeleitet werden müssen. Darüber hinaus können die Ergebnisse von Planungsfunktionen im PPS-System direkt den Kontrollfluss beeinflussen.

Aufruf von Anwendungsfunktionalität

WfMS sichern den prozessorientierten Aufruf der benötigten Funktionen von Anwendungssystemen. Sie sorgen damit für eine Systemintegration im Sinne des *Verbindens von Funktionen*. Der Zugriff auf die Funktionalität eines Anwendungssystems kann auf unterschiedlichen Granularitätsebenen erfolgen (vgl. Becker u. zur Mühlen 1999).

Werden Applikationen als Ganzes zu einer Workflow-Aktivität gestartet, liegt eine grobe Granularität der Kopplung vor. Typische Applikationen sind hier insbesondere Altanwendungen, Batch-Programme auf Großrechner-Ebene oder allgemein Programme, die als Ganzes Teile von Unternehmensprozessen steuern. Diese Aufrufe sind durch den entsprechenden Mechanismus des Betriebssystems sehr einfach zu realisieren, ggf. können beim Aufruf Parameter an die Applikation übergeben werden. Bei mittlerer Granularität werden einzelne Teile von Anwendungssystemen eingebunden. Dies können z.b. Transaktionen oder Module eines Standard-PPS-Systems sein. Das Anwendungssystem muss Schnittstellen für diese Aufrufe bereitstellen. Auf feingranularer Ebene werden kleinere Funktionsbausteine in die Workflows integriert. Auch hier müssen Schnittstellen für den Funktionsaufruf im Anwendungssystem bereitstehen. In PPS-Systemen, die objektorientierte Zugriffsmechanismen anbieten, erfolgt die Anbindung auf feingranularer Ebene durch parametrisierte Aufrufe von Methoden der PPS-Objekte. In der Regel stellen nur die feingranularen Zugriffe eine echte Koordination von PPS-Anwendungsfunktionalität durch das WfMS dar, während beim Aufruf auf grober und mittlerer Granularitätsebene lediglich die Kontrollflusssteuerung an ein anderes Programm übergeben oder dem Benutzer selbst überlassen wird (vgl. Junginger 2000, S. 193). Es handelt sich dann eher um eine Integration auf Ebene der Präsentationsschicht.

Ein unternehmensübergreifender Aufruf von Anwendungssystemfunktionen ist i.d.R. nur dann erforderlich, wenn nicht in beiden Unternehmen WfMS im Einsatz sind. Anderenfalls kann eine Kopplung der WfMS über Standardschnittstellen, z.B. das Interface 4 der Workflow Management Coalition (WfMC) (vgl. WfMC 1996), erfolgen. Der Zugriff auf ein Anwendungssystem kann dann innerbetrieblich durch das jeweilige WfMS erfolgen.

Ereignisverarbeitung

Die Ausführung von Workflows erfolgt diskret, d.h. ihr Zustand ändert sich aus Sicht des WfMS zu bestimmten Zeitpunkten. Die Zustandsänderungen werden durch Ereignisse ausgelöst. Wesentliche Ereignisse der Workflowsteuerung sind der Beginn und die Beendigung einer Workflow-Aktivität. Bei manuell zu bearbeitenden Aktivitäten werden diese Ereignisse dem WfMS i.d.R. direkt vom Benutzer über Dialogfunktionen der Worklist gemeldet. Andere Ereignisse können auch automatisch im WfMS auftreten, z.B. der Ablauf vorgegebener Fristen.

Integrationsbedarf besteht bei der Erkennung und Behandlung von Ereignissen, die in der PPS auftreten und nicht direkt an das WfMS gemeldet werden, aber dennoch Auswirkungen auf die Workflow-Ausführung haben können (vgl. Heiderich 1998). Diese Ereignisse werden repräsentiert durch Änderungen in der Datenbank des PPS-Systems oder externer Anwendungsprogramme. Unkritisch sind diese Ereignisse, wenn ihr Eintreten mit Sicherheit erfolgt, *bevor* sie für die Steuerung relevant werden. Hierbei handelt es sich um die oben dargestellten Änderungen Workflow-relevanter Daten, die bei der Auswertung von Verzweigungsbedingungen oder bei der Rollenauflösung vom WfMS gelesen werden.

Mitunter muss das WfMS allerdings auf das Eintreten eines „externen" Ereignisses warten, das für die Fortführung der Prozessbearbeitung erforderlich ist. Bei diesem Typ von Ereignissen kann es sich um die Erledigung einer automatisierten Aktivität in einem Anwendungssystem handeln oder die Bearbeitung einer Aktivität durch einen menschlichen Anwender, der nicht über eine Worklist mit dem WfMS interagiert und dann keinen Workflow-Teilnehmer darstellt.

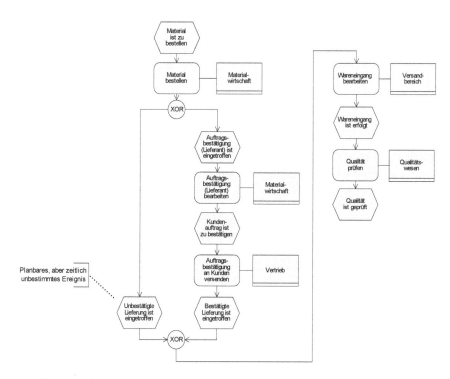

Abb. 2.5-5. Ereignisbehandlung in einem Workflow zur Handelswarenbestellung

Daneben existieren Workflow-relevante Ausnahmeereignisse, die grundsätzlich planbar, hinsichtlich ihres zeitlichen Eintretens jedoch unbestimmt sind. Ein Beispiel ist in Abb. 2.5-5 dargestellt. Nach dem Versand einer Bestellung von Handelswaren wird grundsätzlich zunächst auf die Auftragsbestätigung des Lieferanten gewartet, bevor die Bestätigung des auslösenden Kundenauftrages erfolgt. In Einzelfällen wird die Handelsware jedoch ohne vorherige Bestätigung durch den Lieferanten geliefert, was durch eine Wareneingangsbuchung im PPS-System (oder einem anderen bestandsführenden Anwendungssystem) erkennbar wird. Eines der beteiligten Systeme – WfMS oder Anwendungssystem – muss zur Behandlung des Ereignisses veranlassen, dass in der zugehörigen Workflowinstanz die Aktivitäten der Bestätigungsbearbeitung übersprungen bzw. storniert werden. Solche planbaren Ereignisse müssen entweder eigenständig vom WfMS durch regelmäßige Abfrage des Datenbankzustandes erkannt werden; oder die auslösenden

Transaktionen des Anwendungssystems müssen durch Erweiterungs-
programmierung um entsprechende Ereignisbehandlungsroutinen ergänzt werden.
Letzteres würde allerdings zu Lasten der Performance die erforderlichen Prüfun-
gen bei *jeder* Durchführung der Transaktion nach sich ziehen.

   Noch problematischer ist das Eintreten Workflow-relevanter *ungeplanter* Ereignisse, z.B. der Ausfall einer kritischen Ressource oder nachträgliche Änderungen von Kundenaufträgen. Zwar werden diese Veränderungen, die in verschie-
densten Bereichen des Unternehmens auftreten bzw. entdeckt werden können,
evtl. im PPS-System erfasst. Eine automatische Prüfung der Auswirkungen auf aktive Workflows und das Einleiten erforderlicher Maßnahmen im WfMS übersteigt
jedoch grundsätzlich die Möglichkeiten heutiger Systeme. Im Regelfall sind hier
manuelle Eingriffe in die Workflow-Ausführung durch einen Prozessverantwortlichen erforderlich.

Workflow-Relevanz der Planungsfunktionalität

Der Aufruf von PPS-Systemfunktionen kann Auswirkungen auf den Kontrollfluss
haben, die auf Ausprägungsebene nicht vorhersehbar sind. Bei den im Prozess benötigten Funktionen handelt es sich vielfach um Planungsfunktionen, die zu ihren
Eingabedaten Bedarfe ermitteln und oft automatisch dazugehörige Aufträge erzeugen. So werden im Rahmen der Materialwirtschaft zu den aus den Kundenauftragspositionen ermittelten Teilebedarfen Beschaffungsaufträge erzeugt. Umgekehrt gehört es auch zu den essenziellen Leistungen eines PPS-Systems, getrennt voneinander ermittelte Bedarfe zu Losen zu bündeln, die gemeinsam bearbeitet werden. Diese Losbildung kann nicht nur in der Fertigung und der Beschaffung wirken, sondern auch z.B. bei der Versandplanung. Abb. 2.5-6 veranschaulicht auf grober Ebene diese wiederholten Splitting- und Bündelungsvorgänge in
der Auftragsabwicklung.

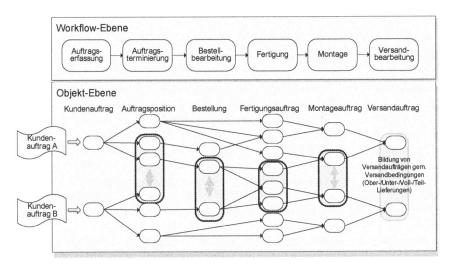

Abb. 2.5-6. Splitting und Losbildung in der PPS

Diese Zusammenhänge können zwar, wie oben dargestellt, auf Typebene beschrieben werden und als Vorgaben für die Workflowmodellierung dienen. Die Ausprägungen der Objekte und ihrer Beziehungen sind jedoch zur Build-time unbekannt. Für die Workflowsteuerung hat dies folgende Konsequenzen.

Die Objekte, die zur Laufzeit erzeugt und ggf. als Lose bearbeitet werden, können prozessprägende Objekte sein und von jeweils einer Workflowinstanz bearbeitet werden. Oftmals können z.b. die Bearbeitungen der einzelnen Positionen eines Kundenauftrags unabhängig voneinander erfolgen und durch positionsbezogene Workflows gesteuert werden. Bei der Anlage eines dieser Objekte im PPS-System zur Laufzeit muss im WfMS eine entsprechende Workflowinstanz erzeugt und dieser Objektinstanz zugeordnet werden.

Nach der Ausführung dieser Workflowinstanzen kann es darüber hinaus erforderlich sein, die Bearbeitung wieder zusammenzuführen. In diesem Fall muss das WfMS den Zeitpunkt ermitteln, an dem alle für einen Auftrag instanziierten Workflows vollständig bearbeitet sind und anschließend den Folge-Workflow starten bzw. den übergeordneten Workflow weiterschalten. Es kann allerdings auch dem PPS-System obliegen, den Bearbeitungsfortschritt durch Objektbündelung zu veranlassen. Als Beispiel sei die Versandplanung genannt, bei der anhand von Teil- bzw. Über- und Unterlieferungsbedingungen und anderen Kriterien Kundenauftragspositionen zu Versandaufträgen zusammengefasst werden (vgl. Philippson u. Schotten 1998, S. 235). Ein WfMS müsste zur Steuerung der Versandbearbeitung für einen Auftrag diese Berechnung entweder selbst nachvollziehen oder über das Ergebnis der Planungsfunktion durch die planende Anwendung informiert werden.

Enthält ein Workflow einzelne Aktivitäten, bei denen mehrere Objekte gebündelt bearbeitet werden, muss ebenfalls der Bearbeitungsfortschritt überwacht werden. Hier lassen sich zwei Varianten unterscheiden. Im ersten Fall ist nur das Ende der Losbearbeitung relevant, um mit der Workflowsteuerung fortfahren zu können. In der zweiten Variante soll der Status der einzelnen Objekte getrennt überwacht werden, etwa zur Fortschrittskontrolle bei länger andauernden Aktivitäten. Einige WfMS bieten für solche Problemstellungen das Konzept der *Aktivitäten-bündel* an, mit dem zu einem Aktivitätstyp im Workflowmodell Aktivitäteninstanzen in variabler Anzahl erzeugt werden können (vgl. Leymann u. Roller 2000, S. 86). Die Bearbeitung kann auf diese Weise auch durch verschiedene Ressourcen erfolgen. Alternativ lässt sich die Verwendung „mengenbehafteter" Workitems denken, die nicht nur den Status „in Bearbeitung", sondern als zusätzliches Attribut auch einen Fertigstellungsgrad aufweisen können (vgl. Schmitz-Lenders 1998, S. 45). Für beide genannten Lösungen müssen jedoch objektweise (und damit in großer Anzahl) Datenzugriffe des WfMS auf die PPS-Daten erfolgen.

Die Integration der objektorientierten Prozesskoordination kann grundsätzlich auf zwei Arten realisiert werden:

- Verfügt das PPS-System über die Möglichkeit flexibler Anpassungsprogrammierung, kann es aktiv das WfMS über die Ergebnisse seiner Planungsfunktionen „benachrichtigen". Dabei veranlasst das PPS-System durch Aufrufe von Methoden der Workflow-Engine die Erzeugung, den Fortschritt oder die Terminierung von Workflowinstanzen. Überdies müssen Prozessattribute durch das PPS-System gesetzt werden, um die Zuordnung zu PPS-Objekten herzustellen.

- Lässt sich das PPS-System nicht auf diese Weise programmieren, müssen diese Informationen durch das WfMS selbst ermittelt und dazu Zugriffe auf den Datenbestand des PPS-Systems realisiert werden. Neben den Daten zu den Objektinstanzen müssen auch Daten zu den Beziehungen zwischen ihnen gelesen werden, um die Zuordnungen von über- und untergeordneten Workflows daran auszurichten.

Beide o. a. Richtungen der Kommunikation zwischen WfMS und PPS-System erfordern heute noch größeren Implementierungsaufwand. Bei der Abfrage von Objektbeziehungen durch das WfMS muss außerdem festgelegt werden, zu welchem Zeitpunkt bzw. durch welche Ereignisse diese Synchronisationsmaßnahmen im WfMS ausgelöst werden.

2.5.2.3 Integrationskomponenten der Präsentationsschicht

Manuelle Aktivitäten im Prozess erfordern die Interaktion des Systems mit dem über die Rollenauflösung ermittelten Benutzer. Das WfMS stellt ihm dazu kontextgerecht eine Benutzerschnittstelle bereit. Die Elemente der Benutzeroberfläche lassen sich wie folgt klassifizieren: Die *Anwendungsoberfläche* ermöglicht dem Benutzer die Bearbeitung der Nutzdaten und die dialogorientierte Durchführung einzelner Systemfunktionen. Oberflächenelemente zur *Kontrolloberfläche* präsentieren dem Benutzer Informationen über Prozessstatus und anstehende Aufgaben im Sinne der Workflowmodellierung und nehmen seine Rückmeldungen zum Bearbeitungsfortschritt für die Steuerung entgegen. Aus ergonomischer Sicht sollten diese Oberflächenelemente möglichst homogen gestaltet sein. Dabei sind auch die spezifischen *Bearbeitungskonzepte* zu berücksichtigen, die der Benutzerschnittstelle in PPS-Systemen üblicherweise zu Grunde liegen.

Anwendungsoberfläche

Der Zugriff auf Funktionalität von Anwendungssystemen kann im Falle einer echten Automatisierung der Prozessbearbeitung durch Aufrufe von Programmfunktionen erfolgen, deren Ergebnisse unter der Kontrolle des WfMS weiter verarbeitet werden. In allen Fällen, in denen eine Interaktion des Anwenders mit dem Anwendungssystem erforderlich ist, etwa zur Eingabe von Nutzdaten, sollte das WfMS dem Bearbeiter neben der Benachrichtigung über seine Aufgabe auch die entsprechenden Masken zu Verfügung stellen. Bei einem Zugriff auf grober Granularitätsebene kann die Systembenutzung ohnehin nur unter der Standard-Anwendungsoberfläche kontrolliert werden. Bei feinen granularen Zugriffsmechanismen besteht dagegen die Möglichkeit, die zu einzelnen Transaktionen gehörenden Masken gezielt extern aufzurufen.

Für die reine Datenerfassung kann der – ggf. aufwändig zu realisierende – Zugriff auf das PPS-System allerdings auch durch Eingabemasken des WfMS substituiert werden. Viele WfMS stellen zu diesem Zweck einfach zu bedienende

Formulareditoren zur Verfügung. Besonderes Potenzial bietet diese Lösung, wenn auf diese Weise einfache Dialogsequenzen realisiert werden können, ohne mehrfache Zugriffe auf das Anwendungssystem implementieren zu müssen, oder wenn die einzugebenden Nutzdaten Workflow-relevant sind und so dem WfMS direkt zur Verfügung stehen. Die Lösung ist jedoch nur dann sinnvoll, wenn im Laufe der Bearbeitung weder spezielle Funktionen des PPS-Systems benötigt werden (z.B. anspruchsvollere Plausibilitätsprüfungen) noch Interdependenzen mit Anwendungsdaten aus anderen Prozessen zu beachten sind (z.B. zur Einhaltung von Integritätsbedingungen). Die Anlage von Stammdatensätzen stellt häufig einen Prozess dieses Typs dar.

Kontrolloberfläche

Die Prozesssteuerung als Kernaufgabe eines WfMS erfordert bei manuellen Aktivitäten die Interaktion mit dem zuständigen Anwender, der über anstehende Aufgaben (*Workitems*) informiert wird und diese annehmen, weiterleiten, zurückweisen oder fertig melden kann. Die dazu bereitgestellte Komponente der Präsentationsschicht wird als Arbeitsliste (*Worklist*) bezeichnet. Darüber hinaus müssen Entscheidungen des Benutzers über den weiteren Prozessablauf in eigenen Dialogmasken abgefragt werden, sofern die ablaufrelevanten Bedingungen nicht den Anwendungsdaten entnommen werden können. In einer konkreten Architektur kann die Worklist in drei Varianten ausgeprägt sein:

1. Die Worklist des (externen) WfMS wird genutzt. Dies ist zum einen mit dem geringsten Anpassungsaufwand verbunden und zum anderen häufig mangels Offenheit der Systeme die einzige realisierbare Alternative.

2. Als einheitliche Oberfläche wird das PPS-System verwendet: Dem Anwender wird so ein durchgängiges Arbeiten in der ihm bekannten Umgebung ermöglicht und Unterschiede zwischen Workflow-Aktivitäten und anderen von ihm zu bearbeitenden Vorgängen werden verborgen. Das PPS-System muss in der Lage sein, eine Arbeitsliste darzustellen und bei Auswahl eines Workitems die entsprechenden Schritte im WfMS ausführen zu lassen. Auch die Erledigung einer Aufgabe durch den Benutzer muss für das WfMS erkenn- und behandelbar sein. Unter dieser Voraussetzung müssen geeignete Schnittstellen zum WfMS geschaffen werden, um beide Systeme zu synchronisieren.

3. Die Verwaltung von Workitems erfolgt mit einer bereits eingeführten Kommunikationsanwendung (z.B. einem Groupwaresystem). Auch dabei handelt es sich um eine ergonomische Lösung, da der Bearbeiter in seinem vorhandenen Eingangskorb über anstehende Aktivitäten benachrichtigt wird. Dieser Fall ist mit Fall 1 identisch, sofern es sich beim WfMS selbst um ein mit Workflow-Funktionalität angereichertes E-Mail-System handelt. Viele dedizierte WfMS verfügen überdies bereits über eine Schnittstelle zu verbreiteten E-Mail-Systemen.

Für die Varianten 2 und 3 ist eine *bidirektionale* Kommunikation zwischen WfMS und dem anderen System erforderlich. Insbesondere ältere PPS-Systeme verfügen i.d.R. nicht über geeignete Komponenten, die als Arbeitsliste fungieren könnten, oder bieten nicht die zur Kommunikation mit dem WfMS erforderliche Offenheit. Eine echte Integration der Benutzerschnittstelle erfordert auch die Vereinheitlichung der Bearbeitungskonzepte. So ist es in PPS-Systemen üblich, eine Operation, z.B. eine Freigabe, in einer Listenbearbeitung auf mehrere Objekte desselben Typs gleichzeitig anzuwenden. Daneben lassen sich Auftragslisten nach verschiedenen Kriterien filtern, u.a. nach Priorität. Werden dem Anwender die zu bearbeitenden Objekte nicht als objektbezogener Arbeitsvorrat, sondern als Workitems in einer Worklist zugewiesen, ist aus Akzeptanz- und Effizienzgründen eine Übertragung dieser Konzepte auf die Handhabung der Worklist wünschenswert. Während viele Workflow-Clients zumindest eine Sortierung der Workitems nach bestimmten Attributen wie Priorität oder Datum ermöglichen, lässt sich eine Sammelbearbeitung von Workitems i.d.R. nur durch eigene Programmierung verwirklichen. Überdies kann diese Form der Bearbeitung nur für bestimmte Typen von Aktivitäten gültig sein.

2.5.3 Determinanten der Integrationsarchitektur und Gestaltungsempfehlungen

Auf den oben dargestellten Integrationsebenen stellen sich PPS-spezifische Herausforderungen und Fragen der Zuordnung von Systemfunktionen. Die Freiheitsgrade bei der Architekturgestaltung werden außer durch inhaltlich-funktionale Anforderungen der umzusetzenden Workflows durch ein komplexes Bündel interdependenter technischer und organisatorischer Rahmenbedingungen beschränkt. Diese Rahmenbedingungen lassen sich durch die Lösungsalternativen in unterschiedlicher Weise beeinflussen. Im Rahmen der Workflow-Einführung müssen daher die relevanten Determinanten identifiziert, ihre Ausprägungen im Projekt ermittelt und daraus in Frage kommende Lösungsalternativen abgeleitet werden. Im direkten Einflussbereich dieses Prozesses liegt neben der Gestaltung der Schnittstellen oftmals auch die Auswahl des WfMS als Koordinationssystem. Darüber hinaus können die Organisations- und Workflowmodellierung, die Auswahl von Anwendungssystemen und die Verteilung der Anwendungsfunktionalität zwischen den Systemen Entscheidungsfelder im Eingriffsbereich der Gestaltungsaufgabe darstellen. In Abb. 2.5-7 sind die Einflussfaktoren der Workflow-Einführung in Industrieunternehmen vergröbert und mit ihren Beziehungen dargestellt.

Die in der Abbildung dargestellten Elemente und ihre Beziehungen geben nicht die Phasenabfolge eines Vorgehensmodells wieder. Vielmehr handelt es sich um verschiedene, das betriebliche Informationssystem betreffende Gestaltungsprobleme und ihre Interdependenzen. Die zeitliche Reihenfolge dieser Aufgaben und die Art ihrer Abhängigkeiten sind betriebsspezifisch und können nicht allgemein gültig angegeben werden.

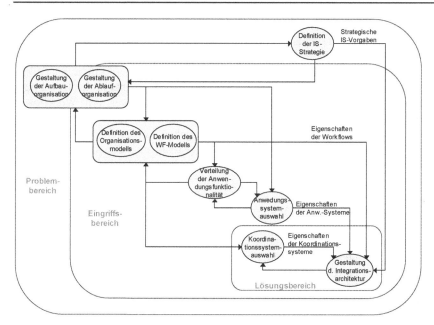

Abb. 2.5-7. Einflussfaktoren bei der Gestaltung einer Workflow-integrierten Systemarchitektur

2.5.3.1 Informationssystem-Strategie

Aus der Informationssystem-Strategie ergeben sich für die Einführung von Workflowmanagement Vorgaben und Restriktionen, die im Rahmen des Workflow-Einsatzes üblicherweise kaum oder gar nicht beeinflussbar sind. Aufgrund des langfristigen Charakters dieser Vorgaben und ihrer engen Beziehung zu den Unternehmenszielen muss sich die Gestaltung der Integrationsarchitektur an diesen ausrichten. Die Informationssystem-Strategie determiniert die Umsetzung der Workflow-Kopplung in der folgenden Weise:

- *Entwicklungsperspektiven der Anwendungssysteme*: Sieht die Informationssystem-Strategie die kurz- oder mittelfristige Ablösung von Anwendungssystemen oder Anwendungssystemmodulen vor, so sind bei der Bewertung von Integrationsalternativen neben dem Realisierungsaufwand auch die Auswirkungen auf Persistenz und Flexibilität der resultierenden Systemarchitektur zu berücksichtigen. Insbesondere der Aufwand für die Realisierung der Schnittstellen zwischen WfMS und abzulösendem Altsystem ist so gering wie möglich zu halten, wenn das neue System oder die Art seiner Anbindung noch nicht bekannt ist. Sind die vom zukünftigen System angebotenen Schnittstellen bereits bekannt und bestehen Alternativen bei der Anbindung des Altsystems, so ist durch die Verwendung von Standard-Schnittstellen ein möglichst hoher Anteil wiederverwendbarer Programmteile anzustreben. Der Konflikt zwischen

Workflow-Kopplung und geplanter Systemablösung besteht in Industriebetrieben insbesondere bei einem geplanten Wechsel des PPS-Systems. Da mit der Einführung eines neuen PPS-Systems eine Vielzahl spezifischer inhaltlich-funktionaler Anforderungen, hoher Aufwand und ein hohes Einführungsrisiko verbunden sind, werden Aspekte des Workflowmanagements in der Regel nur bedingt berücksichtigt. Oftmals kann sich die Einführung von Workflowmanagement vor dem Systemwechsel als unwirtschaftlich herausstellen.

- *Ausrichtung an Standards*: Strategische Vorgaben können neben inhaltlich-funktionalen Eigenschaften der Anwendungssysteme auch die Alternativen bei der Realisierung beschränken. So kann die Möglichkeit der Individualisierung des PPS-Systems durch Anpassungsprogrammierung generell eingeschränkt sein, um die Releasefähigkeit des Systems nicht zu gefährden (vgl. Ader 2000, S. 230). Auch eine a-priori-Vorgabe von Standards für die Anbindung von WfMS an Anwendungssysteme kann bereits vor der Konzeption der Workflow-Architektur vorliegen. Werden z.b. generell Nachrichten-Übertragungsstandards für den überbetrieblichen elektronischen Datenaustausch (EDI) verwendet oder heterogene, verteilte Anwendungssysteme über eine objektorientierte Zugriffsschicht (z.b. CORBA) integriert (vgl. Linthicum 2000, S. 190), muss sich auch die Gestaltung der Workflow-Architektur daran orientieren.

- *Software-Qualitätsanforderungen:* Von den allgemeinen Qualitätsanforderungen an die zu realisierende Architektur (vgl. Sneed 1988) kann neben den Anforderungen an funktionale Korrektheit und Vollständigkeit unternehmensspezifisch bestimmten Kriterien besondere Bedeutung zukommen: Die unter dem Oberbegriff *Benutzerfreundlichkeit* zusammengefassten Eigenschaften beeinflussen beispielsweise die Gestaltung der Benutzeroberfläche sowohl der Anwendungsfunktionalität als auch der Workflow-Steuerung. Unternehmensspezifisch können sich auch aus dem Qualifikationsstand der ausführenden Mitarbeiter unterschiedliche Anforderungen an die Oberflächengestaltung ergeben. Insbesondere die Benutzerfreundlichkeit ist Voraussetzung für die Erfüllung der mit dem Workflowmanagement-Einsatz i.d.R. verbundenen Erwartungen an eine Effizienzsteigerung in der Auftragsabwicklung. *Wartbarkeit* eines Workflows ergibt sich in erster Linie aus der Verwendung grafischer Editoren für die Ablaufspezifikation, aus der Einhaltung der aus dem Software Engineering bekannten Konventionen bei der darüber hinausgehenden Programmierung und aus der Topologie der Anwendungssystemkopplung (vgl. Winkeler et al. 2001, S. 8). Spezielle Anforderungen an *Flexibilität*, *Portabilität* oder *Wirtschaftlichkeit* können sich aus den o. a. Möglichkeiten eines Anwendungssystem- oder Plattformwechsels ergeben.

- *Organisation der Informationsverarbeitung:* Organisatorische Fragen der Administration des WfMS können die Gestaltung der Integrationsarchitektur bis hin zur WfMS-Auswahl ebenfalls beeinflussen. So sind die Verteilung von Zuständigkeiten in der Informationsverarbeitung und der Zentralisierungsgrad der Informationssystem-Architektur aufeinander abzustimmen (vgl. exemplarisch Opdahl 1996). Knappe Ressourcen können darüber hinaus dazu führen, aus Gründen des Administrationsaufwandes statt eines dedizierten WfMS ein vorhandenes Groupwaresystem zur Prozesssteuerung einzusetzen.

2.5.3.2 *Workflow- und Organisationsmerkmale*

Wesentlich für die Konzeption des Datenaustausches zwischen WfMS und Anwendungssystem sind die vom WfMS geforderten Koordinationsleistungen. Im einfachsten Fall einer Aktivitätenkoordination sind keine Anwendungsdaten Workflow-relevant; d.h. die Steuerung des Kontrollflusses kann ohne Zugriff auf Nutzdaten erfolgen. Andernfalls müssen neben den Schnittstellen zum Aufruf der Anwendungsfunktionalität auch solche zum Nutzdatenaustausch sowie die Verteilung der Datenhaltung festgelegt werden.

Höhere Ansprüche an den Integrationsgrad ergeben sich auch mit zunehmender *Strukturiertheit* und *Durchlaufhäufigkeit* der Geschäftsprozesse bzw. Workflows, da mit ihnen tendenziell das Potenzial zur Steigerung der Prozesseffizienz zunimmt. Eine solche Effizienzsteigerung setzt grundsätzlich eine einheitliche Benutzerschnittstelle für Anwendungsfunktionen und Steuerung sowie die Integration von Anwendungskonzepten voraus und rechtfertigt überdies einen höheren Aufwand für die Realisierung von Schnittstellen. In ähnlicher Weise beeinflusst die *Persistenz* eines Prozesses die Menge der Alternativen zur Realisierung des Zugriffs auf Workflow-relevante Daten in den Anwendungssystemen. Desgleichen steigt auch der Nutzen einer Integration der *Organisationsdaten* mit der Komplexität des Rollenmodells und seiner Änderungshäufigkeit, z.B. aufgrund aufbauorganisatorischer Änderungen oder von Mitarbeiterwechseln.

Arbeiten die Workflow-Teilnehmer mobil, z.B. im Außendienst, stellen sich besondere Anforderungen insbesondere an das WfMS und seine technische Kopplung mit anderen Systemen (vgl. Becker u. zur Mühlen 2000, S. 60, Schulze 2000, S. 212f.). Der Workflow-Client muss in diesem Fall eine Offline-Bearbeitung von Workitems ermöglichen. Workflow-relevante Anwendungsdaten müssen dazu offline verfügbar gemacht worden sein. Änderungen an Nutzdaten werden nach der erneuten Anmeldung am Netz mit dem Datenbestand des Anwendungssystems abgeglichen.

2.5.3.3 *Eigenschaften der Anwendungssysteme*

Für die Kopplung von Anwendungssystemen und WfMS müssen Schnittstellen zum Zugriff auf Anwendungsfunktionen und i.d.R. auch zum Austausch von Nutzdaten definiert werden. Diese Schnittstellenspezifikationen beinhalten semantische und syntaktische Vereinbarungen für den Datenaustausch. Für beide Formen existieren bereits vielfältige, auch Workflow-spezifische Standards (z.B. die WfMC-Interfaces 2/3 als semantischer Standard zur Anwendungssystem-WfMS-Kommunikation oder Wf-XML als Vereinbarung auf syntaktischer Ebene). Die Offenheit der Anwendungssysteme, d.h. das Vorhandensein von Schnittstellen, sowie die Konformität dieser Schnittstellen zu Standards bestimmen im Wesentlichen den Aufwand für die Realisierung eines Workflows. Daher sind frühzeitig sowohl die von den Anwendungssystemen angebotenen Datenaustauschmöglichkeiten als auch die Anforderungen der konzipierten Workflows an den Nutz- und Kontrolldatentransfer zu bestimmen.

Die Ansprüche an die vom Anwendungssystem angebotenen Schnittstellen zu Workflow-relevanten Daten und weiteren Nutzdaten hängen auch von der gewünschten *Granularität* der Systemaufrufe ab. Ein feingranularer Zugriff auf das Anwendungssystem macht i.d.R. einen umfassenderen Austausch von Nutzdaten nötig als das Triggern eines Anwendungssystems als Ganzes, das zusätzlich lediglich den Austausch von Statusinformationen   erfordert (vgl. Becker u. zur Mühlen 1999, S. 51ff.).

Insbesondere die Workflow-Unterstützung von PPS-Prozessen, deren Bearbeitung überwiegend in einem System erfolgt, erfordert zumindest den Zugriff auf einzelne *Funktionen* oder *Transaktionen* des PPS-Systems. Zunehmend ermöglichen PPS-Systeme auch einen gekapselten Zugriff auf Funktionen und Daten in Form von *Objekten*. Altanwendungen, sog. Legacy-Systeme, weisen häufig keine Funktions- oder Datenschnittstellen auf, können dagegen jedoch über eine Terminal-Emulation Zugriff auf einzelne Masken bereitstellen (vgl. z.B. Halter 1996, S. 193).

Auch die Nutzung einer Middleware-Integrationsschicht oder von Standard-Protokollen führt lediglich zu einer Verlagerung des Entwicklungsaufwands auf die Realisierung von standardkonformen Schnittstellen, die nach wie vor applikationsspezifisch entwickelt werden müssen. Die Verwendung von Standardformaten empfiehlt sich insbesondere dann, wenn Daten direkt zwischen unterschiedlichen Anwendungssystemen ausgetauscht werden, da in diesem Fall eine exponentiell wachsende Anzahl von Individualkonvertern erforderlich wäre (vgl. Wodtke et al. 1995, S. 12f.). Generell muss jedoch für die Entscheidung über Standards der gesamte relevante Ausschnitt der betrieblichen Systemlandschaft betrachtet werden.

Die Offenheit der Anwendungssysteme ist ausschlaggebend für die Verteilung der Anwendungsfunktionalität. Bietet das Anwendungssystem externen Systemen nicht die Möglichkeit, auf Workflow-relevante Anwendungsdaten oder Funktionen in der erforderlichen Granularität zuzugreifen, so kann ein Teil der Anwendungsfunktionalität im WfMS realisiert werden. Umgekehrt können strategische, rechtliche und/oder funktionale Anforderungen bestehen, die den Einsatz bestimmter spezialisierter Anwendungen erzwingen (vgl. Böhm 1997, S. 8ff.).

2.5.3.4 *Eigenschaften relevanter Koordinationssysteme*

Als Koordinationssysteme werden hier Systeme bezeichnet, deren Hauptaufgabe die Aktivitäten- und/oder Ressourcenkoordination in Geschäftsprozessen ist. An erster Stelle ist dabei das für die Ablaufsteuerung einzusetzende System zu betrachten. Dabei kann es sich um ein dediziertes WfMS handeln, in vielen Fällen können Workflows jedoch auch über E-Mail-basierte Groupwaresysteme gesteuert werden.

Auch für WfMS stellt die Konformität zu semantischen und syntaktischen *Standards* ein architekturrelevantes Merkmal dar. Diese sind einerseits für die Integration von Anwendungssystemen, andererseits auch für die (unternehmensübergreifende) Kopplung mehrerer WfMS von Bedeutung. Die dafür vorliegenden Interfaces 2/3 bzw. 4 der WfMC werden mittlerweile von den gängigen

WfMS unterstützt (vgl. WfMC 2000). Dies gilt i.d.R. nicht für andere Groupware-systeme, denen häufig wesentliche Workfowmanagement-Funktionalität fehlt.

Darüber hinaus ist die Rolle anderer vorhandener Systeme zur *Datenkoordination* bei der Gestaltung der Systemarchitektur neu zu bestimmen. In Produktions-unternehmen sind beispielsweise i.d.R. Dokumentenmanagementsysteme zur Zeichnungsverwaltung und Archivsysteme im Einsatz. Da viele WfMS ebenfalls Dokumentenmanagement-Funktionalität anbieten, sind die Möglichkeiten der verschiedenen Systeme gegenüberzustellen und ggf. die Aufgaben zwischen den Systemen neu zu verteilen.

2.5.4 Fallbeispiel Sauer-Danfoss

Bei Sauer-Danfoss wurde zunächst der Prozess der Auftragsterminierung, der vom PPS-System nicht unterstützt und mit Hilfe von Papierlisten täglich ausgeführt wurde, als Workflow-geeignet charakterisiert. Nach der Erfassung der Kunden-aufträge und Auftragspositionen mit Kundenwunschtermin im PPS-System sollten die Steuerung und das Datenmanagement an das WfMS-System übergehen, bis ein sich aus den Bereitstellungsterminen der einzelnen Auftragspositionen ergebender Liefertermin des Kundenauftrags ermittelt und erfasst ist. Für die Aufgaben im Rahmen der Terminierung benötigen die Bearbeiter zwischenzeitlich Kapazitätsprofile, die dem PPS-System entnommen werden konnten. Ein weiterer Workflow-geeigneter Prozess war Freigabe von kundenspezifischen Produktvarianten und deren Stammdatenanlage. Auch in diesem Prozess wurde eine arbeitsteilige, parallele Bearbeitung vom PPS-System nicht unterstützt.

Als Groupwaresystem war im Unternehmen bereits Lotus Notes im Einsatz und wurde von den Mitarbeitern intensiv genutzt. Es sollte daher in jedem Fall als Workflow-Client fungieren. Da Lotus Notes über umfangreiche Groupware-Funktionen verfügt, war unter anderem die Adäquanz dieser Mechanismen zur Erfüllung der Koordinationsanforderungen zu prüfen. Gegebenenfalls sollte mit Lotus Domino Workflow zusätzlich ein dedizierter Workflow-Server beschafft werden, um die Funktionalität eines vollwertigen WfMS inkl. grafischer Workflowmodellierung nutzen zu können.

Die dominante Restriktion stellten jedoch die mangelnde Offenheit des PPS-Systems und die grundsätzlich vorhandenen Möglichkeiten des Zugriffs durch externe Systeme dar. Eine Integration auf Ebene der Verarbeitungsschicht war mangels Schnittstellen zum Funktionsaufruf nicht möglich. Dies war in den zu verbessernden Prozessen jedoch auch nicht erforderlich, da die Kontrollflusssteuerung während der Workflow-Ausführung vollständig an das WfMS übergeben werden sollte.

In der Frage des Nutzdatenaustauschs wurden folgende Varianten diskutiert:

1. Das WfMS erhält sowohl lesenden als auch schreibenden Zugriff auf die PPS-Daten. Im Terminierungsprozess würden dann die Auftragsdaten automatisch an das WfMS übergeben und die ermittelten Termine nach Beendigung des Workflows in die PPS-Datenbank geschrieben. Die während der Workflow-Bearbeitung benötigten Kapazitätsdaten würden durch das WfMS gelesen und eine adäquate Sicht darauf dargestellt. Im Prozess der Anlage von Produktvarianten würden vorhandene Stammdaten als Vorlage aus dem PPS-System übernommen, die Daten zur neuen Variante zunächst unter der Kontrolle des WfMS erfasst und später ein neuer Artikelstammsatz im PPS-System automatisch angelegt. Diese Alternative der Kopplung repräsentiert den höchsten Integrationsgrad und verspricht die größte Effizienzsteigerung.
2. Um schreibende Zugriffe auf die PPS-Daten zu vermeiden, die aus Integritätsgründen generell problembehaftet sind, finden nur lesende Zugriffe des WfMS auf die Artikelstamm-, Auftrags- und ggf. Kapazitätsdaten statt. Die Terminfindung bzw. die Artikeldatenerfassung werden durch Formulare in Lotus Notes unterstützt und die bestätigbaren Termine bzw. Artikeldaten werden in der Folge manuell ins PPS-System übertragen.
3. Zwischen PPS-System und WfMS findet kein Datenaustausch statt. Daten werden vor und nach der Bearbeitung durch den Workflow manuell übertragen.

Beim PPS-System des Unternehmens handelte es sich mit Seitz Diaprod um eine typische Alt-Anwendung, die keine Schnittstellen zum Transfer von Daten an externe Systeme anbot. Ein Datenaustausch hätte daher nur durch direkte Zugriffe auf die (nicht relationale) Datenbank realisiert werden können. Alternativ wurden Möglichkeiten des „Screen Scraping" zum Auslesen von PPS-Daten und zur Simulation von Benutzereingaben geprüft. Beide Varianten der Kopplung wären hoch individualisiert gewesen und hätten eine Re-Implementierung von Plausibilitäts- und Konsistenzprüfungen im WfMS erfordert. Zum Vergleich der verschiedenen Möglichkeiten der Schnittstellengestaltung wurde eine Wirtschaftlichkeitsstudie durchgeführt.

Da die Ablösung von Diaprod durch ein modernes, konfigurierbares ERP-System bereits absehbar war und eine Wiederverwendbarkeit der Schnittstellen nicht gegeben gewesen wäre, wurde letztlich die Variante 3 ohne automatisierten Datenaustausch bevorzugt. Als erster Workflow wurde auf diese Weise die Anlage von Produktvarianten umgesetzt. Trotz des mit der Entscheidung verbundenen zusätzlichen Erfassungsaufwandes ließ sich auch bei dieser Lösung eine Prozessverbesserung erzielen, da die wiederholte manuelle Bearbeitung und Übertragung von Daten auf Papier durch eine elektronische Lösung ersetzt wurde und Arbeitsschritte parallelisiert werden konnten. Es wird erwartet, dass nach der Einführung des neuen ERP-Systems die bestehende Workflow-Lösung ohne Modifikation um einen automatisierten Datenaustausch ergänzt werden kann.

2.5.5 Fallbeispiel Hotset

Bei Hotset sollte zunächst die Auftragsabwicklung für Handelswaren als Workflow umgesetzt werden. Dieser Prozess weist eine Reihe von Charakteristika mit besonderen Anforderungen an die Integration von WfMS und Anwendungssystemen auf:

- Wie bei der Konfiguration von selbst gefertigten Produkten sind bei der Auftragserfassung eine Vielzahl von Parametern zu erfassen und die Machbarkeit der gewünschten Lösung zu prüfen. Dafür nutzt Hotset eine Eigenentwicklung, die in den Workflow zu integrieren war.
- Da die gesamte Auftragsabwicklung bis zum Versand durch den Workflow abgedeckt werden sollte, mussten an mehreren Stellen kontrollflussrelevante Planungsfunktionen integriert und Wechsel der prozessprägenden Objekte (Auftragskopf, Auftragsposition, Bestellung, Versandauftrag) verarbeitet werden.
- Kundenaufträge können sowohl Eigenfertigungs- als auch Handelswarenpositionen enthalten, die nach der Auftragserfassung separiert und getrennt voneinander bearbeitet werden müssen.
- Mehrere Workflow-Teilnehmer, die selten an der Bearbeitung von Handelswarenaufträgen beteiligt sind, sollten nicht mit eigener Worklist, sondern ausschließlich mit den ihnen bekannten Transaktionen des PPS-Systems arbeiten. Die Erledigung ihrer Aufgaben im Kontext der Workflow-Ausführung sollte durch das WfMS automatisch erkannt werden.

Mit dem PPS-/ERP-System PSIPENTA.COM stand für die Umsetzung ein offenes und flexibel anpassbares Anwendungssystem zur Verfügung. Als WfMS sollte das Produkt FlexWare der COI GmbH zum Einsatz kommen. Das Projekt wurde durch Berater beider Systemanbieter unterstützt, so dass für beide Systeme neue Schnittstellen auf Basis von Standards entwickelt werden konnten. Das selbst entwickelte Produktkonfigurationsprogramm konnte ebenfalls modifiziert werden, um die Integrationsanforderungen des Workflows zu erfüllen. Die gesamte Kommunikation zwischen WfMS und PPS-System konnte basierend auf der Komponentenplattform COM im Windows-Umfeld realisiert werden. Unter diesen Voraussetzungen wurde folgende Architektur entwickelt:

In der *Datenzugriffsschicht* werden Workflow-relevante Daten vom WfMS durch Auslesen von Attributwerten der PSIPENTA-Objekte abgefragt. Des Weiteren werden die im Produktkonfigurator erfassten Nutzdaten direkt, ohne Vermittlung durch das WfMS, an PSIPENTA übergeben. Dazu werden Methoden aufgerufen, die schreibenden Zugriff auf die Objekte erlauben. Weitere Nutzdaten werden in Form eingescannter Originaldokumente durch das WfMS verwaltet und während der gesamten Workflowausführung zur Verfügung gestellt. Daten zu den am Workflow beteiligten Benutzern werden regelmäßig aus den Konfigurationsdaten von PSIPENTA in die Organisationsdatenbank von COI übertragen und vom Administrator um die Workflow-spezifischen Rollendefinitionen ergänzt.

In der *Verarbeitungsschicht* wurde das PSIPENTA-System in mehreren Fällen um Makrocode erweitert, der kontrollflussrelevante Zustandsänderungen im System an den COI-Server meldet und die erforderlichen Aktionen auslöst. So werden bei der Instanziierung von Auftragspositionen bzw. Bestellungen für Handelswaren unter bestimmten Bedingungen Sub-Workflows erzeugt und benötigte Prozessvariablen automatisch mit Werten gefüllt. Des Weiteren wird durch Ereignisbehandlungsroutinen die Beendigung von Aktivitäten automatisch erkannt und ein Statuswechsel der zugehörigen Workitems veranlasst.

In der *Präsentationsschicht* wird überwiegend die Benutzerschnittstelle von PSIPENTA genutzt. Dies gilt auch für die Prozesssteuerung über eine Worklist. Dazu wurde eine zuvor bei Hotset nicht genutzte PSIPENTA-Komponente der Meldungsbearbeitung umgewidmet und damit eine benutzer- und rollenspezifische Sicht auf gegenwärtige Workitems realisiert. Bei der Anarbeitung und Fertigmeldung von Aufgaben löst der Bearbeiter Nachrichten an die Workflow-Engine von COI aus. Die Benutzerschnittstelle von COI FlexWare wird lediglich beim Zugriff auf eingescannte Dokumente und zum Workflow-Monitoring durch den Prozessverantwortlichen genutzt. Für das Workflow-Controlling wird mittels eines zusätzlichen OLAP-Tools, das zuvor bereits bei Hotset im Einsatz gewesen ist, eine multidimensionale und integrierte Analyse von PPS-Daten und Protokolldaten des WfMS ermöglicht.

2.5.6 Literatur

Ader, M.: Three Fundamental Trends: Application Integration, Development Tools, and Workflow Engine Cooperation. In: Fischer, L. (Hrsg.): Workflow Handbook 2001. Lighthouse Point, FL 2000, S. 225-240.

Alonso, G., ´Schek, H.-J.: Database Technology in Workflow Environments. In: INFORMATIK – INFORMATIQUE, o.Jg. (1996) 2.

Becker, J., zur Mühlen, M.: Rocks, Stones and Sand - Zur Granularität von Komponenten in Workflowmanagementsystemen. In: IM Information Management & Consulting, 17 (1999) 2, S. 57-67.

Böhm, M.: Eine Methode für Entwurf und Bewertung von Integrationsvarianten für Anwendungsprogramme und Workflow-Management-Systeme in Geschäftsprozesse. In: Technische Berichte der TU Dresden, TUD / FI 97 / 09. Dresden 1997.

Gehring, H., Gadatsch, A.: Ein Architekturkonzept für Workflow-Management-Systeme. In: IM Information Management & Consulting, 15 (2000) 2, S. 68-74.

Haberfellner, Nagel, Becker, Büchel, v. Massow: Systems Engineering. Methodik und Praxis. 7. Aufl., Zürich 1997.

Halter, U.: Workflow-Integration im Kreditbereich. In: Österle, H., Vogler, P. (Hrsg.): Praxis des Workflow-Managements. Grundlagen, Vorgehen, Beispiele. Wiesbaden 1996, S. 171-198.

Heiderich, T.: Ereignisorientierte Informationsverteilung auf Basis von PPS-Systemen. In: von Uthmann, C., Becker, J., Brödner, J., Maucher, I., Rosemann, M. (Hrsg.): PPS meets Workflow. Proceedings zum Workshop vom 9.6.1998. Arbeitsberichte des Instituts für Wirtschaftsinformatik, Nr. 64. Münster 1998, S. 50-59.

Junginger, S.: Building Complex Workflow Applications. How to Overcome the Limitations of the Waterfall Model. In: Fischer, L. (Hrsg.): Workflow Handbook 2001. Lighthouse Point, FL 2000, S. 191-206.

Leymann, F., Roller, D.: Production Workflow: Concepts and Techniques. Upper Saddle River, NJ, 2000.

Linthicum, D. S.: Enterprise Application Integration. Boston, MA, et al. 2000.

Loos, P.: Einsatzpotentiale und Systemarchitektur einer workflow-gestützten PPS. In: Proceedings zum EMISA-Fachgruppentreffen. Wuppertal 1998.

Neumann, S., Serries, T., Becker, J.: Entwurfsfragen bei der Gestaltung Workflowintegrierter Architekturen von PPS-Systemen. In: Buhl, H. U., Huther, A., Reitwiesner, B. (Hrsg.): Information Age Economy. 5. Internationale Tagung Wirtschaftsinformatik. Heidelberg 2001, S. 133-146.

Opdahl, A.: A Model of the IS-Architecture Alignment Problem. In: Proceedings of VITS Autumn Conference. Borås College. Hrsg.: Mikael Lind et al. Borås/Schweden 1996, S. 19-21.

Philippson, C., Schotten, M.: Daten. In: Luczak, H., Eversheim, W. (Hrsg.): Produktionsplanung und -steuerung. Grundlagen, Gestaltung und Konzepte.2. Aufl., Berlin et al. 1999, S. 219-258.

Rosemann, M.: Komplexitätsmanagement in Prozeßmodellen. Methodenspezifische Gestaltungsempfehlungen für die Informationsmodellierung. Wiesbaden 1996.

Rosemann, M., zur Mühlen, M.: Modellierung der Aufbauorganisation in WorkflowManagement-Systemen: Kritische Bestandsaufnahme und Gestaltungsvorschläge. In: Arbeitsberichte des Fachgebiets Wirtschaftsinformatik I. Entwicklung von Anwendungssystemen. Darmstadt 1998, S. 100-116.

Schmitz-Lenders, J.: Anforderungen an Workflowmanagementsysteme aus der Sicht von Geschäftsprozessen in der Einzel- und Kleinserienfertigung. In: von Uthmann, C., Becker, J., Brödner, P., Maucher, I., Rosemann, M. (Hrsg.): Proceedings zum Workshop „PPS meets Workflow". Gelsenkirchen, 9. 6. 1998, S. 4 - 23.

Schulze, W.: Workflow-Management für CORBA-basierte Anwendungen. Systematischer Architekturentwurf eines OMG-konformen Workflow-Management-Dienstes. Berlin u.a. 2000.

Sneed, H. M.: Software-Qualitätssicherung. Köln 1988.

Winkeler, T., Raupach, E., Westphal, L.: Enterprise Application Integration als Pflicht vor der Business-Kür. In: IM Information Management & Consulting, 16 (2001) 1, S. 7-16.

Wodtke, D., Kotz Dittrich, A., Muth, P., Sinnwell, M., Weikum, G.: Mentor: Entwurf einer Workflow-Management-Umgebung basierend auf State- und Activitycharts. In: 6. Fachtagung Datenbanksysteme in Büro, Technik und Wissenschaft. Dresden 1995.

Workflow Management Coalition (WfMC): Conformance to Interface Standards. http://www.aiim.org/wfmc/standards/conformance.htm. 29.08.2000. Oberdorfer, R.: Allround-Adapter. EAI: Ordnung in Unternehmensanwendungen. In: iX o. Jg. (2001) 5. S. 136-139.

Workflow Management Coalition (WfMC): Interoperability Abstract Specification. Document Number WFMC-TC-1012. Winchester, UK, 1996.

2.6 Workflow-basiertes Monitoring und Controlling

von Jörg Bergerfurth

2.6.1 Informationsdefizite in ERP-Systemen

Aufgrund steigender Marktdynamik und hoher Konkurrenz wird es für Unternehmen immer bedeutender, die internen Abläufe gut zu beherrschen. Aktuelle und integrierte Informationen über den Fortschritt von Aufträgen bzw. Prozessen sowie über die Kapazitätssituation benötigt heutzutage jedes Produktionsunternehmen. Wichtig ist hierbei eine zeitnahe Erfassung von Bearbeitungszeiten, Ressourcenverbräuchen, Qualitätsinformationen und den sich daraus ableitbaren Kostengrößen. (vgl. Weber 1997, S. 9) Eine produkt- bzw. auftragsbezogene Kalkulation soll dem Unternehmen überdies dabei helfen, innerhalb des vom Kunden akzeptierten Kostenrahmens zu bleiben. In vielen Unternehmen fehlt jedoch eine geeignete Systemunterstützung, um prozessbezogene Daten (Zeiten, Mengen) zu erfassen (vgl. Bauer 2002, S. 29 u. Schwab 1999, S. 53). Insbesondere in vor- und nachgelagerten Bereichen der Produktion (z.B. Konstruktion, Arbeitsvorbereitung, Verwaltung und Vertrieb) werden oft keine (auftragsbezogenen) Bearbeitungszeiten und Ressourcenverbräuche erfasst.

Systeme zum Enterprise Resource Planning (ERP) decken weitgehend die Bereiche eines Produktionsunternehmens ab. Da ERP-Systeme aber meistens funktionsorientiert aufgebaut sind, fehlt diesen oft die für ein geschäftsprozessbezogenes Monitoring und Controlling erforderliche auftragsorientierte Verknüpfung der o. a. Informationen. Um die Ablauforientierung zu verbessern, gehen viele ERP-Systemhersteller dazu über, Workflowmanagement-Funktionalität zu integrieren (Vgl. Becker u. zur Mühlen 2001, vgl. auch Abschn. 1.3.4). In ERP-Systemen ist Workflowmanagement-Funktionalität jedoch oft nur rudimentär vorhanden (vgl. Frink et al. 2000, vgl. auch Abschn. 1.5). Eine nutzbringende Verwendung von Prozessinstanzdaten – insbesondere eine konsequente Auswertung – ist bisher weitgehend nicht realisiert. Die Aufzeichnung (Monitoring) und Auswertung dieser Prozessdaten kann die Möglichkeiten zur rechtzeitigen Vermeidung von Abweichungen zu geplanten Vorgaben im Sinne des Controllings deutlich verbessern. So können bspw. Engpässe im Auftragsdurchlauf schneller erkannt und ausgeregelt werden. Prozessabläufe können verändert und an neue Umweltbedingungen angepasst werden.

Die Stammdaten (Materialien, Kunden, Lieferanten, etc.) eines Unternehmens werden im Normalfall ebenso unter der Hoheit von ERP-Systemen verwaltet wie die produktionsnahen Daten (Stücklisten, Arbeitspläne, Betriebsmittel, etc.). Bewegungsdaten, wie z.B. Aufträge und Bestellungen, werden bei Statusänderungen fortgeschrieben. Prozessbezogene Daten (z.B. Bearbeitungszeiten, Leerzeiten, etc.) werden jedoch von ERP-Systemen nicht gespeichert. Diese Erfassungslücke kann mit Workflowmanagement geschlossen werden. Beim Monitoring ausgeführter Workflows werden Start- und Endzeiten von Bearbeitungsvorgängen aufgezeichnet. Ebenso können Übergangszeiten zwischen aufeinanderfolgenden Aktivitäten entlang eines durchgängigen Workflows ermittelt werden. Diese prozessnahen Daten werden als Workflowprotokolldaten gespeichert und können mit den im Workflowmodell hinterlegten geplanten Zeiten abgeglichen werden.

Betrachtet man die Integrationsmöglichkeiten von Workflowmanagement in bestehende Systeme, lassen sich die beiden grundlegende Architekturvarianten *Stand-Alone* und *Embedded* unterscheiden (vgl. Becker u. zur Mühlen 2001, vgl. auch Abschn. 1.3.4). Im Folgenden liegt der Fokus auf den Embedded Workflowmanagementsystemen, da nur diese ausreichend integrierten Zugriff auf ERP-Daten haben. Die meisten Applikationen werden durch das ERP-System bereitgestellt und sind dadurch an eine gemeinsame Basis angebunden, so dass Workflow als Middleware nicht mehr benötigt wird.

2.6.2 Konzept zum Workflow-basierten Monitoring und Controlling

2.6.2.1 *Workflow-Monitoring und Controlling*

Die Workflow Management Coalition definiert Workflow Monitoring als „The ability to track and report on workflow events during workflow execution" (vgl. Workflow Management Coalition 1999, S. 72). Diesem Begriffsverständnis des Monitorings als Aufzeichnungsfunktion mit der Möglichkeit, den aktuellen Status eines Workflows zur Laufzeit abzufragen, wird hier gefolgt (anders: vgl. Rosemann 1997).

Der Begriff des Controllings wird hier relativ weit gefasst. Controlling soll der kontinuierlichen Informationsversorgung zur Koordination sämtlicher Abläufe im Unternehmen dienen. (vgl. Horvath 2001, S. 150ff) Hier im Speziellen sollen die zur Auftragskoordination notwendigen Informationen erfasst und aufbereitet, d.h. bspw. zu Kennzahlen verdichtet werden. Die Protokolldaten aus dem Workflow-Monitoring dienen dabei als Grundlage und Informationsquelle.

2.6.2.2 *Informationsbedarfe der Auftragskoordination*

Exemplarisch für die Aufgaben der Auftragskoordination sollen im Folgenden notwendige Informationsbedarfe aufgezeigt werden. Die Auftragskoordination hat als Querschnittsaufgabe der PPS eine zentrale Rolle bei Industrieunternehmen mit kundenindividueller Fertigung (vgl. Luczak u. Eversheim 1998, S. 53ff.). Zu den wesentlichen Aufgaben der Auftragskoordination gehört die Abstimmung der Aktivitäten aller an der Auftragsabwicklung beteiligten Bereiche und die Synchronisation der Aufgabenerfüllung in den unterschiedlichen Bereichen der PPS. Eine prozessorientierte, bereichsübergreifende Grobplanung der Auftragsdurchläufe und die permanente Auftragssteuerung und -überwachung erfolgt mit dem Ziel, die Transparenz der Auftragsabwicklung zu erhöhen und die Flexibilität bei der Reaktion auf unternehmensinterne und -externe Störgrößen zu verbessern.

Zur Auftragskoordination sind vielfältige Informationen notwendig. Hier werden zunächst atomare (nicht verdichtete) Daten betrachtet, aus denen die relevanten Informationen ermittelt werden können.

- *Ressourcenbedarfe (Mengen und Zeiten) eines neuen Auftrags:* Solldurchlaufzeiten für Fertigungsschritte sind in gängigen ERP-Systemen vorhanden. Nicht gespeichert sind hingegen Sollbearbeitungszeiten von der Produktion vor- und nachgelagerten Bereichen. Ebenfalls nicht im ERP-System hinterlegt sind Eignungen bzw. Qualifikationen von Mitarbeitern für bestimmte Tätigkeiten.
- *Vorhandene Kapazitäten:* Ein Betriebskalender enthält die geplanten Anwesenheitszeiten (inklusive Feiertage, Urlaub und Pausen) der Mitarbeiter. Arbeitsplätze, Maschinen, Werkzeuge etc. sind ebenfalls im ERP-System abrufbar. Zeiterfassungsgeräte registrieren Arbeitsbeginn und -ende des Personals.
- *Vorhandene Materialien:* Diese werden vom Lagerverwaltungssystem ermittelt; ihre Bestandsführung ist Bestandteil der meisten ERP-Systeme.
- *Geplante Kapazitätsbelegung:* ERP-Systeme erlauben die auftragsbezogene Reservierung von Fertigungskapazitäten (Personal, Betriebsmittel, etc.). Alle anderen Bereiche werden normalerweise nicht im Vorhinein beplant.
- *Aktuelle (tatsächliche) Kapazitätsbelegung:* Ein Status der vorhandenen Fertigungsarbeitsplätze kann nur indirekt im Nachhinein über die Betriebsdatenerfassung (BDE) ermittelt werden, wenn diese arbeitsplatzbezogen erfasst werden. Der Zustand (Bearbeitung, Stillstand, Wartung) des vorhandenen Maschinenparks kann mit Hilfe von Maschinendatenerfassungs-Geräten ermittelt werden. Dies ist jedoch nur bei modernen Maschinen (z.B. Automaten, Fertigungszentren) möglich. Die aktuelle Belegung von Arbeitsplätzen außerhalb der Fertigung kann vom ERP-System nicht protokolliert werden.
- *Auftragsfortschritt:* BDE-Systeme erfassen Beginn und Ende von Fertigungsaufträgen und übermitteln dies z. B an ein ERP-System. Zwischenzustände – insbesondere bei zeitintensiven Fertigungsaufträgen (Langläufer) – werden von ERP-Systemen nicht gespeichert. In den der Produktion vor- und nachgelagerten Bereichen werden Bearbeitungszeiten durch das ERP-System nicht registriert.
- *Erzeugnisqualität:* Qualitätsdaten der Fertigung können im Regelfall nicht direkt ermittelt werden. Es sollten durch die Werker regelmäßige Messungen vorgenommen werden. Nur automatische Prüfeinrichtungen können Prüfdaten direkt übermitteln. Da diese sehr teuer sind, werden Sie nur selten verwendet (z.B. bei Automaten). Außerhalb der Fertigung finden normalerweise keine Qualitätsprüfungen statt.

Aus obigen Erläuterungen wird deutlich, dass nicht alle zur Auftragskoordination notwendigen Informationen vollständig vom ERP-System bereitgestellt werden können. Einige dieser fehlenden Informationen, wie z.B. die Bearbeitungs- und Liegezeiten in indirekten – der Produktion vor- und nachgelagerten – Bereichen, können aus Workflowprotokolldaten entnommen werden (vgl. Tabelle 2.6-1). Voraussetzung ist dabei, dass Workflowmanagement ergänzend oder als Bestandteil des ERP-Systems (vgl. Abschn. 2.6.1) verwendet wird. Wichtig ist, dass Prozesse möglichst durchgängig als Workflows abgebildet sind. Dies ist jedoch bei Prozessen in der Fertigung normalerweise nicht der Fall, da Fertigungsarbeitsplätze bisher nur mit BDE-Geräten ausgestattet sind, die keine Auftragskoordination (z.b. über Worklists) zulassen.

Könnten alle zur Auftragskoordination relevanten Informationen zentral gesammelt und aufbereitet werden, würde dies die Transparenz über das Betriebsgeschehen stark erhöhen. Auf Störungen im Ablauf könnte schneller reagiert und notwendige Maßnahmen könnten eingeleitet werden.

Tabelle 2.6-1. Informationen in ERP- und Workflowmanagementsystemen

Information zur Auftragskoordination		in ERP-System	in WfMS
Ressourcenbedarfe eines neuen Auftrags	Solldurchlaufzeiten für Fertigungsschritte	x	
	Solldurchlaufzeiten in indirekten Bereichen		x
	Eignungen bzw. Qualifikationen von Mitarbeitern für bestimmte Tätigkeiten		x
Vorhandene Kapazitäten	Anwesenheitszeiten der Mitarbeiter	x	x
	Anzahl Arbeitsplätze, Maschinen, Werkzeuge etc.	x	
Vorhandene Materialien	Bestandsführung	x	
Geplante Kapazitätsbelegung	Fertigungskapazitäten (Personal, Betriebsmittel, etc.)	x	
	Geplante Kapazitätsbelegung der indirekten Bereiche		x (bedingt)
Aktuelle (tatsächliche) Kapazitätsbelegung:	Fertigungsarbeitsplätze über BDE	x	
	Arbeitsplätze außerhalb der Fertigung		x
Auftragsfortschritt	Beginn und Ende von Fertigungsaufträgen	x	
	Bearbeitungszeiten der indirekten Bereiche		x
Erzeugnisqualität	Stichproben aus Fertigung (Enderzeugnis)	x	
	Qualitätdaten der indirekten Bereiche, Prozessqualität		x

2.6.2.3 Modell zur gemeinsamen Nutzung von ERP- und Workflowdaten

Im Folgenden wird ein Modell (vgl. Abb. 2.6-1.) mit dem Ziel der Zusammenführung von ERP-Daten und Workflowdaten entwickelt. (vgl. auch Becker u. Bergerfurth 2002) Bei der Konzeption wird insbesondere Wert auf die Möglichkeit zur Bildung von aussagekräftigen Kennzahlen zur Entscheidungsunterstützung gelegt.

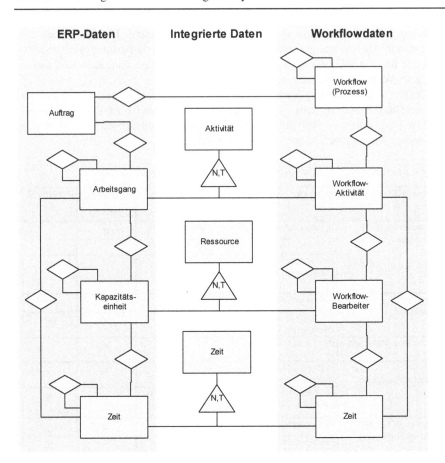

Abb. 2.6-1. Integration von ERP- und Workflowdaten (Auswertungssicht)

Aktivitäten sind als Tätigkeiten, Fertigungsschritte, etc. zu verstehen, die zur Bearbeitung eines *Auftrags* notwendig sind. Diese sind für den Bereich der Fertigung als *Arbeitsgänge* in Arbeitsplänen hinterlegt. Für die Aufgaben anderer Abteilungen (z.b. Konstruktion, Arbeitsvorbereitung) existieren in ERP-Systemen selten detaillierte Arbeitsschritte. Aktivitäten sind beim Workflowmanagement jedoch Bestandteile des *Workflow*modells und werden zur Laufzeit mit *Zeit*bezug (Planstart/Planende) gespeichert. Bei der *Workflow-Aktivitäten*ausführung werden Iststart und -ende protokolliert. In der BDE werden für Fertigungsarbeitsgänge Istbeginn und Istende erfasst und bspw. an das ERP-System zur Auswertung übergeben. Sowohl Arbeitsgänge als auch Workflow-Aktivitäten können über- und untergeordnete Beziehungen aufweisen (Hierarchie). Ebenso sind zwingende Vorgänger-Nachfolger Beziehungen denkbar (Struktur).

Den Aktivitäten kann man *Ressourcen* zuordnen, die zur Ausführung notwendig sind. *Kapazitätseinheiten* beim ERP können *Arbeitsplätze, Bearbeiter, Betriebsmittel* (z.B. eine Maschine), oder *Hilfsmittel* (z.B. Werkzeug) sein. Diese können untereinander wieder vielfältige Beziehungen besitzen (vgl. auch Abb. 2.6-2). Zudem können Kapazitätseinheiten, z.b. für eine Grobplanung, zu einer Gruppe zusammengefasst werden (Hierarchie). Für Kapazitätseinheiten werden *Plan*belegungs*zeiten* durch das ERP-System ermittelt. Die *Istzeiten* der *Workflow-Bearbeiter* werden im Workflowmanagement direkt protokolliert. Auch die Workflow-Bearbeiter sind in eine Organisationsstruktur (Hierarchie) eingebunden, die z.b. auch Stellvertreterregelungen vorsieht.

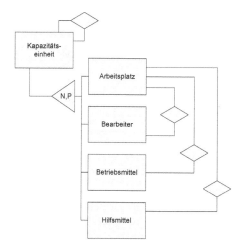

Abb. 2.6-2. Formen von Kapazitätseinheiten

Die *Zeit* bildet die Grundlage für zeitbezogene Kennzahlen (vgl. Abb. 2.6-1.). Es können Zeiträume abgebildet werden, z.b. Februar ist allen Tagen des Februars übergeordnet (Hierarchie). Ebenfalls darstellen lassen sich zeitliche Vorgänger-Nachfolger-Beziehungen (Struktur). Zeiten werden sowohl im ERP-System (z.B. Plandurchlaufzeit für Aktivität „Bohren an Bauteil xy") als auch im Workflow-management (z.B. Istzeit für Aktivität „Auftragsarbeitsplan erstellen") gespeichert.

2.6.2.4 Workflow-integrierte Kennzahlen

Zur quantitativen Beurteilung von Entscheidungssituationen und zur fortlaufenden Analyse und Kontrolle sind Kennzahlen[35] ein wichtiges Hilfsmittel. Im Folgenden sollen einige ausgewählte Kennzahlen entwickelt und diskutiert werden, die für die Auftragskoordination und angrenzenden Bereiche besonders wichtig sind. Einen Überblick über diese Kennzahlen und deren Definition geben Tabelle 2.6-2 bis Tabelle 2.6-5. In den beiden rechten Spalten wird die Herkunft der atomaren

---

[35] Kennzahlen stellen Informationen in konzentrierter Form für konkrete Entscheidungssituationen bereit (vgl. Reichmann 1997, S. 19f:).

Daten für die Kennzahlen tendenziell[36] nach ERP-System und WfMS unterschieden.

Zeiten/Termine

Die Ermittlung von AbweichungEN der Istwerte von vorgegebenen Zeiten bzw. Terminen und die Ermittlung von (ungeplanten) Liegezeiten ist ein wichtiger Teil der proaktiven Auftragskoordination.

Tabelle 2.6-2. Relevante Kennzahlen für die Auftragskoordination (Zeiten/Termine)

Zeiten /Termine			
Erklärung	**Kennzahl**	**ERP**	**WF**
Zeiterfüllungsgrad pro Aktivität	$\dfrac{\text{Istzeit Aktivität [ZE]}}{\text{Planzeit Aktivität [ZE]}}$	Planzeit	Plan-/Istzeit
Zeiterfüllungsgrad pro Prozess/Auftrag	$\dfrac{\sum \text{Istzeiten Aktivität [ZE]}}{\sum \text{Planzeiten Aktivität [ZE]}}$	Planzeit	Plan-/Istzeit
Prozess-Wartezeit (Typ)	$\sum$ Wartezeiten vor Prozessstart [ZE]		Wartezeit
Aktivität-Wartezeit (Typ)	$\sum$ Wartezeiten vor Aktivitätsstart [ZE]		Wartezeit

- *Zeiterfüllungsgrad pro Aktivität:* Das Verhältnis von Ist- zu Planzeit für eine betrachtete Aktivität ergibt den prozentualen Zeiterfüllungsgrad. Bedeutend für die Bestimmung dieser Kennzahl ist, dass möglichst realistische Planzeiten für Aktivitäten hinterlegt sind. Bei der Planung von Aktivitätszeiten kann zur genaueren Bestimmung von Abweichungen in Rüstzeit, Bearbeitungszeit und evtl. notwendige Pufferzeit (z.B. bei Engpassaktivitäten) unterteilt werden.
- *Zeiterfüllungsgrad pro Prozess/Auftrag:* Grundlage für diese Kennzahl sind die für einen Prozess bzw. Auftrag notwendigen Aktivitäten und die Übergangszeiten zwischen diesen. Bei parallelen Aktivitäten sollte ein kritischer Pfad, d.h. der Prozesszweig mit der längsten Durchlaufzeit, bestimmt werden, der als Basis für die Berechnung der Plandurchlaufzeit gilt. Der Zeiterfüllungsgrad ergibt sich aus der Division von Ist- und Plandurchlaufzeit. Die Überschreitung einer geplanten Durchlaufzeit kann verschiedene Ursachen haben. Ursachen können entweder Abweichungen von der Planzeit bei der Aktivitätenbearbeitung (z.B. schlechte Schätzung, unvorhergesehen Probleme etc.) oder ungeplant lange Übergangszeiten (z.B. durch Engpassaktivität) sein. Wichtig ist bspw. auch die Anzeige aller aktuellen Aufträge, die einen geplanten Liefertermin voraussichtlich nicht halten können. Dies ist im Workflowmanagement auch über Eskalationsmechanismen möglich, die bei der Überschreitung von Deadlines bei bestimmten Aktivitäten (Meilensteinen) einen Prozessverantwortlichen (hier die Auftragskoordination) informieren.
- *Prozess-Wartezeit:* Der Zeitraum von der Freigabe einer Prozessinstanz zur Bearbeitung und dem Bearbeitungsbeginn der ersten Aktivität (des kritischen Pfades) ist die die Prozess-Wartezeit. Eine lange Wartezeit bis zum Prozessbeginn

---

[36] Hier soll die in den meisten Systemen vorzufindende Datenhoheit abgegrenzt werden.

lässt auf eine hohe Auslastung zumindest des Bearbeiters der Startaktivität (Engpass) schließen. Über die Wahl des Freigabezeitpunktes lässt sich die Prozess-Wartezeit steuern.

- *Aktivität-Wartezeit:* Die Aktivität-Wartezeit entspricht der Zeit, während der die Aktivität zur Ausführung bei einem oder mehreren Bearbeitern bereitliegt, aber noch nicht begonnen wird. Bei einer sehr hohen Aktivitäts-Wartezeit ist der Bearbeiter ein Engpass oder es fehlen Eingangsinformationen zur Bearbeitung (z.b. Dokumente einer noch nicht beendeten Vorläufer-Aktivität bei der Zusammenführung paralleler Wege).

Kosten

Die Einhaltung geplanter Kosten für einen Auftrag bzw. das frühzeitige Erkennen von Abweichungen gehört zur auftragsbegleitenden Kalkulation.

Tabelle 2.6-3. Relevante Kennzahlen zur auftragsbegleitenden Kalkulation (Kosten)

Kosten			
Erklärung	**Kennzahl**	**ERP**	**WF**
Kostenerfüllungsgrad pro Aktivität	$\dfrac{\text{Istkosten Aktivität [GE]}}{\text{Plankosten Aktivität [GE]}}$	Kostensatz	Plan/Istzeit
Kostenerfüllungsgrad pro Prozess/Auftrag	$\dfrac{\sum \text{Istkosten Aktivität [GE]}}{\sum \text{Plankosten Aktivität [GE]}}$	Kostensatz	Plan/Istzeiten

- *Kostenerfüllungsgrad pro Aktivität:* Die Division der Istkosten (Kostensatz für die verwendete Ressource × Zeit) durch die Plankosten (Kostensatz für die geplante Aktivität × geplante Zeit) ergibt den Kostenerfüllungsgrad. Differenzen zum Plan können durch eine abweichende Zeit und/oder abweichende Kosten der Ressource entstehen.
- *Kostenerfüllungsgrad pro Prozess/Auftrag:* Der auftragsbezogene Ressourcenverbrauch ist Grundlage zur Bestimmung der aktuellen Istkosten für einen Auftrag. Voraussetzung ist, dass für die Ressourcen Kostensätze pro Zeiteinheit feststehen. Die Istkosten (Kostensätze für die verwendeten Ressourcen × Zeiten aufsummiert) können durch die Plankosten (Kostensätze für die geplanten Ressourcen × geplante Zeiten aufsummiert) für einen Auftrag dividiert werden und ergeben somit die wichtige Kennzahl Kostenerfüllungsgrad. Nur wenn Abweichungen zeitnah erkannt werden, kann sichergestellt werden, dass der vorgegebene Kostenrahmen eingehalten oder rechtzeitig korrigiert wird. Deshalb sollten immer möglichst zeitnah die Istkosten der schon durchgeführten Aktivitäten den Plankosten für diese gegenübergestellt werden.

Prozessqualität – Fehler

Die Beurteilung der Prozessqualität, eine möglichst effiziente Gestaltung der Prozesse und eine regelmäßige Anpassung an sich ändernde Anforderungen im Unternehmen ist Aufgabe der Ablauforganisationsgestaltung. Dazu sind detaillierte Informationen über Ausnahmen, ungeplante Wiederholungen und involvierte Objekte im Prozessablauf notwendig.

Tabelle 2.6-4. Relevante Kennzahlen für die Ablauforganisationsgestaltung (Prozessqualität - Fehler)

Prozessqualität - Fehler			
Erklärung	Kennzahl	ERP	WF
Ausnahmehäufigkeit pro Prozesstyp	$\dfrac{\text{Anzahl Eskalationen}}{\text{Anzahl ausgeführter Prozessinstanzen}}$		Eskalationen, PI
Ablaufänderungen pro Prozesstyp	$\dfrac{\text{Anzahl Ablaufänderungen}}{\text{Anzahl ausgeführter Prozessinstanzen}}$		Änderungen, PI
Ausnahmen - Objekte	Anzahl/Typ involvierter Objekte bei Ausnahmen	Objekte	
Prozessmehrfachdurchläufe (Typ)	$\dfrac{\text{Anzahl Mehrfachdurchläufe (Prozess)}}{\text{Anzahl ausgeführter Prozessinstanzen}}$		PI
Aktivitätenmehrfachdurchläufe (Typ)	$\dfrac{\text{Anzahl Mehrfachdurchläufe (Aktivität)}}{\text{Anzahl ausgeführter Aktivitäteninstanzen}}$		AI
Mehrfachdurchläufe - Objekte	Anzahl/Typ involvierter Objekte bei Mehrfachdurchläufen	Objekte	

PI: Prozessinstanz; AI: Aktivitäteninstanz

- *Ausnahmehäufigkeit pro Prozesstyp:* Die Summe der Eskalationen (verursacht durch Terminabweichungen, Ereignisse etc.) im Verhältnis zu der Gesamtzahl der instanziierten Prozesse eines Typs in einem Betrachtungszeitraum ist ein Indiz für die Qualität des Prozessmodells. Eine Änderung des Prozessmodells an Stellen mit häufigen Eskalationen kann die Ausführung von Prozessinstanzen verbessern.

- *Ablaufänderungen pro Prozesstyp:* Die Anzahl von Ablaufänderungen im Verhältnis zur Summe der instanziierten Prozesse gibt Auskunft über die Anwendungstauglichkeit des Ablaufmodells. Viele ungeplante Abläufe von Prozessinstanzen innerhalb eines Prozesstyps weisen auf Verbesserungspotenzial im Ablaufmodell hin.

- *Ausnahmen - Objekte:* Die bei Ausnahmen involvierten Objekte helfen, das Verbesserungspotenzial im Prozessmodell genauer einzuschätzen. Eine Clusterung nach Typ (z.b. Material xy) kann Ähnlichkeiten aufzeigen und sinnvolle Änderungsmöglichkeiten (z.b. anderes Material verwenden bei Bearbeitungsproblemen) sichtbar machen.

- *Prozessmehrfachdurchläufe (Typ):* Wiederholte Durchläufe von Prozessinstanzen im Verhältnis zu den insgesamt ausgeführten Instanzen eines Prozesstyps ergeben die Kennzahl Prozessmehrfachdurchläufe. Ist der Wert dieser Kennzahl hoch (im Verhältnis zu anderen Prozesstypen), gibt es bei den Prozessinstanzen viele Wiederholungen. Gründe hierfür können bspw. unzureichende Ergebnisse beim Erstdurchlauf oder Fehler in der Bearbeitung sein. Hier zeigt sich Prozessoptimierungspotenzial.

- *Aktivitätenmehrfachdurchläufe (Typ):* Mehrfach ausgeführte Aktivitätsinstanzen im Verhältnis zu den insgesamt ausgeführten Instanzen eines Aktivitätstyps zeigen die Häufigkeit von Aktivitätenmehrfachdurchläufen. Ein hoher Wert dieser Kennzahl kann folgende Ursachen haben: Entweder ist der Bearbeiter nicht ausreichend qualifiziert oder nicht berechtigt, die Aktivität alleine durchzuführen, so dass ein Vorgesetzter das Aktivitätsergebnis beurteilen muss. In diesem Fall ist die Wiederholung zwar umständlich (organisationsbedingt), aber gewollt. Ein anderer Grund können bspw. Änderungen am Prozessobjekt sein (z.B. Spezifikationsänderungen am Auftrag), die eine Wiederholung einer bzw. mehrerer Aktivitätsinstanzen zur Folge haben (z.B. Neueinplanung Auftrag). Bei häufigen Mehrfachdurchläufen sollte über Änderungen in der Ablauforganisation nachgedacht werden.

- *Mehrfachdurchläufe - Objekte:* Die bei Mehrfachdurchläufen von Aktivitäten bzw. Prozessen (s.o.) beteiligte Objekte geben Aufschluss über die Wiederholungsursache. Häufig involvierte Objekte (Typ) sollten so in den Prozess integriert werden, dass möglichst wenige Bearbeitungswiederholungen notwendig sind.

Objekte

Eine objektbezogene Sichtweise kann für verschiedene Organisationseinheiten von Bedeutung sein. Informationen zur Ressourcenauslastung und Ressourceneffizienz sind wichtig für die Auftragskoordination und die auftragsbegleitende Kalkulation. Für die Auftragskoordination, die auftragsbegleitende Kalkulation und die Organisationsgestaltung sind bspw. auch involvierte Prozesse bzw. Aktivitäten einer Objektinstanz von Interesse.

Tabelle 2.6-5. Relevante Kennzahlen für die Auftragskoordination, die auftragsbegleitende Kalkulation und die Organisationsgestaltung (Objekte)

Objekte			
Erklärung	**Kennzahl**	**ERP**	**WF**
Ressourcen-auslastung	$\dfrac{\text{Istbelegung [ZE]}}{\text{geplante vorhandene Kapazität [ZE]}}$	Plan-belegung	Ist-belegung
Ressourcen-effizienz Bearbeiter - Aktivität	$\dfrac{\sum \text{Istzeiten Aktivität [ZE]}}{\sum \text{Planzeiten Aktivität [ZE]}}$	Zeiten	Zeiten
Objektinstanz - Prozesse	Anzahl/Typ Involvierter Prozesse pro Objektinstanz	Objekte	Prozesse
Objektinstanz - Aktivitäten	Anzahl/Typ Involvierter Aktivitäten pro Objektinstanz	Objekte	Aktivitäten

- *Ressourcenauslastung pro Betrachtungszeitraum:* Bei der Kennzahl Ressourcenauslastung wird die geplante vorhandene Kapazität, für einen beliebigen Zeitraum der Vergangenheit der Istbelegung mit Aktivitäten (beanspruchter Zeit) gegenübergestellt. Dies kann nach einzelnen Ressourcen oder auf diversen Aggregationsebenen erfolgen (z.B. alle Maschinen der Werkstatt 1).
- *Ressourceneffizienz Bearbeiter – Aktivität:* Bei einer langfristigen Analyse bestimmter Aktivitäten mit einzelnen Ressourcen (z.B. Mitarbeiter) kann die Ressourceneffizienz pro Aktivität ermittelt werden. Die Ressourceneffizienz dient

z.B. als Grundlage für den Einsatz von Akteuren nach deren persönlichen Neigungen und Fähigkeiten.

- *Objektinstanz – Prozesse:* Sämtliche an einer Objektinstanz (z.B. Auftrag) beteiligten Prozessinstanzen sollten bspw. bei Spezifikationsänderungen am Objekt bekannt sein.
- *Objektinstanz – Aktivitäten:* Die Aktivitäten bzw. Bearbeiter einer Objektinstanz (z.B. Artikel) sind interessant bspw. für Kalkulationen. Insbesondere für Nachkalkulationen z.B. von Artikeln werden alle erfolgten Aktivitäten in Zusammenhang mit der Objektinstanz des Artikels benötigt. Zudem kann aus der Konstellation des Objektes und seiner Aktivitäten bzw. Bearbeiter ein Potenzial zur möglichen Parallelisierung von Aktivitäten erkannt werden.

Im Folgenden werden beispielhaft einige der diskutierten Kennzahlen modelliert, die auf den im (vorhergehenden) Abschnitt 2.6.2.3 erläuterten Entitäten basieren (vgl. Abb. 2.6-3). Die Kennzahlen sind zusätzlich gestrichelt gezeichnet, um deutlich zu machen, dass sie aus den atomistischen Daten der operativen Systeme abgeleitet sind. Die Beziehungen der Entitäten untereinander aus Abb. 2.6-1. sind in Abb. 2.6-3 nicht aufgeführt, um die Übersichtlichkeit dieser Abbildung zu erhalten.

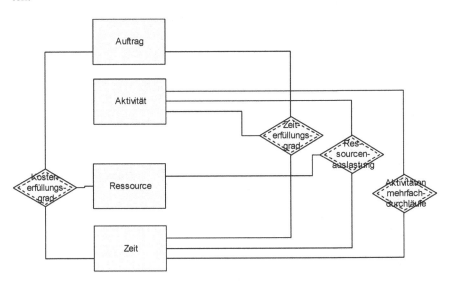

Abb. 2.6-3. Kennzahlenmodellierung für Daten der Auftragskoordination

2.6.2.5 Voraussetzungen für eine Workflowanalyse

Zur Umsetzung eines Workflow-basierten Monitorings und Controllings in ERP-Systemen sind einige Maßnahmen durchzuführen bzw. sicherzustellen:

- Die Workflowprotokolldaten sollten einen *Bezug* zu involvierten *Objekten* aus dem ERP-System aufweisen. Dies kann z. B durch eine Referenz im Workitem auf den bearbeiteten Auftrag realisiert werden.
- Inhalte von Prozessobjekten (z.B. textuelle Beschreibungen zu einem Auftrag) sollten mit den involvierten Workflowinstanzen verknüpft sein, um bspw. Prozessschwachstellen besser aufzudecken und zu verhindern. (vgl. auch Abschn. 3.6.5)
- Das aktuelle und zukünftige Kapazitätsangebot jedes Bearbeiters sollte bei der Ablaufplanung direkt abrufbar sein. Es können Methoden der PPS, wie ein Betriebskalender, Schichtmodelle und Instrumente zur Kapazitätsplanung (vgl. z.B. Kurbel 1999, S. 100f bzw. S. 232ff.), auch für die indirekten Bereiche verwendet werden.
- Zu den Aktivitäten im Workflowmanagement muss ein Kostensatz hinterlegt sein. Dies kann z.B. indirekt über die Zuordnung der verwendeten Ressourcen (Bearbeiter) zu einer Kostenstelle realisiert werden.
- Plandurchlaufzeiten, Planbearbeitungszeiten, Planliegezeiten sollten für eine Workflowinstanz hinterlegt werden.
- Für spätere Analysen ist es sinnvoll, die in Workflows involvierten Objekte aufzuzeichnen.

2.6.3 Anwendungsbeispiel PSIPENTA

Innerhalb des PROWORK-Projektes wurde die Workflow-Funktionalität der ERP-Software PSIPENTA (vgl. Abschn. 3.2 bzw. auch http://www.psipenta.de/) deutlich erweitert. Eine eigenständige Workflow-Engine wurde konzipiert, die neben Ad-hoc-Workflows auch durchgängige integrierte Workflows unterstützt. Durch die Offenheit von PSIPENTA ist es auch möglich, Anwendungen außerhalb von PSIPENTA mittels COM/DCOM in einen Workflow einzubinden. PSIPENTA ist durchgängig objektorientiert, so dass ein Workitem als ein Businessobjekt verwaltet wird, innerhalb dessen sich auch die Workflowprotokolldaten befinden. Diese werden nicht gelöscht und können zur nachträglichen Auswertung u.a. für das Controlling verwendet werden. Die Verbindung von Workflows und zugehörigen Anwendungsobjekten (z.B. Auftrag oder Ressource) kann über so genannte Referenzübergänge sichergestellt werden. Bei der Bearbeitung eines Objektes können ausgehend von einem Feld Referenzobjekte aufgerufen werden. Deren Daten können dann übernommen oder weiter bearbeitet werden. Auch die Zuordnung von Ressourcen (Personal, Betriebsmittel und Materialverbräuche) zu Kostenstellen kann über Referenzen erfolgen.

Es besteht in PSIPENTA die Möglichkeit, ausgehend von bestimmten Objekten die damit verbundenen Aufgaben inkl. Bearbeitungsstatus zu ermitteln (vgl. Abb. 2.6-4). Von dem ausgewählten Artikel 131 (Antriebswelle) wurden zwei Referenzübergänge durchgeführt. Dabei wurden zunächst alle mit dieser Dateninstanz verbundenen Aufgaben und anschließend alle offenen Aufgaben angezeigt. Die Referenzübergänge sind auf der linken Seite grafisch im Business-Objekt Explorer dargestellt. Die offenen Aufgaben (Beschaffungsdaten festlegen und Prüfplan erstellen) sind unterhalb der Artikel-Einzelsicht auf der rechten Seite dargestellt. Mit o. g. Funktionalität kann ein effizientes Monitoring durchgeführt werden.

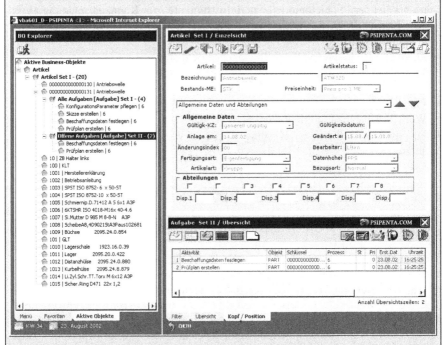

Abb. 2.6-4. Auswertungs-Referenz Artikel und zugehörige Aufgaben

Interessant sind auch die durch die erweiterte Workflow-Funktionalität sich ergebenen Auswertungsmöglichkeiten. So kann bspw. die Häufigkeit von Eskalationen bei verschiedenen Prozesstypen ermittelt werden (vgl. Abb. 2.6-5). Prozesse mit vielen Ausnahmen können bzgl. involvierter Objekte bei Ausnahmen näher untersucht werden (vgl. Abb. 2.6-6).

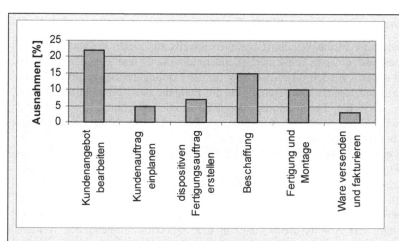

Abb. 2.6-5. Ausnahmehäufigkeiten bei verschiedenen Prozesstypen

Im vorliegenden Beispiel soll der Anteil der Artikel, die an Eskalationen bei der Kundenangebotsbearbeitung beteiligt waren, angezeigt werden. Es zeigt sich, dass der Artikel 4711 sehr häufig zu Prozessabbrüchen führte. Die Ursache für die Abbrüche kann bspw. eine Terminüberschreitung oder fehlendes Wissen des Bearbeiters sein. Diese Untersuchung kann Hinweise auf Prozessverbesserungsmaßnahmen geben. Die Mängel können bspw. durch artikelspezifische Prozesse oder evtl. durch eine allgemeine Prozessmodifikation beseitigt werden.

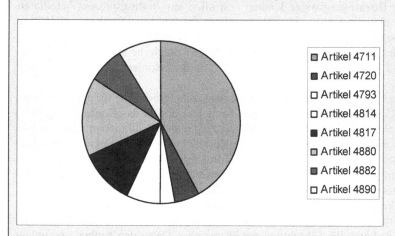

Abb. 2.6-6. Kundenangebot bearbeiten – Ausnahmenverteilung auf Artikel

---

Anwendungsmöglichkeiten bei Windhoff

Die Produkte der Firma Windhoff bestehen jeweils aus vielen unterschiedlichen Baugruppen, die einzeln konstruiert (kundenindividuell) und von der Materialwirtschaft geplant werden. Voraussetzung für die Planung der Baugruppe (Materialwirtschaft und Kapazitätswirtschaft) ist die Freigabe der Konstruktion. Die Information über die Fertigstellung der Konstruktionszeichnungen geht nicht automatisch an den Materialdisponenten, so dass u.U. eine lange Liegezeit des Auftrags bis zur Weiterbearbeitung entsteht.

Bisher gab es für Windhoff als PSIPENTA-Anwender keine ausreichende Monitoring-Funktionalität für Auftragsprozesse. Mit Erweiterung der Workflow-Funktionaltät von PSIPENTA ist innerhalb der als Workflow ausgeführten Prozesse auch eine zeitnahe Statusabfrage (Monitoring) möglich. Voraussetzung ist, dass die an der Auftragsabwicklung beteiligten Bereiche, wie Konstruktion, Materialwirtschaft und Arbeitsvorbereitung, in den Workflow eingebunden werden. Zudem können über die reale Bearbeitungsdauer der einzelnen Bereiche aus den Workflowprotokolldaten wertvolle Informationen für die zeitnahe auftragsbegleitende Kalkulation und für das langfristige Controlling gewonnen werden.

2.6.4 Zusammenfassung und Ausblick

Das oben beschriebene Konzept zeigt eine Möglichkeit auf, ERP- und Workflowdaten zu einer einheitlichen Informationsplattform zusammenzuführen. Durch die integrierte Betrachtungsweise können von allen am Auftragsprozess beteiligten Bereichen aktuelle Statusinformationen abgerufen werden. Dies bietet vielfältige Analysemöglichkeiten, insbesondere generische Kennzahlen, die beliebig modifiziert werden können. Außerdem kann der Nutzer durch die stets aktuelle Aufbereitung und Auswertung sehr zeitnah mit den für ihn erforderlichen Daten versorgt werden.

In naher Zukunft werden noch weitere Anwendungsbereiche für ein Workflowbasiertes Controlling in ERP-Systemen betrachtet und in das Konzept eingebunden. Beispielsweise hat die Konstruktionsbegleitende Kalkulation einen hohen Bedarf an aktuellen Informationen über Kostenstrukturen, d.h. Bearbeitungsdauern und Ressourcenkosten, in den der Konstruktion nachgelagerten Bereichen.

Eine langfristige Speicherung und Auswertung von Monitoring- und Controllingdaten kann Veränderungen im Zeitablauf sichtbar machen. Dies dient zum einen der kontinuierlichen Prozessverbesserung bzw. flexiblen Anpassung an veränderte Umweltbedingungen (vgl. Galler u. Scheer 1995 bzw. Abschn. 1.3.3). Andererseits kann die Auswertung der historischen Daten den Aufbau von unternehmensspezifischem Wissen fördern. (vgl. List et al. 2001, vgl. auch Abschn. 3.6) Beispielsweise kann die Auswahl eines Bearbeiters über eine Wissensbasis danach erfolgen, welcher Bearbeiter gleiche oder ähnliche Vorgänge in der Vergangenheit am besten erledigt hat (Kriterium Bearbeitungszeit bzw. Qualität).

Auch die Einbindung eines Data-Warehouses ist eine Möglichkeit, historische controllingrelevante Daten zu speichern und zielgerichtet aufzubereiten (vgl. zur

Mühlen 2001). Die Integration von Workflowprotokolldaten in die vorhandene Controllinginfrastruktur des Data-Warehouses ist dabei eine nicht triviale Aufgabe.

2.6.5 Literatur

Bauer, J.: „Shop Floor"-Controlling. In: FB/IE 51, 2002, 1, S. 29-37.

Becker, J.; Bergerfurth, J.: Konzept für ein Workflow-basiertes Monitoring und Controlling in ERP-Systemen am Beispiel der Auftragskoordination. In: Loos, Peter; Gronau, Norbert (2002): E-Business - Integration industrieller ERP-Architekturen. Göttingen, 2002, S. 47-57.

Becker, J., zur Mühlen, M.: Workflowmanagement im Zeitalter des e-Business, In: Karl, R.: Workflow Management - Groupware Computing. Pfaffehofen 2001 (zu bestellen unter: www.dsk-beratung.de).

Frink, D., Kampker, R., Wienecke, K.: Workflow-Management mit PPS/ERP-Systemen - aktuelles Marktangebot und Entwicklungstendenzen bei Standard-PPS/ERP-Systemen. In: FB/IE 49 (2000) 2, S. 52-65.

Galler, J., Scheer, A.-W.: Workflow-Projekte - Vom Geschäftsprozeßmodell zur unternehmensspezifischen Workflow-Anwendung. In: Information Management o. Jg. (1995) 1, S. 20-27.

Horvath, P.: Controlling. München 2001.

Jablonski, S., Böhm, M., Schulze, W.: Workflow-Management - Entwicklung von Anwendungen und Systemen. Heidelberg 1997.

Kurbel, K.: Produktionsplanung und -steuerung. Methodische Grundlagen von PPS-Systemen und Erweiterungen. München, Wien 1999.

List, B., Schiefer, J., Brückner, R. (o. J.): Measuring Knowledge with Workflow Management Systems. In: 12th International Workshop on Database and Expert Systems Applications (DEXA'01), IEEE Computer Society Press. München 2001, S. 467-471.

Luczak, H., Eversheim, W.: Produktionsplanung und -steuerung. Grundlagen, Gestaltung und Konzepte. Berlin 1998.

Reichmann, T.: Controlling mit Kennzahlen und Managementberichten. München 1997.

Rosemann, M.: Arbeitsablauf-Monitoring und -Controlling. In: Jablonski, S., Böhm, M., Schulze, W.: Workflow-Management - Entwicklung von Anwendungen und Systemen. Facetten einer neuen Technologie. Heidelberg 1997.

Schwab, J.: Gestaltungsdefizite heutiger Ablaufplanungssysteme. In: Industriemanagement 15 (1999) 5, S. 52-57.

Weber, J.: Prozeßorientiertes Controlling. Vallendar 1997.

WFMC-TC-1011, 3rd Ed. Winchester 1999.

Workflow Management Coalition: Terminology and Glossary. Document Number

zur Mühlen, M.: Process-driven Management Information Systems - Combining Data Warehouses and Workflow Technology. In: Gavish, Bezalel: (Hrsg.): Proceedings of the Fourth International Conference on Electronic Commerce Research 2001.

2.7 Software zur Unterstützung von Workflow-Einführungsprojekten

von Thomas Serries

Die Einführung von Workflowmanagementsystemen in ein Unternehmen ist regelmäßig mit umfassenden Veränderungen in der Aufbau- und Ablauforganisation verbunden (vgl. Abschn. 1.3). Je nach Art des/der umgestellten Prozesse(s) sind unternehmenskritische Bereiche betroffen. Um sicherzustellen, dass auch nach der Einführung des WfMS die Prozesse weiterhin korrekt und effizient durch das Unternehmen geschleust werden, bedarf es im Vorfeld der Einführung einer intensiven Planung und Vorbereitung.

Mit dem im PROWORK-Projekt entwickelten Software-Assistenten wird Projektleitern und -beteiligten ein Grundstock von Werkzeugen an die Hand gegeben, mit denen sich die Planung und Ausführung von Workflow-Einführungsprojekten unterstützen lassen. Dabei erhebt der Assistent keinen Anspruch auf Vollständigkeit der Werkzeuge sondern stellt vielmehr ein Framework dar, mit dessen Hilfe projektspezifische Erweiterungen relativ einfach vorgenommen werden können.

2.7.1 Software-Unterstützung für das Projektmanagement

Da bei der Einführung von Workflowmanagement sowohl weite Teile des Unternehmens betroffen sind (abhängig von der Art der Workflows und der Durchgängigkeit ihrer Einführung) als auch unternehmenskritische Bereiche betroffen sein können (z.B. die Auftragsabwicklung als der wertschöpfende Prozess), ist diesem Vorhaben mit besonderer Aufmerksamkeit zu begegnen. Durch Aufteilen der Gesamtaufgabe in Teilaufgaben wird die Komplexität reduziert; gleichzeitig muss sichergestellt werden, dass die Ergebnisse der Teilaufgaben harmonieren und schließlich die Gesamtaufgabe gelöst wird.

Das *Projektmanagement* hat zum Ziel, die Komplexität des Objekts (hier die Workflow-Einführung) zu beherrschen und die unterschiedlichen Denkweisen, Ausbildungen und Interessen der Beteiligten effizient zur Realisierung des Objekts einzusetzen. Litke sieht Projektmanagement als ein Konzept, „mit dem versucht wird, die vielen sich teilweise gegenseitig beeinflussenden Projektelemente und -geschehen nicht dem Zufall oder der Genialität einzelner Personen zu überlassen, sondern sie ganz gezielt zu einem festen Zeitpunkt herbeizuführen" (Litke 1995, S. 19). Das Projektmanagement kann als das „Management des Problemlösungsprozesses" (Haberfellner et al. 1997, S. 242) aufgefasst werden. Es beschäftigt sich mit der Zuteilung von Aufgaben, Kompetenzen und Verantwortung an die Beteiligten und stellt somit einen eigenen, von der Problemlösung losgelösten Aufgabenbereich im Rahmen eines Projektes dar.

Die Aufgaben des Projektmanagement sind, unabhängig vom zu entwickelnden System. Dementsprechend sind am Markt unterschiedliche Systeme verfügbar, welche die Aufgaben des Projektmanagement angemessen unterstützen. So zählen zu den von Systemen wie MS-Project bereitgestellten Funktionen zur Termin- und Ressourcenplanung zum Standardumfang von Projektmanagementsystemen.

Systeme, welche die Beteiligten bei der Systemgestaltung unterstützen, müssen hingegen die Besonderheiten des jeweiligen Projekts berücksichtigen und lassen sich daher nicht standardisieren. Für jedes Projekt muss individuell entschieden werden, welche Werkzeuge bei der Systemgestaltung eingesetzt werden können. Für Workflow-Einführungsprojekte zählen insbesondere Systeme zur Prozessmodellierung und Organisationsgestaltung wie z.b. ARIS oder Adonis zu den allgemeinen Werkzeugen. Ihr Funktionsumfang beschränkt sich jedoch auf die Unterstützung der Gestaltungsphase im Rahmen eines Projekts. Spezielle Aufgaben, wie die Auswahl von Prozessen, für die Workflow implementiert werden sollen, oder Systeme zur Implementierung einer Workflow-Anwendung werden durch derartige, allgemeine Werkzeuge nicht ausreichend unterstützt.

Der im PROWORK-Projekt entwickelte Software-Assistent konzentriert sich auf die Unterstützung von Projekt-individuellen Aufgaben. So bietet der Assistent die Möglichkeit, zu den einzelnen Phasen eines Projekts die Werkzeuge aufzurufen, die in der jeweiligen Phase eingesetzt werden. Ausgehend von den Ergebnissen des PROWORK-Projekts wurden entsprechende Werkzeuge entwickelt und in den Assistenten integriert. Um der Tatsache Rechnung zu tragen, dass sich Projekte in der Durchführung generell unterscheiden, sind sowohl die einzelnen Werkzeuge als auch der Software-Assistent selbst so gestaltet, dass sich die entwickelten Werkzeuge auch an andere Einführungsprojekte anpassen lassen und das Framework leicht um neue Werkzeuge für neue Aufgabenstellungen erweitern lässt. Insofern stellt der Software-Assistent ein Framework dar, in das sich projektspezifisch Werkzeuge integrieren bzw. vorhandene Werkzeuge an neue Anforderungen anpassen lassen.

2.7.2 Phasenverwaltung

Projekte zeichnen sich unter anderem dadurch aus, dass sie neuartige, abgegrenzte Einzelvorhaben mit hohem Risiko in technischer, wirtschaftlicher und terminlicher Hinsicht sind (vgl. Litke 1995, S. 17). Das hohe Risiko gepaart mit der Tatsache, dass durch die Einmaligkeit weder auf Erfahrungen zurückgegriffen werden kann noch Erfahrungswerte über den erfolgreichen Abschluss vorliegen, machen Methoden erforderlich, mit denen die wirtschaftliche Abwicklung eines Projekts sichergestellt oder zumindest ein Scheitern frühzeitig erkannt werden kann. Die Einteilung in aufeinanderfolgende Phasen bietet die Möglichkeit, die Teilergebnisse der Phasen beim Phasenabschluss zu bewerten und über den weiteren Verlauf des Projektes neu zu entscheiden (vgl. Litke 1995, S. 27).

Da mit Abschluss jeder Phase durch Lernen das Wissen über das Projekt in eine höhere Reifestufe überführt wird, wird die Entscheidung mit weniger Unsicherheit getroffen als zuvor (vgl. Saynisch 1979, S. 42, 47). Ein mögliches Scheitern des Projektes wird frühzeitig erkannt bzw. kann durch erneutes Durchlaufen der vorhergehenden Phase verhindert werden. Das Phasenkonzept wird als wesentliche

Voraussetzung zur wirtschaftlichen Durchführung von Projekten angesehen (vgl. Saynisch 1979, S. 33, Litke 1995, S. 25).

Projekte weisen in der Regel einen an die folgenden Phasen ausgerichteten Lebenszyklus auf: Problemanalyse, Konzeption, Gestaltung, Realisierung, Nutzung, Außerdienstsetzung (vgl. Saynisch 1979, S. 33, Litke 1995, S. 25). Den Abschluss der Phase bilden dabei die sog. Meilensteine: Studien, Fachkonzept, DV-Konzept, getestetes Produkt mit Abnahme, Deaktivierung. Die Erreichung der Meilensteine wird dabei in der Regel durch die Projektleitung festgestellt und in Form einer Abschlussdokumentation festgehalten (s. hierzu auch den Abschn. 2.7.4).

Um dem hohen Stellenwert, den die Phasenstruktur für Projekte erlangt hat, gerecht zu werden, wurde im Software-Assistenten ein Werkzeug entwickelt, mit dem das Projektmanagement bei der Projektplanung und -bewertung insbesondere aber die am Projekt beteiligten Mitarbeiter bei Ihren Aufgaben unterstützt werden. Da die zum Einsatz kommenden Methoden und Verfahren weitgehend von der (Lebens)Phase bestimmt werden (vgl. Saynisch 1979, S. 53), richten sich die im Framework entwickelten Werkzeuge und Module an den Phasen eines Projektes aus. So werden den Mitarbeitern phasenspezifisch die benötigten Werkzeuge angeboten, mit denen sie die Aufgaben innerhalb der Phase bearbeiten können. Darüber hinaus lässt sich phasenspezifisch festlegen, welche Objekte untersucht, bewertet oder bearbeitet werden. Insofern gliedert die Phasenverwaltung das Gesamtprojekt in kleinere, handhabbare Teile und unterstützt die Mitarbeiter durch die gezielte Präsentation von Werkzeugen und Objekten.

Für das Projektmanagement bietet das Framework eine Dokumentationshilfe, indem es wichtige Informationen wie Planstart und -ende sowie die entsprechenden Istdaten einer Phase verwalten. Ebenso lassen sich Verantwortlichkeiten, Aufgabenbeschreibungen u.Ä. als Merkmale (Kriterien) einer Phase festhalten. Da Phasen intern als Bewertungsobjekt angelegt sind (vgl. zu Bewertungsobjekten den folgenden Abschnitt), lässt sich diese Liste an die jeweiligen Bedürfnisse anpassen. Im aktuellen Entwicklungsstand sind zu den Merkmalen von Phasen keine gesonderten Anwendungsfunktionen implementiert, sodass sich das Framework vornehmlich für Dokumentationszwecke eignet.

2.7.3 Bewertungsobjekte

Einführungs- und Entwicklungsprojekte zeichnen sich dadurch aus, dass in ihrem Verlauf vielfach eine Auswahl aus mehreren Lösungsalternativen getroffen und anschließend umgesetzt werden muss. So mussten z.B. im Rahmen das PROWORK-Projekts bei den Industriepartnern Auswahlentscheidungen bzgl. der zu realisierenden Systemumgebung und der zu implementierenden Workflows getroffen werden. Damit entschieden werden kann, welche Alternative ausgewählt wird, sind im Vorfeld die Ziele festzulegen, die mit dem Projekt erreicht werden sollen (vgl. Litke 1995, S. 32f.). Für jedes Ziel ist zu definieren, wie der Zielerfüllungsgrad einzelner Alternativen bestimmt werden kann. Hierfür sind die Merkmale anzugeben, anhand derer die Zielerfüllung gemessen werden kann (vgl. Litke 1995, S. 37). Eine beispielhafte Zieldefinition für die Umsetzung von Prozessen in

Workflows wurde bereits in Abschn. 2.2 vorgestellt (vgl. hierzu auch Becker et al. 2000, S. 13-24).

Projekte unterscheiden sich sowohl hinsichtlich der durch das Projekt verfolgten Ziele, hinsichtlich der Art von zur Auswahl stehenden Alternativen als auch hinsichtlich der Merkmale, anhand derer die Zielerfüllung der Alternativen bestimmt werden kann. Der Forderung nach einer angemessenen Unterstützung bei der Auswahl von Alternativen werden vorhandene Systeme aber nur in Einzelfällen gerecht. So können Modellierungswerkzeuge teilweise basierend auf Simulationen Prozessmodelle bewerten. Eine Unterstützung bei heterogenen Auswahlentscheidungen (z.B. Auswahl von WfMS, Prozessen, Implementierungsumgebungen) können derartige Systeme jedoch nicht leisten.

Der Software-Assistent enthält einen Funktionsblock (Modul), mit dem eben dieser Auswahlprozess besser unterstützt werden kann. So können projektspezifisch neue *Bewertungsobjekttypen* angelegt werden. Diese sind mit Klassen aus der Objektorientierten Programmierung oder mit Record-Strukturen aus der Prozeduralen Programmierung vergleichbar. Neben dem Namen wird pro Bewertungsobjekttyp festgelegt, welche Merkmale (*Attribute*) für Bewertungsobjekte des jeweiligen Typs erfasst werden und von welchem Typ diese sind.

Mit der Definition von Bewertungsobjekttypen legt das Projektmanagement fest, an welchen Stellen Auswahlalternativen erwartet werden und welche Informationen für die Auswahlentscheidung als relevant erachtet werden. Während des Projektes kann für jede mögliche Alternative ein neues *Bewertungsobjekt* angelegt werden. Während der Analysephase werden die Bewertungsobjekte dann hinsichtlich der zuvor festgelegten Merkmale untersucht und bewertet bzw. die entsprechenden Informationen dem Bewertungsobjekt hinzugefügt.

In der sich an die Bewertung anschließenden Auswahlphase dienen die Informationen zu dem Merkmalen der Bewertungsobjekte als Entscheidungsgrundlage. In welcher Weise diese dabei ausgewertet werden, ist von den Anforderungen an die Informationsaufbereitung abhängig. Der Software-Assistent setzt exemplarisch einige Auswertungsmethoden um:

- *Tabellen*: Die Informationen lassen sich in Tabellen aggregiert darstellen, wobei sich die Gestalt der Tabellen anpassen lässt.
- *Tabellenexport*: Die Daten der Tabellen lassen sich exportieren, um sie z.B. in einem Tabellenkalkulationsprogramm weiter aufzubereiten.
- *Kennzahlenanalyse*: Der Software-Assistent bietet die Möglichkeit, für jedes Bewertungsobjekt eines Typs numerische Merkmalsausprägungen gemäß einer mathematischen Formel in eine eindimensionale Kennzahl zu transformieren. Hiermit lässt sich z.B. leicht ein Scoring-Verfahren umsetzen.
- *Portfolio-Analyse*: Basierend auf definierten Kennzahlen können die Bewertungsobjekte in einem Portfolio visualisiert werden. Dabei lassen sich sowohl zwei als auch drei Kennzahlen gleichzeitig in dem zweidimensionalen Graphen abbilden; die ersten beiden Kennzahlen stehen dabei für die Koordinaten, die dritte Kennzahl wird ggf. durch die Größe des repräsentierenden Quadrates visualisiert.

Da sich Workflow-Einführungsprojekte umfassend mit der Infrastruktur und Organisation eines Unternehmen befassen müssen, um sowohl die technische Umsetzung als auch mögliche Verbesserungspotenziale in den Prozessen realisieren zu können, fallen in ihrem Rahmen regelmäßig Auswahlentscheidungen an. Neben der in Abschn. 2.2 vorgestellten Auswahl der Prozesse, die als Workflow implementiert werden, müssen Alternativen zur Systemgestaltung evaluiert oder die optimale Kombination von Koordinationsmechanismen bestimmt werden.

Zu den Alternativen der Systemgestaltung zählt die Auswahl eines Workflowmanagementsystems. Mögliche Kriterien, anhand derer die Auswahl getroffen werden kann, sind dabei u.a. die Erfüllungsgrade von: Abdeckung der erforderlichen Koordinationsmechanismen, Integration in bestehende Systemlandschaft (insb. Anbindung an das PPS-System), Leistungsumfang (z.B. Anzahl der Transaktionen pro Sekunde, Stellvertretungsmodellierung), dynamische Ablaufbeeinflussung (z.B. Modell- bzw. Instanzmodifikation zur Laufzeit, Weiterleiten von Aktivitäten an andere Mitarbeiter).

Zur Unterstützung der Prozessneugestaltung im Vorfeld der Workflow-Implementierung hat Abschn. 2.3 alternative Koordinationsmechanismen sowie Kriterien und Kennzahlen zu deren Bewertung und letztlich der Auswahl geeigneter Mechanismen vorgestellt. Durch die offene Gestaltung des Frameworks lässt sich die in Abschn. 2.3.3 vorgestellte, tabellarische Auswertung vollständig integrieren. Durch die Berechnung von Kennzahlen und den Vergleich möglicher Alternativen kann das Framework so zur Unterstützung dieser Projektphase beitragen.

2.7.4 Dokumentenverwaltung

Neben den Merkmalen, die wie oben beschrieben zu einzelnen Bewertungsobjekten erhoben werden, fällt in einem Projekt parallel eine Menge von Dokumenten an. Sie unterscheiden sich in den folgenden Punkten von den Merkmalen der Bewertungsobjekte:

- Sie besitzen keinen atomaren Charakter: Während sich Merkmale dadurch auszeichnen, dass die ihnen zugeordneten Werte genau einen zuvor festgelegten Aspekt eines Bewertungsobjekts beschreiben, kann ein Dokument sowohl mehrere Aspekte eines Bewertungsobjekts als auch einen Aspekt mehrerer Bewertungsobjekte beschreiben.
- Sie zielen auf inhaltliche bzw. fachliche Eigenschaften statt auf projektzielbezogene Aspekte ab: Die Menge der Merkmale von Bewertungsobjekten wird im Vorfeld durch das Projektmanagement definiert, um den Erfüllungsgrad des Projektziels ermitteln zu können. Dokumente hingegen zielen eher auf inhaltliche (beschreibende) Aspekte von Bewertungsobjekten. Sie stehen somit nicht direkt im Zusammenhang mit den Projektzielen, können aber das Ergebnis von Aufgaben im Rahmen des Projektes sein (z.B. Prozessmodelle).
- Die Art und Anzahl von Dokumenten zu Bewertungsobjekten ist nicht im Voraus vollständig zu spezifizieren: Zwar lässt sich festlegen, welche Ergebnisse in

Form von Dokumenten festzuhalten sind. Ob aber noch zusätzliche Dokumente (z.B. Korrespondenz, Systemdokumentation) anfallen, ergibt sich erst aus dem Projektverlauf.

- Zur Dokumentation von inhaltlichen Eigenschaften werden in der Regel eigene Methoden zur Darstellung bzw. Bearbeitung genutzt: Auf Standard-Datentypen basierende Merkmale sind nicht für die Darstellung aller Sachverhalte geeignet. So werden z.B. zur Modellierung eigene Werkzeuge genutzt.

Aufgrund der Freiheitsgrade, die Dokumente bei der Beschreibung von Bewertungsobjekten bieten, kommt ihnen im Projekt eine große Bedeutung zu. Sie eignen sich sehr gut, um Wissen, dass im Projekt angefallen ist, zu beschreiben und so den übrigen Projektteilnehmern zur Verfügung zu stellen. Werden alle Informationen, die potenziell auch für andere Projektteilnehmer von Interesse sein können (z.B. Hintergrundinformationen, Entscheidungsbegründungen, Ergebnisse), den entsprechenden Objekten zugeordnet, entsteht ein umfassender Informationspool, der als *Projektbibliothek* aufgefasst werden kann.

Für Bewertungsobjekte lassen sich keine generellen Vorgaben über die relevanten Dokumente machen. So lassen sich bspw. für Prozesse folgende Dokumententypen verwenden:

- *Prozessmodell*: Es beschreibt die zeitlich sachlogische Reihenfolge von Aktivitäten innerhalb eines Prozesses auf der Ebene des Fachkonzepts.
- *Workflowmodell*: Das Workflowmodell ist die vom WfMS ausführbare Repräsentation eines Prozessmodells. Im Rahmen eines Workflow-Einführungsprojektes stellt das Workflowmodell die entwickelte Anwendung dar.
- *Sitzungsprotokolle*: Wurde die Prozess- und Workflowmodellierung in Workshops durchgeführt, dient das Protokoll als fachliche Grundlage für die Prozess- und Workflowmodelle.
- *Korrespondenz*: Vergleichbar zu den Sitzungsprotokollen kann der Schriftverkehr zwischen Projektbeteiligten und Fachvertretern Hinweise auf die Modellgestaltung oder Realisierungsoptionen geben.

Für andere Bewertungsobjekttypen ergeben sich dementsprechend andere Dokumententypen.

Neben dem Dokumententyp ist aber auch noch die Bedeutung eines Dokuments für ein Bewertungsobjekt relevant. So kann es für den Prozess der Auftragsabwicklung mehrere Prozessmodelle mit unterschiedlicher Bedeutung geben. Während das Istmodell den noch praktizierten Zustand repräsentiert, wird im Projekt ein Idealmodell erarbeitet, aus dem sich das später umzusetzende Sollmodell ergibt. Aus dem Sollmodell entsteht dann ein Workflowmodell, das u.U. mit dem gleichen Dokumententyp wie das Sollmodell beschrieben werden kann. Somit muss die Dokumentenverwaltung neben Dokumententypen auch die Bedeutung von Dokumenten verwalten können.

Neben den Bewertungsobjekten stellt das Projekt an sich ebenfalls ein dokumentationswürdiges Objekt dar. So sind Teilergebnisse einzelner Arbeitspakete und Sitzungsprotokolle Beispiele für Informationen, die phasenspezifisch anfallen.

Aus diesem Grund ist es sinnvoll, auch Elementen der Projektstruktur die entsprechenden Dokumente zuordnen zu können. Eine so gestaltete Projektdokumentation hat den Vorteil, dass alle relevanten Informationen am gleichen Ort zu finden sind und somit die Erstellung der Ergebnisdokumentation erleichtern.

Aufgrund der Vielzahl möglicher Dokumententypen werden im Software-Assistenten nicht die einzelnen Methoden in Form von Werkzeugen bereitgestellt. Vielmehr zielt die im Software-Assistenten integrierte Dokumentenverwaltung darauf, eine Umgebung zu schaffen, in der alle benötigten oder relevanten Informationen anhand der im Projekt verwendeten Strukturen (Phasen, Bewertungsobjekte) klassifiziert und gefunden werden können. Für die Anzeige bzw. die Bearbeitung der Dokumente greift der Software-Assistent auf die jeweiligen externen Werkzeuge des aufrufenden Mitarbeiters zurück. Sofern sich die Anwendung auch als OLE-Objekt ansprechen lässt, bietet der Software-Assistent auch die Möglichkeit, das Dokument direkt anzuzeigen.

2.7.5 Ausgewählte Implementierungsaspekte

Das Framework ist mit MS Access entwickelt worden. Dieser Ansatz bietet trotz einfacher Bedienung viele Möglichkeiten, eine den individuellen Bedürfnissen gerecht werdende Anwendung zu entwickeln, ohne dabei auf fundierte Programmierkenntnisse zurückgreifen zu müssen. In Bereichen, in denen die von Access bereitgestellten Funktionen nicht ausreichen, ist auf die eingebaute Programmiersprache Visual Basic for Applications (VBA) zurückgegriffen worden.

Das Framework so zu entwickeln, dass es ohne Anpassungen in beliebigen Projekten eingesetzt werden kann, ist aufgrund der oben dargestellten Eigenschaften von Projekten nicht möglich. Um dennoch möglichst viele Einsatzgebiete für das Framework zu erschließen, ist ein offenes Konzept gewählt worden, dass es ermöglicht, projektspezifische Anpassungen vorzunehmen und dabei auf bereits vorhandene Komponente aufzubauen ohne diese verändern zu müssen.

Wie für alle Bewertungsobjekttypen ist für die Phasen eine eigene Datenbanktabelle angelegt worden, in der projektunabhängige Attribute wie Start- und Endzeitpunkte (sowohl Soll- als auch Istzeiten), Verantwortliche oder beschreibender Text abgebildet werden. Weiterführende Attribute lassen sich projektspezifisch als Kriterien hinzufügen. Da die Phasenstrukturen – also die Beziehungen der Phasen zueinander – als eine für Phasen spezifische Eigenschaft aufgefasst werden können, enthält der Software-Assistent an dieser Stelle Anwendungslogik, welche die referenzielle Integrität sicherstellt. In diesem Punkt nimmt die Phase eine Sonderstellung unter den Bewertungsobjekttypen ein. Basierend auf der Phasenstruktur lassen sich jeder Phase eine beliebige Anzahl von Access-Formularen zuordnen. Bei Bedarf lässt sich zu jeder Kombination aus Phase und Formular die zu bearbeitende Bewertungsobjektklasse festlegen. Einem aufgerufenen Formular wird der zu bearbeitende Bewertungsobjekttyp übergeben. Sind Formulare unabhängig von den Bewertungsobjekttypen entwickelt worden (wie z.B. das Formular zur Kriterienpflege), so können Formulare beliebig wiederverwendet werden.

Die Dokumentenverwaltung ist als eine eigenständige Tabelle realisiert worden, die Bewertungsobjekte und Dokumente zueinander in Beziehung setzt. Dabei erfolgt die Zuordnung zu den Bewertungsobjekten, ohne die referenzielle Integrität durch Funktionen der Datenbank sicherzustellen. Vielmehr werden im Modul der Dokumentenverwaltung Funktionen angeboten, mit der sich die Dokumente entsprechend verwalten lassen. Die Zuordnung besteht dabei aus den Schlüsseln für den Bewertungsobjekttyp, die Bewertungsobjektinstanz und das Dokument. Da die Phasen intern als Bewertungsobjekte behandelt werden, wird die Dokumentenverwaltung auch für die Projektdokumentation eingesetzt.

Die Kriterienbewertungen werden in einer gemeinsamen (untypisierten) Tabelle in Form von Strings gespeichert. Die Umformung in die unterschiedlichen Datentypen wird dabei automatisch durch Funktionen des Moduls vorgenommen. Darüber hinaus bietet das Modul Funktionen, welche es ermöglichen, Kriterien für die Darstellung in einer Formulartabelle vorzubereiten. Für die Bearbeitung der Daten stehen Formulare zur Verfügung, die entsprechend dem Datentyp des Kriteriums ein entsprechendes Formular öffnen. Damit auch von anderen Modulen auf die Kriterien der Bewertungsobjekte zugegriffen werden kann, stehen Funktionen bereit, mit denen die Werte direkt gelesen oder geschrieben werden können.

Von diesen Funktionen macht z.B. das Kennzahlenmodul gebrauch. Basierend auf numerischen Kriterien lassen sich Kennzahlen für einzelne Bewertungsobjekte berechnen, wobei die Definition der Kennzahl als gewichtete Summe Bewertungsobjekttyp-spezifisch erfolgt. Bei der Berechnung einer Kennzahl kann auf andere Kennzahlen des gleichen Bewertungsobjekttyps zurückgegriffen werden. Neben einem Formular zur Definition von Kennzahlen sind Funktionen zur Berechnung einer Kennzahl zu einem oder mehreren Bewertungsobjekten vorhanden.

2.7.6 Zusammenfassung und Ausblick

Für die Durchführung und Planung von Projekten im Allgemeinen und Workflow-Einführungsprojekten im Speziellen existiert eine Vielzahl von unterschiedlichen Software-Werkzeugen, die sich den unterschiedlichen Aufgaben widmen. Das Projektmanagement wird durch Planungssysteme wie MS Project umfassend bei der Termin-, Ressourcen- und Kostenplanung unterstützt. Für die Durchführung des Projektes – insbesondere die Umsetzung bzw. Implementierung – werden auf die jeweilige Situation bezogene Spezialsysteme wie z.B. CAD-Systeme, Entwicklungsumgebungen für Software-Entwicklung, Modellierungswerkzeuge oder Workflowmanagementsysteme eingesetzt. Während sich Systeme zur Managementunterstützung sich dadurch auszeichnen, dass sie unabhängig vom jeweiligen Projekt eingesetzt werden können, sind Realisierungswerkzeuge hoch speziell. Letztere sind, wenn überhaupt, nur im Rahmen gleichartiger Projekte einsetzbar.

Werkzeuge zur Unterstützung der Bewertung und Auswahl möglicher Alternativen im Projekt, zur automatischen Dokumentation des Projektverlaufs und der erzielten Ergebnisse weisen viele projektspezifische Eigenschaften auf. Durch Flexibilisierung von Datenstrukturen und durch die Möglichkeit der Werkzeugintegration und -entwicklung lassen sich jedoch ein Großteil der entwickelten Funktionen wiederverwenden. Mit dem im PROWORK-Projekt entwickelten Framework sind Wege aufgezeigt worden, mit denen sich diese Flexibilität erzielen lässt, ohne für jede Projektklasse ein eigenes System entwickeln zu müssen. Mit der Möglichkeit, dieses Framework aus dem WWW zu beziehen (http://prowork.uni-muenster.de), bietet das PROWORK-Projekt die Möglichkeit, das Werkzeug auch im Rahmen anderer Projekte einzusetzen. Vielleicht kann es so auch als Ausgangspunkt für die Entwicklung einer neuen Gruppe von Software-Produkten zur Projektunterstützung dienen.

2.7.7 Literatur

Becker, J., Bergerfurth, J., Hansmann, H., Neumann, S., Serries, T.: Methoden zur Einführung Workflow-gestützter Architekturen von PPS-Systemen. In: Becker, J., Grob, H. L., Klein, St., Kuchen, H., Müller-Funk, U., Vossen, G.: Arbeitsbericht des Instituts für Wirtschaftsinformatik. Nr. 73. Münster 2000.

Haberfellner, R., Nagel, P., Becker, M., Büchel, A., von Massow, H.: Systems Engineering. Methodik und Praxis. 9. Aufl., Zürich 1997.

Litke, H. D.: Projektmanagement. Methoden, Techniken, Verhaltensweisen. 3., überarb. und erw. Aufl., München, Wien 1995.

Saynisch, M.: Grundlagen des phasenorientierten Projektablaufes. In: Saynisch, M., Schelle, H., Schub, A. (Hrsg.): Projektmanagement. Konzepte, Verfahren, Anwendungen. München, Wien 1979. S. 33-58.

3 Fachkonzepte für Workflow-basierte PPS-Systeme

3.1 Anforderungen an Workflow-basierte PPS-Architekturen

von Holger Hansmann und Stefan Neumann

3.1.1 Ordnungsrahmen

Die Entwicklungsstufe 1 des PROWORK-Projektes, die Gegenstand der vorangegangenen Kapitel ist, sieht eine lose Kopplung unveränderter Standard-Workflowmanagement- und PPS-Systeme bzw. -komponenten vor. Als Defizite dieser Lösung wurden vor allem fehlende Möglichkeiten zur einheitlichen Spezifikation der Prozesssteuerung, die bisher redundant z.B. in der Form von Workflowmodellen und Statusfolgen für Aufträge im PPS-System erfolgt, und zur integrierten Verwaltung Workflow-relevanter Anwendungsdaten und Objektbeziehungen festgehalten. Beispielsweise werden für die technische Auftragsabwicklung üblicherweise verschiedene Workflow-Typen zur Bearbeitung der relevanten Prozessobjekte wie Kundenauftragskopf, Kundenauftragspositionen, Bestellkopf, Bestellpositionen usw. benötigt. Die Beziehungen zwischen diesen Objekten auf Typebene müssen im WfMS abgebildet werden, um zur Laufzeit Workflowinstanzen abhängig von Attributausprägungen der PPS-Objekte korrekt erzeugen zu können. Darüber hinaus kann die Workflow-Ausführung durch Ereignisse beeinflusst werden, die durch Zustandsveränderungen der PPS-Daten repräsentiert werden und nicht ohne weiteres durch das gekoppelte WfMS erkennbar sind (vgl. Abschn. 2.5).

Während in Entwicklungsstufe 1 im Wesentlichen die in konventionellen WfMS vorhandenen Mechanismen der Aktivitäten- und Aktorenkoordination zum Einsatz kommen, sind daher für die Entwicklungsstufe 2 neben den vorhandenen Mechanismen flexible Formen der Datenkoordination und -konsistenzsicherung, eine Verwaltung der Beziehungen zwischen Workflow- und PPS-Objekten sowie flexible, parametrisierbare PPS-Fachkomponenten erforderlich. Diese Funktionen können in einem nur lose gekoppelten WfMS aber nur mit erheblichem Aufwand realisiert werden. Darüber hinaus hat sich gezeigt, dass in bestehenden PPS-Systemen Ansätze vorhanden sind, die eine integrierte Realisierung der erforderlichen Koordinationsmechanismen sinnvoll erscheinen lassen.

Besonderes Potenzial für den Einsatz der zu konzipierenden Workflowbasierten Architektur bietet die Koordination von Planungsprozessen (inkl. der dispositiven Regulierung bei Planabweichungen), da die Aufgabe der industriellen Planung ein hohes Maß an Abstimmung bzw. Koordination der Teilplanungen und der beteiligten planenden Organisationseinheiten erfordert. Beispielweise wird in vielen Unternehmen die Feinplanung für einzelne Fertigungsbereiche dezentral durchgeführt, während die Materialbedarfsplanung zentral erfolgt. Aufgrund der Abhängigkeiten zwischen den Fertigungsbereichen ist dann eine dezentrale Abstimmung erforderlich. Weiterhin existieren in produzierenden Unternehmen, insbesondere bei Einzel- und Kleinserienfertigern, spezifische logistische Restriktionen (z.B. Engpässe durch knappe Spezialressourcen wie Montagehallen usw.). Der damit verbundene Bedarf an individuell gestaltbaren Planungsprozessen kann durch den Grad der Anpassbarkeit bestehender PPS-Systeme nicht gedeckt werden.

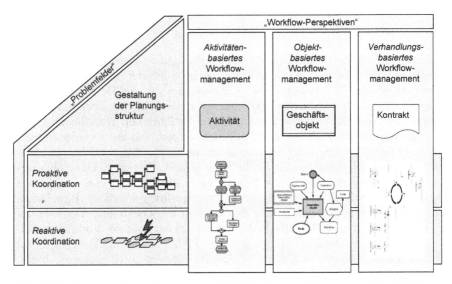

Abb. 3.1-1. Ordnungsrahmen für neuartige Workflow-basierte Konzepte und Architekturen von PPS-Systemen

Wesentliche Problemfelder der Entwicklungsstufe 2 und Workflow-Mechanismen, die zur Lösung beitragen können, werden in einem Ordnungsrahmen zusammengefasst, der als Grundlage für den Aufbau dieses Kapitels dient (vgl. Abb. 3.1-1). Folgende Themengebiete werden untersucht:

- Die *Gestaltung der Planungsstruktur* als taktische und strategische Aufgabe schafft die Voraussetzung für eine flexible und effiziente Koordination der Planungsprozesse. Sie beinhaltet die Analyse der Planungsaufgaben eines Unternehmens sowie deren Interdependenzen und die darauf aufbauende Um- oder Neukonfiguration des Planungssystems mit dem Ziel, die Qualität der Planungsergebnisse zu erhöhen und den Planungsaufwand zu senken, indem z.B. redundante Planungsaufgaben eliminiert, Planungshorizonte aufeinander abgestimmt und zusätzliche Informationsflüsse eingerichtet werden. Die Grundlagen dieser Problematik und Lösungsansätze werden im Abschn. 3.3 beschrieben.

- Die *proaktive Koordination von Prozessen* umfasst die Steuerung von strukturierten und ex ante modellierten Prozessen der Auftragsabwicklung. Die Ablauf- bzw. Kontrollflussalternativen, beteiligten Organisationseinheiten, benötigten Daten und Anwendungssysteme sowie die Ereignisse, die während der Prozessausführung auftreten können, werden als im vorhinein bekannt vorausgesetzt und in Workflowmodelle der drei im folgenden erläuterten Perspektiven umgesetzt. Diesem Problembereich wird durch die Ausführungen im Abschn. 3.1.3 Rechnung getragen, das eine Referenzarchitektur für ein Workflowbasiertes PPS-System konzipiert.

- Die *reaktive (regulierende) Koordination* versucht hingegen, unvorhergesehene Ereignisse innerhalb der Auftragsabwicklung, die nicht durch die strukturierten Prozesse im Rahmen der proaktiven Koordination abgefangen werden, zu identifizieren und geeignete Maßnahmen zu deren Behandlung zu ergreifen. Diese können z.B. in der dynamischen Generierung spezieller Workflows zur Ereignisbehandlung oder der Benachrichtigung geeigneter Personen bestehen. Gegenstand der reaktiven Koordination ist somit die *Kontrolle* von Planungsprozessen bzw. die *Steuerung* von Ausnahmebehandlungsprozessen. Der Abschnitt 3.5 widmet sich diesem Themenbereich. Einige für die Referenzarchitektur relevante Aspekte finden sich auch im Abschn. 3.1.3.

Die für die proaktive und reaktive Koordination[1] relevanten Workflow-Mechanismen werden anhand des im Mittelpunkt der Koordination stehenden Objektes in die *Perspektiven*

- *Aktivitäten*basiertes Workflowmanagement,
- *Objekt*basiertes Workflowmanagement,
- *Verhandlungs*basiertes Workflowmanagement

eingeteilt. Die Perspektiven stehen orthogonal zu den im Abschn. 1.3.2 (Workflow-Grundlagen) vorgestellten Koordinationsarten Aktivitäten-, Ressourcen- und regulierende Koordination und repräsentieren jeweils alternative Workflowmanagement-Ansätze, die jedoch auf Grund ihrer jeweils unterschiedlichen Einsatzeignung für die Koordination von Prozessen der Auftragsabwicklung in einem Workflow-basierten PPS-System zu einem ganzheitlichen Konzept integriert werden müssen.

Das aktivitätenbasierte Workflowmanagement entspricht der Sichtweise gängiger WfMS, die in den Kapiteln 1 und 2 erläutert ist. Auf das verhandlungsbasierte Workflowmanagement wird insbesondere in Abschn. 3.4 näher eingegangen. Das

---

[1] Vgl. zu dieser Einteilung auch Abschn. 2.2.3.1.

objektbasierte Workflowmanagement korrespondiert mit der in einigen modernen PPS-Systemen vorzufindenden objektorientierten Sichtweise. Da diese Perspektive somit grundlegende Koordinationsmechanismen in PPS-Systemen beinhaltet und daher für die Gestaltung eines integrierten, Workflow-basierten PPS-Systems fundamentale Bedeutung aufweist, wird sie im Anschluss detailliert erläutert, bevor die drei Perspektiven *objekt-, aktivitäten-* und *verhandlungsbasiertes Workflowmanagement* in der in Abschn. 3.1.3 erläuterten Referenzarchitektur eines Workflow-basierten PPS-Systems zu einem Gesamtkonzept integriert werden.[2]

3.1.2 Objektbasiertes Workflowmanagement

PPS-Systeme planen und steuern Produktionsprozesse durch Management des materialflussbegleitenden Informationsflusses. Dies beinhaltet insbesondere die integrierte Verwaltung der Daten zu Objekten der Material-, Zeit- und Kapazitätswirtschaft. Das Management der Komplexität dieser Datenstrukturen und der Interdependenz zwischen den Geschäftsobjekten der industriellen Auftragsabwicklung stellt sozusagen die „Kernkompetenz" eines PPS-Systems dar. Aus der Interdependenz der Daten resultiert eine Interdependenz der Datenverarbeitungsfunktionen. PPS-Systeme stellen daher sicher, dass die Daten in einer integritätserhaltenden Reihenfolge und durch berechtigte Anwender bearbeitet werden. Bei der unternehmensspezifischen Konfiguration eines Standardsystems können diese Beziehungen zu einem geringen Teil verändert werden, um es an die Unternehmensprozesse anzupassen. Damit liegen jedem PPS-System implizite Prozessdefinitionen zugrunde, die sich aus seiner Planungs- und Steuerungslogik (bspw. die Funktionsfolgen in MRP II) ergeben und jede weitere, benutzerindividuelle Prozessmodellierung dominieren (vgl. Abschn. 2.5).

In den Modellierungssprachen von WfMS werden Workflows üblicherweise als Folgen von Aktivitäten aufgefasst, denen bei Bedarf die von ihnen bearbeiteten Nutzdaten zugeordnet werden. Diese Perspektive überlagert in der PPS die implizite Ablauflogik des Anwendungssystems und stößt dabei auf die bereits angesprochenen Schwierigkeiten. Ein Workflow-basiertes PPS-System muss daher eine integrative Sichtweise auf Daten und Funktionen einnehmen können, die als Objektorientierung bezeichnet wird, und darüber hinaus weitere Workflow-Perspektiven integrieren.

In einem objektorientierten PPS-System stellen Geschäftsobjekte, die die relevanten Entitäten der Auftragsabwicklung repräsentieren, die zentralen Betrachtungsgegenstände dar. Geschäftsobjekte kapseln die Daten, die zur Beschreibung ihrer Eigenschaften erforderlich sind, und die Operationen zu ihrer Bearbeitung. Eigenschaften und Operationen werden in Klassen definiert, aus denen zur Laufzeit mehrfach Objektinstanzen gebildet werden können (vgl. z.B. Booch 1994, Ja-

---

[2] Zu den drei Perspektiven vgl. auch die im Abschn. 2.4 beschriebenen allgemeinen Workflow-Modellierungsparadigmen (vorgangsbasierte, konversationsstrukturorientierte und Objektmigrationsmodelle).

cobson et al. 1995, Balzert 1996, Booch et al. 1996). Werden Geschäftsobjekte und ihre Beziehungen als Ausgangspunkte einer Prozessdefinition herangezogen, wird hier von einem *objektbasierten Workflow* gesprochen. Der Objektbezug ermöglicht grundsätzlich alle Koordinationsmechanismen des Workflowmanagements.

3.1.2.1 Aktivitätenkoordination

Aktivitäten werden Objekten vor allem durch die auf ihnen zugelassenen *Operationen* zugeordnet. Beim objektbezogenen Workflowmanagement wird die Tatsache genutzt, dass in der PPS typischerweise mehrere aufeinander folgende Operationen am selben Objekt ausgeführt werden. Bei den Operationen handelt es sich um Standardfunktionen, die jedes Objekt besitzt (Erzeugen, Bearbeiten, Sperren etc.), oder um spezifische Operationen (z.B. die Freigabe eines Fertigungsauftrags).

Eine Reihenfolge der an einem Objekt ausgeführten Operationen kann durch Statusdefinitionen vorgegeben werden (vgl. Abschn. 2.5.2.1). Operationen können nach ihrer Ausführung den Status eines Objektes verändern bzw. einen bestimmten Objektstatus voraussetzen. Statusfolgen sind z. T. durch das System vorgegeben und können individuell erweitert werden.

Objektübergreifende Aktivitätenfolgen werden auf zwei Arten definiert: Zum einen kann die Ausführung einer Operation an einem Objekt einen bestimmten Status eines anderen Objektes bedingen. Zum anderen ergeben sich mögliche Bearbeitungsreihenfolgen aus den Beziehungen zwischen Objekten. Aus der Gesamtheit der im Objektmodell spezifizierten Beziehungstypen sind diejenigen Workflow-relevant, die eine direkte sachlogische Kopplung von Bearbeitungsfunktionen repräsentieren. Zur Laufzeit kann nach der Bearbeitung eines Objektes anhand dieser Beziehungstypen die Menge potenzieller Folgefunktionen vom System ermittelt und dem Bearbeiter vorgeschlagen werden. Analog zu der Methode, mit der PPS-Systeme aus Teilestücklisten und Arbeitsplänen automatisch die erforderlichen Fertigungsaktivitäten und ihre Abhängigkeiten ableiten, entstehen so Prozessdefinitionen aus allgemeinen Objektstrukturen (vgl. auch van der Aalst, W. M. P. 1999).

Für Operationen einer Objektklasse können zudem Ereignisse definiert werden, die vor oder nach ihrer Ausführung aktiviert werden und spezifische Aktionen auslösen. Damit kann die große Zahl der aus dem Objektmodell resultierenden Kontrollflussalternativen weiter eingeschränkt werden. In einem gegebenen Kontext erzwungene Folgefunktionen oder Workflows können durch die Ereignisauslösung automatisch getriggert werden.

3.1.2.2 Ressourcenkoordination

Die Zuordnung von Aktivitäten zu Bearbeitern erfolgt durch Berechtigungen zur Ausführung von Operationen an Objekten. Berechtigungen gelten für eine Menge von Anwendern, die anhand von Rollen gruppiert werden, und werden auf Objektebene oder auf Ebene einzelner Operationen definiert. Dabei können Berechtigungen auf Operationen eines bestimmten Typs (z.B. „lesend") oder auf Objekte mit vorgegebenen Eigenschaften (z.B. Artikel einer bestimmten Warengruppe) eingeschränkt werden. Das Rollenmodell kann strukturiert werden, wobei übergeordnete Rollen grundsätzlich die Berechtigungen der ihnen untergeordneten Rollen erben.

Auf Client-Ebene sorgen Filterfunktionen für eine kontextgerechte Darstellung der einem Akteur zugeordneten, zur Bearbeitung anstehenden Objekte. Aus der Menge aller Objekte einer Klasse werden dem Bearbeiter diejenigen Instanzen angeboten, die sich in einem bestimmten Status befinden oder andere Selektionsbedingungen erfüllen. Dieser Form der Ressourcenkoordination liegt die Annahme zugrunde, dass ein Bearbeiter grundsätzlich eine begrenzte Menge gleichartiger Aktivitäten an Objekten verrichtet, die sich im selben Zustand befinden.

Objekte können auch Daten und Funktionalität externer Anwendungssysteme repräsentieren und werden folglich als Schnittstellen zu diesen Systemen implementiert. Operationen auf diesen Objekten bewirken Zugriffe auf die externen Anwendungen. Überdies können Objekten des PPS-Systems auch mit beliebigen Werkzeugen erstellte Dokumente zugewiesen werden. Damit lässt sich in objektbezogenen Workflows eine *System- und Datenkoordination* zwischen heterogenen Anwendungssystemen realisieren.

Die für die beschriebenen Steuerungsmechanismen erforderlichen Elemente können jeweils der Daten-, Funktions-, Organisations- oder Prozesssicht zugeordnet werden und sind mit ihren Verknüpfungen in Abb. 3.1-2 dargestellt.

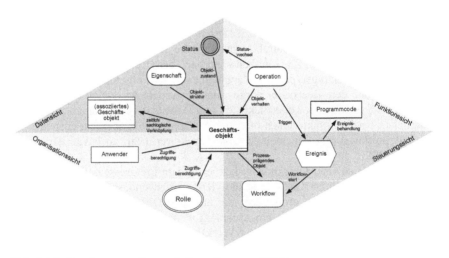

Abb. 3.1-2. Zuordnung von Prozessinformationen zu Objekten

3.1.2.3 Bewertung

Beim objektbasierten Workflowmanagement werden die vorhandenen Mechanismen in PPS-Systemen konsequent genutzt und weiter entwickelt, um viele der über die Produktionsplanung hinaus gehenden Koordinationsbedarfe zu decken. Die unter der Kontrolle des Systems stehende Ausführung von Workflow-Aktivitäten verschmilzt in diesem Ansatz vollständig mit den Aufgaben des Datenmanagements in einem objektorientierten PPS-System. Die Komplexität der Ablaufdefinition wird zudem deutlich reduziert, da einzelne koordinatorische Festlegungen zunächst unabhängig voneinander am Geschäftsobjekt vorgenommen werden können. Aus den Interdependenzen dieser Vorgaben und den Beziehungen zwischen den Objekten ergibt sich zur Laufzeit ein systemgesteuerter Kontrollfluss (vgl. Abb. 3.1-3).

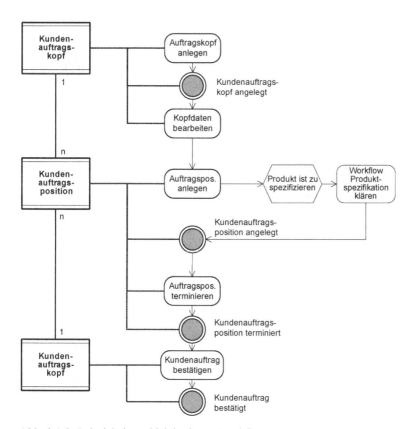

Abb. 3.1-3. Beispiel eines objektbasierten Workflows

Da die isolierte, auf ein einzelnes Geschäftsobjekt bezogene Definition von Koordinationsmechanismen keine zusammenhängende und integrierte Repräsentation eines Geschäftsprozesses darstellt, steht diesen Nutzeneffekten eine Reihe von Nachteilen gegenüber:

• Die Koordinationsmechanismen wirken grundsätzlich ohne Bezug zum Kontext eines Geschäftsprozesses. Ihre Funktionsweise und Interdependenzen lassen sich nur bedingt auf einzelne Prozesstypen einschränken oder prozesstypspezi-fisch ausprägen. Objektübergreifende Aktivitätenfolgen, die mehr als einen einzelnen Übergang von einem Objekt zum anderen beinhalten, sind grund-sätzlich nicht spezifizierbar.

- Das Monitoring eines objektbezogenen Workflows lässt sich durch Filterfunkti-onen und eine grafische Darstellung der erzeugten Prozessobjekte und ihrer Beziehungen zwar gut unterstützen, es fehlt jedoch eine integrierte Sicht auf den weiteren zu erwartenden Kontrollfluss und vorhandene Ablaufalternativen.
- Das Fehlen einer eigenständigen, objektübergreifenden Prozessdefinition als Bezugsobjekt beeinträchtigt auch die Möglichkeiten des Ex-post-Controllings objektbezogener Workflows. Das Workflow-Controlling fokussiert daher pri-mär auf den Kundenauftrag als zentrales Geschäftsobjekt der PPS. Eine Detail-lierung der Analyse durch Betrachtung der Subprozesse der Auftragsabwick-lung erfolgt anhand der mit dem Kundenauftrag verknüpften weiteren Objekte.
- Durch die Verteilung koordinatorischer Festlegungen auf mehrere Geschäfts-objekte wird die Wartbarkeit der unternehmensspezifischen Prozessdefinition beeinträchtigt.

Das objektbasierte Workflowmanagement und die weiteren Sichtweisen *aktivitä-ten-* und *verhandlungsbasiertes Workflowmanagement* werden daher in der nach-folgend erläuterten Referenzarchitektur eines Workflow-basierten PPS-Systems zu einem Gesamtkonzept integriert.

3.1.3 Referenzarchitektur eines Workflow-basierten PPS-Systems

Die vorgeschlagene Referenzarchitektur beinhaltet sowohl Standard-Workflow-management- und PPS-Komponenten als auch zusätzliche Komponenten, die die Integration der PPS- mit den Workflow-Mechanismen sicherstellen. Abb. 3.1-4 zeigt die funktionalen Aspekte eines Workflow-basierten PPS-Systems.[3] Es wird ferner abstrahiert von technischen Fragen der Interoperabilität, welche als von existierenden Middleware-Lösungen wie der Common Object Broker Request Ar-chitecture (CORBA) gelöst betrachtet werden.

---

[3] Aus Gründen der Übersichtlichkeit sind nicht alle Beziehungen zwischen den Kompo-nenten abgebildet. Englische Begriffe wurden bei der Benennung der WfM-Komponenten in Anlehnung an die Referenzarchitektur der WfMC verwendet sowie bei der Benennung der Beziehungen, die Aufrufe von Methoden der zugrundeliegenden Business Objects repräsentieren.

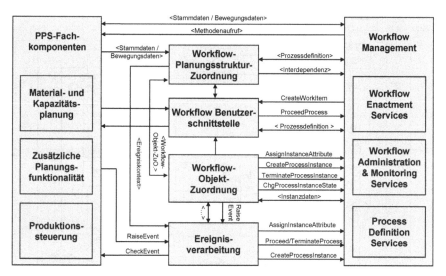

Abb. 3.1-4. Architektur eines Workflow-basierten PPS-Systems

Das Fachkonzept dieser Architektur für die Datensicht wird von dem in Abb. 3.1-5 dargestellten Datenmodell repräsentiert. Das Modell beschreibt die relevanten PPS- und Workflow-Objekte und ihre Beziehungen, die zur ganzheitlichen Koordination von Prozessen der Auftragsabwicklung berücksichtigt werden müssen. Die Datenelemente und ihre Beziehungen sind in Form eines erweiterten Entity Relationship Modells (eERM, vgl. Chen 1976, Hars 1994, Becker u. Schütte 1996) beschrieben.

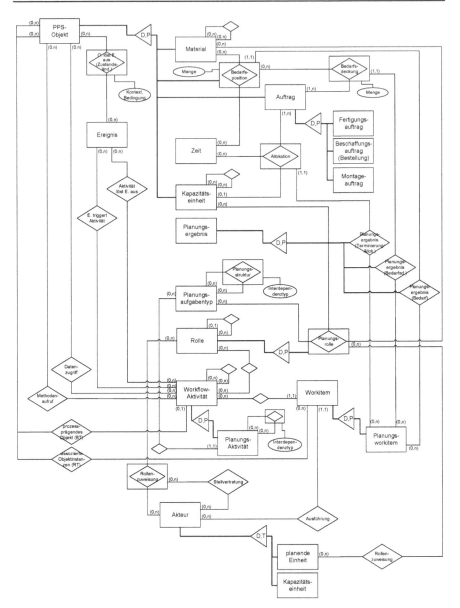

Abb. 3.1-5. Fachkonzeptionelles Datenmodell eines Workflow-basierten PPS-Systems

In Analogie zu den Architekturkomponenten kann das eERM in mehrere (nicht-disjunkte) Cluster unterteilt werden.

3.1.3.1 Workflowmanagement

Die *Workflowmanagement*-Komponente stellt grundlegende Funktionalitäten zur Steuerung von Prozessen basierend auf Workflowmodellen und zur Verwaltung der Modelle und Laufzeitdaten zur Verfügung. Die Komponente bietet damit typische Fähigkeiten einer Workflow-Engine sowie zusätzliche Methoden für den Zugriff auf und die Veränderung von Workflowmodellen. Durch die Interaktion mit den anderen Architekturelementen steuert die Workflowmanagement-Komponente die Prozesse, indem sie Planungsfunktionen in der Form parametrisierter *Fachkomponenten* aufruft und auf die zurückgegebenen Informationen reagiert.

Das Datenmodell enthält verschiedene Entitätstypen, die auch in einem typischen Workflow-Metamodell[4] zu finden sind. In diesem Zusammenhang werden nur die Elemente berücksichtigt, die für die Integration von Workflow- und PPS-Koordinationsmechanismen relevant sind.

Workflow-Aktivitäten repräsentieren die Funktionen innerhalb eines Workflows oder den Workflow selbst, da die Modelle hierarchisiert werden können. Eine oder mehrere *Rolle*(n) können einer Aktivität zugeordnet werden. Sie repräsentieren eine Qualifikation oder Kompetenz, die zur Durchführung einer Aufgabe notwendig ist, und können ebenfalls in Form einer Hierarchie angeordnet werden (z.B. um den Sachverhalt „Vorgesetzter" auszudrücken). Eine *Planungsrolle* repräsentiert eine spezielle Variante einer Rolle für die Zwecke der Produktionsplanung; *Planungsaktivitäten* stellen einen speziellen Typ von Workflow-Aktivitäten dar (s. Abschn. 3.1.3.3).

Wenn ein Workflow instanziiert wird, werden die Aktivitäten (Definitionsphase bzw. Build-time) zu *Workitems* (Laufzeit bzw. Run-time). Diese werden in der elektronischen *Worklist* der Personen angezeigt, die die passende Rolle besitzen (*Akteure* bzw. Aktoren). Zusätzlich kann für jede Rollenzuordnung eine *Stellvertretung* definiert werden.

3.1.3.2 PPS-Fachkomponenten

Die PPS-*Fachkomponenten* sind Anwendungen in Form einer Menge von Business Objects (Methoden und Daten) für alle PPS-Aufgaben, die nicht durch die Workflow-Koordinationsmechanismen übernommen werden, da sie algorithmischer Natur sind bzw. domänenspezifische Funktionalität beinhalten (z.B. Verfügbarkeitsprüfung, Bedarfsauflösung, Algorithmus zur Rückwärtsterminierung). Die Funktionen werden zwar innerhalb der betrachteten Architektur bereitgestellt, zusätzlich müssen aber ggf. spezialisierte bzw. individuell entwickelte Anwendungssysteme zur Lösung von Spezialproblemen integriert werden (z.B. Lagersteuerungssystem). Eine vollständige Integration der Koordinationsmechanismen ist daher in diesen Fällen nicht möglich.

---

[4] Das Metamodell eines WfMS definiert die Modellierungssprache, die bei der Spezifikation von Workflowmodellen zum Einsatz kommt.

Zu den im Datenmodell verwendeten PPS-Objekten gehören Material, Auftrag und Kapazitätseinheit sowie deren Beziehungen zu anderen Modellelementen, (z.b. eine Bedarfsposition als Beziehung zwischen Material und Zeit), die nicht zu den Workflow-Mechanismen zählen und daher nicht im Rahmen der Komponente *Workflow-Objekt-Zuordnung* (WOZ, vgl. Abschn. 3.1.3.4) betrachtet werden.

3.1.3.3 Workflow-Planungsstruktur-Zuordnung

Die *Workflow-Planungsstruktur-Zuordnung* (WPZ) erlaubt die Modellierung von Planungsaufgaben, Ressourcen (Teilen und Kapazitätseinheiten auf unterschiedlichen Aggregationsebenen), ihren zeitlichen und logischen Interdependenzen zur Build-time und groben Verantwortlichkeiten als Basis für die Koordination der Produktionsplanung. Durch ein solches Modell der unternehmensspezifischen *Planungsstruktur* kann eine Verbindung zwischen Planung, Ressourcen und Workflow-Aktivitäten hergestellt werden. Eine automatisierte Verwaltung dieser Beziehung schafft eine Reihe koordinatorischer Nutzeneffekte.

PPS-Systeme koordinieren normalerweise keine Prozesse, die zur Regelung von Planungsabweichungen bzw. Störungen notwendig sind. Diese Prozesse können komplex sein und werden meistens ad-hoc manuell koordiniert. Ihre Struktur basiert allerdings auf Planungs- und Ressourceninterdependenzen, die die Reihenfolge der notwendigen Aufgaben zur Neuplanung mit modifizierten Parametern determinieren. Ausgehend von der fehlenden Ressource oder der erfolglosen Planungsaufgabe ermöglicht die WPZ-Komponente die Identifikation benötigter Maßnahmen durch Traversierung der Planungsstruktur. Eine Menge (oder Folge) von Aufgaben und verantwortlichen Workflow-Akteuren kann in Form eines *dynamisch erstellten Workflowmodells* vorgeschlagen werden. Die Ausführung solcher Regelungsprozesse kann zudem durch die Workflow-Engine gesteuert werden. In ähnlicher Form können Workflows dynamisch zum Umgang mit Aufträgen generiert werden, die nicht durch „Standard"-Planungsprozesse (MRP II) verarbeitet werden können.

Das zentrale Element des Koordinationsproblems wird im Datenmodell durch den Entitätstypen *Planungsaktivität* (z.B. „Kapazitätsbedarf ermitteln") repräsentiert, der eine Spezialisierung einer Workflow-Aktivität ist und eine Beziehung zu den grobgranularen Planungsaufgaben (z.B. allgemein „Kapazitätsplanung") aus der Planungsstruktur besitzt. Der Interdependenztyp spezifiziert, ob zwei Planungsaktivitäten eine *anweisungs-* oder *verhandlungsbasierte* Beziehung haben, was entweder bedeutet, dass eine Planungsaktivität einer anderen Vorgaben machen kann (z.B. terminliche Eckwerte, Mengen), oder dass Planungsergebnisse der Output einer Verhandlung zwischen verschiedenen Planungseinheiten sein können (vgl. Abschn. 3.1.4). Zur Koordination verhandlungsbasierter Beziehungen können Mechanismen des *verhandlungsbasierten Workflowmanagements* eingesetzt werden (vgl. Abschn. 3.4). Anweisungsbasierte Interdependenzen bedingen den Einsatz *Aktivitäts-* oder *Objektbasierter* Workflow-Mechanismen.

Planungsaufgaben bzw. -aktivitäten werden verantwortlichen Personen üblicherweise nach dem Typ des betroffenen Teils (z.B. Baugruppe) oder nach der betroffenen Kapazitätseinheit (z.B. Fabrik, Fließband oder Gruppe von Zulieferern) zugewiesen. Dieses Wissen wird für die *bedingte Rollenauflösung* (vgl. Abschn. 1.3.2 [Workflow-Grundlagen] und 2.2 [Workflow-Eignung]) genutzt, so dass Workitems in Abhängigkeit von Auftragsmerkmalen an Aufgabenträger gerichtet werden können. Daher wird die Beziehung zwischen Kapazitätseinheit, Material und Planungsaufgabentyp als ein neuer Entitätstyp Planungsrolle interpretiert. Wenn die Rolle keine Restriktionen gegenüber Material und/oder Kapazitätseinheiten aufweist, kann ihr das oberste Element der jeweiligen Hierarchie zugewiesen werden.

Welche Art von Planungsergebnis (Terminierung/Allokation, Bedarf, Bedarfsdeckung) von einem Planungs-Workitem erzeugt wird, wird ebenfalls bei der Workflowmodellierung zur Build-time festgelegt. Die Zuordnung konkreter Planungs-Workitems zu ihren Planungsergebnissen zur Laufzeit kann für die Störungsbearbeitung und für das Workflow-Controlling (vgl. Abschn. 2.6) genutzt werden. Beispielsweise liefert die Zuordnung Informationen darüber, welche Rolleninhaber welche Ressourcen zu einer bestimmten Zeit beplant haben.

3.1.3.4 *Workflow-Objekt-Zuordnung*

Die Komponente *Workflow-Objekt-Zuordnung* (WOZ) verknüpft Informationen über Workflows und assoziierte PPS-Objekte. Diese Funktion basiert auf den im Prozessmodell spezifizierten Beziehungen zwischen Workflow-Aktivitäten, Rollen und prozessprägenden Objekten zur Build-time. Die konkreten Objektinstanzen, die von einem Workitem verarbeitet werden müssen, werden zur Laufzeit bestimmt.

Mit Hilfe dieser Information kann die Konsistenz der Strukturen von ausgeführten Workflows und Objekten gesichert werden. Sobald neue Objekte als Ergebnis einer Planungsaufgabe (*Planungsergebnis*), z.B. der Erzeugung von Fertigungsaufträgen für Bedarfe, die aus einem Kundenauftrag resultieren, instanziiert werden, erzeugt die WOZ-Komponente die benötigten Workflowinstanzen (hier: Fertigungsaufträge) und verwaltet ihre Beziehungen zur übergeordneten Kundenauftrags-Workflowinstanz. Auch bei Splitting und Losbildung übernimmt die WOZ-Komponente die Synchronisation der entsprechenden Workflowinstanzen.

Bei Notwendigkeit einer Um- bzw. Neuplanung identifiziert die Komponente in Verbindung mit der WPZ, die die Planungsstruktur verwaltet, die betroffenen Workflowinstanzen und propagiert die notwendigen Veränderungen an die Workflow-Engine. Dies kann zur Erzeugung, zum Abbruch oder zur Suspension von Workflowinstanzen oder zu Veränderungen von Zuordnungen zu über-/untergeordneten Workflows führen (z.B. falls ein verspäteter Fertigungsauftrag einem anderen Kundenauftrag mit niedrigerer Priorität zugewiesen wird und das dringender benötigte Teil stattdessen von einem Zulieferer beschafft wird). Es kann auch hilfreich sein, die Rollen/Personen als Bearbeiter von Workitems, die ursprünglich zu einem Planungsergebnis geführt haben (vgl. Abschn. 3.1.3.3), mit der Information zu versorgen, dass ein Problem in ihrem Verantwortungsbereich aufgetreten ist. Dies könnte durch automatische Generierung eines neuen Workitems zur Behebung des Problems und Zuweisung zur entsprechenden Rolle geschehen.

Darüber hinaus soll den Workflow-Teilnehmern die zur Verarbeitung der Workitems notwendige PPS-Funktionalität der Fachkomponenten bereitgestellt werden. Hierzu werden im Workflowmodell Methodenaufrufe und Datenzugriffe spezifiziert und den im PPS-System vorhandenen Business Objects zugeordnet. Eine Teilmenge dieser Daten („Workflow-relevante Nutzdaten") kann von der Workflow-Engine zur Verwaltung des Kontrollflusses genutzt werden, z.B. um über alternative Zweige im Workflowmodell zu entscheiden.

3.1.3.5 Ereignisverarbeitung

Workflow-Aktivitäten können durch PPS-spezifische *Ereignisse* ausgelöst werden, und Ereignisse können auch durch Workflow-Aktivitäten hervorgerufen werden. Die Ereignisverarbeitung erkennt relevante Ereignisse in der Anwendungssystemumgebung und bestimmt geeignete Aktionen zu ihrer Behandlung. Ein Ereignis kann entweder durch einen Standard-Methodenaufruf eines externen Systems gemeldet werden, oder autonom von der Ereignisverarbeitung ermittelt werden. Letzteres geschieht durch Polling-Mechanismen wie z.B. Software-Agenten, die zyklisch bestimmte Datenbankeinträge abfragen. Ereignisse sind vor allem durch die *Änderungen von Attributen* (Zustandsänderung) von PPS-Objekten wie bspw. des Wunsch-Liefertermins eines Kundenauftrags charakterisiert. Zusätzlich können *Bedingungen* definiert werden, damit nicht bei jeder Zustandsänderung eine Ereignisbehandlung ausgelöst wird.

Neben dem Ereignistyp und der zur Erkennung benötigten Datenzugriffsmechanismen erfordert die Behandlung von Ereignissen Informationen über den relevanten *Kontext*. Der PPS-Kontext eines Ereignisses besteht aus einer Menge von Attributen, die zur Build-time als *relevant für die Problembehebung* definiert werden, zur Laufzeit mit den entsprechenden Werten gefüllt werden und dem Workflow-Akteur bei der Problembehebung von Nutzen sein können (z.B. das betroffene PPS-Objekt, die das Ereignis verursachende Aktion, das „Before-", und „After-Image" einer Attributänderung usw.).

3.1.3.6 Workflow-Benutzerschnittstelle

Diese Komponente verwaltet die Benutzerschnittstelle für menschliche Bearbeiter. Sie informiert potenzielle Workflow-Akteure ihren Rollen entsprechend über aktuelle Aktivitäten (*Workitems*) aus aktivitäts-, objekt- und verhandlungsbasierten Workflows. Ein Akteur kann ein Workitem zur Bearbeitung übernehmen, so dass es für andere nicht mehr sichtbar ist, und später seine Fertigstellung bestätigen.

Dies kann auf zwei Arten geschehen: Workitems werden entweder in einem Worklist-Client dargestellt, der Benutzerinteraktion ermöglicht und die Bereitstellung relevanter Anwendungsdaten vornimmt, oder die Informationen zum Workitem werden an ein anderes System in der Arbeitsumgebung des Benutzers weitergeleitet (z.B. an einen Groupware-Client) und dort weiter verarbeitet.

Das Benutzerschnittstellen-Modul kann auch zusätzliche Informationen über Workflow-Historie und -Kennzahlen, organisatorische Zuordnungen, Prozesswissen etc. bereitstellen. Zudem erlaubt es begrenzte Modifikationen von Workitem-Zuordnungen und Prozessdefinition zur Laufzeit (Ad-hoc-Modellierung).

3.1.4 Anwendungsszenarien

Der Nutzen der durch die hier vorgestellte Referenzarchitektur umgesetzten Mechanismen wird beispielhaft an zwei realen Anwendungsszenarien demonstriert. Die prototypische Umsetzung der Architektur im PSIPENTA.COM ist ferner im Abschn. 3.2 dokumentiert.

3.1.4.1 Szenario 1: Workflow-basierte Auftragsplanung bei Windhoff

Das erste Szenario beschreibt die Planung bei Windhoff für eine spezielle Produktgruppe, die in Kleinserienfertigung hergestellt wird. Die korrespondierende Planungsstruktur ist in Abb. 3.1-6 visualisiert.

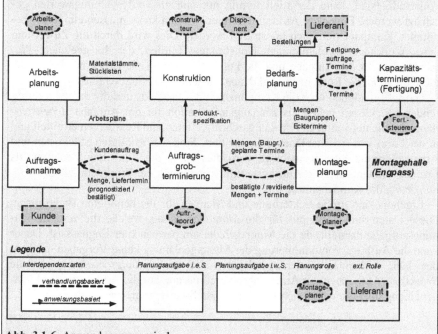

Abb. 3.1-6. Anwendungsszenario 1

Die Rechtecke in der Abbildung repräsentieren *Planungsaufgaben,*[5] die Kanten zwischen ihnen die *Interdependenzen* in der Form der notwendigen Informationsflüsse. Die aus Sicht einer Planungsaufgabe i.e.S. eingehenden Kanten repräsentieren Teilebedarfe, ausgehende Kanten (*Planungsergebnis*) repräsentieren die zeitlich begrenzte *Allokation* bestimmter Ressourcen (z.B. Montagetermine) bzw. Allokationsvorschläge. Dabei ist zwischen *verhandlungs-* und *anweisungsbasierten* Beziehungs- bzw. Informationsflusstypen zu unterscheiden. Konkrete Ressourcen, die in den Zuständigkeitsbereich der jeweiligen Planungsaufgaben fallen, wurden aus Gründen der Übersichtlichkeit nicht modelliert. Die kritische Engpassressource wird hier durch die Montagehalle repräsentiert. Die so beschriebene grobe Planungsstruktur sei durch Workflowmodelle detaillierter abgebildet. Bei dem Unternehmen handele es sich um einen Einzelfertiger.

Die Aktivitäten innerhalb des Auftragsplanungsprozesses können wie folgt beschrieben werden. Das Ereignis „Kundenauftrag ist angelegt" (durch Vertrieb ausgelöst) triggert die Auftragsgrobterminierung (*Planungsaktivität/Workitem*). Da die Stammdaten für das gewünschte Produkt in den meisten Fällen noch nicht vollständig sind, kann der Liefertermin nur anhand von Erfahrungswerten geschätzt werden. Bevor der Auftrag terminiert werden kann, müssen einige der benötigten Komponenten noch konstruiert werden. Dies wird durch die Zuweisung eines Workitems zu demjenigen Konstrukteur initiiert, der die geeignete *Planungsrolle* für die Aufgabe und die konstruierenden Teile (Material) besitzt (in diesem Fall ist die Rolle nicht bzgl. Kapazitätseinheiten eingeschränkt).

Die Informationen über die Komponenten des Produkts und die daraus resultierenden Stücklisten gelten als Eingangsinformation für die Aufgabe *Arbeitsplanung*, die die notwendigen Fertigungsschritte, Zeiten und Ressourcen ermittelt und in der Form von Arbeitsplänen dokumentiert. Sind die benötigten Stücklisten und Arbeitspläne im System angelegt, wird dies durch die Workflow-Steuerung als *Ereignis* erkannt, und die Auftragsterminierung erhält ein Workitem zur *Grobterminierung* des Kundenauftrags.

Ergebnis sind grobe Ecktermine und Mengen für die benötigten Baugruppen. Diese Daten sind der Input für die *Montageplanung*, welche die zentrale Planungsaufgabe darstellt, da die Montagehalle ein permanenter Engpass ist. Daher kann die Auftragsgrobterminierung der Montageplanung keine Vorgaben machen; der hier vorhandene Interdependenztyp ist *verhandlungsorientiert*, da die Workflow-Aktivitäten zur Auftragsgrobterminierung auf die Auskunft der Montageplanung über die voraussichtlichen Fertigstellungstermine warten müssen.

---

[5] Aufgaben, die Bedarfe in Ressourcenallokationen transformieren und somit dispositiven Charakter haben, werden als Planungsaufgaben i.e.S. bezeichnet. Dies gilt auch für die Aufgabe „Auftragsannahme", da Bedarfe des Kunden zu einer Allokation der Ressource auf der obersten Stufe der Ressourcenhierarchie („Gesamtunternehmung") führen können, wenn der Auftrag angenommen und ein Liefertermin vereinbart wird.

Die Termine hängen davon ab, ob in dem betrachteten Zeitraum noch freie Montagekapazität vorhanden ist. Der zuständige Meister in der Montagehalle, der die Rolle *Montageplaner* besitzt, muss daher zunächst das Workitem „Montageplanung durchführen" bearbeiten, bevor die realisierbaren Mengen und Termine an die Auftragsgrobterminierung übermittelt werden können. Sind die Ergebnisse im Hinblick auf den vom Kunden gewünschten Liefertermin unbefriedigend, muss die Auftragsgrobterminierung im Rahmen eines *verhandlungsbasierten Workflows* neue Termine mit der Montageplanung aushandeln. Ein definitiver Liefertermin kann dem Kunden erst nach vollständiger Montageplanung mitgeteilt werden.

Sobald es zu einem akzeptablen Ergebnis gekommen ist, stößt die Workflow-Engine die *Bedarfsplanung* an, die das Workitem „Sekundärbedarfe für Baugruppen ermitteln" ausführt und entweder Bestellungen (Fremdbeschaffung) oder Fertigungsaufträge (Eigenfertigung) anlegt. Da es in der Fertigung selten zu Engpässen kommt, werden die geplanten Termine für die einzelnen Arbeitsgänge durch die *Kapazitätsterminierung* i.d.R. bestätigt. In seltenen Fällen muss auch hier ein verhandlungsbasierter Workflow eine Abstimmung koordinieren.

Sobald ein *Ausnahmeereignis* von einem Workflow-Agenten im Workflow-basierten PPS-System entdeckt wird, kann das System Workflows, denen das Ereignis (z.B. „Montagekapazität ist ausgefallen") im Build-time-Workflowmodell als Startereignis zugeordnet ist, auslösen, oder die betroffenen Rollen (z.B. „Montageplaner") und Planungsaktivitäten (z.B. „Montageplanung anpassen") bestimmen und automatisch einen Workflow für die notwendigen Umplanungsaktivitäten zur Laufzeit *vorschlagen*. Dieser könnte für die externe Zulieferung des benötigten Materials und die Neuterminierung von Aufträgen bzw. die Revision der Montageplanung auf Basis der durch den Zulieferer zugesagten Liefertermine sorgen. Es kann auch z.B. erforderlich sein, einige der bereits instanziierten Beschaffungs-Workflows, die auf den alten Anforderungsdaten basieren, zu suspendieren, abzubrechen oder zu verändern.

3.1.4.2 Szenario 2: Workflow-basierte Auftragsterminierung bei Sauer Danfoss

Der mittelständische Maschinenbau-Zulieferer Sauer Danfoss stellt in Serienfertigung fünf Baureihen her. Jede Baureihe wird komplett in einer jeweils eigenen Fertigungshalle (*Kapazitätseinheit*) hergestellt, für die je ein Produktionsplaner (Teilearten- und kapazitätseinheitenspezifische *Planungsrolle*) zuständig ist. Den kritischen Engpass der Produktion stellt die Lackieranlage dar. Die Terminierung von Kundenaufträgen erfolgt zwischen diesen Planern verteilt durch folgenden Prozess.

Täglich werden die Auftragspositionen aller neu eingegangenen Kundenaufträge zunächst zentral von einem Vertriebsinnendienst-Mitarbeiter (*Planungsrolle*) bearbeitet und hinsichtlich des Kundenwunschtermins geprüft. Die Terminierung erfolgt generell wochengenau. Kundenwunschtermine, die mehr als sechs Wochen in der Zukunft liegen, werden grundsätzlich bestätigt und müssen nicht weiter geprüft werden (*Planungsaktivität* „Pseudoterminierung").

Auftragspositionen mit früherem Kundenwunschtermin werden baureihenspezifisch vom zuständigen Planer terminiert (Kundenaufträge beinhalten auch Positionen, die unterschiedliche Baureihen betreffen, müssen also zur Terminierung durch verschiedene Bearbeiter *aufgespalten* werden). Die Planer prüfen für die Positionen, die ihre Baureihe betreffen, zunächst die Verfügbarkeit der *Engpasskapazität* (Lackieranlage) zum Kundenwunschtermin (*Planungsaktivität* „Kapazitätsprüfung"). Anschließend wird unter Berücksichtigung der Lagerreichweite und der Wiederbeschaffungszeit die Verfügbarkeit der kritischen Teile geprüft (*Planungsaktivität* „Materialprüfung").

Können Material oder Lackierkapazität nicht rechtzeitig bereitgestellt werden, um den Kundenwunschtermin einzuhalten, kann dies evtl. durch Verschiebung bereits eingeplanter Aufträge zur Baureihe ermöglicht werden (*Planungsaktivität* „Priorisierung/Konfliktauflösung"). Dies wird durch ein *Ereignis* repräsentiert, dass im Planungs-Workflow modelliert und daher Bestandteil der Kontrollflussalternativen des Standardprozesses ist, so dass es sich nicht um ein Störereignis im engeren Sinne handelt. Sind alle Kapazitäten verfügbar, wird der frühestmögliche Bereitstellungstermin für die jeweilige Position zurückgemeldet.

Der zentrale Vertriebsinnendienst-Mitarbeiter nimmt die Terminrückmeldungen der Produktionsplaner entgegen und ermittelt aus den Bereitstellungsterminen der einzelnen Positionen den zu bestätigenden Termin des Gesamtauftrags (*Planungsaktivität* „Gesamtterminierung"). Weichen die Termine für die verschiedenen Positionen eines Kundenauftrags zu sehr voneinander ab, wird Rücksprache mit den zuständigen Planern gehalten, um ggf. einen früheren Termin für die Gesamtlieferung zu ermöglichen, oder dem Kunden werden Teillieferungen zu unterschiedlichen Terminen bestätigt (*Planungsaktivität* „Priorisierung/Konfliktauflösung").

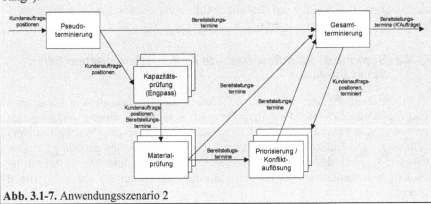

Abb. 3.1-7. Anwendungsszenario 2

3.1.5 Zusammenfassung

Da die oben beschriebenen Prozesse nicht traditionellem MRP II entsprechen, sind Standard-PPS-Systeme nicht in der Lage, sie adäquat zu koordinieren. Ein Workflow-basiertes PPS-System, welches auf den hier vorgestellten Prinzipien basiert, stellt alle benötigten Mechanismen zur individuellen Prozessdefinition (MRP II oder Nicht-MRP II) und -koordination zur Verfügung. Es hilft, die Effizienz in der Prozessausführung durch Aktoren-, Aktivitäten-, datenbezogene und Anwendungssystemkoordination zu erhöhen und ermöglicht eine umfassende Ausnahmebehandlung aufgrund seines Wissens über die PPS-spezifischen Interdependenzen zwischen Planungs-Aktivitäten, Rollen, Ressourcen und Aufträgen.

Daher kann die vorgeschlagene Referenzarchitektur als Basis zur Eliminierung der in Kapitel 1 genannten Koordinationsdefizite in der PPS angesehen werden und eine ganzheitliche und integrierte PPS-Koordination ermöglichen.

Zusätzlicher Forschungsbedarf besteht in einer noch weiter gehenden Abgrenzung von Workflow-Mechanismen und PPS-Fachkomponenten mit der Konsequenz einer durchgängigen, einheitlichen Behandlung von Koordinationssituationen durch die jeweils adäquaten Mechanismen. Dies würde eine weitere Verlagerung von Koordinationsaufgaben von PPS-Systemen auf das WfMS zur Folge haben und beispielsweise dazu führen, dass nicht nur Planungsaufgaben, sondern auch die Aufgaben der Produktionssteuerung einheitlich koordiniert würden (z.B. Betriebsdatenerfassung und Rückmeldung von Arbeitsgängen, Maschinenbelegung). Anders als der hier vorgestellte Ansatz, der die effektive Integration (potenziell bereits vorhandener) PPS- bzw. Workflowmanagementsysteme skizziert, käme dies einer grundlegenden Neukonzeption von PPS-Systemen „auf der grünen Wiese" gleich.

Beispielsweise besteht die Möglichkeit, Arbeitspläne und Fertigungsaufträge wie Planungsaufgaben als Workflows und Workitems zu realisieren. Die Ressourcenallokation könnte dann ebenfalls als Workflow-Rollenauflösung durchgeführt werden, wobei allerdings die Vorgaben aus der Planung als Restriktionen beachtet werden müssen. Hierzu ist die bestehende Funktionalität von WfM-Komponenten um belastungsorientierte Mechanismen zur Rollenauflösung und um komplexere Allokationsmechanismen, die z.B. die Berücksichtigung von PPS-Prioritätsregeln zur Maschinenbelegung erfordern, zu erweitern.

3.1.6 Literatur

Becker, J., Schütte, R. Handelsinformationssysteme. Landsberg/Lech 1996.

Chen, P. P.: The Entity-Relationship model - Toward a unified view of data. In: ACM Transactions on Database Systems, 1 (1976) 1, S. 9-36.

Hars, A.: Referenzdatenmodelle. Grundlagen effizienter Datenmodellierung. Wiesbaden, 1994.

3.2 Workflow-Funktionalitäten eines ERP-Systems

von Lukas Birn

In diesem Abschnitt werden die vorangehend vorgestellten Mechanismen und Konzepte am Beispiel des ERP-Systems PSIPENTA.COM vorgestellt.

Als modernes ERP-System ist PSIPENTA.COM grundlegend objektorientiert aufgebaut. Die gesamte Funktionalität ist in den sog. Business-Objekten gekapselt. *Business-Objekte* sind z.B. Artikel, Fertigungsauftrag und Kundenvorgang, d.h. Elemente aus der „realen" Welt. Die konkrete Ausprägung eines Business-Objekts (z.b. ein bestimmter Artikel) ist eine *Dateninstanz*.

Jedes Objekt kann durch unterschiedliche Sichten dargestellt werden. Sichten sind z.b. Filter, Übersicht und Einzelsicht. Daneben können Objekte Operationen besitzen, die parametergesteuert Veränderungen an Objekten vornehmen. Operationen sind z.b. die Bedarfsermittlung eines Erzeugnisses oder die Buchung einer Rechnung. Alle Business-Objekte besitzen eine einheitliche Oberfläche und Bedienung.

Durch die klare Trennung der gesamten Funktionalität in Business-Objekte existieren definierte Schnittstellen, über welche die Objekte miteinander und mit anderen Anwendungen kommunizieren können. Die Verwaltung dieser Interaktionen übernimmt der Business-Objekt-Broker.

Nach eingehenden Untersuchungen verschiedener Anbieter von Workflowmanagementsystemen im Rahmen des Forschungsprojekts PROWORK wurde die Entscheidung getroffen, eine eigene Workflow-Engine, d.h. einen eigenen Steuerungsmechanismus für Geschäftsprozesse im Systemkern von PSIPENTA.COM zu integrieren. Im Unterschied zu den Anbietern von WfMS wurde PSIPENTA.COM jedoch nicht auf eine rein Workflow-basierte Anwendung umgestellt, d.h. die Modellierung der Geschäftsprozesse ist nicht zwingende Voraussetzung für die Funktionsfähigkeit von PSIPENTA.COM (vgl. Abschn. 1.3.4).

PSIPENTA.COM unterstützt den vollständigen Ordnungsrahmen für neuartige Workflow-basierte Konzepte und Architekturen, wie er in Abschn. 3.1.1 vorgestellt worden ist. Als Koordinationsmechanismen werden demnach sowohl proaktive („klassische" Workflows) als auch reaktive Vorgehen (ereignisorientierte Workflows) unterstützt. Dabei können die drei Perspektiven der aktivitäts-, objekt- oder verhandlungsbasierten Workflow-Steuerung frei kombinierbar eingesetzt werden. Im Nachfolgenden wird zunächst vorgestellt, wie die Steuerungsmechanismen konkret umgesetzt worden sind. Anschließend wird deren Verwendung in den beiden Koordinationsformen dargestellt. Abschließend wird auf die Benutzerschnittstelle, die Möglichkeiten der Prozessüberwachung und auf die Systemarchitektur eingegangen.

3.2.1 Aktivitätsbasierte Workflow-Steuerung

Durch die Integration einer eigenen Workflow-Engine unterstützt PSI-PENTA.COM den vollständigen Funktionsumfang gängiger WfMS. Die einzelnen Funktionalitäten wurden allgemein in den Kapiteln 1 und 2 vorgestellt. Wie diese in PSIPENTA.COM umgesetzt wurden, ist in der Beschreibung der proaktiven Koordination in Abschn. 3.2.4 enthalten.

3.2.2 Objektbasierte Workflow-Steuerung

Neben dem direkten Zugriff auf Business-Objekte wird die in Abschn. 3.1.2 vorgestellte objektbasierte Workflow-Steuerung unterstützt. Dabei werden die Logiken und Attribute der Business-Objekte verwendet, um daraus Aufgaben für die einzelnen Bearbeiter zu definieren.

Diese Zuordnung wird in der Aufgabenkonfiguration vorgenommen. Dabei werden die entsprechenden Attributkombinationen vom Anwender oder Administrator direkt im jeweiligen Filter des Business-Objekts eingestellt und über sog. Fensterablagen gespeichert. Wie in Abb. 3.2-1 ersichtlich, können diese Einstellungen systemweit, rollenspezifisch oder anwenderspezifisch abgespeichert werden. Ferner kann eingestellt werden, dass terminbezogene Daten dynamisch abgespeichert werden, d.h. das Zeitfenster „wandert mit".

Schließlich kann über die Einträge in der Gruppierung „Workflow" definiert werden, welche Aufgaben in der in Abschn. 3.2.6 vorgestellten Aufgabenliste dargestellt und ob diese eventuell mit dem Status „kritisch" markiert werden sollen.

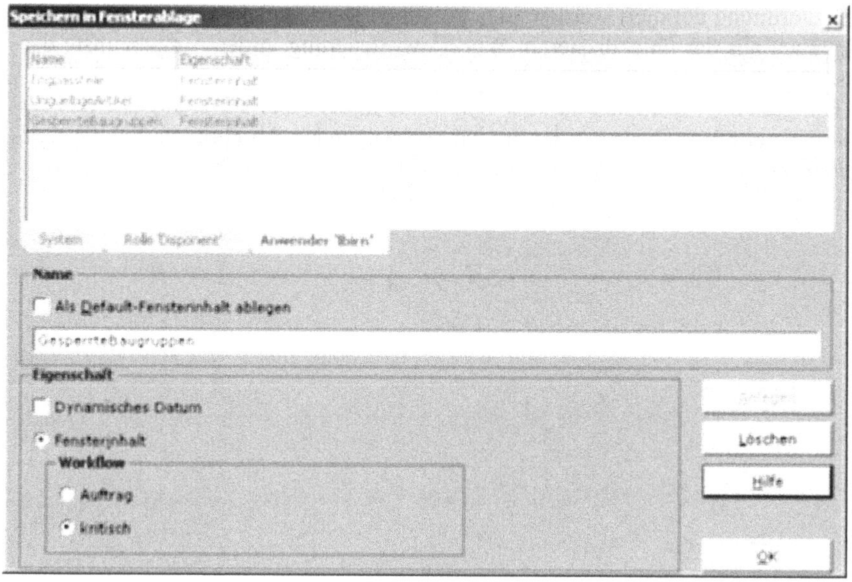

Abb. 3.2-1. Aufgabenkonfiguration mittels Fensterablage

Die objektbasierte Workflow-Steuerung ist ein leistungsfähiger Mechanismus, welcher ohne großen Implementierungsaufwand eingesetzt werden kann. Speziell PSIPENTA.COM bietet hier bereits standardmäßig eine überdurchschnittlich hohe Anzahl von Filterkriterien.

3.2.3 Verhandlungsbasierte Workflow-Steuerung

Bei dem in Abschn. 3.4 vorgestellten verhandlungsbasierten Workflow handelt es sich um einen Mechanismus, der in abstimmungsintensiven Abläufen wie der Planung Verwendung findet. Wesentliche Merkmale dabei sind eine Vielzahl von Abhängigkeiten und eine meist iterative Entscheidungsfindung.

PSIPENTA.COM unterstützt diese Prozesse durch Schleifen- und Entscheidungskonstrukte. Durch die Verwendung von Ad-hoc-Aktivitäten kann der Prozess zudem zur Laufzeit modifiziert werden. Ein beispielhafter Prozess ist in dem eingangs erwähnten Abschnitt dargestellt.

3.2.4 Proaktive Koordination

In der zweite Phase des Workflowmanagement-Lebenszyklus wird die Implementierung der Workflow-Anwendung durchgeführt (vgl. Abschn. 1.3.3). Diese beruht auf den Mechanismen der Proaktiven Koordination. Dabei können nahezu beliebig komplexe Prozesse definiert und gesteuert werden. Zur Ausführungszeit werden basierend auf einer dynamischen Rollenauswertung Aufgaben für einzelne Mitarbeiter generiert. Über die Aufgabenkonfiguration kann eine zusätzliche Feinzuordnung definiert werden. Die Aufgaben werden dann gemeinsam mit den Einträgen aus der objektbasierten Workflow-Steuerung in der Aufgabenliste dargestellt.

Die gesamte Funktionalität lässt sich in die in der Abb. 3.2-2 dargestellten Bereiche unterteilen. Diese werden in den nachfolgenden Abschnitten detailliert erläutert.

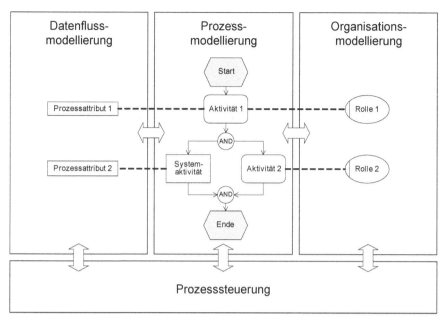

Abb. 3.2-2. Hauptbereiche der Workflow-Funktionalität

3.2.4.1 Prozessmodellierung

Die Prozessmodellierung basiert auf den Prozessdefinitionen mit den darin enthaltenen Elementdefinitionen. *Elementdefinitionen* sind mittels Transitionen miteinander verbunden und bilden dadurch eine *Prozesskette*. Sie können Ereignisse, Aktivitäten oder Verknüpfungen sein. Den Elementdefinitionen können dabei je nach Typ verschiedene Zusatzinformationen wie z.B. Regeln zugewiesen werden. Syntaktisch orientiert sich der Aufbau der Prozessmodelle an dem Konzept der Erweiterten Ereignisgesteuerten Prozessketten (eEPK) (näheres hierzu s. Abschn. 2.4).

Die Prozessgrafik wird beim Import analysiert. Alle Elemente werden layoutneutral in eines der fünf in Abb. 3.2-3 dargestellten Business-Objekte überführt. Theoretisch kann die Modellierung also auch „von Hand" durchgeführt werden, indem entsprechende Dateninstanzen angelegt werden. Die vielen Abhängigkeiten zwischen den einzelnen Business-Objekten führen aber dazu, dass dies nur mit einem Modellierungswerkzeug wie z.B. MS Visio oder ARIS sinnvoll möglich ist.

Die mit diesen Werkzeugen erstellten Modelle werden über eine Importfunktion eingelesen. Diese Importschnittstelle ist offen gestaltet, sodass sie direkt vom Kunden angepasst werden kann. Dadurch können Modellierungswerkzeuge eingesetzt werden, die in der Lage sind, Modelle entsprechend der Syntax von Ereignisgesteuerten Prozessketten zu erstellen. Beim Import wird zunächst die Konsistenz des Modells überprüft. Sind syntaktische Fehler enthalten, so wird der Import mit detaillierten Hinweisen bezüglich der Regelverletzungen abgebrochen.

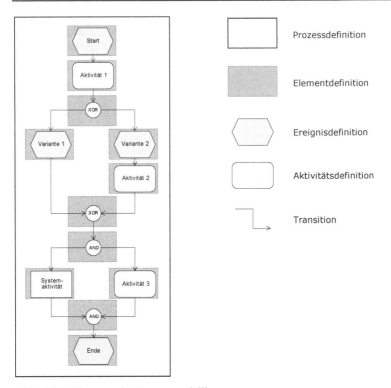

Abb. 3.2-3. Elemente der Prozessmodellierung

Aktivitäten

Die wesentlichen Bestandteile eines Prozesses sind die *Aktivitäten*. Aus den Aktivitäten werden zur Laufzeit Aufgaben generiert. Soll eine Aktivität nicht von einem Anwender, sondern vom System automatisch ausgeführt werden, so ist dafür im Rahmen der Prozessautomatisierung eine sog. Systemaktivität zu verwenden. Eine komplexe Aktivität wird durch einen eigenen Prozess dargestellt. Im Modell wird dazu ein sog. Subprozess verwendet, der auf eine Prozessdefinition verweist. Nach dem Abschluss des Subprozesses wird der übergeordnete Prozess automatisch fortgesetzt.

Entscheidungsverzweigung

In der Prozessmodellierung werden Entscheidungen durch eine genau definierte Kombination von Aktivitäten, XOR-Verknüpfungen und Ereignissen modelliert. Entscheidung können automatisch ausgewertet oder vom Anwender zur Laufzeit getroffen werden soll.

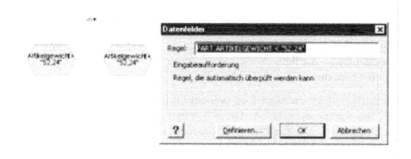

Abb. 3.2-4. Systembasierte Entscheidungsauswertung

Im ersten Fall (Abb. 3.2-4) wird über den Regeleditor eine entsprechende Regel in den Ereignissen hinterlegt, die der XOR-Verknüpfung direkt folgen. Da immer nur ein Ereignis wahr sein darf, müssen die Regeln entsprechend definiert werden. Dies wird im Rahmen der Konsistenzprüfung sichergestellt.

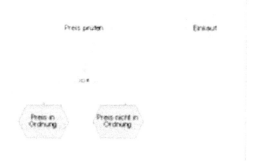

Abb. 3.2-5. Anwenderbasierte Entscheidungsauswertung

Im zweiten Fall muss der Anwender während der Prozessausführung die Entscheidung treffen (vgl. Abb. 3.2-5). Dazu ist eine vorangehende Aktivität notwendig, durch die der Anwender aufgefordert wird, die jeweilige Entscheidung zu treffen und dem System „mitzuteilen". Über die Rollenauflösung wird ermittelt, welcher Anwender über den Prozessablauf entscheiden soll. Als alternative Prozessfortführungen werden dem Anwender die nachfolgenden Ereignisse angeboten. Die Konsistenzprüfung stellt sicher, dass die Modellierung der Entscheidung syntaktisch korrekt ist.

Regeln

Für Ereignisse und Subprozesse lassen sich *Regeln* definieren. Bei der Eingabe wird der Anwender durch den Regeleditor unterstützt, der ihn schrittweise durch den Erstellungsprozess führt. In PSIPENTA.COM werden drei Arten von Regeln unterschieden, die auf unterschiedlichen Informationen basieren:

- Prozessattribut,
- Business-Objekt-Attribut,
- Referenzübergang.

Bei den Prozessattributen handelt es sich um Informationen, die während der Ausführung des Prozesses anfallen. Diese können zur Ablaufsteuerung eingesetzt werden. In gleicher Weise können alle Business-Objekt-Attribute verwendet werden, wenn die zugehörige Dateninstanz als primäres Business-Objekt mit dem Prozess verknüpft worden ist. Alternativ kann die Ablaufsteuerung prüfen, ob bestimmte Referenzübergänge möglich sind, d.h. eine Ergebnismenge liefern. Damit lassen sich dann Aussagen überprüfen wie z.b. „Artikel wurde in der Vergangenheit bereits bestellt, und es existieren laufende Bestellvorgänge".

Parallelisierung

In einem Prozessmodell können Aktivitäten auch parallel ausgeführt werden. Dazu müssen vor und nach den Aktivitäten AND-Verknüpfungen eingefügt werden. Der Prozess wird erst dann fortgeführt, wenn alle vorangehenden Aktivitäten fertiggemeldet worden sind; d.h. die abschließende AND-Verknüpfung bildet einen Synchronisationspunkt für den Prozessabschnitt.

Subprozess

Aktivitäten können durch *Subprozesse* verfeinert dargestellt werden. Dabei kann ein Subprozess wiederum Subprozesse enthalten, d.h. es ist eine beliebige Hierarchietiefe möglich[7]. Mehrere Aktivitäten können auf den gleichen Subprozess verweisen. Damit lassen sich Prozessmodelle mehrfach in unterschiedlichen Abläufen verwenden.

Ein Subprozess kann eine Regel enthalten, die in diesem Fall als Referenzübergang vom primären Business-Objekt definiert ist. Ist dieser Referenzübergang möglich, so wird für jede Dateninstanz der Ergebnismenge ein eigener Subprozess gestartet. Das folgende Beispiel verdeutlicht die Einsatzmöglichkeiten.

Bei der Änderung der Artikelstammdaten sollen offene Bestellungen berücksichtigt werden, indem diese Änderungen automatisch an die jeweiligen Lieferanten weitergeleitet werden. Für den zugehörigen Workflow wird ein Subprozess mit einer Regel definiert, die einen Referenzübergang in die Bestellungen beinhaltet. Für jeden „Treffer" wird dann ein entsprechender Benachrichtigungsprozess für den Lieferanten gestartet. Wird keine offene Bestellung gefunden, so wird auch kein Prozess ausgelöst. Für diese Logik ist keine Programmierung nötig, da lediglich ein Referenzübergang in die Regel eingetragen werden muss. Ist der passende Referenzübergang noch nicht vorhanden, so kann dieser im sog. Business-Objekt-Designer grafisch mittels Drag&Drop erstellt werden.

---

[7] Dabei sind nicht nur Hierarchien im engeren Sinne möglich, sondern es lassen sich auch Rekursionen und Verschachtelungen abbilden.

In der Prozesssteuerung wird bei der Beendigung des Subprozesses analysiert, ob es noch weitere Subprozesse gibt, die von der gleichen Aktivität der übergeordneten Prozessinstanz ausgelöst wurden. Nur wenn der beendete Subprozess der letzte gewesen ist, wird der übergeordnete Prozess weitergeführt.

Aktivitäten können auch zu einem späteren Zeitpunkt durch Subprozesse weiter detailliert werden. Dadurch kann die Implementierung von Workflow-Projekten beschleunigt werden. Während die Prozesse zunächst nur der Aktivierung der zuständigen Bearbeiter dienen, werden zu einem späteren Zeitpunkt bestimmte Teilschritte automatisiert.

Prozessschleifen

Bei der Modellierung der Prozesse können auch Schleifen zum Einsatz kommen. Eine Schleife wird so lange durchlaufen, bis ihr Ausgangskriterium erfüllt ist. Eine Schleife wird durch eine Kombination von XOR-Verzweigungen gebildet und gehorcht deren Logiken. Das Schleifenkonstrukt findet unter anderem bei der Abbildung der verhandlungsbasierten Workflow-Steuerung Einsatz (s. Abschn. 3.4).

Externe Ereignisse

Durch die Verwendung von sog. *externen Ereignissen* können außerhalb von PSIPENTA.COM vorhandene Abläufe mit den in PSIPENTA.COM modellierten Prozessen synchronisiert werden. Der Prozess wartet dabei so lange, bis das externe Ereignis eingetreten ist.

Die Zuordnung von externen Ereignissen zu Prozessinstanzen wird über die Auswertung der Ereignisdefinitionen vorgenommen. Dabei muss der externen Anwendung nicht der interne Kontext des Prozesses bekannt sein, es reicht aus, wenn ein vorher definiertes „Kennwort" mitgeteilt wird.

Evolutionäre Prozessmodifikationen

PSIPENTA.COM unterstützt im Rahmen des Workflowmanagement-Lebenszyklus (vgl. Abschn. 1.3.3) evolutionäre Prozessmodifikationen, damit auch Veränderungen in den Geschäftsabläufen durch den Workflow unterstützt werden. Dazu können Prozesse in unterschiedlichen Versionsständen angelegt und ausgeführt werden. Wird ein bereits vorhandener Prozess importiert, so wird automatisch eine neue Prozessversion angelegt.

Jede Version kann ein Gültigkeitsdatum besitzen. Damit können geänderte Geschäftsprozesse zu einem im Voraus festgelegten Zeitpunkt in Kraft treten. Alle neuen Prozessinstanzen basieren dann auf der neuen Version, während bestehende Prozessinstanzen mit der Version weitergeführt werden, mit der sie instanziiert wurden.

3.2.4.2 Organisationsmodellierung

Innerhalb der Organisationsmodellierung wird die für die Prozessausführung relevante Ablauforganisation eines Unternehmens abgebildet. Dabei werden Anwender mit Rollen verknüpft. Zusätzlich werden dort die Verantwortlichkeiten festgelegt, indem den Aktivitäten Rollen zugeordnet werden. Diese Rollen entsprechen denjenigen, die auch bei der Systemberechtigung oder Parametrisierung des ERP-Systems verwendet werden, d.h. in der Regel müssen diese nicht zusätzlich erstellt werden.

Da die Standardrollen des Systems verwendet werden, kann damit auch sichergestellt werden, dass die Anwender die nötigen Berechtigungen für das Ausführen der ihnen zugeordneten Aufgaben besitzen. Zudem erhalten sie über die Rollen eine ihren Aufgaben entsprechend optimierte Oberfläche, da auch diese Informationen in PSIPENTA.COM rollenspezifisch abgelegt werden können.

Startereignissen können auch Rollen zugeordnet werden. Dadurch können die entsprechenden Prozesse nur von Mitarbeitern gestartet werden, die eine entsprechende Rolle besitzen.

3.2.4.3 Datenflussmodellierung

Durch die *Datenflussmodellierung* wird der Informationsfluss definiert. Dabei werden z.b. einzelnen Aktivitäten Input- und Output-Variablen zugewiesen. Durch eine Analyse dieser Modellierung kann der Informationsbedarf von Prozessschritten ausgewertet werden.

Zu jedem Prozess können beliebig viele Prozessattribute definiert werden. Diese können sowohl während der Modellierung erfasst werden, als auch zur Ausführungszeit dynamisch angelegt werden. Die Prozessattribute können wie bereits im Rahmen der Prozessmodellierung beschrieben verwendet werden, um den Prozessablauf noch bei der Ausführung abhängig von der Ausprägung der Attribute beeinflussen zu können.

Alle Prozessattribute werden beim Start von Subprozessen an diese vererbt. Damit stehen alle Informationen des übergeordneten Prozesses auch dort zur Verfügung.

3.2.4.4 Prozesssteuerung

Die Prozesssteuerung beinhaltet die Verwaltung und Überwachung von Vorgängen. Dabei werden aus den Definitionen neue Instanzen angelegt, d.h. es werden Prozessinstanzen und Elementinstanzen aus den jeweiligen Definitionen erzeugt. Innerhalb der Prozesssteuerung werden auch alle dabei anfallenden Informationen wie z.B. Prozessvariablen verwaltet. Außerdem werden alle eingetretenen Ereignisse protokolliert.

Der Ablauf aus Anwendersicht ist in der Abb. 3.2-6 dargestellt. Dabei wurde die für die Workflowmodellierung übliche Darstellungsform gewählt.

Nach dem Starten einer neuen Prozessinstanz werden die entsprechenden Elementinstanzen angelegt und die erste Aufgabe generiert. Ggf. werden dabei Regeln ausgewertet. Allen per Rollenauflösung ermittelten Anwendern werden diese Aufgabe anschließend in ihre Aufgabenlisten gestellt. Danach beginnt ein Anwender die Bearbeitung der Aufgabe durch Auswahl der entsprechende Systemoperation. Nun kann er eventuell verknüpfte Business-Objekte bearbeiten. Hat ein Anwender eine Aufgabe zur Bearbeitung angenommen, so steht sie anderen

Bearbeitern nicht mehr zur Verfügung und kann exklusiv von ihm bearbeitet werden.

Der Anwender muss nach Beendigung der Aufgabe diese explizit fertigmelden. Dies kann er direkt im Business-Objekt Aufgabe durchführen, oder er verwendet die später näher erläuterte Funktion Sammelfertigmeldung aus einer beliebigen Dateninstanz heraus. Nach der Fertigmeldung ermittelt die Prozesssteuerung die nachfolgenden Aktivitäten und erzeugt die entsprechenden Aufgaben. Nach dem Fertigmelden der letzten Aufgabe wird der Prozess automatisch beendet.

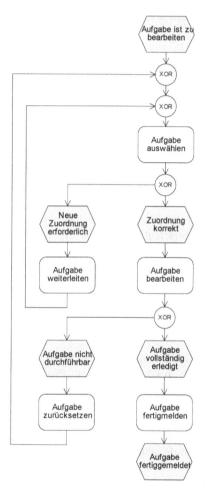

Abb. 3.2-6. Ablauf der Aufgabenbearbeitung

Falls ein Anwender eine Aufgabe nicht vollständig bearbeiten kann, so hat er die Möglichkeit, diese entweder an einen anderen Anwender weiterzuleiten oder die Bearbeitung zurückzusetzen. In beiden Fällen steht sie dann anderen Bearbeitern wieder zur Verfügung.

Entscheidungen

Alle Entscheidungen, welche nicht automatisch über Regeln getroffen werden können, müssen von einem Anwender getroffen werden. Dazu werden ihm in einem Formular die möglichen Folgeereignisse visualisiert (s. Abb. 3.2-7). Durch diese Entscheidung ist dann der Folgeprozess definiert und der Prozess kann fortgeführt werden.

Abb. 3.2-7. Anwenderbasierte Entscheidung

Rollenauflösung

Die Zuordnung von Anwendern zu Aufgaben erfolgt dynamisch zur Laufzeit über die *Rollenauflösung*. Ein Anwender erhält automatisch alle Aufgaben zugewiesen, die im Rahmen der Organisationsmodellierung seiner Rolle zugeordnet worden sind.

Ein Anwender kann die Aufgabenzuordnung ggf. manuell anpassen. Durch die Berechtigungsüberprüfung wird jedoch verhindert, dass er unberechtigt Aufgaben bearbeiten kann.

Dynamische Aufgabenzuordnung

In vielen Prozessen soll ein Mitarbeiter einen von ihm angefangenen Prozess auch fortführen. Um eine solche Zuordnung realisieren zu können, kann auf Prozessattribute zugegriffen werden. Die erste Aufgabe wird über eine „normale" Rollenauflösung an die entsprechenden Mitarbeiter verteilt. Die Rolle der Folgeaktivität ist jedoch mit einem Prozessattribut verknüpft, das mit dem Namen des vorangehenden Bearbeiters gefüllt wurde.

Damit können auch beliebig komplexe Rollenauflösungen realisiert werden. So kann die Aufgabenzuordnung z.B. abhängig von einer bestimmten Produktgruppe des primären Business-Objekts durchgeführt werden.

Befindet sich ein Prozess in einer Wiederholschleife, so wird eine Aktivität automatisch dem erstmaligen Bearbeiter zugewiesen. Dies vereinfacht die Modellierung von Schleifen erheblich, da ansonsten bei der Modellierung unterschieden werden müsste, wie die Rollenzuordnung bezüglich der Schleifendurchläufe variiert.

Aufgabenzuweisung

Einzelne Aufgaben können auch explizit einem bestimmten Anwender zugeordnet werden. Dabei wird eine eventuell vorher vorhandene Rollenauflösung überschrieben. Damit kann auf Gruppenebene eine manuelle Verteilung von Aufgaben erfolgen, um z.b. situativ eine direkte Anwenderzuordnung zu ermöglichen. Je nach Berechtigungseinstellung kann die Zuweisung nur vom Gruppenleiter oder von beliebigen Mitarbeitern durchgeführt werden.

Kommentare

Während der Prozessdurchführung können Kommentare zur Erläuterung erstellt werden, die allen Anwendern zur Verfügung stehen. Kommentare werden direkt in der Dokumentenverwaltung von PSIPENTA.COM unter einem eigenen Dokumententyp gespeichert. Sie stehen damit auch außerhalb des Workflow-Kontextes zur Verfügung.

Verknüpfte Business-Objekte

An eine Prozessinstanz kann eine beliebige Anzahl von Business-Objekten gehängt werden. Dabei werden primäre und sekundäre Business-Objekte unterschieden. Das primäre Business-Objekt ist das prozessprägende Objekt, d.h. die Prozessinstanz hängt wesentlich mit diesen Informationen zusammen (vgl. auch Abschn. 1.3.1.1). Zusätzlich können Begleitinformationen durch sekundäre Business-Objekte hinterlegt werden. An einer Dateninstanz können demnach ein primäres Business-Objekt und mehrere sekundäre Business-Objekte hängen.

Berechtigungsprüfung

Durch eine entsprechende Systemkonfiguration kann die *Berechtigungsprüfung* systemweit, rollen- oder anwenderspezifisch aktiviert werden. Die Prüfung greift nach der Aktivierung an den folgenden Stellen ein:

* *Starten von Prozessen*:
  Prozesse können nur von Anwendern gestartet werden, die eine entsprechende, dem Startereignis zugeordnete Rolle besitzen.
* *Bearbeiten von Aufgaben*:
  Aufgaben können nur von denjenigen Anwendern in Bearbeitung genommen werden, die bei der zugehörigen Rollenauflösung ermittelt werden.
* *Fertigmelden von Aufgaben*:
  Aufgaben können nur von den Besitzern der Aufgabe fertiggemeldet werden.
* *Weiterleiten von Aufgaben*:
  Aufgaben können nur vom Besitzer der Aufgabe weitergeleitet werden und dabei nur an Anwender, die in der Rollenauflösung enthalten sind.

Sammelbearbeitung

Im Gegensatz zu klassischen vorgangsorientierten Workflowmanagementsystemen werden in ERP-Systemen oft Sammelbearbeitungen durchgeführt, d.h. eine Aktion wird gleichzeitig auf mehrere Dateninstanzen angewendet. Diese Vorgehensweise wird in PSIPENTA.COM auch im Workflow unterstützt. Ein Anwender kann z.b. im entsprechenden Business-Objekt mehrere Aufgaben gleichzeitig zur Bearbeitung annehmen.

Die zu einem Business-Objekt eventuell vorhandenen Aufgaben können jedoch auch direkt aus dem Objekt fertiggemeldet werden, wobei dies auch für mehrere Dateninstanzen gleichzeitig durchgeführt werden kann. Ist also z.b. eine Aufgabe mit einem konkreten Artikel verknüpft, so kann der Anwender diese Aufgabe fertigmelden, ohne dazu in die Aufgabenliste wechseln zu müssen. Dazu wird für alle Elemente der Selektionsmenge analysiert, ob Aufgaben für den aktuellen Anwender im Status „In Bearbeitung" mit der jeweiligen Dateninstanz verknüpft sind. Für alle „Treffer" wird die Aufgabe fertiggemeldet. Im Fehlerfall erfolgt ein entsprechender Hinweis.

Prozessautomatisierung

Durch die Prozessautomatisierung können einzelne Prozessaktivitäten automatisch von der Prozesssteuerung durchgeführt werden, ohne dass ein Anwender eingreifen muss. Dazu werden in der Modellierung *Systemaktivitäten* verwendet. Die Ausführung der in den Systemaktivitäten definierten Aktionen übernimmt der Workflow-Server. Zyklisch werden dabei alle Aufgaben zu Systemaktivitäten abgerufen, der zugeordnete Skripting-Code ausgeführt und abschließend die Aktivität fertiggemeldet.

Protokollierung

In den Aufgaben werden die jeweiligen Bearbeiter und Zeiten protokolliert. Damit lassen sich die Prozesse sehr dediziert auswerten. Durch einen entsprechenden Systemparameter lassen sich die Aufzeichnungen so anonymisieren, dass nur die Rolle oder ein „leerer" Bearbeiter gespeichert wird.

3.2.5 Reaktive Koordination

Während die vorangehend erläuterte proaktive Koordination auf im Voraus definierten und modellierten Prozessketten basiert, handelt es sich bei der reaktiven Koordination um einen Mechanismus, der sich auf unvorhergesehene Ereignisse konzentriert. Der Abschnitt 3.5 widmet sich diesem Themenbereich ausführlich.

Technologisch basiert die reaktive Koordination in PSIPENTA.COM auf dem Workflow-Event-Server. Die Modellierung basiert dabei auf dem in Abschn. 3.5.3.1 vorgestellten ECA-Ansatz. Die Geschäftslogik wird dabei wie in Abb. 3.2-8 dargestellt in die Bestandteile *Ereignis, Bedingung* und *Aktivität (Aktion)* zerlegt. In diesem Beispiel wird beim Eintreten des Ereignisses A die Bedingung mittels des Prozesses X ausgewertet und ggf. der Prozess Y gestartet, um das Ereignis zu kompensieren.

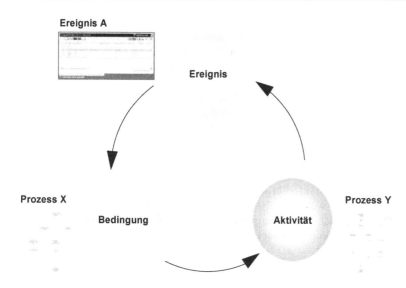

Abb. 3.2-8. ECA-Regel zur reaktiven Koordination

Alle vom System zu berücksichtigenden Ereignisse werden in der *Ereignisdefinition* abgebildet. Dort wird auch hinterlegt, welche Bedingung nach dem Eintreten des Ereignisses ausgewertet werden soll. Alle Ereignisse werden dadurch verwaltet und überwacht.

In Abb. 3.2-9 sind exemplarisch einige Ereignisse erfasst, welche die Möglichkeiten der Ereignisdefinition erläutern.

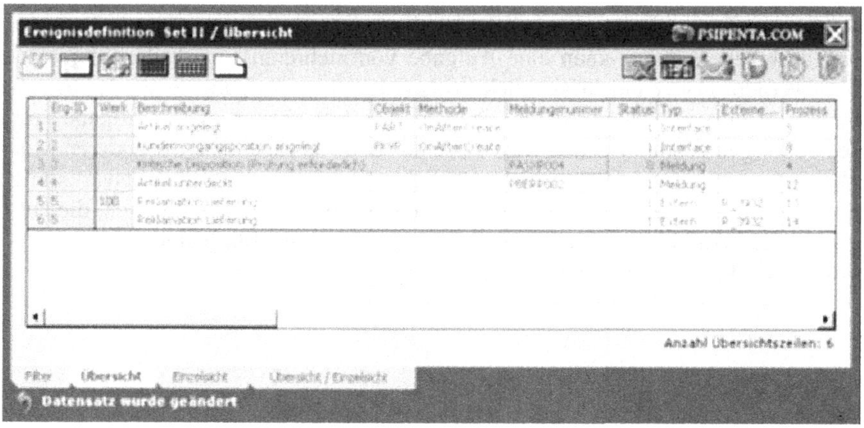

Abb. 3.2-9. Ereignisdefinition in PSIPENTA.COM

Die Ereignisse können nach dem Typ Interface, Meldung oder Extern unterschieden werden. Ereignisse vom Typ Interface werden von der Oberfläche ausgelöst und kontrollieren damit die Dateneingabe. Der Typ Meldung überwacht alle Ereignisse, die direkt auf dem Applikationsserver ausgelöst werden. Zusätzlich können auch externe Ereignisse überwacht werden. Alle definierten Ereignisse werden mit ihrem Systemkontext wie z.B. Anwender, auslösendes Business-Objekt oder Uhrzeit protokolliert. Über eine Auswertung dieser Informationen kann analysiert werden, welche Änderungen während des Lebenszyklus bestimmter Business-Objekte vorgenommen wurden.

Bedingungen werden in PSIPENTA.COM durch Prozesse mit entsprechenden Verzweigungslogiken abgebildet, d.h. sie werden vollständig analog zur Aktivität definiert. Die auszuführenden Aktivitäten sind in der Bedingungsmodellierung als Subprozesse enthalten. Im Beispiel aus Abb. 3.2-7 ist in Prozess X ein Subprozess enthalten, der auf Prozess Y verweist.

Beim Ausführen der Aktivität können neue Ereignisse ausgelöst werden, die ebenfalls kompensiert werden müssen. Durch diese Verkettung des Kreislaufes Ereignis-Regel-Aktivität werden implizit Prozesse definiert. Im Unterschied zur proaktiven Koordination (vgl. Abschn. 3.2.4) werden diese aber erst bei der Ausführung gebildet.

3.2.6 Workflow-Benutzerschnittstelle

Alle Workflow-relevanten Informationen werden in der in Abschn. 3.1.3.6 allgemein vorgestellten Benutzerschnittstelle präsentiert. Wesentliches Element dabei ist die *Aufgabenliste* (vgl. Abb. 3.2-10). In ihr werden alle Aufgaben[8] dargestellt, die für den aktuell angemeldeten Anwender in seiner derzeitigen Rolle relevant sind. Diese Aufgaben werden über die objekt- und aktivitätsbasierte Workflow-Steuerung in die Liste aufgenommen. Da diese Unterscheidung jedoch für die meisten Endanwender irrelevant ist, wird sie weitestgehend verborgen.

In der Aufgabenliste werden alle Aufgaben angezeigt, die derzeit zur Bearbeitung anstehen. Zumeist kann eine Aufgabe von mehreren Mitarbeitern durchgeführt werden. Daher taucht sie auch in den einzelnen Aufgabenlisten der betreffenden Mitarbeiter auf. Sobald jedoch ein Mitarbeiter eine Aufgabe zur Bearbeitung angenommen hat, wird diese aus den Aufgabenliste der anderen Mitarbeiter entfernt. Darin liegt ein wesentlicher Unterschied zur Arbeitsverteilung mittels E-Mail-Systemen. Dort ist es in den meisten Fällen nicht möglich, die entsprechenden Aufgaben nach der Annahme durch einen Mitarbeiter aus den Aufgabenlisten der Kollegen zu entfernen.

---

[8] In PSIPENTA.COM wird eine auszuführende Aktivität als Aufgabe repräsentiert. Im Workflow-Kontext wird hierfür der Begriff Workitem verwendet. Dementsprechend wird für den Begriff Worklist die Bezeichnung Aufgabenliste verwendet (vgl. Abschn. 1.3.2).

Abb. 3.2-10. Aufgabenliste in PSIPENTA.COM

Der Mitarbeiter kann weitestgehend selbst bestimmen, wie er die ihm zugewiesenen Aufgaben abgewickelt. Dazu kann er z.B. den von ihm angenommenen Aufgaben eigene Prioritäten zuordnen. Durch entsprechendes Umsortieren der Liste kann er dann die Arbeit seinen eigenen Vorstellungen entsprechend durchführen.

Im Idealfall sind in der Aufgabenliste alle Aufgaben enthalten, die der Anwender im Rahmen seiner Tätigkeit zu erledigen hat. Dazu müssten jedoch alle für ihn relevanten Geschäftsprozesse als Workflow modelliert sein. In der Praxis ist dies jedoch meist nicht der Fall. Daher wurde bei der Konzeption darauf Wert gelegt, dass der Workflow für den Mitarbeiter immer ein Mehrwert und nicht eine Voraussetzung ist.

3.2.7 Prozessüberwachung

Im Rahmen der *Prozessüberwachung* wird definiert, wie im Falle von Abweichungen von der Prozessplanung verfahren werden soll.

3.2.7.1 Eskalationsmechanismus

Der Eskalationsmechanismus überwacht das fristgerechte Bearbeiten von Aufgaben und führt entsprechende Ausgleichsprozesse durch, falls Terminüberschreitungen festgestellt werden. Dazu können den Aktivitäten Vorgabezeiten für die Bearbeitung zugeordnet werden. Der Mechanismus wird durch den Workflow-Server realisiert, der zyklisch alle Aufgaben herausfiltert, deren geplanter Fertigstellungszeitpunkt unter Berücksichtigung der Eskalationsschranken überschritten wurde (vgl. Abb. 3.2-11).

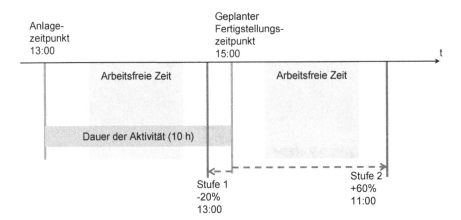

Abb. 3.2-11. Definition von Eskalationsschranken

Die Eskalationsschranken lassen sich sowohl systemweit (über einen Systemparameter mit Defaultwerten) als auch für jede einzelne Aktivität definieren. Die Definition geschieht dabei prozentual zur geplanten Dauer und kann auch einen negativen Wert annehmen. Ein negativer Wert bedeutet dabei, dass die Schranke vor dem geplanten Fertigstellungszeitpunkt liegt.

Verbunden mit den beiden Schranken existieren zwei Eskalationsstufen:

- Stufe 1: Prioritätsanhebung;
- Stufe 2: Eskalationsprozess.

Die erste Stufe führt eine automatische Anhebung der Priorität aller betroffener Aufgaben durch. Der Zielwert der Priorität ist in einem entsprechenden Systemparameter hinterlegt. Eine vom Anwender eventuell vorher definierte Priorität wird dabei überschrieben.

In der zweiten Stufe wird der in der Prozessdefinition hinterlegte Eskalationsprozess gestartet. Alle Attribute des auslösenden Prozesses werden dabei weitergegeben.

3.2.7.2 Prozessverwaltung

Einzelne Prozesse können durch entsprechende Operationen unterbrochen, fortgesetzt und gelöscht werden. Dabei werden die zugehörigen Elemente wie z.B. Aufgaben automatisch ebenfalls in den entsprechenden Zustand gesetzt.

Diese Operationen werden in der Regel von einem Systemadministrator durchgeführt und sollten nur in Ausnahmefällen einem Anwender zur Verfügung stehen.

3.2.7.3 Ereignisprotokollierung

Alle entsprechend gekennzeichneten Ereignisdefinitionen werden in den Ereignis-instanzen protokolliert. Dabei wird auch der Kontext festgehalten, da dieser in vielen Fällen für die spätere Auswertung von Bedeutung ist (vgl. Tabelle 3.2-1).

Tabelle 3.2-1. Beispielhaft protokollierte Ereignisse

ID	Zähler	Zeitpunkt	Kontext 1	Kontext 2	...	Kontext n	Status
1	1	02.05.2002 12:12:05	PART	457123			0
1	2	02.05.2002 13:05:03	PART	499940			2
2	1	02.05.2002 12:12:14	PASXP04	02.05.2002 12:12:14			0
4	1	01.02.2002 07:04:56	Abt20	9873-3434-12 A2			5
6	1	27.04.2002 20:02:00	PFAK	28347238|60			0
6	2	29.04.2002 14:38:23	PFAP	84384753|10			0
6	3	21.06.2002 22:34:51	PFAP	948478574|50			1

Die Einträge für die Ereignisse mit der ID 1 und 2 werden automatisch vom System angelegt, während die Ereignisse mit der ID 4 und 6 von externen Systemen über die Operation Auslösen erzeugt werden. Der Workflow-Event-Server überwacht alle Ereignisinstanzen und kann auf diese geeignet reagieren.

3.2.7.4 Monitoring

Alle Informationen, die im Rahmen des Workflows anfallen, werden in der Standard-Datenbank von PSIPENTA.COM gespeichert und stehen dort für weitere Auswertungen zur Verfügung.

Wesentliche Informationen sind dabei z.B. die Anfangs- und Endzeiten der einzelnen Aufgaben. Daraus lassen sich dann Durchlaufzeiten ermittelt. Mögliche Auswertungen dieser Daten werden in Abschn. 2.6 untersucht.

3.2.8 Architektur

Die Konzeption der Workflow-Architektur beruht auf den in Abschn. 3.1 vorgestellten Anforderungen. Ein wesentliches Merkmal dabei ist die Offenheit des Gesamtsystems. Deshalb können auch externe Workflow-Engines zur Steuerung von Workflows eingesetzt werden. In PSIPENTA.COM werden dann in der Benutzerschnittstelle (s. Abschn. 3.2.6) lediglich die daraus resultierenden Aufgaben visualisiert und fertiggemeldet. Die gesamten Zugriffsmethoden werden in einer Workflow-API gekapselt, die in Anlehnung an die von der Workflow Management Coalition (WfMC) definierten Standards implementiert wurden (vergleiche Abschn. 1.3.4).

3.3 Beschreibung und Bewertung von Planungsszenarien

von Klaus Wienecke

Ziel der Auftragsabwicklung ist die effiziente Bearbeitung von Kundenaufträgen, um die Wünsche des Kunden nach Qualität und Menge von Produkten sowie nach Liefertermin zu erfüllen. Dazu müssen die unterschiedlichsten Aufgaben erfüllt werden. Da i.d.R. die Ressourcen innerhalb eines Unternehmens begrenzt sind, müssen Entscheidungen über deren Allokation getroffen werden (Picot et. al. 1999, S. 213). Diese Art der Entscheidung wird als Planung bezeichnet. Innerhalb eines Unternehmens sind eine ganze Reihe von Planungen durchzuführen, um Kundenwünsche erfüllen zu können. Diese sind in der Regel alle voneinander abhängig (vgl. Abschn. 1.4). Im zweiten Teil des Buchs wird die Koordination von Geschäftsprozessen mit Hilfe von Workflowmanagement beschrieben. In diesem Abschnitt wird die Abhängigkeit zwischen unterschiedlichen Planungen untersucht. Ziel der Untersuchung ist die Ableitung von möglichen Abstimmungen zwischen Planungen mit Hilfe von Workflowmanagement. Dazu wird zunächst ein allgemeines Modell für Planungen im Rahmen der PPS abgeleitet. In Kombination mit einem Informations-Modell kann Transparenz über die Interdependenzen zwischen den unterschiedlichen Planungen – dem Planungsszenario – geschaffen werden. In einem zweiten Schritt werden die Interdependenzen innerhalb des Planungsszenarios bewertet. Damit wird Unternehmen ein Tool zur Verfügung gestellt, mit dem abgeschätzt werden kann, zwischen welchen Planungen ein Workflow sinnvoll sein kann und welche Informationen ausgetauscht werden sollten.

3.3.1 Beschreibung und Klassifikation von Planungen

Die Planungen innerhalb eines Unternehmens schließt das Ermitteln von Zielen sowie das Festlegen des Ablaufs und der Mittel zur Erfüllung der Auftragsabwicklung ein. Die Planung umfasst dadurch die gesamte Kapazitäts- und Materialplanung (Geitner 1995, S. 16). Im Rahmen der Planung werden somit entscheidungsorientierte Aufgaben gelöst. Diese beschäftigen sich damit, wann, wie und in welchen Mengen Güter produziert oder beschafft werden, welche Bestände zwischen Lagern und Produktionsfaktoren verschoben werden, welches Personal und welche Betriebsmittel einzusetzen sind und schließlich, wann und wie Kunden und Niederlassungen beliefert werden (Schönsleben 2000, S. 19).

Grundsätzlich wird in der Literatur unter Planung ein auf zukünftiges Handeln ausgerichtetes, ordnendes Denken und Rechnen verstanden, bei dem zwischen alternativen Möglichkeiten zukünftiger Aktivitätenfolgen eine Entscheidung zu treffen ist. Die Planung umfasst zusätzlich die Festlegung der zu erreichenden Ziele, die möglichst rational erreicht werden sollen. Das Ergebnis der Planung, der Plan, ist die Grundlage für zukünftiges Handeln und ist zu dokumentieren. Die Planun-

gen können mit Hilfe verschiedener Planungsmethoden durchgeführt werden
(Much u. Nicolai 1995, S. 188, Voßbein 1974, S. 13, Wöhe 2002, S. 140f.).

Eine Planung beschreibt demnach den Entscheidungsprozess bezüglich der Allokation knapper Ressourcen, um zukünftige Aktivitäten festzulegen. Die zukünftigen Aktivitäten werden als Aufträge bezeichnet. Im vorliegenden Kontext der
Beschreibung von Planungen beziehen sich diese Aufträge auf Tätigkeiten, bei
denen Ausgangsmaterial an bestimmten Arbeitsplätzen weiter bearbeitet wird
(Wiendahl 1989, S. 151ff.). Im Rahmen der Produktionsplanung und -steuerung
werden in der Regel Betriebsmittel und Personal von übergeordneten zu untergeordneten Planungsstufen mit zunehmendem Detaillierungsgrad und abnehmendem
Planungshorizont geplant. Die Planungsergebnisse einer Stufe sind Vorgaben für
die nächstfolgende Stufe (Nicolai et al. 1999, S. 29). Unter Betriebsmittel fallen
alle beweglichen und unbeweglichen Mittel, die der betrieblichen Leistungserstellung dienen. Dazu gehören Fertigungsmittel wie Maschinen, Werkzeuge und Vor-
richtung sowie Mess-/Prüfmittel, Fördermittel und Lagermittel (Much u. Nicolai
1995, S. 71). Zu den Planungen zählen als Kernaufgaben die langfristige Produktionsprogrammplanung, die mittelfristige Produktionsbedarfsplanung sowie die
kurzfristigen Eigenfertigungsplanung und -steuerung und die Fremdbezugsplanung und -steuerung. Querschnittsaufgaben, welche der bereichsübergreifenden
Integration dienen, sind die Auftragskoordination und das Lagerwesen (Nicolai et.
al. 1999, S. 29).

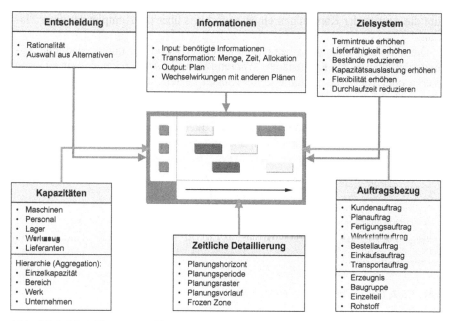

Abb. 3.3-1. Modellierung von Planungen

Planungen haben immer einen Bezug zu Mengen, Betriebsmitteln und/oder Terminen und besitzen in der Regel unterschiedliche Detaillierungsgrade. In der Pro-

duktion sind nur die Betriebsmittel zu planen, die über begrenzte Kapazitäten verfügen. Für eine geeignete Beschreibung und Klassifikation von Planungen müssen
die entsprechenden Kapazitäten, die zu verplanenden Aufträge sowie die relevanten Zeitparameter bestimmt werden. Um Transparenz im Planungsumfeld zu
schaffen, wird im Folgenden ein entsprechendes Beschreibungsschema hergeleitet. Für eine effiziente Beschreibung soll soweit wie möglich eine morphologische
Form der Darstellung gewählt werden. Die abgeleiteten Merkmale werden eine
höhere Detaillierung aufweisen als z.B. die von Schomburg (1980), da hier auch
sowohl die Charakteristik einer Planung als auch das Zusammenspiel mit anderen
Planungen beschrieben werden soll. Die abgeleiteten Merkmale beziehen sich alle
auf den Plan, d.h. auf das Ergebnis des Planungsprozesses (vgl. Abb. 3.3-1).

3.3.1.1 Kapazitäten

Der Beschreibung der Kapazitäten kommt eine wichtige Bedeutung zu, da hierdurch die Produktionsstruktur definiert wird. Diese bestimmt zusammen mit den
Arbeitsplänen den Materialfluss. In einem ersten Schritt sind die relevanten Kapa-
zitätsarten zu bestimmen. In der Literatur werden hauptsächlich Personal, Maschinen, Werkzeuge, Vorrichtungen sowie Fördermittel und Lagermittel unterschieden
(Schönsleben 2000, S. 682f., Much u. Nicolai 1995, S. 71, Wiendahl 1989,
S. 165f.). Um Planungen im Bereich der Beschaffung mitberücksichtigen zu können, wird als weitere Kapazität der Lieferant mitberücksichtigt. Darüber hinaus
gibt die Anzahl der Kapazitäten einen Aufschluss über die Komplexität einer Planung.

Die einzelnen Planungen beziehen sich in der Regel auf unterschiedliche Aggregationsebenen der Kapazitäten. Während sich die Absatzplanung auf einzelne
Werke oder sogar das gesamte Unternehmen bezieht, fokussiert die Fertigungssteuerung auf einzelne Kapazitäten (Nicolai et. al. 1999, S. 33ff.). In Anlehnung
an Schönsleben (2000, S. 680f.) und Schotten (1998, S. 68f.) werden Einzelkapa-
zitäten, Bereiche, Werke und das gesamte Unternehmen unterschieden. Dadurch
können Kapazitäten, die für eine Planung verwendet werden, auf unterschied-
lichste Art und Weise betrachtet werden (vgl. Abb. 3.3-2).

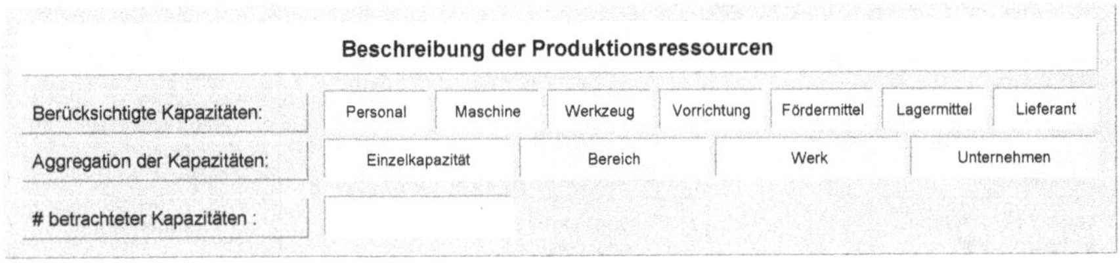

Beschreibung der Produktionsressourcen						
Berücksichtigte Kapazitäten:	Personal	Maschine	Werkzeug	Vorrichtung	Fördermittel	Lagermittel	Lieferant
Aggregation der Kapazitäten:	Einzelkapazität		Bereich		Werk		Unternehmen
# betrachteter Kapazitäten :							

Abb. 3.3-2. Beschreibung der Produktionsstruktur

3.3.1.2 Auftragsbezug

Bei jeder Planung werden Entscheidungen bzgl. zukünftiger auszuführender Tätigkeiten getroffen. Diese Tätigkeiten werden in Form von Aufforderungen als Aufträge beschrieben. Die Beschreibung hat jeweils einen Bezug zu Art, Menge und Termin (Heuser 1995, S. 8, Wiendahl 1989, S. 210). Aufträge sind Ausgangspunkt für die gesamte Auftragsabwicklung (Much u. Nicolai 1995, S. 37). Je nach Zweck bezieht sich ein Auftrag auf die Produkte, die hergestellt oder beschafft werden müssen oder auf die Komponenten, die bereitgestellt werden müssen oder die auszuführenden Arbeiten (Schönsleben 2000, S. 75). Entsprechend finden sich eine Reihe unterschiedlicher Auftragsarten. In der Literatur werden Kundenauftrag, Planauftrag, Produktionsauftrag, Beschaffungsauftrag, Fertigungsauftrag, Werkstattauftrag, Bestellauftrag, Einkaufsauftrag und Transportauftrag unterschieden (vgl. Much u. Nicolai 1995, S. 38, Scheer 1997, S. 512, Schönsleben 2000, S. 75f.). Produktionsaufträge entsprechen den Nettoprimärbedarfen, die aus Kunden- und Planaufträgen abgeleitet werden. Beschaffungsaufträge entsprechen den im Rahmen der Bedarfsermittlung berechneten Fertigungs- und Bestellaufträgen. Aus diesem Grunde werden diese Auftragsarten hier nicht weiter betrachtet. Eine weitere wichtige Größe ist die Anzahl einzuplanender Aufträge.

Alle Auftragsarten habe einen Bezug zu Material bzw. Artikeln. Ein Artikel kann als Sammelbegriff für jedes Gut, welches im Rahmen der Auftragsabwicklung identifiziert und behandelt wird, angesehen werden (Schönsleben 2000, S. 78). Da sich die Aufträge jedoch hinsichtlich der Detaillierung erheblich unterscheiden, werden Artikel ebenfalls unterschiedlichen Ebenen zugeordnet. Artikel werden häufig in Erzeugnis, Baugruppe, Einzelteil und Rohstoffe aufgeteilt. (Schotten et. al. 1999, S. 147, Schönsleben 2000, S. 78f.). Wiendahl (1989, S. 99ff.) differenziert Einzelteile zusätzlich in Eigenfertigungs- und Fertigteile. Darüber hinaus unterscheidet er auf jeder Ebene Gruppierungen von Einzelartikeln. Da über die Auftragsart bekannt ist, ob ein Einzelteil beschafft oder eigengefertigt werden soll, wird auf die Differenzierung nach Einkauf- und Fertigungsteil verzichtet (vgl. Abb. 3.3-3). Darüber hinaus sagt die Anzahl der Artikel, welche in die Planung eingehen, etwas über die Komplexität der Planung aus (Schönsleben 2000, S. 113).

Ein weiteres Differenzierungskriterium im Rahmen der Planung sind die unterschiedlichen Mengeneinheiten, die betrachtet werden. Am häufigsten beziehen sich die Mengeneinheiten auf bestimmte Stückzahlen, mit denen zu einem bestimmten Zeitpunkt etwas geschehen soll ;oder auf Zeitvorgaben (Wiendahl 1989, S. 209). In der Praxis finden sich jedoch auch Mengeneinheiten, die sich auf Gewicht (z.b. in der Metallverarbeitung); Geometrie (z.B. Längen oder Flächen) oder monetäre Größen (z.B. Budgetvorgaben) beziehen.

Beschreibung des Auftragsbezugs							
Auftragsart:	Kunden-auftrag	Plan-auftrag	Fertigungs-auftrag	Werkstatt-auftrag	Bestell-auftrag	Einkaufs-auftrag	Transport-auftrag
Artikelbezug bei der Planung:	Erzeugnis		Baugruppe	Einzelteil	Rohstoff		Gruppierung
Planoutput- Mengeneinheiten:	Zeiten		Stückzahl	Gewicht	Geometrische Vorgabe		€
# einzuplanender Aufträge:							
# zu berücksichtigende Artikel:							

Abb. 3.3-3. Beschreibung des Auftragsbezugs

3.3.1.3 Planungszeitparameter

Um die zeitlichen Aspekte einer Planung zu erfassen, verwendet Paegert (1997, S. 10) Planungshorizont, Planungsperiode und Planungsraster. Als Planungshorizont wird die Länge des Zeitraums bezeichnet, für den eine Planung durchgeführt wird. Die Planungsperiode ist der Zeitraum zwischen zwei aufeinanderfolgenden, gleichen Planungen. Das Planungsraster beschreibt den zeitlichen Detaillierungsgrad, mit dem eine Planung durchgeführt wird. Treutlein et al. (2000, S. 30) unterschieden zusätzlich noch den Planungsvorlauf. Dieser wird definiert als Zeitdauer zwischen dem Zeitpunkt der Planung und dem Beginn der Planungsbetrachtung. Darüber hinaus wird noch der Begriff der Frozen Zone eingeführt. Diese beschreibt den Zeitraum innerhalb dessen eine Planung nicht mehr geändert werden darf. Wird ohne Frozen Zone gearbeitet, kann dies zu einer hohen Planungsnervosität und der Notwendigkeit zu Sicherheitspuffern führen (vgl. Abb. 3.3-4).

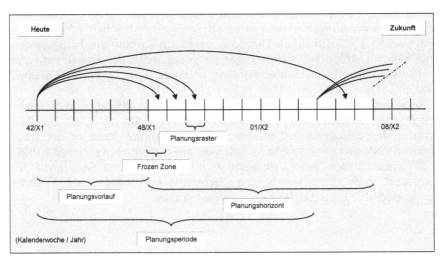

Abb. 3.3-4. Planungszeitparameter

3.3.1.4 Planungsmethodik

Während bisher die Randbedingungen untersucht wurden, mit denen ein Planer umzugehen hat, wird im Folgenden die Darstellung und Klassifikation der Planungshilfsmittel beleuchtet. Zu den Planungshilfsmitteln gehören sowohl die Planungsverfahren, die genutzt werden, als auch die Freiheitsgrade, die eine Planungseinheit für die Planung besitzt. Die Freiheitsgrade der Planung werden als Flexibilität interpretiert.

Planung bedeutet, Entscheidungen zwischen Alternativen zu treffen. Das bedeutet, dass auch bei Vorgaben Flexibilität zur Änderung gegeben sein sollte. Die qualitative Flexibilität einer Kapazität legt beispielsweise fest, ob die Kapazität für verschiedene oder nur für ganz bestimmte Prozesse einsetzbar ist, während die quantitative Flexibilität einer Kapazität die zeitliche Flexibilität im Kapazitätseinsatz beschreibt. Die Flexibilität des Auftragsendtermins gibt an, ob der Bedarfsverursacher flexibel ist in Bezug auf den von ihm vorgegebenen Liefertermin (Schönsleben 2000, S. 119ff:). Auftragsflexibilität beschreibt die Anpassungsfähigkeit auf Änderungswünsche von internen oder externen Bedarfsverursachern. Die Änderungswünsche können sich auf Mengen und Termine beziehen (Paegert 1997, S. 50). Neben üblichen Mengenänderungen lassen sich darüber hinaus Splitting und Zusammenfassung unterscheiden, wenn ein Auftrag aufgeteilt wird oder mehrere zusammengefasst werden (Heiderich et al. 1999, S. 134). Im Rahmen einer Planung gibt es demnach unterschiedliche Dimensionen der Flexibilität. Pläne können somit je nach Flexibilitätsmaß auf verschiedene Arten geändert werden. Variabel können Mengen allgemein oder Form von Splitting oder Zusammenfassung sein, sowie Zeitpunkte, Zeitdauern, Kapazitäten oder Prozesse. Zusätzlich besteht die Möglichkeit, dass die Reihenfolge von Aufträgen verändert wird.

In der Literatur wird eine sehr große Anzahl an Planungsmethoden für die Produktionsplanung und -steuerung diskutiert (vgl. z.B. Luczak u. Eversheim 1998, Kernler 1995, Kurbel 1999, Schönsleben 2000, Rüttgers u. Stich 2000 oder Wiendahl 1989). Die Planungsmethoden dienen immer dazu, Mengen, Termine und Kapazitäten oder Kombinationen hieraus zielkonform in Zusammenhang zu bringen. Für alle Planungen gibt es jeweils eine Reihe unterschiedlicher Methoden. Im Rahmen der Produktionsprogrammplanung können z.B. Prognoseverfahren, ABC-Analysen oder Grobterminierungsverfahren eingesetzt werden (Nicolai et. al. 1999, S. 33ff. oder Kurbel 1999, S. 116ff.). Für eine Beschreibung der Methoden sind die zu planenden Kapazitäten, der Auftragsbezug, die Erzeugnisebene, die Planungsgenauigkeit sowie die Variablen der Planung bekannt. Für den Prozess der Planung ist zusätzlich noch entscheidend, ob eine Planung stochastisch oder deterministisch ist und ob die gesamte Planung simultan oder sukzessiv erfolgt.

Eine Planung kann unterschiedlich ausgelöst werden. Bei der zyklischen Planung wird eine Planungsperiode gewählt, an die sich die darauffolgende Planungsperiode lückenlos anschließt (Planungshorizont = Planungsperiode). Bei der rollierenden Planung ist die Planungsperiode kürzer als der Planungshorizont, der verbleibende Teil des alten Planungshorizonts wird erneut geplant. Die ereignisorientierte Planung wird nur bei Auftreten eines ungeplanten Ereignisses angestoßen (Schotten et. al. 1999, S. 148). Ein Maß für die Dynamik, der eine Planung unterliegt, ist neben der Anzahl zu verplanender Aufträge pro Zeiteinheit die Anzahl ungeplanter Ereignisse, die im Rahmen einer Planung auftreten.

Für eine Steigerung der Transparenz kommt der Zielsetzung der Planungen eine wichtige Rolle zu. Häufig werden mit unterschiedlichen Planungen jeweils Ziele verfolgt, die sich gegenseitig zum Teil widersprechen (Nynuis u. Wiendahl 1999). Kernler unterscheidet vier originäre Ziele und zwar die betrieblichen Ziele, wie geringe Lagerbestände und hohe Kapazitätsauslastung und die marktorientierten Ziele, wie hohe Termintreue und kurze Durchlaufzeiten. Eine hohe Lieferbereitschaft wird der hohen Termintreue gleichgesetzt (1995, S. 17ff.). Kurbel differenziert nach Zeit und Mengenzielen, kommt aber zu den gleichen Zielen. Er unterscheidet jedoch zusätzlich die unterschiedlichen Bestandsarten nach Wareneingang, Werkstatt u.a. (Kurbel 1999, S. 20f.). Paegert gibt als weiteres Ziel die Steigerung der Flexibilität an und leitet ein hierarchisches Zielsystem ab (1997, S. 50). Die Flexibilität wird nicht weiter betrachtet, da hier die variablen Parameter explizit berücksichtigt werden. Da unterschiedliche Planungseinheiten innerhalb eines Unternehmens (Beschaffung, Produktion, Distribution) bestandsverantwortlich sind, wird in Anlehnung an Kurbel (1999, S. 22) und Paegert (1997, S. 47) zwischen Wareneingangslager-, Versandlager- und Werkstattbestand unterschieden (vgl. Abb. 3.3-5).

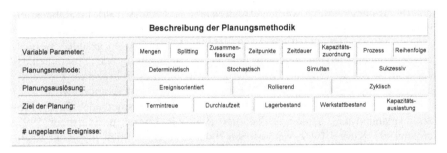

Abb. 3.3-5. Beschreibung der Planungsmethodik

3.3.1.5 Informationen

Jede Entscheidung und dadurch jede Planung basiert auf Informationen, die benötigt werden sowie den Informationen, die generiert werden. Die generierten Informationen entsprechen dem Plan (Eisenführ u. Weber 1993, S. 19ff.). Wird für alle Planungseinheiten eine Input-/Output-Analyse durchgeführt, so können die entsprechenden Informationsflüsse weiter untersucht werden. Eine entsprechende Untersuchung bzw. Ableitung eines Referenzmodells wird im folgenden Abschnitt durchgeführt.

Abb. 3.3-6 gibt einen Überblick über das abgeleitete Modell zur Beschreibung und Klassifikation von Planungen.

Beschreibung und Klassifikation von Planungen

Berücksichtigte Kapazitäten:	Personal	Maschine	Werkzeug	Vorrichtung	Fördermittel	Lagermittel	Lieferant
Aggregation der Kapazitäten:	Einzelkapazität		Bereich	Werk		Unternehmen	
Auftragsart:	Kunden-auftrag	Plan-auftrag	Fertigungs-auftrag	Werkstatt-auftrag	Bestell-auftrag	Einkaufs-auftrag	Transport-auftrag
Artikelbezug bei der Planung:	Erzeugnis	Baugruppe		Einzelteil	Rohstoff		Gruppierung
Planoutput- Mengeneinheiten:	Zeiten		Stückzahl	Gewicht	Geometrische Vorgabe	€	
Variable Parameter:	Mengen	Splitting	Zusammen-fassung	Zeitpunkte	Zeitdauer	Kapazitäts-zuordnung	Prozess	Reihenfolge
Planungsmethode:	Deterministisch		Stochastisch		Simultan		Sukzessiv
Planungsauslösung:	Ereignisorientiert		Rollierend		Zyklisch	
Ziel der Planung:	Termintreue	Durchlaufzeit		Lagerbestand	Werkstattbestand	Kapazitäts-auslastung	
Planungshorizont:		# betrachteter Kapazitäten :		
Planungsperiode:		# einzuplanender Aufträge:		
Planungsraster:		# zu berücksichtigende Artikel:		
Planungsvorlauf:		# ungeplanter Ereignisse:		
Planungsfixum:		Input-Information		Output-Information

Abb. 3.3-6. Beschreibung und Klassifikation von Planungen

3.3.1.6 Ableitung eines Informationsreferenzmodells

Basis einer jeden Planung oder Entscheidung sind Informationen über die Umweltzustände und mögliche Handlungsalternativen (Eisenführ u. Weber 1993, S. 93ff., Frese 2000, S. 43ff.). Zum Teil wurden diese Informationen bereits abgeleitet. Ziel ist die Entwicklung eines Referenzmodells, welches die relevanten Informationen zur Durchführung von Planungen abbildet und zusätzlich den Austausch von Informationen zwischen unterschiedlichen Planungseinheiten unterstützt. Eine unmittelbare Abbildung der realen Datenorganisation würde den wesentlichen Anforderungen nach Klarheit, einfacher Handhabbarkeit und vor allem Effizienz nicht genügen. Aus diesem Grunde wird das erarbeitete Informationsmodell als Referenzmodell betrachtet und im weiteren zur Abbildung der geforderten Sachverhalte herangezogen (Schmidt 2002, S.97).

Für die Ableitung des Modells wird das Planungsmodell als Grundlage verwendet. In einem ersten Schritt wurden Referenzmodelle aus der Literatur untersucht. Aus diesen wurden basierend auf oben bestimmter Kriterien zur Beschreibung von Planungen relevante Planungsaufgaben der Produktionsplanung und -steuerung abgeleitet. Aufgrund der Praxisnähe wurde das Aachener PPS-Modell als Basis ausgewählt (Luczak u. Eversheim 1998). Eine Reduzierung des Aufgabenmodells auf planerische Tätigkeiten und weitere Anpassungen zur Verbesserung der Effizienz führt zu den folgenden Planungsaufgaben (vgl.

Abb. 3.3-7). Diese spiegeln ebenfalls die planenden Tätigkeiten der am Projekt beteiligten Unternehmen wider.

Abb. 3.3-7. Planungsaufgaben (vgl. Nicolai et. al. 1999, S. 30, Scheer 1997)

Planungsrelevante Informationen lassen sich in einem ersten Schritt in ereignisbezogene und in zustandsbezogene Informationen aufteilen. Zustandsbezogene Informationen, wie z.b. Artikel-, Kunden- oder Lieferanteninformationen, werden laufend benötigt und sind unabhängig von der Zeit. Diese Information werden als Stamminformationen bezeichnet. Ereignisbezogene Informationen benötigen zur eindeutigen Identifikation zusätzlich zeitliche Informationen wie Datum oder Uhrzeit und werden als Bewegungsinformationen bezeichnet. Auftragsdaten oder Lagerbewegungen sind Beispiele für Bewegungsdaten (Scheer 1997, S. 40).

Für viele Aufgaben werden die Ergebnisdaten der zuvor durchgeführten Planung als Eingangsdaten benötigt. Dieser Zusammenhang kann mit Hilfe eines allgemeinen Planungsmodells in Anlehnung an das Wasserfall-Modell (Effektmodell) übersichtlich dargestellt werden (vgl. z.B. Österle 1995, S. 297ff.). Das Wasserfall-Modell kann zu den klassischen Phasenmodellen der Systemtechnik gezählt werden. Dem Wasserfall-Modell liegt die Annahme zugrunde, dass die vorgeschaltete Stufe erst vollständig bearbeitet werden muss, bevor zur nächsten übergegangen wird. Ein Rücksprung erfolgt dann, wenn am Ende einer Phase festgestellt wird, dass die an diese Phase gestellten Anforderungen nicht erfüllt werden (Schmidt 2002, S. 62f.). In der Literatur werden eine Reihe von Informations- und Datenreferenzmodellen angeboten, die sich zum Aufbau eines entsprechenden Wasserfallmodells anbieten (Luczak u. Eversheim 1998, Scheer 1997, Schmidt 2002, Paegert 1997). Entsprechend des Planungsaufgabenmodells wurden aus den verfügbaren Referenzmodellen für jede Planungsaufgabe relevante Input- und Outputinformationen abgeleitet. Zusätzlich wurde auf Erfahrungswissen aus zahlreichen Industrieprojekten zurückgegriffen. Im Rahmen von Expertengesprächen wurden diese überprüft.

	Planungsaufgaben	Materialstammdaten	Stücklisten	Arbeitspläne	Kapazitätsdaten	Rüst- / Bestands- / Lieferkosten	Absatzprognose	Planaufträge	Produktionsaufträge	Kundenaufträge	Bestätigter Termin	Sekundärbedarfe	Vorl. Fertigungsaufträge	Ecktermine für Kap.gruppen	Kapazitäts(gruppen)bedarf	Fertigungsaufträge	Werkstattaufträge	Ecktermine für Kapazitäten	Bestellaufträge	Einkaufsaufträge	Liefertermine	Bestandsparameter	Lagerbestand /-bewegung
PPP	Absatzplanung	I					I	O														I	
	Primärbedarfsplanung							I		I											I	I	
	Ressourcengrobplanung (PI)	I	I	I	I				O													I	
AK	Auftragsgrobterminierung	I						I	O														
	Ressourcengrobplanung	I	I	I	I				O		I											I	
PBP	Sekundärbedarfsermittlung	I	I							I	I	O							I			I	
	Beschaffungsartzuordnung	I								I		I	O						O				
	Durchlaufterminierung			I	I					I		I	I	O									
	Kapazitätsbedarfsermittlung				I							I		I	O								
	Kapazitätsabstimmung				I										I	O							
EFPS	Losgrößenrechnung	I				I											I	O					
	Ressourcenfeinplanung				I	I											I	O			I		I
EK	Bestellrechnung																		I	O	O	I	O
BP	Bestandsmanagement	I								I	I												O

Informationen: I = Input, O = Output

PPP: Produktionsprogrammplanung
AK: Auftragskoordination
PBP: Produktionsbedarfsplanung
EFPS: Eigenfertigungsplanung und –steuerung
FBPS: Fremdbezugsplanung und –steuerung
BP: Bestandsplanung

Abb. 3.3-8. Referenz-Informationsmodell zur Beschreibung von Informationsflüssen

Zum Aufbau des Wasserfallmodells werden zwei Sichten in einer Matrix dargestellt (vgl. Abb. 3.3-8). Die vertikal dargestellten Aufgaben ermöglichen eine
Aufgabensicht. In der Horizontalen werden die Input- und Outputdaten der Informationssicht aufgeführt. In den einzelnen Feldern der Matrix wird eingetragen,
welche Daten Eingangs- (I) oder Ausgangs- bzw. Ergebnisinformationen (O) einer
Aufgabe sind. Folgende Kriterien müssen erfüllt werden:

1. Wird die Matrix zeilenweise (Aufgabensicht) gelesen, muss jede Planungsaufgabe über mindestens eine Input- und Outputinformation verfügen. Im Normalfall sollen die Inputinformationen links vor den Outputinformation stehen. Abweichungen sind nur in Ausnahmefällen erlaubt.
2. Wird die Matrix spaltenweise (Informationssicht) gelesen, muss jede Information mindestens einmal als Input- und Outputinformation dienen. Im Normalfall
sollten die Output- über den Inputinformation stehen. Abweichungen sind nur
für Informationen außerhalb des hier betrachteten PPS-Bereiches zulässig (z.B.
Stammdaten o. Absatzprognosen) (Paegert 1997, S. 61f.).

Insgesamt wurden 14 Planungsaufgaben aus den vorhandenen Referenzmodellen
identifiziert, die weiter betrachtet werden sollen. Die abgeleiteten Informationen
bestehen zunächst aus relevanten Auftrags- und Bedarfsarten, wie sie klassischer
Weise in hierarchischen Systemen übergeben werden. Um darüber hinaus auch die

Realität abzubilden, wurden zusätzlich Informationen, welche die Rückgabe von Informationen repräsentieren, berücksichtigt. Schließlich wurde das Modell um ungeplante Ereignisse erweitert, die dazu dienen, die Dynamik eines Unternehmens besser beschreiben zu können. Das vorgestellte Planungsmodell beschreibt auf statische Art den Informationsfluss zwischen den unterschiedlichen Planungseinheiten und wird als Basismodell verstanden. Jede Planungsaufgabe wird nur einmalig betrachtet. Um jedoch die in der Realität üblichen dezentralen Planungen zu berücksichtigen, muss das Modell weiter im Einsatzfall entsprechend modifiziert werden. Planungsaufgaben, wie beispielsweise Ressourcenfeinplanung, müssen mehrmals abgebildet werden.

3.3.1.7 Darstellung eines Planungsszenarios

Um ein Planungsszenario darzustellen, sind zunächst die unterschiedlichen Planungen innerhalb eines Unternehmens zu identifizieren. Dazu können entweder vorhandene Geschäftsprozessmodelle genutzt werden oder eine Befragung der relevanten Mitarbeiter durchgeführt werden.

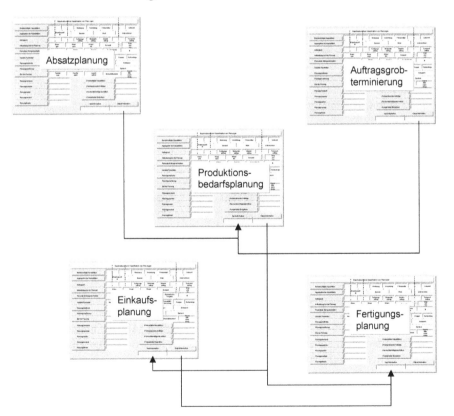

Abb. 3.3-9. Schematische Darstellung eines Planungsszenarios

Für jede der unterschiedlichen Planungen sind in einem zweiten Schritt die Daten entsprechend des Planungsmodells (vgl. Abb. 3.3-9) zu erfassen. Dadurch werden die Planungsrandbedingungen und -freiheitsgrade festgelegt. Mit Hilfe des Referenz-Informationsmodells sind zusätzlich die Input- und Output-Informationen der Planungen aufzunehmen. Hierbei ist sicherzustellen, dass alle Input-Informationen einen Ursprung und alle Output-Informationen eine Destination besitzen.

Mit diesen beiden Instrumenten hat ein Unternehmen die Möglichkeit, ein Planungsszenario abzubilden. Dies dient zum einen zur Steigerung der Transparenz hinsichtlich der betrieblichen Auftragsabwicklung. Zum anderen dient ein Planungsszenario als Grundlage für die Konzeption von Workflows zwischen unterschiedlichen Planungen. Einerseits ist festzulegen, welche Planungen mit Hilfe von Workflowmanagement zu verbinden sind, und andererseits ist zu determinieren, welche Informationen ausgetauscht werden sollen.

3.3.2 Bewertung eines Planungsszenarios

Produzierende Unternehmen stehen vor der Herausforderung, dass die Auftragsabwicklung einen komplexen Prozess darstellt, der nicht vollständig zentral geplant werden kann (Frese 2000, S. 102f.). Vielmehr sind viele unterschiedliche verteilte Planungseinheiten am Planungsprozess beteiligt. Planungsentscheidungen werden demnach teilweise dezentral durchgeführt. Dies führt zu Interdependenzen zwischen den Planungseinheiten. Darüber hinaus besitzen die unterschiedlichen Planungseinheiten unterschiedliche Zielsysteme, denen eine Planung jeweils unterliegt. Hohe Kapazitätsauslastung und geringe Bestände wiedersprechen sich zum Teil (Nyhius u. Wiendahl 1999). Auch wenn verschiedene Planungen auf eine Erhöhung der Termintreue ausgerichtet sind, führt dies nicht zwangsläufig zu einer hohen Termintreue des Gesamtunternehmens. Die verschiedenen Planungen sind demnach aufeinander abzustimmen (Schotten 1998, S. 51f.).

Auf der anderen Seite unterliegen produzierende Unternehmen einer hohen Dynamik. Die Dynamik resultiert aus unvorhersagbaren Ereignissen (Heiderich 2001, S. 20). Diese lassen sich in externe Ereignisse wie beispielsweise Kundenaufträge oder Änderungswünsche und interne Ereignisse wie beispielsweise Maschinenausfälle aufteilen. Diese Ereignisse führen dazu, dass Planung und Realität nicht mehr übereinstimmen. Dadurch werden die ursprünglichen Ziele der Planung nicht mehr erreicht. Die Planungen sind erneut durchzuführen, um die Divergenz zur Realität zu reduzieren. Die neuen Pläne sind entsprechenden weiteren Planungseinheiten zu übermitteln. Das bedeutet, dass Abstimmungsaufwand entsteht und immer dringlicher wird (vgl. Abb. 3.3-10).

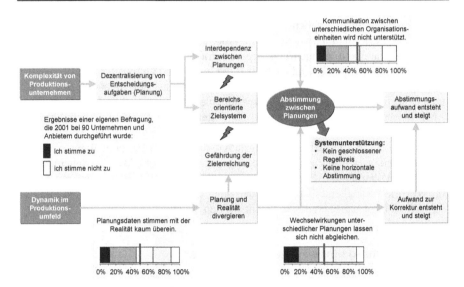

Abb. 3.3-10. Darstellung der betrieblichen Ausgangssituation

Etwa 75% der produzierenden Unternehmen nutzen ERP-/PPS-Systeme zur Unterstützung der Auftragsabwicklung (Wienecke u.a. 2002). In der Regel unterstützen diese Systeme eine sequenzielle, hierarchische Top-down-Planung. Ein Feedback von nachgelagerten Planungen wird nur selten angeboten. Eine Abstimmung zwischen Planungseinheiten, die sich auf einem Level befinden wie beispielsweise unterschiedliche Fertigungsplanungen, wird nicht vorgesehen (Treutlein u.a. 2000).

3.3.2.1 Interdependenz und Koordination

Die Abstimmung zwischen unterschiedlichen Planungen muss geeignet dosiert werden. Wird „zu viel" koordiniert, wird der Abstimmungsaufwand erhöht und Kommunikationskosten entstehen. Der zeitliche Aufwand steigt und verursacht Kosten (Frese 2000, S. 147ff.). Zusätzlich können häufige Umplanungen „Planungsnervosität" verursachen (Yellig u. Mackulak 1997, S. 369f.). Dies führt in der Regel dazu, dass Planungen nicht mehr ernst genommen werden. Auf der anderen Seite werden jedoch sogenannte Autonomiekosten verursacht, wenn die Abstimmung nicht hinreichend ist.

Autonomiekosten entstehen aufgrund einer geringeren Informationsbasis und/oder einer weniger leistungsfähigen Informationsverarbeitungsmethode (Know-how) (Schotten 1998, S. 51f.). Autonomiekosten können demnach als Opportunitätskosten interpretiert werden. Im Rahmen dieser Betrachtung fallen hierunter Kosten, die durch hohe Bestände oder durch unzureichende Termintreue entstehen. Je intensiver die Abstimmung zwischen planenden Einheiten ist, desto deutlicher lassen sich die Autonomiekosten reduzieren (vgl. Abb. 3.3-11).

Ziel muss es demnach sein, die Planungen zu identifizieren, die aufgrund einer hohen Interdependenz mit Hilfe von Workflowmanagement abgestimmt werden sollten.

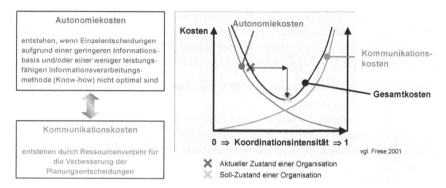

Abb. 3.3-11. Vergleich von Kommunikations- und Autonomiekosten

Als Interdependenz wird eine Abhängigkeit bezeichnet, die der erwarteten gegenseitigen Beziehung zwischen einem festzulegenden Entscheidungsparameter und einer anderen entscheidungsrelevanten Größe entspricht. Die Umsetzung einer Entscheidung beeinflusst bei interdependenten Entscheidungen ein anderes Entscheidungsfeld zielrelevant. Ein Entscheidungsfeld besteht aus einer Menge beeinflussbarer Größen (Entscheidungsvariablen) und einer Menge unbeeinflussbarer Größen (Entscheidungskonstanten) (Schotten 1998, S. 52). Planungen im Rahmen der technischen Auftragsabwicklung sind durch die zeitbezogene Allokation von Aufträgen zu Kapazitäten gekennzeichnet. Alle Entscheidungen beziehen sich somit letztendlich auf den Materialfluss. Das bedeutet, dass die hier betrachteten Interdependenzen aus Wechselwirkungen innerhalb des Materialflusses resultieren. Im Folgenden werden deshalb zunächst Kriterien zur Beschreibung der Materialflussinterdependenzen erläutert. In einem Folgeschritt werden dann die resultierenden Informationsflüsse innerhalb der Planungsszenarien beschrieben, um Bedarf an Workflowmanagement zwischen Planungen abzuleiten.

3.3.2.2 Interdependenzen im Materialfluss

Planungen unterliegen einer Materialflussinterdependenz, wenn zwischen den zu belegenden Ressourcen ein Materialfluss stattfindet. Die Interdependenzen durch Materialfluss sind üblicherweise durch Arbeitspläne oder Arbeitsplannetze (Auftragsnetze) und Stücklisten vorgegeben. Eine einfache Möglichkeit, die Materialflussinterdependenzen zu analysieren, besteht in der Erstellung einer Materialflussmatrix (Wiendahl 1989, S. 148ff.), mit der sich Materialflussinterdependenzen in beliebiger Detaillierung auf Basis der Übergangshäufigkeiten analysieren lassen. Unter Umständen ist eine produktgruppen- oder auftragstypbezogene Analyse der Materialflussinterdependenzen sinnvoll, z.B. wenn bei bestimmten Produktgruppen sehr unterschiedliche Ausprägungen der vorliegenden Materialflussbeziehungen zu erwarten sind.

Die Entscheidungsfelder von im Materialfluss aufeinanderfolgenden Ressourcen überschneiden sich, wenn z.b. eine im Materialfluss nachfolgende Einheit eine Belegungsentscheidung von der Belegungsplanung der vorgelagerten Einheit abhängig macht, oder die beiden Planungen im Hinblick auf ein Produktionsziel voneinander abhängig sind. Materialflussinterdependenzen entstehen u.a. durch das Vorliegen der folgenden Randbedingungen (Schotten 1998, S. 63f.):

- hohe, reihenfolgeabhängige Rüstzeiten der verbundenen Ressourcen,
- hohe Kapazitätsauslastung;
- große Schwankungen der Kapazitätsauslastung oder
- strenge Beibehaltung des Auftragsbezugs beim Übergang von Material,
- redundante oder alternative Kapazitäten stehen für die Bearbeitung zur Verfügung;
- kurze Übergangszeiten zwischen den verbundenen Ressourcen oder sehr kleine Puffer.

Mit Hilfe dieser Einflussgrößen lässt sich die Stärke der Wechselwirkung zwischen einzelnen Kapazitäten bestimmen. Eine Materialflussmatrix, in der alle relevanten Kapazitäten als Zeilen- und Spaltenüberschriften aufgenommen werden, kann zur Visualisierung genutzt werden. Der Einfluss der Randbedingungen auf die Stärke der Interdependenz wird durch einfache Regeln beschrieben. Diese Regeln beinhalten rein summierende Verknüpfungen der Interdependenztreiber. Die Interdependenzstärke hat einen Wertebereich (0..1). Die Interdependenzstärke ist null, wenn in keiner Richtung eine Beeinflussung stattfindet. In diesem Fall sind die Kapazitäten entkoppelt (Schotten 1998, S. 114ff.). Die δ-Funktion kann die Werte 0 und 1 annehmen und kann als Relevanzoperator interpretiert werden. Ist eine Wechselwirkung zwischen entfernten Kapazitäten nicht von Bedeutung, nimmt der Operator den Wert 0 an. Die Berechnung der Interdependenzstärke ist somit ein zweistufiger Prozess. Zum einen werden für jede Kapazität die entsprechenden Anteile ermittelt. Mit Hilfe des Relevanzoperators wird dann die Interdependenzstärke zwischen den Kapazitäten berechnet. Die Interdependenzstärke ergibt sich aus der Summe der einzelnen Anteile. Eine mögliche Variation besteht in der Gewichtung der einzelnen Anteile. Die Verknüpfungen können im Anwendungsfall beliebig angepasst werden (vgl. Abb. 3.3-12).

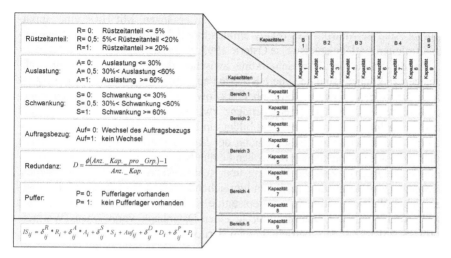

Abb. 3.3-12. Materialflussmatrix zur Bestimmung der Materialflussinterdependenzen

Mit Hilfe der Matrix besteht die Möglichkeit, die Stärke der Interdependenzen zwischen einzelnen Kapazitäten zu bestimmen. Des Weiteren ist es möglich, durch Summation die Wechselwirkung zwischen unterschiedlichen Bereichen/Kapazitätsgruppen abzuschätzen. Das bedeutet, dass die Interdependenzstärke für die verschiedenen Ebenen der Kapazitätszusammenfassung abgeschätzt werden kann. Die Ergebnisse dieser Abschätzungen können darüber hinaus als Filter verwendet werden. Wenn die Interdependenzstärke zwischen zwei Kapazitäten sehr gering ist, dann brauchen zwei Planungen, die sich beide auf die Kapazitäten beziehen, nicht abgeglichen zu werden.

3.3.2.3 Bewertung der Informationsflüsse

Die Beschreibung und Bewertung der Interdependenzen aus dem Materialfluss legen die Grundlagen zur Beschreibung der Wechselwirkung zwischen unterschiedlichen Planungseinheiten. Aufgrund der Interdependenzen müssen sich die Planungseinheiten untereinander abstimmen. Es ist jedoch festzulegen, welche Planungen abzustimmen sind und welche Informationen auszutauschen sind. Die Abstimmung erfolgt mit Hilfe der Kommunikation zwischen den entsprechenden Einheiten, wobei diese durch Workflowmanagement unterstützt werden kann. Basis für jede Planung sind Input-Informationen. Diese Informationen erhält ein Planer in der Regel von einer anderen Organisationseinheit. Der Plan als Output-Information dient wiederum als Grundlage für weitere Planungen. Die ausgetauschten Informationen können damit die Planungen der empfangenden Organisationseinheit zielrelevant beeinflussen (Klaus 1996, S. 7). Die relevanten Informationen, die ausgetauscht werden, beziehen sich in der Regel auf Mengen, Kapazitäten und Termine. Ein Referenzmodell, welches die Beziehungen zwischen Planungsaufgaben und Input-/Output-Informationen abbildet, ist in Abb. 3.3-8 dargestellt. Im konkreten Anwendungsfall sind die Planungsaufgaben und die entsprechenden Informationsklassen zu ergänzen. Mit Hilfe einer Input-/Output-Analyse-Matrix ist es relativ einfach möglich, eine Informationsflussmatrix abzuleiten (vgl. beispielsweise Österle 1995, S. 297ff.).

Um die Stärke der Wechselwirkung zwischen den einzelnen Planungen abschätzen zu können, sind geeignete Kriterien abzuleiten. Die Stärke der Divergenz bietet dann einen Hinweis darauf, ob Workflows zwischen zwei Planungen eingesetzt werden sollten. Die Interdependenz zwischen den Planungen manifestiert sich in den Informationsflüssen und bildet ein Maß für die gegenseitige Einflussnahme. Die Kriterien zur Beschreibung der Informationsflüsse müssen demnach qualitative wie auch quantitative Größen beinhalten.

Eine Divergenz zwischen Planung und Realität kann nur vermindert werden, wenn die Qualität der Informationen hinreichend groß ist. Qualitätsmerkmale lassen sich in betriebsseitige und systemseitige Kriterien unterteilen. Systemseitige Daten sind durch die Datenstruktur in einer Datenbank vorgegeben (Wermers 2000, S. 25f.). Zu den betriebsseitigen Kriterien gehören (Loeffelholz 1991, S. 29ff.):

- *Fehlerhaftigkeit*: sachliche Abweichung der Erfassung realer Objekte und Vorgänge von den realen Verhältnissen,
- *Aktualität*: Fähigkeit der Informationen, die betriebliche Situation der Gegenwart hinreichend genau abzubilden,
- *Detailliertheit*: Maß für die Tiefe der Abbildung realer Objekte und Vorgänge,
- *Vollständigkeit*: Maß für die Breite der Abbildung realer Objekte und Vorgänge.

Zu den systemseitigen Kriterien gehören (Loeffelholz 1991, S. 38ff.):

- *Redundanz*: mehrfaches Vorliegen identischer Informationen in der Informationsgesamtheit,
- *Verständlichkeit*: Verständlichkeit der einzelnen Information für den Nutzer,
- *Transparenz*: Verständlichkeit der Zusammenstellung mehrerer Informationen für den Nutzer,
- *Relevanz*: Beitrag von Informationen zur Unterstützung von Entscheidungen.

Die *Fehlerhaftigkeit* wird hier nicht weiter betrachtet, da davon ausgegangen wird, dass alle Informationen sachlich richtig sind. Die *Aktualität* der Informationen ist ein wesentliches Kriterium, welches die Divergenz zwischen Planung und Realität widerspiegelt. Die *Detailliertheit* von Informationen und die *Vollständigkeit* von Informationen werden nicht weiter betrachtet, da hier detaillierte Kenntnisse aller Informationen sowohl im Ist-Zustand als auch in einer Sollkonzeption vorhanden sein müssen. Die *Redundanz* von Informationen ist ein generelles Problem der Informationsverarbeitung. Wenn zwischen Planungseinheiten Informationen ausgetauscht werden, haben beide Einheiten dieselbe Information vorliegen. Da nur wenige betriebliche Anwendungssysteme horizontale Kommunikation unterstützen, ist der Grad der Redundanz gerade bei Änderung der Information eine wichtige Einflussgröße. Die *Verständlichkeit* von Information sei im Rahmen dieser Betrachtung als ausreichend vorausgesetzt, da Änderungen hier den geringsten Aufwand bedeuten. Für die *Transparenz* von Informationen gilt dasselbe. Die *Relevanz* von Informationen beschreibt den Beitrag einer Information zur Entscheidungsfindung und wird somit mit berücksichtigt. Vorschläge für die Bewertung der Kriterien finden sich in Abb. 3.3-13 (vgl. auch Wermers 2000, S. 25f.).

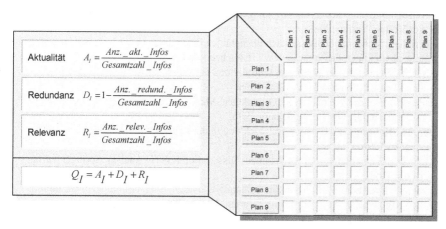

Abb. 3.3-13. Bewertung der Informationsqualität

Basierend auf der Analyse der Materialflussinterdependenzen wird festgelegt, zwischen welchen Planungseinheiten die Informationsflüsse zu untersuchen sind. Daraufhin werden die relevanten Informationsflüsse zwischen den Planungen analysiert. Dazu wird jeweils die Gesamtqualität jeder ausgetauschten Informationsklasse statistisch ermittelt. Zur Ermittlung sollte jeweils ein repräsentativer Zeitpunkt gewählt werden. Je höher die Gesamtqualität der ausgetauschten Informationen ist, desto geringer ist dann der Bedarf einer weitergehenden Abstimmung mittels Workflowmanagement. Die entsprechende Höhe der Informationsqualität ist im Einsatzfall zu bestimmen. Für die Informationen, bei denen ein Abstimmungsbedarf ermittelt wurde, ist abzuleiten, wann und durch welche Ereignisse getriggert, die Informationen auszutauschen sind. Dabei ist ein geeignete Form des Workflowmanagement zu finden, um die Qualität der Informationen auf ein sinnvolles Maß zu erhöhen. Wird eine zu hohe Qualität gefordert, so sind Informationen unter Umständen zu häufig auszutauschen, so dass wieder ein zu hoher Planungsaufwand erzeugt wird und darüber hinaus Planungsnervosität entsteht.

3.3.3 Literatur

Eisenführ, F., Weber, M.: Rationales Entscheiden. Springer Verlag, Berlin 1993.

Frese, E.: Grundlagen der Organisation. Konzepte – Prinzipien – Strukturen. 8. überarbeitete Auflage. Gabler Verlag, Wiesbaden 2000.

Geitner, U.W.: Betriebsinformatik für Produktionsbetriebe. Teil 3: Methoden der Produktionsplanung und -steuerung. 3. überarbeitete Auflage. Carl Hanser Verlag, München 1995.

Heiderich, T., Schotten, M.: Prozesse. In: Luczak, H. und Eversheim, W (Hrsg.), Produktionsplanung und -steuerung. Grundlagen, Gestaltung und Konzepte. 2. Auflage. Springer Verlag, Berlin 1998.

Heiderich, T.: Informationsflüsse nach ungeplanten Ereignissen in der technischen Auftragsabwicklung. Dissertation RWTH Aachen. Shaker-Verlag, Aachen 2002.

Heuser, T.: Synchronisation auftragsneutraler und auftragsspezifischer Auftragsabwicklung. Dissertation RWTH Aachen 1995.

Kernler, H.: PPS der 3. Generation: Grundlagen, Methoden, Anregungen. 3. überarbeitete Auflage Hüthig Verlag, Heidelberg 1995.

Klaus, M.: Konzeption der Auftragsabwicklung in der Konstruktion. Dissertation RWTH Aachen 1996.

Löffelholz, F.: Qualität von PPS-Systemen. Dissertation RWTH Aachen. Springer Verlag, Berlin 1992.

Luczak, H., Eversheim, W.: Produktionsplanung und -steuerung. Grundlagen, Gestaltung und Konzepte. 2. Auflage Springer Verlag, Berlin 1998.

Much, D. , Nicolai, H.: PPS-Lexikon. Cornelsen Verlag, Berlin 1995.

Nicolai, H., Schotten, M. und Much, D.: Grundlagen der Produktionsplanung und -steuerung. Aufgaben. In: Luczak, H. und Eversheim W. (Hrsg.) Produktionsplanung und -steuerung. Grundlagen, Gestaltung und Konzepte. 2. Auflage Springer Verlag, Berlin 1999.

Nyhuis, P., Wiendahl, H.-P.: Logistische Kennlinien. Grundlagen, Werkzeuge und Anwendungen. Springer Verlag, Berlin 1999.

Oesterle, H.: Business Engineering. Prozess- und Systementwicklung. Entwurfstechniken. 2. verbesserte Auflage. Springer Verlag, Berlin 1995.

Paegert, C.: Entwicklung eines Entscheidungsunterstützungssystems zur Zeitparametereinstellung. Dissertation RWTH Aachen. Shaker Verlag, Aachen 1997.

Picot, A., Dietl, H., Franck, E.: Organisation. Eine ökonomische Perspektive. 2. überarbeitete und erweiterte Auflage. Schäfer-Poeschel Verlag, Stuttgart 1999.

Rüttgers, M., Stich, V.: Industrielle Logistik. Hrsg.: Eversheim, W., Luczak, H. 6., überarbeitete Auflage. Wissenschaftsverlag Mainz, Aachen 2000.

Scheer, A.-W.: Wirtschaftsinformatik. Referenzmodelle für industrielle Geschäftsprozesse. 7. Auflage, Springer Verlag, Berlin 1997.

Schmidt, C.: Rekonfiguration und Umsetzung der Datenorganisation im Rahmen des Dezentralisierungsprozesses der Produktionsplanung und -steuerung. Dissertation RWTH Aachen. Shaker Verlag, Aachen 2002.

Schomburg, E.: Entwicklung eines betriebstypologischen Instrumentariums zur systematischen Ermittlung der Anforderungen an EDV-gestützte Produktionsplanungs- und -steuerungssysteme im Maschinenbau. Dissertation RWTH Aachen, 1980.

Schönsleben, P.: Integrales Logistikmanagement. Planung und Steuerung von umfassenden Geschäftsprozessen. 2. überarbeitete und erweiterte Auflage. Springer Verlag, Berlin 1998.

Schotten, M.: Grundlagen der Produktionsplanung und -steuerung. Aachener PPS-Modell. In: Luczak, H. und Eversheim W. (Hrsg.) Produktionsplanung und -steuerung. Grundlagen, Gestaltung und Konzepte. 2. Auflage Springer Verlag, Berlin 1998.

Schotten, M.: Beurteilung von EDV-gestützten Koordinationsinstrumentarien in der Fertigung. Dissertation RWTH Aachen. Shaker Verlag, Aachen 1998.

Schotten, M., Paegert, C., Vogeler, C., Treutlein, P., Kampker, R.: Grundlagen der Produktionsplanung und -steuerung. Funktionen. In: Luczak, H. und Eversheim W. (Hrsg.) Produktionsplanung und -steuerung. Grundlagen, Gestaltung und Konzepte. 2. Auflage Springer Verlag, Berlin 1999.

Specht, O., Wolter, B.: Produktionslogistik mit PPS-Systemen: Informationsmanagement in der Fabrik der Zukunft. 2. Auflage Friedrich Kiehl Verlag, Ludwigshafen 1994.

Treutlein, P., Kampker, R., Wienecke, K., Philippson, C.: PPS-/ERP-Systeme für den Mittelstand. Hrsg. Luczak, Eversheim und Stich. 1. Band der Reihe „Aachener Marktspiegel". Aachen 2000.

Vossbein, R.: Unternehmensplanung. Grundlagen und praktische Anwendung der Planung als Steuerungs-Instrument. Econ Verlag, Düsseldorf 1974.

Wermers, H.: Interventionen zur Steigerung der Datenqualität in Standard-PPS-Systemen. Dissertation RWTH Aachen. Shaker Verlag, Aachen 2000.

Wiendahl, H.-P.: Betriebsorganisation für Ingenieure. 3. überarbeitete und erweiterte Auflage. Carl Hanser Verlag, München 1989.

Wienecke, K., Kampker, R., Philippson, C., Gautam, D., Kipp, R.: Aachener Marktspiegel Business Software: ERP / PPS 2002. Anbieter – Systeme – Projekte. Hrsg: Forschungsinstitut für Rationalisierung e.V. an der RWTH Aachen 2002.

Wöhe, G.: Einführung in die Allgemeine Betriebswirtschaftslehre. 21. Auflage. Verlag Franz Vahlen, München 2002.

Yellig, E.J., Mackulak, G.T.: Robust deterministic scheduling in stochastic environments: the method of capacity hedge points. In: International Journal of Production Research, Vol. 35, No. 2, 1997, S. 369-379.

3.4 Verhandlungsbasiertes Workflowmanagement

von Svend Lassen und Clemens Philippson

Die Verhandlung oder auch verhandlungsbasierte Koordination ist ein Mechanismus zur Abstimmung von Entscheidungen unterschiedlicher Organisationseinheiten. In der Produktionsplanung und -steuerung beziehen sich diese Entscheidungen bspw. auf die Allokation von Aufträgen auf Ressourcen, das Outsourcing von Fertigungsleistungen oder die Beschaffung von Sekundärmaterialien. Insbesondere in dezentralen, autonomen Fertigungsstrukturen (autonome Abteilungen, Fertigungsbereiche oder Standorte) kann es zu Konflikten bei Entscheidungen kommen, die über Abstimmungs- und Verhandlungsprozesse gelöst werden müssen. Diese Verhandlungsprozesse sind wiederkehrende, formalisierbare Geschäftsprozesse, die ein Potenzial für den Einsatz von Workflowmanagement bieten.

3.4.1 Theoretische Grundlagen verhandlungsbasierter Koordination

3.4.1.1 Koordination von Entscheidungen in der PPS

Für die nachfolgende Betrachtung der Koordination von Entscheidungsprozessen wird unter Koordination die mengen-, termin- und kapazitätsbezogene Abstimmung der operativen Fertigungsentscheidungen durch die Produktionsplanung und -steuerung (PPS) verstanden. Die Ursache eines Koordinationsbedarfs sind Interdependenzen zwischen den Aufgaben und Entscheidungen der einzelnen Struktureinheiten (Thompson 1967, S. 54f.). In Abschn. 1.4.1 wurden Interdependenzen bereits grundlegend nach Malone et al. (1999, S. 432) beschrieben. In der nachfolgenden Betrachtung wird der Fokus auf Entscheidungen und deren Koordinationsanforderungen gelegt. Für die in Abschn. 3.4.1.2 herzuleitenden Koordinationsprinzipien für Entscheidungen erfolgt an dieser Stelle zusätzlich eine Systematisierung von Interdependenzen nach Thompson (1967).

Thompson unterscheidet sequenzielle, reziproke und gepoolte Interdependenzen. Mit dem Begriff sequenzielle Interdependenz wird die einseitige Abhängigkeit eines Organisationsbereichs von einem anderen beschrieben. Eine sequenzielle Interdependenz manifestiert sich in der PPS beispielsweise, wenn ein Lieferantenstandort Material nicht termingerecht bereitstellt. Die Auswirkungen haben nur einen Einfluss auf Seiten des Bedarfsverursachers, der nachfolgende Aktivitäten verschieben muss.

Im Fall der reziproken Interdependenz liegt eine gegenseitige Beeinflussung von Organisationseinheiten vor. Werden Beistellungen eines Werkes für ausgelagerte Arbeitsgänge in einem anderen Werk benötigt, führt ein Lieferverzug bei den Beistellungen nicht nur zu einer terminlichen Verschiebung der Arbeitsgänge bei der sog. „verlängerten Werkbank", sondern auch rückwirkend zu einer terminlichen Verschiebung beim auslagernden Standort.

Von einer gepoolten Interdependenz wird gesprochen, wenn mehr als eine Organisationseinheit auf dieselben knappen Ressourcen zugreift. Werden gleichartige Komponenten von zwei Montagestandorten bei einem Lieferantenstandort bezogen, führt die Erhöhung des Bedarfskontingents eines Montagestandorts zu einer Einschränkung der Bedarfsdeckungsmöglichkeiten des anderen Standorts. Ein weiteres Beispiel findet sich im Konflikt zwischen Produktions- und Instandhaltungsbereichen, die auf eine Maschine zugreifen. Zum einen ist es das Ziel, die Maschinennutzung zu erhöhen und Produktionsaufträge auf der Maschine einzulasten. Zum anderen tritt gerade bei einer erhöhten Nutzung der Maschine ein zunehmender Verschleiß auf, der die Ausführung von Instandhaltungsaufträgen notwendig macht.

Die von Thompson aufgestellten Interdependenztypen sind treffend für die Beschreibung operativer Abhängigkeiten in einem Produktionssystem. Nach Kieser u. Kubicek (1992) kann die PPS als ein Aufgabenkomplex zur terminlichen und mengenmäßigen Koordination des operativen Produktionssystems verstanden werden. Die Bedeutung der Produktionsplanung und -steuerung ist dabei abhängig von den Strukturinterdependenzen. Im Falle eines geringen Spezialisierungsgrades und geringer Arbeitsteilung (Ein-Maschine-, Ein-Produkt-System) sind PPS-Aufgaben nahezu überflüssig. Bei einer komplexen Organisationsstruktur (mehrere interdependente Produktionsbereiche oder -standorte) kommt der PPS eine große Bedeutung zu. In diesem Zusammenhang wächst auch der Bedarf zur Koordination.

3.4.1.2 Koordinationsprinzipien

Die Interdependenzen von Entscheidungen in der PPS bedingen eine Koordination. Die Koordination erfolgt durch Verhandlungsprozesse, die in Abhängigkeit von den Randbedingungen in unterschiedlicher Art und Ausführung erfolgen. Die grundlegenden und elementaren Strukturen dieser Verhandlungsprozesse werden im Folgenden als Koordinationsprinzipien bezeichnet. Die Koordinationsprinzipien leiten sich wiederum direkt aus den Charakteristika der Entscheidungsinterdependenzen ab. Dabei soll zum einen unterschieden werden, ob zwei Entscheidungen inhaltlich einseitig (sequenziell) oder beidseitig (reziprok) abhängig sind. Zum anderen ist die zeitliche Abhängigkeit zweier Entscheidungen von Bedeutung. Es werden eine zeitlich entkoppelbare und eine nicht entkoppelbare Entscheidung differenziert.

Bei sequenziell abhängigen Entscheidungen kann eine Entscheidung unabhängig vom Ergebnis einer nachfolgenden Entscheidung getroffen werden. Im Falle einer reziproken Entscheidung hat das Ergebnis der einen Entscheidung Einfluss auf das Ergebnis der zweiten Entscheidung. Die zeitliche Kopplung beschreibt, inwiefern die Entscheidungen ohne Einschränkung des Koordinationsnutzens zeitlich versetzt gefällt werden können.

In Abhängigkeit von den Ausprägungskombinationen dieser Merkmale können nach Philippson (2002, S.73f.) drei sinnvolle Koordinationsprinzipien identifiziert werden (s. Abb. 3.4-1). Diese Koordinationsprinzipien beziehen sich auf organisatorisch verteilte, interdependente Entscheidungen für den Fall heterarchisch-kooperativer Beziehungen.

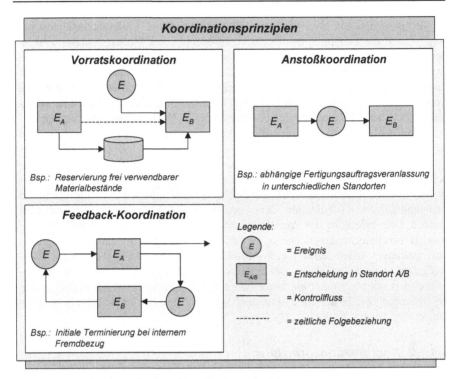

Abb. 3.4-1. Verhandlungsbasierte Koordinationsprinzipien

Die Abstimmung von Entscheidungen, die sich inhaltlich sequenziell und zeitlich entkoppelbar bedingen, erfolgt durch das Prinzip der Vorratskoordination. Eine Entscheidung wird auf „Vorrat" gefällt und geht zu einem späteren Zeitpunkt als Input in eine zweite Entscheidung ein. Ein Beispiel für eine Vorratskoordination ist die Entscheidung eines Produktionsstandorts, Materialbestände anzulegen und für andere Standorte verfügbar zu machen. Diese Entscheidung ist zeitlich und inhaltlich entkoppelt von der Bedarfssituation anderer Standorte. Nachfolgend kann die Entscheidung durch einen anderen Standort getroffen werden, auf diese Bestände zuzugreifen. Weitere Beispiele sind die Lokalisierung unbelegter Kapazitäten und die Vorverlegung eines Fertigungsauftrags in einem Lieferantenstandort.

Entscheidungen, die inhaltlich sequenziell und zeitlich gekoppelt auftreten, führen zum Prinzip der Anstoßkoordination. Dabei ist das Ergebnis der einen Entscheidung Input für die nachfolgende Entscheidung. Zeitlich hängen diese jedoch zusammen, d.h. die erste Entscheidung fordert die nachfolgende. Die Anstoßkoordination ist insbesondere in Steuerungsbereichen sinnvoll, z.B. bei der Einplanung, Veranlassung, Freigabe oder Unterbrechung von Aktivitäten.

Beim Auftreten von Entscheidungen, die reziprok abhängig und zeitlich nicht entkoppelt sind, wird das Prinzip der Feedback-Koordination genutzt. Ein Beispiel für die Anwendung dieses Koordinationsprinzips ist die initiale Terminierung einer standortübergreifenden logistischen Transaktion bei Vorliegen unvollständiger

Information der Koordinationspartner. Für den Fall eines kooperativen Verhaltens muss ein Liefertermin im gegenseitigen Einvernehmen, z.B. durch Verhandlung, bestimmt werden. Der Aspekt der unvollständigen Information ist dabei eine bestimmende Größe für die Feedback-Koordination.

Die weitere, theoretisch mögliche Merkmalskombination für interdependente Entscheidungen, eine reziproke aber zeitlich entkoppelte Entscheidungsfolge, wird als praktisch nicht relevant angesehen.

3.4.1.3 Sprechakttheorie

Für die Koordination von Entscheidungen können Verhandlungen eingesetzt werden. Diese stellen eine zielgerichtete Kommunikation in Form eines Nachrichtenaustausches mit einer angestrebten Vereinbarung dar und können mit dem Workflowmanagement umgesetzt werden. Der effiziente und (teil)automatisierbare Verlauf einer Verhandlung setzt die Formulierung korrekt interpretierbarer, präziser Nachrichten voraus. Diesbezüglich hat sich die Sprechakttheorie als ein hilfreiches Mittel zur Formalisierung erwiesen (vgl. Searle 1969). Sie begründet sich auf John L. Austin (1975), der seinerseits eine umfangreiche Liste mit Sprechakten definiert hat.

Nachrichten oder Akte haben einen inneren Aufbau, der grundsätzlich in einen kommunikationsorganisatorischen und einen inhaltlichen Teil unterschieden werden kann. Da jede Äußerung gemäß der Sprechakttheorie auch eine Handlung darstellt, können diese Bestandteile als „Akte" bezeichnet werden. Neben dem inhaltlichen (lokutionären Akt) kann gemäß der Sprechakttheorie in einen illokutionären Akt und den perlokutionären Akt differenziert werden. Die Tabelle 3.4-1 zeigt ausgewählte Illokutionsakte und deren Bedeutung.

Tabelle 3.4-1. Sprechakte für die Koordination von PPS-Entscheidungen

Sprechakt (illokutionärer Akt)	Bedeutung
Neukontrakthinweis	Information über einen neuen Kontrakt, der von einem Planungsagenten im Zuge einer Vorratskoordination generiert wurde
Kontraktänderungshinweis	Information über eine Kontraktänderung, die von einem Planungsagenten im Zuge einer Vorratskoordination durchgeführt wurde
Anfrage	Initiale Anfrage zur Machbarkeit einer Material- oder Kapazitätsbedarfsdeckung unter bestimmten Randbedingungen
Anfragebestätigung	Rückinformation eines Planungsagenten darüber, dass die Machbarkeit einer Material- oder Kapazitätsbedarfsdeckung bei Erfüllung aller angefragten Randbedingungen möglich ist
Gegenangebot	Rückinformation eines Planungsagenten darüber, dass die Machbarkeit einer Material- oder Kapazitätsbedarfsdeckung nur unter Verletzung mindestens einer Randbedingung möglich ist

Sprechakt (illokutionärer Akt)	Bedeutung
Zwischenantworten	Information an einen bedarfsverursachenden oder änderungsinitiierenden Planungsagenten über den Stand der eingegangenen Antworten (Anfragebestätigungen, Gegenangebote) zu einer Anfrage, auf die mit Annahme einer Antwort oder mit einer Nachanfrage reagiert werden kann
Finalantworten	Information an einen bedarfsverursachenden oder änderungsinitiierenden Planungsagenten über den Stand der eingegangenen Antworten (Anfragebestätigungen, Gegenangebote) zu einer Anfrage, auf die mit Annahme einer Antwort oder mit Ablehnung reagiert werden kann
Annahmeinformation	Information eines bedarfsverursachenden oder änderungsinitiierenden Planungsagenten über die Annahme einer vorliegenden Antwort (Anfragebestätigung oder Gegenangebot), die unmittelbar zum Kontraktabschluss führt
Nachanfrage	Aufforderung eines bedarfsverursachenden oder änderungsinitiierenden Planungsagenten an den Koordinationsagenten zur Einholung weiterer Angebote
Ablehnungsinformation	Information über die Ablehnung eines oder mehrerer Antworten zu einer Anfrage
Änderungsanfrage	Anfrage zur Änderung eines bereits bestehenden Kontraktes (s. „Anfrage")
Löschungshinweis	Hinweis über eine erfolgte Löschung eines Kontraktes vor Kontrakterfüllung

Der lokutionäre und der perlokutionäre Akt werden durch die der Nachricht angefügten Nutzdaten zum Ausdruck gebracht. Bei einer Materialanfrage sind dies beispielsweise die Objektspezifikation sowie Menge und Termin. Der perlokutionäre Akt gibt die zur Auswahl stehenden Handlungsmöglichkeiten oder zusätzliche Präferenzinformationen des Agenten an. Hierdurch sind bessere Koordinationsergebnisse erzielbar (z.B. etwa dann, wenn mit den Präferenzinformationen gezieltere Gegenangebote erstellt werden können).

3.4.2 Agentenkonzept zur Abbildung von Verhandlungsprozessen

Die Beschreibung und Modellierung einer verhandlungsbasierten Koordinationsstruktur für die PPS soll in Form eines Multi-Agenten-Systems erfolgen. Agentenkonzepte eignen sich gut zur Modellierung dezentraler Entscheidungsfindung (vgl. Appelrath et al. 2000, Stiefbold 1998, S. 6). Ein Agent repräsentiert dabei eine Organisations- oder Planungseinheit, die selbständig und proaktiv Aufgaben ausführt. Die zu entwickelnden Strukturen des Agentensystems liefern direkt eine Aussage zu den Rollen, Aufgaben und Prozessen der verhandlungsbasierten Koordination, die anschließend im Workflowmanagement abzubilden sind.

3.4.2.1 Grundaufbau und Gestaltung eines Agenten

Ein Agent beschreibt eine Problemlösungseinheit, die selbstständig handelt und dabei die ihr zugeordneten Aktionsvariablen zu einer Lösung führen soll (vgl. von Martial 1992, S. 6, Kirn 1996, S. 18). Dabei kann ein Agent als soziotechnische Einheit verstanden werden, die entweder einen oder mehrere Mitarbeiter, eine Softwarelösung oder Hardware sowie eine Kombination daraus repräsentiert (vgl. Sundermeyer u. Bussmann 2001, S. 137). Das Agentenkonzept geht damit über die Ansätze der Objektorientierung hinaus (Stiefbold 1998, S. 6), in denen Daten und Methoden objektspezifisch gekapselt werden. Agenten stellen vielmehr aktiv handelnde Elemente eines Systems (hier PPS-Systems) dar. Eigenschaften von Agenten sind nach Scholz-Reiter (2001, S. 34):

- Reaktivität und Proaktivität,
- Lernfähigkeit,
- Rationalität und
- Kooperativität.

Diese Sicht ist losgelöst von einer softwaretechnischen Realisierung. Die Umsetzung eines Agentenmodells kann mit den herkömmlichen organisatorischen Mitteln (Gestaltung von Aufbau- und Ablauforganisation) und mit vorhandener Standardsoftware erfolgen.

Der innere Aufbau von Agenten kann grundsätzlich in die Teile

- *Problemlösungskomponente:*   Fähigkeit, bestimmte Aufgaben auszuführen und/oder Entscheidungen zu fällen,
- *lokale Datenbasis:*   Fähigkeit des Agenten zur Speicherung von Informationen,
- *Kommunikationskomponente:*   Fähigkeit zur Kommunikation

zerlegt werden (vgl. Burkhard 1993, S. 180f., Kassel 1996, S. 49).

Zur Steuerung von Dialogen wie z.B. Verhandlungen oder internen Abläufen werden darüber hinaus eine *Kontraktkomponente* so wie eine *Ablaufsteuerungskomponente* benötigt (Brenner et al. 1998, S. 112). Eine Darstellung des allgemeine Aufbaus eines Agenten findet sich in Abb. 3.4-2.

Das koordinierte Zusammenwirken mehrerer nebenläufiger Agenten wird als Multi-Agenten-System bezeichnet (im Folgenden als Agentensystem bezeichnet) und durch eine Architektur aus Agenten und Kommunikationsmechanismen zwischen den Agenten beschrieben. Als Elemente eines Agentensystems sind die einzelnen Agenten nach außen durch ihre jeweilige Rolle gekennzeichnet, die das Spektrum der ihr zugewiesenen Aufgaben beschreibt.

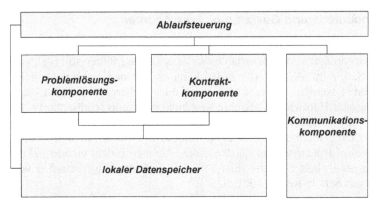

Abb. 3.4-2. Allgemeiner Aufbau eines Agenten (vgl. Burkhard 1993, S. 180f., Kassel 1996, S. 49, Brenner et al. 1998, S. 112)

3.4.2.2 Grundarchitekturen von Agentensystemen

Da Koordinationsmechanismen in Agentensystemen nicht isoliert auftreten, sondern sinnvoll kombiniert werden können, ist eine mehr oder weniger ausgeprägte Rollenspezialisierung und Konfiguration der Agenten, verbunden mit Kommunikations- und Koordinationsmechanismen, die Grundlage eines Agentensystems. Diese wird im Folgenden als Agentenarchitektur bezeichnet.

Grundsätzlich können Agentenarchitekturen auf der Übertragung von Information, dem Message-Passing, oder dem gemeinsamen Zugriff auf Information, dem Blackboard, basieren. In diesem Zusammenhang lassen sich aus der einschlägigen Literatur fünf referenzartige Agentenarchitekturen zusammenstellen (Abb. 3.4-3).

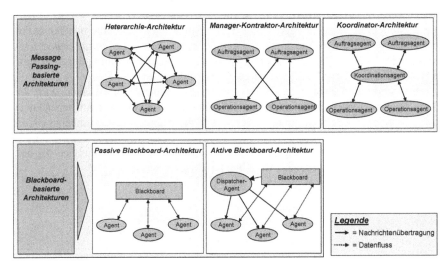

Abb. 3.4-3. Referenzarchitekturen von Agentensystemen

Bei der als Heterachie-Architektur bezeichneten Ausführungsform wird keine a priori Rollenspezialisierung der Agenten vorgenommen. Als Koordinationsmechanismus kommt lediglich die Kommunikation zum Einsatz. Die Manager-Kontraktor-Architektur hingegen besteht aus einer Spezialisierung in rein auftraggebende (auftragsrepräsentierende) und rein auftragnehmende (ressourcenrepräsentierende) Agenten. Als Koordinationsmechanismus kommt ebenfalls nur die Kommunikation zum Einsatz. Die Koordinator-Architektur verwendet zusätzlich einen zentralen Koordinatoragenten für das Management von Verhandlungen zwischen Auftrags- und Operationsagenten, wobei die Agentenspezialisierung als nicht zwingend angesehen wird. Im Gegensatz zu den kommunikationsorientierten (d.h. Message-Passing basierten) Architekturen stehen eher informationsorientierte blackboard-basierte Architekturen, die in passive und aktive Varianten unterteilt werden können (vgl. Müller 1993, S. 69, Brenner et al. 1998, S. 99).

Der Vergleich der Architekturvarianten zeigt, dass die Heterarchie-Architektur und die Manager-Kontraktor-Architektur gegenüber der Koordinator-Architektur im Punkt Erweiterbarkeit unterlegen sind, da die letztendlichen Kommunikationspartner bei der Koordinator-Variante nur dem Koordinator-Agenten bekannt sein müssen. Den Auftrags- oder Bearbeitungsagenten muss bei der Koordinator-Variante lediglich die Existenz des Koordinator-Agenten bekannt sein.

Zugleich ist es in dieser Variante möglich, die Ablaufsteuerung globaler Koordinationsprozesse im Koordinationsagenten zu zentralisieren und damit die Prozesssteuerung erheblich zu vereinfachen. Das Kommunikationsvolumen (Anzahl einzelner Kommunikationsvorgänge) ist bei der Koordinator-Variante nur geringfügig höher als bei den beiden alternativen Architekturen, was bei einer möglichen Automatisierung des Koordinatoragenten und der entsprechenden Kommunikation jedoch nicht zu einem höheren Koordinationsaufwand führt.

Das Prinzip der Manager-Kontraktor-Architektur beruht auf einer vollständigen Trennung von Auftrags- und Ressourcenrepräsentation in autonome Entscheidungseinheiten. Diese Architektur ist seitens der technischen Implementierung unvereinbar mit heutigen Standard-PPS-Systemen und daher für die vorliegende Zielsetzung der Erweiterung bestehender PPS-Systeme zu verwerfen. Es stellt sich heraus, dass sich die Manager-Kontraktor- und die Heterarchie-Architektur für die ereignisorientierte Koordination in soziotechnischen Agentensystemen weniger eignen als die Koordinator-Architektur.

Auch das passive Blackboard ist für eine ereignisbasierte Koordination wenig geeignet, da es keinen aufwandverursachenden expliziten Nachrichtenaustausch zwischen den Agenten erfordert. Sein Vorteil liegt in der Möglichkeit zur Abbildung einer Vorratskoordination, da Vorratsentscheidungen mit geringem Aufwand für alle Agenten veröffentlicht werden können. Die Vorratsentscheidungen können in Form freier Kapazitätsressourcen oder freier Materialbestände dokumentiert und im Rahmen initialer Entscheidungen oder Änderungsentscheidungen anderer Standorte genutzt werden. Die fehlende explizite Ablaufsteuerung des *idealen* Blackboards führt bei Mehrfachzugriffen z.B. auf freie öffentliche Ressourcen zunächst zu einem Verteilungsproblem, welches ohne weitere Eingriffe nach dem First-come-first-Serve (FCFS)-Prinzip gelöst wird. Ist jedoch eine andere als die mit diesem Prinzip erreichte Verteilung aus Sicht des Gesamtunternehmens wirtschaftlicher, muss in einem weiteren Koordinationsvorgang auf einen Feedback-Koordinationsmechanismus zurückgegriffen werden.

Insgesamt wird deutlich, dass die Koordinator-Architektur als einzige Architektur ein ereignisgesteuertes Matching von Anbietern und Nachfragern übernehmen und dabei den Anforderungen nach einfacher Erweiterbarkeit in Bezug auf die weiteren Agenten und auf die Koordinationsprozesssteuerung genügen kann. Diese Architektur wird aufgrund ihrer einfachen Realisierbarkeit auch im Kontext der Fertigungssteuerung häufig gewählt (vgl. Weigelt 1994, Henseler 1997, Ahrens 1998). Die Koordinationsprozesssteuerung kann grundsätzlich beliebig komplex ausgestaltet werden, um Qualität, Kostenaufwand und Zeitaufwand des Koordinationsprozesses situativ zu optimieren (z.b. sequenzielle vs. parallele Klärung von Handlungsalternativen standortübergreifender Vorgänge). Im Folgenden wird daher die Koordinator-Architektur als eine geeignete Architektur zur Abbildung der Koordination von Entscheidungen zur Anwendung kommen.

3.4.2.3 Agentenarchitektur für die Koordination von PPS-Entscheidungen

Ausgangspunkt der Agentenarchitektur für die Koordination von PPS-Entscheidungen sind Planungsagenten. Diese können beispielsweise die vollständige, lokale PPS-Organisationsstruktur eines Produktionsstandortes repräsentieren und kapseln. Dabei werden die Planungsagenten als hybride Agenten repräsentiert, die sowohl als Bearbeitungs- als auch als Auftragsagenten fungieren können. Koordinationsagenten sorgen für die ereignisorientierte Steuerung (standortübergreifender) Koordinationsprozesse und sind damit zur Realisierung einer Feedback-Koordination vorgesehen.

Die Benutzerinteraktion mit anderen Agenten besteht in der Definition und Änderung von erforderlichem Regelwissen, das – sollten die Maßgabe der standortbezogenen Verteilung der Entscheidungskompetenzen im strengen Sinne gelten – gemeinsam durch die menschlichen Entscheidungsträger innerhalb aller Planungsagenten zu definieren ist (z.B. synchron integriert, d.h. in Workshops). Bei allen dargestellten Agenten sollen zur Laufzeit des Systems Benutzerinteraktionen möglich sein, um ein soziotechnisches System zu realisieren. Die Benutzerinteraktion im Planungsagenten ist mindestens durch die konventionelle Bedienung des bestehenden PPS-Systems gegeben, da der Planungsagent die bestehende PPS-Organisation vollständig in sich vereint.

Das Verhalten der Planungsagenten untereinander wird als kooperativ angenommen. Auf die Modellierung von individuellen Zielen der Planungsagenten und dem individuellen Nutzen von Entscheidungen kann daher an dieser Stelle verzichtet werden. Es wird auch davon ausgegangen, dass hinsichtlich der Bewertung von Planungsalternativen unter den Planungsagenten stets Konsens besteht und unter Berücksichtigung der für eine Entscheidung vorliegenden Informationen immer rational im Sinne des gesamtunternehmerischen Zielsystems entschieden wird.

Bezugsobjekte der Agentenkoordination sind standortübergreifende Transaktionen, im Folgenden als Kontrakte bezeichnet. Jeder Kontrakt unterliegt einem

Lebenszyklus, der gemäß Abb. 3.4-4 modelliert werden kann. Der Kontrakt-Lebenszyklus ist dabei als hierarchisches Status-Übergangsmodell dargestellt. Der Kontraktstatus ist der Superstatus, der Kontraktkoordinationsstatus ein Substatus. Diese Hierarchisierung vereinfacht in erheblichem Maße die Darstellung. Kontraktdaten und insbesondere Kontraktstatus werden von den betreffenden Agenten (Planungsagenten, Koordinationsagenten) lokal nachvollzogen, um Kontrakte betreffende Koordinationsvorgänge zu steuern bzw. an Koordinationsvorgängen teilnehmen zu können.

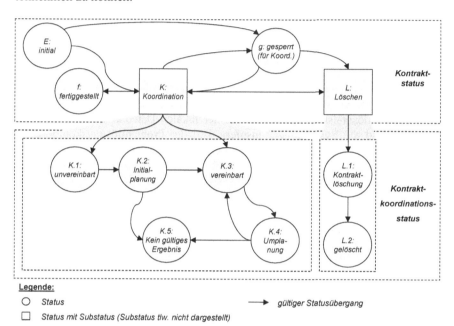

Abb. 3.4-4. Kontraktstatus und Kontraktkoordinationsstatus

Der Superstatus (Kontraktstatus) erhält nach initialem Zustand direkt den Zustand „Koordination" oder alternativ den Zustand „gesperrt (für Koordination)", durch den vom Koordinationsagenten ein unerwünschter Koordinationsvorgang zu diesem oder einem späteren Zeitpunkt unterdrückt werden kann, z.B. um eine Verschachtelung von Koordinationsvorgängen zu vermeiden.

Der Substatus (Kontraktkoordinationsstatus) ist zunächst „unvereinbart" oder „vereinbart". Letzter Koordinationsstatus liegt dann vor, wenn Vorratskoordination gewählt wurde und der Koordinationsagent damit nicht in den Koordinationsprozess involviert war. Ein unvereinbarter Kontrakt hingegen führt zu einem Koordinationsprozess, der durch den Koordinationsagenten zentral gesteuert wird (Status: „K.2 Initialplanung"). Ergebnis des Initialplanungsprozesses ist ein vereinbarter Kontrakt (Status: „K.3 vereinbart") oder kein gültiges Ergebnis (Status: „K.5 kein gültiges Ergebnis"). Letzterer Status muss durch den bedarfsverursachenden Standort lokal bearbeitet werden (z.B. durch Bedarfsdeckung am externen Markt). Ein vereinbarter Kontrakt kann erfüllt werden (Superstaus: „f: fertig-gestellt") oder nach festgestelltem Umplanungsbedarf bei Kontraktgeber oder Kontraktnehmer durch den Koordinationsagenten in einen Umplanungsprozess überführt werden (Status: „K.4 Umplanung"), der in einem vereinbarten (ange-passten oder nicht angepasstem) Kontrakt oder ohne gültiges Ergebnis enden kann.

Zu den Prozessen „Initialplanung", „Umplanung" und „Kontraktlöschung" sind darüber hinaus weitere Status denkbar, die als Kontraktkoordinationsprozessstatus bezeichnet werden könnten und über den genauen Stand eines ggf. aktiven Koor-dinationsvorgangs zu diesem Kontrakt Auskunft geben.

3.4.2.4 Aufbau und Ablaufmodell des Planungsagenten

Der Planungsagent kann die bestehende (standortbezogene) PPS-Organi-sationsstruktur sowie das bestehende PPS-System als wesentlichem Bestandteil seiner Problemlösungskomponente und seiner lokalen Datenbasis repräsentieren. Zusätzlich sind die Systemnutzer insofern Teil der Problemlösungskomponente und auch Teil der lokalen Datenbasis, als sie situationsbezogenes und nicht forma-lisiertes, menschliches Wissen in die PPS-Entscheidungen einbringen. Einen Überblick über den Aufbau des Planungsagenten liefert Abb. 3.4-5. Der lokale Ablauf des Planungsagenten ist in Abb. 3.4-6 dargestellt. Die Abbildungen zeigen eine Integration von Einzelabläufen, die sich im Zuge der Anwendung verschie-dener Koordinationsprinzipien und Koordinationskontexte ergeben können.

Die Problemlösungskomponente umfasst die Durchführung der einzelnen loka-len Planungs- und Steuerungsentscheidungen (P/S-Entscheidungen). Diese werden durch das bestehende soziotechnische PPS-System, d.h. in einer Mischform menschlicher und technisch-programmierter Abläufe vorgenommen, die unter-nehmens- und systembezogen variieren können. Eine idealtypische Struktur hierzu kann dem Aachener PPS-Modell entnommen werden und wird im Folgenden für die Erweiterung und Ausgestaltung des Daten- und Funktionsmodells herangezo-gen (vgl. Schotten et al. 2001, S. 144ff. und S. 219ff.). Die Problemlösungskom-ponente bedient sich der lokal relevanten PPS-Domänendaten (auch als Nutzdaten bezeichnet). Diese können im Wesentlichen in PPS-Stamm- und PPS-Bewegungsdaten differenziert werden, wobei die PPS-Bewegungsdaten unver-einbarte (unfixierte) oder vereinbarte (fixierte) P/S-Entscheidungen repräsentieren. Die lokal relevanten PPS-Domänendaten bestehen aus lokalen PPS-Domänendaten und globalen PPS-Domänendaten, die als Input für lokale P/S-Entscheidungen – im Sinne von Vorratsentscheidungen anderer Standorte – zur Verfügung stehen (z.B. Materialbestände anderer Standorte). Im vorliegenden Zu-sammenhang ist von besonderer Bedeutung, dass die Problemlösungskomponente eines Planungsagenten jegliche lokal relevanten P/S-Entscheidungen im Rahmen der verschiedenen Koordinationsprinzipien durchführt, da an keiner anderen Stelle im Agentensystem die Durchführung von P/S-Entscheidungen vorgesehen ist.

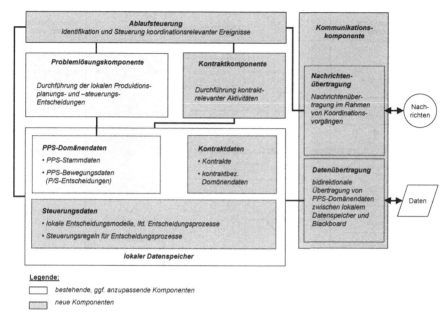

Abb. 3.4-5. Aufbau des Planungsagenten

Der Anstoß zur Durchführung lokaler P/S-Entscheidungen erfolgt agentenintern aus der Ablaufsteuerung heraus oder mittelbar durch andere Planungsagenten. Das Ergebnis einer lokalen P/S-Entscheidung kann alternativ direkt fixiert werden, oder zunächst unfixiert (als vorläufige oder anfragebedingt simulierte P/S-Entscheidung) verbleiben. Diese Entscheidung ist durch das bestehende PPS-System durchzuführen und bedarf einer gezielten Erweiterung desselben. Ebenso bedarf die Behandlung von P/S-Entscheidungen mit existierendem Kontrakt einer gezielten Systemerweiterung.

Die Kontraktkomponente und die Ablaufsteuerung versetzen die Agenten – hier speziell den Planungsagenten – in die Lage, an globalen Koordinationsvorgängen mit anderen Agenten teilzunehmen. In diesem Sinne übernimmt die Kontraktkomponente die Behandlung aller standortübergreifend koordinationsrelevanten Entscheidungen aus lokaler Sicht. Hierzu umfasst die Kontraktkomponente des Planungsagenten die Kontraktdatenführung, die Manipulation von PPS-Domänendaten in Abhängigkeit lokaler Koordinationsprozesszustände (z.B. Sperren der Daten für Koordinationsvorgänge) sowie die Erstellung bzw. Vervollständigung ausgehender Nachrichten.

Die Ablaufsteuerung sorgt für die aktive Koordination des lokalen Entscheidungsablaufs, also das Zusammenspiel der Abläufe in den Komponenten unter Berücksichtigung des globalen Koordinationsprozesskontextes. Dazu zählt die Verarbeitung eingehender Nachrichten, die Initiierung und Steuerung daraus resultierender lokaler Entscheidungsabläufe und die Veranlassung eines eventuellen Nachrichtenversandes.

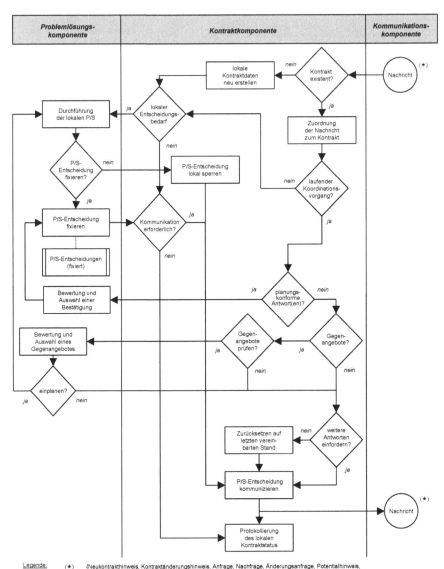

Abb. 3.4-6. Lokaler Ablauf des Planungsagenten

Hauptaufgabe der Kommunikationskomponente ist das technische Senden und Empfangen von Daten und Nachrichten.

3.4.2.5 Aufbau und Ablaufmodell des Koordinationsagenten

Aufgabe des Koordinationsagenten ist die Steuerung von Koordinationsvorgängen zwischen mehreren Standorten bzw. der die Standorte repräsentierenden Planungsagenten. Der Koordinationsagent koordiniert beispielsweise die standortübergreifende Lokalisierung von Materialressourcen. Der Anstoß für Koordinationsvorgänge des Koordinationsagenten erfolgt nach Aufforderung durch einen Planungsagenten. Mehrere, zeitlich abhängige Primärbedarfe deuten auf das Vorliegen einer systembezogenen Verteilung hin und erfordern besondere Berücksichtigung im Koordinationsprozess. Der Aufbau eines Koordinationsagenten ist in Abb. 3.4-7 dargestellt. Er hat keine Problemlösungskomponente, da er keine P/S-Entscheidungen treffen kann, sondern lediglich kooperative Entscheidungen herbeiführt.

Die Kontraktkomponente und Ablaufsteuerung des Koordinationsagenten initiiert und steuert globale Koordinationsprozesse. Dazu zählt die Identifikation und Initiierung von Koordinationsprozessen für ungedeckte oder geänderte Primärbedarfe, die Auswahl von Koordinationsmodellen und Initiierung von Koordinationsprozessen für die standortübergreifende Sekundärbedarfsdeckung bzw. die Lokalisierung von Arbeitsvorgängen und die Koordinationsprozesssteuerung in Form der Verarbeitung eingehender Nachrichten und die Auswahl von Koordinationshandlungen (z.B. die der Veranlassung ausgehender Nachrichten) gemäß dem Stand des entsprechenden Koordinationsprozesses zu einem Kontrakt.

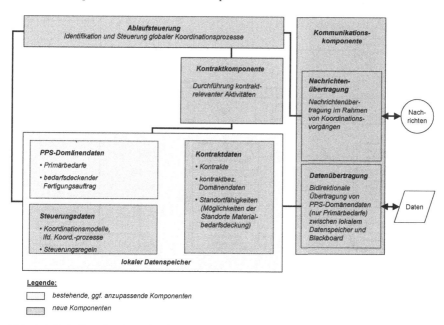

Abb. 3.4-7. Aufbau des Koordinationsagenten

In Entsprechung zum Planungsagenten benötigen auch die Koordinationsagenten geeignete lokale Steuerungsdaten. Die Auswahl der den Koordinationsagenten zur Verfügung gestellten Steuerungsdaten determiniert dabei maßgeblich die Freiheitsgrade bei der Gestaltung von Koordinationsprozessen. Grundsätzlich verwaltet jeder Koordinationsagent:

- Daten zu Koordinationsmodellen (z.B. Primärbedarfslokalisierung, Primärbedarfslokalisierung bei Systemlieferung, Sekundärbedarfsdeckung etc.),
- Daten zur Steuerung konkreter Koordinationsprozesse (Daten zur Behandlung koordinationsprozessbezogener Ereignisse und situative Daten zu Koordinationsprozessen) und
- Daten zu laufenden Koordinationsprozessen.

Neben diesen unmittelbar steuerungsrelevanten Daten führen die Koordinationsagenten zudem zentrales Wissen über Standorte und deren Fähigkeiten und Bedingungen zur Material- oder Arbeitsvorgangslokalisierung.

In Analogie zum Planungsagenten liegt auch bei den Koordinationsagenten die Aufgabe der Kommunikationskomponente im rein technischen Senden und Empfangen von sowohl Daten als auch Nachrichten.

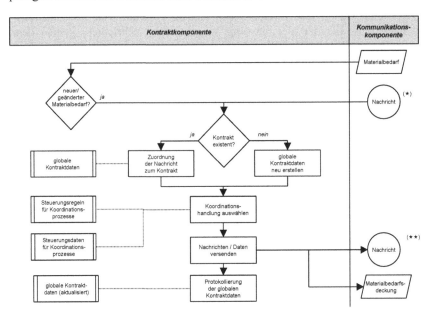

Legende: (*)   {Anfrage, Anfragebestätigung, Gegenangebot, Änderungsanfrage, Neukontrakthinweis, Kontraktänderungshinweis, Annahmeinformation, Ablehnungsinformation, Nachanfrage, Löschungshinweis}

(**)   {Anfrage, Zwischenantworten, Änderungsanfrage, Neukontrakthinweis, Kontraktänderungshinweis, Finalantwort, Annahmeinformation, Ablehnungsinformation, Löschungshinweis}

Abb. 3.4-8. Lokaler Ablauf des Koordinationsagenten

Die Abb. 3.4-8 beschreibt zur Vervollständigung der Agentenkonzeption den lokalen Ablauf im Koordinationsagenten.

3.4.2.6 Ablaufsteuerung der verhandlungsbasierten Koordination

Im Folgenden werden die Abläufe der möglichen Agenteninteraktionen aus globaler Sicht abgeleitet und beschrieben. Zur Sicherstellung der Vollständigkeit betrachteter Interaktionen erfolgt dies durch Ausformulierung der Koordinationsprinzipien (Vorratskoordination, Anstoßkoordination und Feedback-Koordination) im Zusammenhang mit den Phasen des Kontraktlebenszyklus, der in die Phasen Initialplanung, Umplanung und Löschung zu differenzieren ist.

Hiernach kann die Initialplanung eines Kontraktes durch Anwendung von Vorrats- oder Feedback-Koordination erfolgen, wohingegen die Umplanung durch alle drei und die Löschung von Kontrakten nur durch Anstoßkoordination sinnvoll abgebildet werden kann bzw. soll.

Initialplanungsvorgängen können unterschiedliche Bedarfsverursacher zugrunde liegen (Primärbedarfe und Sekundärbedarfe). Primärbedarfe werden durch den Vertrieb in einen globalen Datenbereich eingestellt. Im Gegensatz dazu treten Sekundärbedarfe immer innerhalb eines Planungsagenten auf und werden demnach im Falle vorliegender Koordinationsrelevanz durch den bedarfsverursachenden Planungsagenten in Nachrichtenform dem Koordinationsagenten mitgeteilt.

Die Darstellung der Agenteninteraktionen erfolgt für den Daten- und Nachrichtenaustausch integriert in Anlehnung an Objekt-Interaktions-Diagramme der Unified Modelling Language (Cantor 1998, S. 72) gewählt. Nebenläufigkeiten, Zeitversetzungen oder Schleifen werden nicht berücksichtigt. Ebenso enthält die Darstellung keine rein technisch bedingten Nachrichten, die z.B. durch die nicht garantiert fehlerfreie Daten- und Nachrichtenübertragung erforderlich sind.

Abb. 3.4-9 zeigt ein schematisches Agenteninteraktionsdiagramm. Darin kann zwar nicht die Gleichzeitigkeit des Nachrichtenversandes bzw. die Zeitversetzung des Nachrichtenempfangs berücksichtigt werden, jedoch wird die Zyklenhaltigkeit des Vereinbarungsprozesses angedeutet. Bei der Vorratskoordination ist ein unidirektionaler Nachrichtenaustausch ausreichend, da die standortbezogen verteilten, interdependenten Entscheidungen rein sequenziell getroffen werden können. Als Sprechakt ist daher der „Hinweis" (Neukontrakthinweis, Kontraktänderungshinweis) mit Bezug auf eine Kontraktänderung oder einen neuen Kontrakt gewählt. Ähnliches gilt für die Anstoßkoordination, die aufgrund der sequenziellen Entscheidungen ebenfalls mit unidirektionalen Daten- und Nachrichtenaustauschen auskommt.

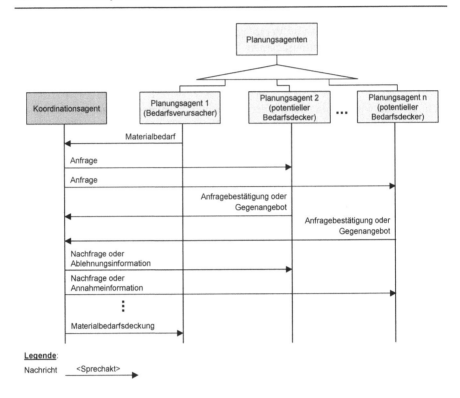

Abb. 3.4-9. Interaktionsablauf zur Initialplanung eines Materialbedarfs

3.4.3 Anwendungsszenario in dezentralen Produktionsstrukturen

Nachdem das Konzept einer verhandlungsbasierten Koordination grundlegend beschrieben wurde, geht es nun um dessen Anwendung im Szenario einer standortbezogen verteilten PPS (vgl. dazu auch Philippson 2002). Andere Anwendungsszenarien sind die Abstimmung zwischen Fertigungsbereichen, die auf gemeinsame Kapazitäten zugreifen, die Verhandlung der Produktionsplanung mit dem Vertrieb über den möglichen Liefertermin von Produkten oder das Outsourcing von Fertigungsdienstleistungen. In Abhängigkeit von dem Szenario sind die Agentenstrukturen anzupassen, so dass auch das Konzept und die Umsetzung im Workflowmanagement fallweise zu entwickeln sind.

3.4.3.1 Standortbezogene Produktionsstrukturen

Für die Anwendung des Agentenkonzepts auf eine standortbezogen verteilte PPS ist eine systematische Beschreibung der Produktionsressourcenstruktur notwendig. Die leistungswirtschaftliche Beziehung zwischen Produktionsstandorten bezeichnet deren fertigungstyp- und fertigungsstufenbezogenen Zusammenhang (Much 1997, S. 61). Pausenberger (1989, S. 622f.) unterscheidet drei fundamentale Typen leistungswirtschaftlicher Zusammenhänge: *horizontal, vertikal* und *lateral.* Diese Beziehungen werden im Folgenden näher betrachtet.

Unter einer leistungswirtschaftlichen Horizontalbeziehung von Produktionsstandorten kann sowohl eine branchen- und fertigungsstufenbezogene Übereinstimmung, als auch eine Differenzierung der Produktion hinsichtlich produktbezogener oder marktbezogener Kriterien verstanden werden.

Eine Vertikalbeziehung besteht dann, wenn die Standorte nach unterschiedlichen, aufeinander folgenden Fertigungsstufen strukturiert sind, damit also in einem unternehmensinternen „Kunden-Lieferanten-Verhältnis" stehen (Pausenberger 1989, S. 623).

Laterale Beziehungen entstammen beispielsweise Unternehmenskonglomeraten, also diversifizierten Unternehmen, deren Produktionsstrukturen keine hier wesentlichen Zusammenhänge aufweisen. Lateral integrierte Unternehmen verfolgen in der Hauptsache wachstums- oder risikopolitische Ziele, die im vorliegenden Kontext nicht betrachtet werden. Eine Zusammenstellung der zu differenzierenden leistungswirtschaftlichen Beziehungen zwischen Produktionsstandorten ist in Abb. 3.4-10 dargestellt.

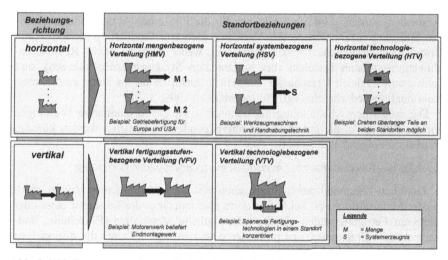

Abb. 3.4-10. Zusammenstellung möglicher Standortbeziehungen

Um vollständige Produktionsressourcenstrukturen eines Unternehmens mit mehreren Standorten zu beschreiben, wird davon ausgegangen, dass zwischen zwei Standorten auch mehrere Beziehungen parallel existieren können, also beispielsweise eine horizontal mengenbezogene Verteilung (HMV) bezüglich bestimmter Enderzeugnisse und eine zusätzliche vertikal technologiebezogene Verteilung (VTV).

Auch gleiche Beziehungstypen zwischen Standorten können mehrfach auftreten, beispielsweise wenn bei zwei unterschiedlichen Erzeugnisgruppen jeweils eine mengenbezogene Verteilung auf dieselben Standorte vorliegt (= mehrfache HMV-Beziehung). Die Summe aller Beziehungen zwischen den verteilten Standorten kann daher als Überlagerung von Einzelbeziehungen zwischen den Standorten modelliert werden.

3.4.3.2 Koordinationsbedarfe einer standortbezogen verteilten PPS

Die Ableitung der Koordinationsbedarfe erfolgt anhand der standortübergreifend interdependenten Planungsobjekte. Als Planungsobjekte werden die Entscheidungsgegenstände der PPS verstanden. Nach Glaser sind die Planungsobjekte der PPS Produktionsmengen, Fertigungsaufträge und Bestellaufträge sowie Auftrags- und Arbeitsvorgangstermine (Glaser et al. 1991, S. 1).

Planungsobjekte können als die Freiheitsgrade verstanden werden, die der PPS im Rahmen der Gesamtkoordination des betrieblichen Produktionsablaufs beigemessen werden. Demgegenüber sind beispielsweise die Produktionsressourcenstruktur und die Produkt- und Produktionsablaufstruktur nicht Entscheidungsgegenstand der PPS und stellen lediglich für übergeordnete Aufgaben Freiheitsgrade dar (in diesem Falle für die Fabrikplanung bzw. die Konstruktion und die Arbeitsplanung). Entscheidungstheoretisch können Produktionsressourcenstruktur und Produkt- und Produktionsablaufstruktur aus Sicht der PPS als Randbedingungen verstanden werden, da diese Strukturen für die PPS einen Aktionsraum aufspannen und eingrenzen. Gerade das Vorliegen mehrerer Produktionsstandorte kann Ursache für zusätzliche Freiheitsgrade sein, wenn unterschiedliche Ressourcenallokationsoptionen bestehen (bei horizontalen Strukturinterdependenzen), und kann damit zugleich Ursache für zusätzliche Komplexität im Sinne zusätzlichen Koordinationsbedarfs sein (vgl. Philippson et al. 1999, S. 14).

Die möglichen Abstimmungsmaßnahmen sowie deren qualitative Wirkungen auf die PPS-Ziele, die aufgrund der Interdependenzen ergriffen werden können, werden im Folgenden diskutiert.

Koordinationsmaßnahmen bei horizontal mengenbezogener Verteilung

Zwischen horizontal mengenbezogenen verteilten Standorten liegt kein zwingender Materialfluss vor, beide Standorte sind jedoch in der Lage, auf einer oder mehreren Fertigungsstufen gleiche oder ähnliche Materialien (Einzelteile, Baugruppen oder Erzeugnisse) zu produzieren und zu lagern. Durch die dispositiven Möglichkeiten bei Nutzung internen Fremdbezugs sind folgende Koordinationsmaßnahmen möglich:

- Zugriff auf standortexterne Materialbestände,
- Verlagerung von Fertigungsstufen (ein oder mehrere abhängige Fertigungsaufträge) zwischen Standorten,
- Zusammenfassung von Fertigungsstufen oder Fertigungsaufträgen über Standortgrenzen hinweg,
- Abstimmung der Objektspezifikation bei internem Fremdbezug,
- Terminabstimmung bei internem Fremdbezug.

Koordinationsmaßnahmen bei horizontal systembezogener Verteilung

Produktionsstandorte, die horizontal systembezogen verteilt sind, zeichnen sich durch die Fähigkeit aus, Erzeugnisse zu einem Systemerzeugnis kombinieren zu können. Die Zusammensetzung zum Systemerzeugnis erfolgt terminlich synchronisiert beim Kunden im Zuge einer Außenmontage (vgl. dazu Laakmann 1996). Erfolgt die Montage systemfähiger Erzeugnisse in einem der Standorte, so liegt eine vertikal fertigungsstufenbezogene Verteilung vor. Koordinationsmaßnahmen bei horizontal systembezogener Verteilung beziehen sich lediglich auf die Lieferterminsynchronisation. Die Terminsynchronisation kann dabei aus folgenden Maßnahmen bestehen:

*   Liefterminermittlung,
*   Liefterminverschiebung.

Koordinationsmaßnahmen bei horizontal technologiebezogener Verteilung

Die horizontal technologiebezogene Verteilung zeichnet sich durch kongruente vorhandene Produktionstechnologien aus. Eine Abstimmung im Rahmen einer Einzel- und Kleinserienproduktion erscheint sinnvoll, wenn es sich auf kostenintensive Engpassressourcen handelt. Gegenstand der Abstimmung ist die Kapazitätsabstimmung, wobei folgende Maßnahmen denkbar sind:

*   Werkstattauftragsverlagerung zwischen Standorten (interne Fremdfertigung),
*   Abstimmung der Prozessspezifikation bei interner Fremdfertigung,
*   Abstimmung von Vorgangseckterminen.

Koordinationsmaßnahmen bei vertikal fertigungsstufenbezogener Verteilung

Eine wesentliche Eigenschaft der fertigungsstufenbezogenen Verteilung stellt die interne Lieferbeziehung zwischen Standorten dar. Das Produktionspotenzial des bedarfsverursachenden und des bedarfsdeckenden Standortes sind demnach disjunkt. Abstimmungsgegenstand sind Werkslieferungen:

*   Abstimmung der Objektspezifikation,
*   Liefterminabstimmung,
*   Liefermengenabstimmung (Aufteilung zwischen internem und externem Fremdbezug).

Koordinationsmaßnahmen bei vertikal technologiebezogener Verteilung

Die vertikal technologiebezogene Verteilung zeichnet sich dadurch aus, dass in einem der beiden Standorte eine Produktionstechnologie bzw. eine Produktionsressource zusammengefasst (gepoolt) ist, sodass bestimmte Arbeitsvorgangstypen nur von einem Standort exklusiv bearbeitet werden können. Koordinationsmaßnahmen beziehen sich auf die Abstimmung der Prozessspezifikation und die Abstimmung von Vorgangseckterminen.

Es zeigt sich, dass die Koordinationsbedarfe, die durch die verschiedenen Produktionsstrukturen hervorgerufen werden, mit Hilfe des zuvor entwickelten verhandlungsbasierten Koordinationskonzepts erfolgreich gedeckt werden können.

3.4.4 Fallbeispiel Hotset

Im Gegensatz zu dem im Abschnitt 3.4.3 beschriebenen Anwendungsszenario einer standortbezogen verteilten PPS wird nun die Umsetzung eines Verhandlungsprozesses zwischen Fertigungssteuerung und Vertrieb beim Industriepartner Hotset vorgestellt werden.

Mit der Freigabe eines Fertigungsauftrags wird die Verfügbarkeit von Material und Kapazitäten überprüft. Erst dann können die Fertigungsdokumente generiert werden. Für den Fall, dass das Kapazitätsangebot den Kapazitätsbedarf nicht deckt, müssen Kompensationsmaßnahmen ergriffen werden. Zum einen können diese Maßnahmen fertigungsbereichsintern sein. Beispielsweise werden zusätzliche Kapazitäten zur Verfügung gestellt. Es ist auch möglich, dass Schicht- und Zeitmodelle der Kapazitäten verändert werden und damit das Kapazitätsangebot steigt. Sollte dieses Vorgehen zu keinem kurzfristigen Erfolg führen, wird zum anderen ein Verhandlungsprozess mit den Vertriebseinheiten begonnen, in dem die Fertigungsendtermine des betreffenden und weiterer Fertigungsaufträge neu vereinbart werden müssen.

Bei der Umsetzung konnte auf die in PSIPENTA realisierten Workflow-Mechanismen zurückgegriffen werden. Das sind insbesondere die Prozessverknüpfungen XOR und AND, die Generierung dynamischer Subprozesse und die regelbasierte Zuordnung von Aktivitäten zu Rollen. Die Abb. 3.4-11 stellt den Verhandlungsprozess als einen Teilprozess der Auftragsabwicklung für einen Fertigungsauftrag dar.

Zu Beginn des Verhandlungsprozesses erarbeitet der Fertigungsdisponent einen Terminvorschlag bzgl. des Fertigungsauftrags und ggf. weiterer betroffener Fertigungsaufträge. Alle im Gegensatz zur ursprünglichen Planung terminlich verschobenen Aufträge werden markiert.

Für diese Fertigungsaufträge werden Subprozesse gestartet, die eine Überprüfung durch die betreffenden Vertriebseinheiten verlangen. Per Referenzübergangsregel werden der bedarfsverursachende Kundenauftrag und der Verkäufer gefunden sowie die Subprozesse entsprechend zugeordnet. Der Verkäufer markiert in den Fertigungsaufträgen, ob er diese (bzw. die Konsequenzen für seine Kunden) für realisierbar erachtet. Erst wenn alle Subprozesse vom Vertrieb abgearbeitet sind, wird der Hauptprozess fortgesetzt.

Bei der anschließenden XOR-Verzweigung wird wiederum mit einer Referenzübergangsregel überprüft, ob alle involvierten Fertigungsaufträge vom Verkäufer als realisierbar markiert worden sind. Nur in diesem Fall wird der Prozess mit der Umsetzung des Szenarios beendet. Andernfalls wird der Verhandlungsprozess mit der Erstellung eines neuen Alternativszenarios durch den Disponenten fortgesetzt.

Die XOR-Verzweigung „Klärung durch den Vertrieb notwendig/nicht notwendig" ermöglicht es dem Disponenten, den Verhandlungsprozess auch ohne Einigung mit dem Vertrieb beenden zu können. Durch die Anmerkungen der Verkäufer, die in den Verhandlungsschleifen gegeben werden, kann er den Grad der Akzeptanz für die Alternativszenarien einschätzen.

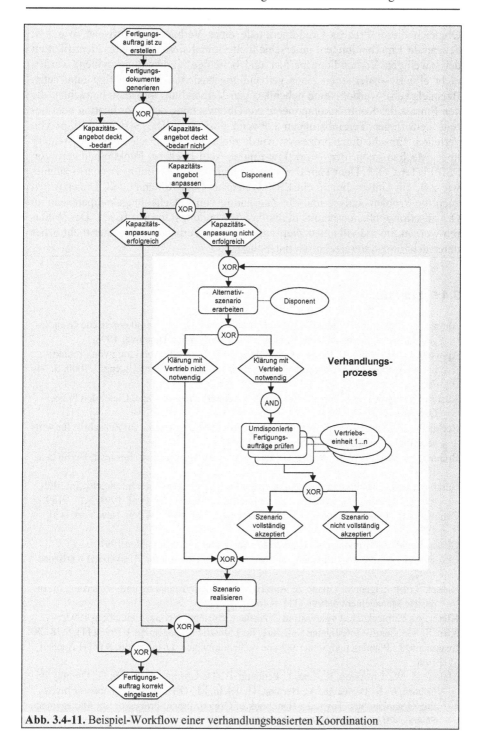

Abb. 3.4-11. Beispiel-Workflow einer verhandlungsbasierten Koordination

Obgleich dieser Prozess Grundmerkmale einer Verhandlung aufweist, wie z.B. dezentrale Entscheidungen, unterschiedliche Initialisierungspunkte, Identifikation der jeweiligen Verhandlungspartner und beliebige Verhandlungszyklen, wurden nicht alle Besonderheiten einer verhandlungsbasierten Koordination umgesetzt. Beispielsweise wurden keine nebenläufigen Verhandlungsprozesse betrachtet, die den Einsatz der Kontraktkomponente zur Überwachung der Koordination oder bereits getroffener Vereinbarungen notwendig machen. Die Synchronisation von verteilten Entscheidungsprozessen wurde nicht über Nachrichten erzielt, sondern über Mechanismen der Workflow-Engine und weitere Funktionalitäten von PSIPENTA.COM. Dem kam das stark abgegrenzte Anwendungsszenario zugute, wie z.B. ein Unternehmen, ein ERP-System und ein Rollenmodell. Daher waren auch die Problemanalyse und die Zuordnung von Entscheidungskompetenzen zu Organisationseinheiten bereits durch das Anwendungsszenario fixiert. Des Weiteren wurden die individuellen Zielfunktionen der Verhandlungspartner nicht näher untersucht und systemtechnisch unterstützt.

3.4.5 Literatur

Ahrens, V.: Dezentrale Produktionsplanung und -steuerung – Systemtheoretische Grundlagen und Anwendungspotentiale. Dissertation, Universität Hannover 1998.

Appelrath, H.-J., Sauer, J., Freese, T., Teschke, T.: Strukturelle Abbildung von Produktionsnetzwerken auf Multiagentensysteme. In: KI, Künstliche Intelligenz, 3/2000, S. 64-70.

Austin, J. L.: How to do Things with Words. 2. überarbeitete Auflage, Clarendon Press, Oxford 1975.

Beckmann. F.: Prinzipien zur Gestaltung verteilter Fabrikstrukturen. In: Zeitschrift für wirtschaftliche Fertigung, 94 (1999) 1-2, S.42-47.

Brenner, W., Zarnekow, R., Wittig, H.: Intelligente Softwareagenten. Springer, Berlin et al. 1998.

Burkhard, H. D.: Theoretische Grundlagen der verteilten künstlichen Intelligenz. In: Müller, H. J. (Hrsg.): Verteilte Künstliche Intelligenz. Mannheim et al. 1993, S.157-189.

Cantor, M. R.: Object-Oriented Project Management with UML. Wiley, New York et al. 1998.

Glaser, H.: PPS – Grundlagen – Konzepte – Anwendungen. Wiesbaden 1991.

Henseler, H.: Aktive Ablaufplanung mit Multiagenten. Dissertation, Universität Karlsruhe 1997.

Kassel, S.: Multiagentensysteme als Ansatz zur Produktionsplanung und -steuerung. In: Industrie Management 4/1996 (11), S.46-51.

Kieser, A., Kubicek, H.: Organisation, 3.Auflage. Springer Verlag, Heidelberg 1992.

Kirn, S.: Kooperativ-Intelligente Software. In: Industrie Management 1/1996 (11), S.18-28.

Laakmann, J.: Planung und Steuerung von Außenmontagen. Dissertation, RWTH Aachen 1996.

Malone, T. W., Crowston, K., Lee, J., Pentland, B., Dellarocas, C., Wyner, G., Quimby, J., Osborn, C. S., Bernstein, A., Herman, G., Klein, M., O´Donnell, E.: Tools for Inventing Organizations: Toward a Handbook of Organizational Processes. In: Management Science 45(3), March 1999, S. 425-443.

Much, D.: Harmonisierung von technischer Auftragsabwicklung und Produktionsplanung und -steuerung bei Unternehmenszusammenschlüssen. Dissertation, RWTH Aachen 1997.

Müller, J.: Verteilte Künstliche Intelligenz: Methoden und Anwendungen. Mannheim et al. 1993.

Patzak, G.: Systemtechnik – Planung komplexer innovativer Systeme. Grundlagen, Methoden, Techniken. Berlin et al. 1982.

Pausenberger, E.: Zur Systematik von Unternehmenszusammenschlüssen. In: WISU 11/1989, S.621-626.

Philippson, C., Pillep, R., Wrede, P. v., Röder, A.: Marktspiegel Supply Chain Management Software. Aachen 1999.

Philippson, C.: Koordination einer standortbezogen verteilten Produktionsplanung und -steuerung auf Basis von Standard-PPS-Systemen bei Einzel- und Kleinserienfertigung. Dissertation, RWTH Aachen 2002.

Scholz-Reiter, B.: Reaktive Planung und Steuerung von logistischen Prozessen mit Multiagentensystemen (MAS). In: Industrie Management 6/2001 (17), S.33-36.

Schotten, M., Paegert, C., Vogeler, C., Treutlein, P., Kampker, R.: Funktionen. In: Luczak, H., Eversheim, W. (Hrsg.): Produktionsplanung und -steuerung. Berlin et al. 2001.

Searle, J. R.: Speech Acts: An essay in the philosophy of Language. Cambridge 1969.

Sundermeyer, K., Bussmann, S.: Einführung der Agententechnologie in einem produzierenden Unternehmen – Ein Erfahrungsbericht. In: Wirtschaftsinformatik 4/2001 (43), S.135-142.

Stiefbold, O.: Konzept eines reaktionsschnellen Planungssystems für Logistikketten auf Basis von Software-Agenten. Dissertation, Universität Karlsruhe 1998.

Thompson, J. D.: Organisations in Action. Social Science Bases of Administrative Theory. New York 1967.

v. Martial, F.: Coordinating Plans of Autonomous Agents. Berlin et al. 1992.

Weigelt, M.: Dezentrale Produktionssteuerung mit Agentensystemen. Entwicklung neuer Verfahren und Vergleich mit zentraler Lenkung. Dissertation, Universität Nürnberg-Erlangen 1994.

3.5 Ereignisbehandlung in der Produktionsplanung und -steuerung

von Svend Lassen und Thorsten Lücke

3.5.1 Ausgangssituation zur Ereignisbehandlung in der PPS

Derzeit verfügbare PPS-/ERP-Systeme gehen bei der Auftragssteuerung im Wesentlichen deterministisch vor, indem für nicht bestimmbare (ungeplante) Ereignisse Übergangszeiten eingestellt und Sicherheitsbestände entsprechend ausgelegt werden. Es wird davon ausgegangen, dass die einmal aufgestellten Pläne in der Realisierungsphase wie vorgesehen durch das Produktionssystem gesteuert werden können.

In vielen Fällen ist es nicht ausreichend, die verschiedenen Planungsebenen bzw. -hierarchien dadurch zu integrieren, dass ein einmal generierter und optimierter Plan zur Ausführung der Steuerungsebene übergeben wird. Denn entweder enthält der Plan Puffer an Material und Zeit, um Abweichungen, die in der Realität zwangsläufig auftreten, zu kompensieren. In diesem Fall werden Ressourcen vergeudet, deren Einsatz jedoch gerade durch die übergeordnete Planung optimiert werden sollte. Andernfalls besteht die Gefahr, dass durch die engverketteten und weitverzweigten Auftragsabwicklungsprozesse ohne eingeplante Puffer ungewollte Kettenreaktionen entstehen, die das geplante Geflecht aus Beschaffungs-, Produktions- und Distributionsprozessen empfindlich stören (Wieser u. Lauterbach 2001, S. 65-71).

Vor diesem Hintergrund ist das Thema der effizienten Ereignisbehandlung in der PPS in der jüngsten Vergangenheit immer wichtiger geworden. Die Ereignisbehandlung hat die Aufgabe, als Mittler zwischen Planung und Ausführung zu fungieren und die Reaktionsgeschwindigkeit auf Ereignisse deutlich zu erhöhen. Somit bietet die effiziente Ereignisbehandlung großes Potenzial, die Flexibilität und Agilität der Auftragsabwicklung zu verbessern. Ziel ist es, kompensationsbedürftige Ereignisse, wie z.B. Maschinenstörungen, Auftragsänderungen oder fehlendes Material, zu erkennen und die entsprechende Problemlösung automatisiert anzustoßen.

3.5.2 Grundlagen ereignisorientierter Prozesssteuerung

3.5.2.1 Anforderungen der PPS an die Ereignissteuerung

In Abschnitt 1.4.3 wurden die unterschiedlichen Koordinationsmechanismen von PPS- und WfM-Systemen beschrieben. Der wesentliche Unterschied ist in den Mechanismen der Prozesskoordination zu sehen. Die Prozesskoordination umfasst die Koordination von Nutzdaten, Kontrolldaten, Aktivitäten und Prozessträgern. In PPS-Systemen werden Kontroll- und Nutzdaten passiv zur Verfügung gestellt.

Sie unterstützen das Pull-Prinzip, bei dem die Anwender die Nutzdaten anfordern, manipulieren und speichern. Die Logik der Geschäftsprozesse lässt sich dementsprechend nur über Objektzustände, also über methoden-einschränkende Status der Datenobjekte, gewährleisten. Eine Zuordnung von Aktivitäten zu Prozessträgern findet nicht statt oder kann nur durch das Berechtigungskonzept passiv abgebildet werden.

Demgegenüber erfolgt in WfM-Systemen die Prozesssteuerung nach dem Push-Prinzip. WfM-Systeme verfolgen den Ansatz einer ereignisorientierten (proaktiven) Funktionsweise. Hierbei werden die Aktivitäten den verschiedenen Organisationseinheiten rollen- und regelbasiert zugeordnet. Prozessschritte bzw. Aktivitäten führen zu Manipulationen an den Geschäftsobjekten.

Durch die Manipulation wird ein neues Ereignis ausgelöst. Die relevanten Ereignisse triggern dann wiederum Prozesse bzw. Folgeaktivitäten an. Die Prozesssteuerung erfolgt gemäß zuvor definierter, strukturierter Prozessmodelle mit einer unzureichenden Flexibilität, auf Abweichungen vom zugrundeliegenden Prozessmodell zu reagieren. Änderungen im Umfeld der ablaufenden Prozesse können im Allgemeinen nicht berücksichtigt werden. Insbesondere Informationen aus dem Domänenumfeld der PPS, die für die instanziierten Prozesse relevant sind, finden bei der Prozessausführung keine Berücksichtigung.

Im Rahmen des Projekts PROWORK sind die beschriebenen Defizite der Pull-basierten PPS-Systeme durch den Einsatz von WfM-Mechanismen eliminiert worden. Die Integration von WfM wird dabei jedoch durch die zuvor beschriebenen Unterschiede bzgl. der zugrundeliegenden Prozesskoordinationsmechanismen erschwert. Insbesondere die Reaktion auf Ereignisse im Domänenumfeld der PPS zum Zweck einer aktiven Prozesssteuerung ist ohne zusätzliche Module nicht möglich.

Neue Systemarchitekturen und -komponenten werden daher benötigt, um diese Unverträglichkeiten zu überwinden. Dazu gehören insbesondere Module und Methoden zur Erkennung von Ereignissen im Domänenumfeld der PPS bzw. Zustandsänderungen im PPS-System, die zum Anstoß von Workflows führen. Zu diesem Zweck wird im Rahmen des Projekt PROWORK die Konzeption eines Workflow-Event-Servers als Bindeglied von PPS und WfM vorgenommen und der Einsatz in der technischen Auftragsabwicklung untersucht.

3.5.2.2 Grundlagen und Begriffe der Ereignissteuerung

Ein Ereignis bzw. Event ist das Eintreten eines definierten Zustandes nach einer Zustandsänderung (PSIPENTA 2001, REFA 1991, S. 54). Zum einen entstehen Ereignisse aufgrund von Zustandsänderungen durch Aktivitäten (Bereitstellungsereignis). Zum anderen können sie wiederum Zustandsänderungen bzw. Vorgänge im System auslösen (Auslöseereignis) (PSIPENTA 2001). Ereignisse bilden die Meilensteine eines vorgangsbezogenen Workflows. Sie werden in Informationssystemen durch Datenänderungen repräsentiert.

Ein Ereignis kann das Vorliegen eines oder mehrerer Attributsausprägungen der Geschäftsobjekte oder auch das Erreichen eines bestimmten Zeitpunktes sein (Friedrich 2002, S. 6). Tritt ein Ereignis erwartungsgemäß ein, so handelt es sich um ein reguläres Ereignis. Bei zeitlich verzögertem Eintreten eines Ereignisses wird von einem verspäteten Ereignis gesprochen. Das Nicht-Eintreten eines erwarteten Zustands bei vorgegebenem Zeitfenster stellt dabei einen Sonderfall dar. In diesem Fall handelt es sich um ein unbestätigtes Ereignis (vgl. Abb. 3.5-1).

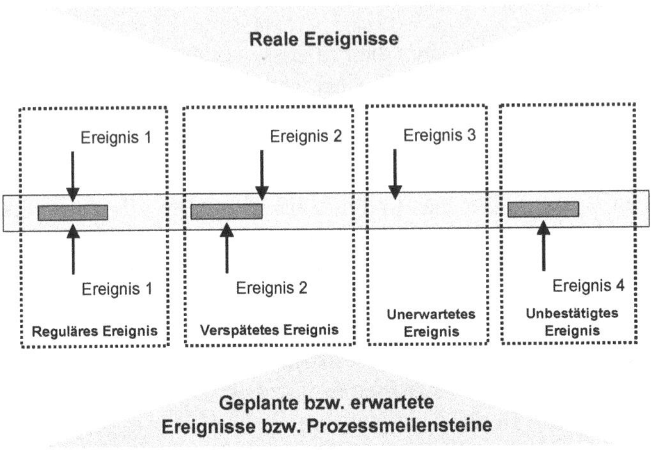

Abb. 3.5-1. Ereignisarten (vgl. SAP AG 2002)

Allen zuvor beschriebenen Ereignissen ist gemein, dass es sich um geplante bzw. erwartete Ereignisse handelt und eine Zustandsänderung gewollt bzw. bewusst herbeigeführt wird. Ebenso besteht die Möglichkeit, dass der Auslöser für die Zustandsänderung unerwartet auftritt. Ungeplante bzw. unerwartete Ereignisse treten dann auf, wenn der Ist-Zustand eines Systems von seinem geplanten Soll-Zustand abweicht, wobei der Zustand durch Daten beschrieben werden kann. Dabei können jedem Ereignis Ursachen und Wirkungen zugeordnet werden. Ein Ereignis ist ungeplant bzw. unplanbar, wenn der Zeitraum des Ereigniseintritts nicht analytisch exakt vorherbestimmt werden kann.

Laut Scheer (1997) lösen Ereignisse Nachrichten aus, die Ereignisinformationen enthalten und diese einem Adressatenkreis mitteilen. Im folgenden Ansatz geht es darüber hinaus um die automatische Ansteuerung und Überwachung der Prozessketten bei unterschiedlichen Prozessträgern. Der Einsatz von Workflowmanagement unterstützt die zielgerichtete und zeitkritische Reaktion auf ungeplante Ereignisse.

3.5.2.3 Anforderungen an die ereignisorientierte Prozesssteuerung

Für die Modellierung von Geschäftsprozessen stehen verschiedene Beschreibungsmethoden zur Verfügung. Beispiele dafür sind Ereignisgesteuerte Prozessketten, Petri-Netze, Ablaufpläne nach DIN 66001 sowie objektorientierte Methoden der Verhaltensmodellierung wie Zustands- und Aktivitätendiagramme. Diesen Modellierungsmethoden gemein ist die Zerlegung eines Geschäftsprozesses in verschiedene Objekttypen. Dazu zählen insbesondere Funktionen, Daten, Organisationseinheiten, Ereignisse und Operatoren. Anschließend werden diese Sichten zu den Geschäftsprozessen verknüpft (vgl. Scheer 1997, S. 88).

Bei der Umsetzung eines Geschäftsprozessmodells in ein Workflowmodell muss besonderes Augenmerk auf die Ereignisse gelegt werden. Die Integration eines externen Workflowmanagementsystems in ein PPS-System ist mit der Problematik des Erkennens von Systemzuständen bzw. Ereignissen und der Zuordnung von geeigneten Workflows verbunden. Folgende Schwierigkeiten müssen dazu überwunden werden:

- *Das Workflowmanagementsystem muss das Eintreten bestimmter Zustände im PPS-System überwachen können.* Sowohl für den Anstoß einer Aktivität als auch für den Abschluss einer Aufgabe sind die Eingangs- und Ausgangsereignisse zu identifizieren.
- *Das Workflowmanagement ist auf Daten aus der PPS angewiesen.* Für die regelbasierte Auswahl von Workflows, die Zuordnung von Aktivitäten zu Bearbeitern und die Bereitstellung prozessrelevanter Datenobjekte ist der Zugriff des WfM-Systems auf Daten der PPS zu gewährleisten. Das Vorhandensein bestimmter Attributsausprägungen kann in Zusammenhang mit einem Ereignis relevant für die Workflow-Koordination sein. Beispielsweise sind Prozesse zur kurzfristigen Materialbereitstellung für eine Auftragsfreigabe abhängig von der ABC-Klassifizierung des jeweiligen Materials.
- *Durch ein Ereignis müssen gegebenenfalls mehrere Teilprozesse parallel angestoßen werden.* Die Zuordnung von Ereignissen zu Workflows ist eine m:n-Beziehung. Mehrere Ereignisse können einen Workflow anstoßen, ein Ereignis kann Auslöser für mehrere Workflows sein.
- *Die Teilprozesse sind unter Umständen interdependent.* Das bedeutet, dass ein Prozess auf ein Ereignis eines anderen Teilprozesses wartet. In den Methoden zur Geschäftsprozessmodellierung wird zumeist davon ausgegangen, dass sich die Ereignisse, ausgenommen das Startereignis, als Resultat einer Funktion ergeben. Ereignisse die extern eintreten, werden nicht adäquat berücksichtigt. Die Workflow-Steuerung muss in der Lage sein, diese Zusammenhänge von Teilprozessen zu steuern.

3.5.3 Konzeption eines Workflow-Event-Servers

3.5.3.1 Fachkonzept für die Ereignissteuerung

Ein erfolgversprechender Lösungsansatz für die Abbildung dieser Anforderungen des WfM ist der aus der Datenbanktheorie kommende ECA-Ansatz. Die Geschäftslogik wird in Form von Regeln beschrieben, die sich aus einem Ereignis (Event), einer Bedingung (Condition) und einer Aktivität (Action) zusammensetzen. Kann einem Ereignis und einer Bedingung eine Aktivität zugeordnet werden, so wird diese ausgelöst.

Die zugrundeliegenden drei Komponenten können wie folgt abgegrenzt werden (Dayal et al. 1988):

- *Ereignis*: Wann soll eine Regel überprüft werden? (z.b. bei Speicherung des Kundenauftrags);
- *Bedingung*: Was soll überprüft werden? (z.b. Auftragsvolumen > Kreditlimit);
- *Aktivität*: Wie soll (re)agiert werden? (z.b. Durchführung einer Bonitätsprüfung oder Anfrage bzgl. einer Anzahlung).

Die Typisierung von Ereignissen und Bedingungen ist entscheidend für die systemtechnische Implementierung. Ansatzpunkte für die Systematisierung ergeben sich entsprechend der Komplexität, des Inhalts und des Bezugs von Ereignissen und Bedingungen (vgl. Chakravarthy et al. 1993).

Berndtsson u. Lings (2001, S. 3) unterscheiden elementare und komplexe Ereignisse. Ein komplexes Ereignis besteht aus elementaren Ereignissen. Elementare Ereignisse können in drei Unterklassen aufgeteilt werden (Skidmore et al. 1992). Die Differenzierung sieht datenbezogene Ereignisse, Zeitpunkt-Ereignisse und Benutzer-Ereignisse vor (vgl. Abb. 3.5-2). Komplexe Ereignisse ergeben sich durch die Verknüpfung elementarer oder anderer komplexer Ereignisse über Operatoren (Chakravarthy et al. 1993). Die Klassifizierung der komplexen Ereignisse ist entsprechend dieser Ereignis-Operatoren möglich. Mit Operatoren können Aussagen formuliert werden, denen ein Wahrheitswert zuzuordnen ist.

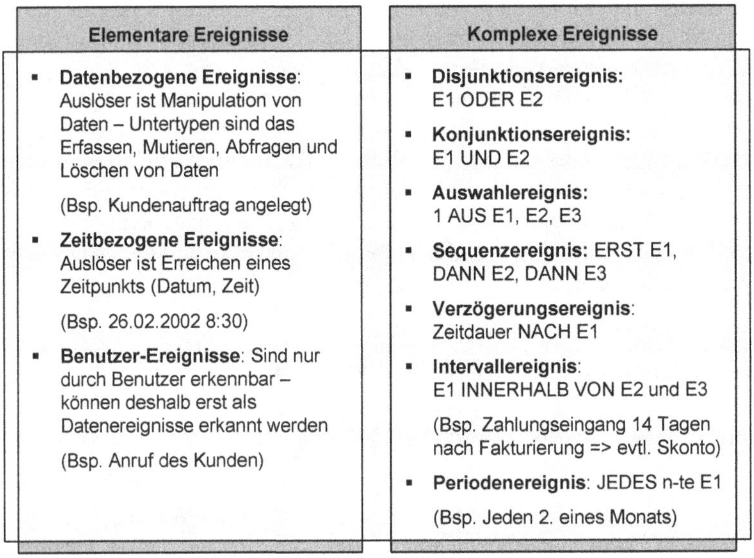

Elementare Ereignisse	Komplexe Ereignisse
• **Datenbezogene Ereignisse**: Auslöser ist Manipulation von Daten – Untertypen sind das Erfassen, Mutieren, Abfragen und Löschen von Daten (Bsp. Kundenauftrag angelegt) • **Zeitbezogene Ereignisse**: Auslöser ist Erreichen eines Zeitpunkts (Datum, Zeit) (Bsp. 26.02.2002 8:30) • **Benutzer-Ereignisse**: Sind nur durch Benutzer erkennbar – können deshalb erst als Datenereignisse erkannt werden (Bsp. Anruf des Kunden)	• **Disjunktionsereignis**: E1 ODER E2 • **Konjunktionsereignis**: E1 UND E2 • **Auswahlereignis**: 1 AUS E1, E2, E3 • **Sequenzereignis**: ERST E1, DANN E2, DANN E3 • **Verzögerungsereignis**: Zeitdauer NACH E1 • **Intervallereignis**: E1 INNERHALB VON E2 und E3 (Bsp. Zahlungseingang 14 Tagen nach Fakturierung => evtl. Skonto) • **Periodenereignis**: JEDES n-te E1 (Bsp. Jeden 2. eines Monats)

Abb. 3.5-2. Klassifizierung der Ereignisse (vgl. Herbst u. Knolmayer 1995, S. 151)

Insbesondere die daten- und zeitpunktbezogenen Ereignisse kommen für die Realisierung einer automatisierten Ereigniserkennung mit Software-Komponenten in

Betracht. Für die Erkennung von datenbezogenen Ereignissen ist der Zugriff auf die PPS-Domänendaten eine wesentliche Voraussetzung.

Neben Ereignissen werden Bedingungen für die Formulierung einer ECA-Regel benötigt. Herbst et al. machen einen Vorschlag für die Klassifizierung von Bedingungen, der in Abb. 3.5-3 dargestellt ist.

Ebenso wie bei Ereignissen kann zwischen elementaren und komplexen Bedingungen unterschieden werden. Als elementare Bedingungen gelten Mengenbedingungen, die eine Abfrage auf Zugehörigkeit eines Datenobjekts zu einer Menge darstellen, und Prädikate, die einen Vergleich von Daten abbilden. Komplexe Bedingungen ergeben sich durch die Anwendung von BOOLEschen Operatoren auf elementare Bedingungen. Sie stellen somit „Regeln" für die zu überprüfenden Daten und die Zuordnung von Ereignissen zu Workflows dar.

Die Definition einer elementaren Bedingung ist auf Basis von PPS-Objekten, Objektattributen und Konstanten möglich, die wiederum durch Operatoren verknüpft werden. Die Operatoren unterscheiden sich dabei von BOOLEschen und Ereignis-Operatoren. Die folgenden Operatoren werden verwendet, um sowohl Mengenbedingungen als auch Prädikate abzubilden:

- EXISTENT ZU: Überprüfung der Zugehörigkeit bzw. Verknüpfung eines instanziierten Datenobjekts mit einem anderen Datenobjekt, bspw. Vorhandensein eines Arbeitsplans zu einem Fertigungsauftrag;
- IN: Abfrage auf Vorhandensein eines instanziierten Datenobjekts in einer Tabelle bzw. Liste, bspw. Material im Lager;
- GRÖSSER ALS, KLEINER ALS, GLEICH: Vergleich von Attributen eines Datenobjekts mit denen anderer Datenobjekte bzw. einer Konstante, bspw. Bestellwert größer als ein Genehmigungsschwelle.

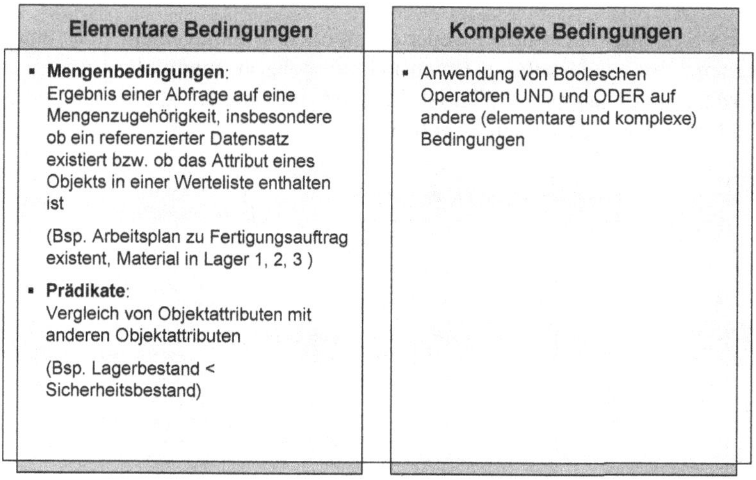

Elementare Bedingungen	Komplexe Bedingungen
▪ **Mengenbedingungen**: Ergebnis einer Abfrage auf eine Mengenzugehörigkeit, insbesondere ob ein referenzierter Datensatz existiert bzw. ob das Attribut eines Objekts in einer Werteliste enthalten ist (Bsp. Arbeitsplan zu Fertigungsauftrag existent, Material in Lager 1, 2, 3) ▪ **Prädikate**: Vergleich von Objektattributen mit anderen Objektattributen (Bsp. Lagerbestand < Sicherheitsbestand)	▪ Anwendung von Booleschen Operatoren UND und ODER auf andere (elementare und komplexe) Bedingungen

Abb. 3.5-3. Klassifizierung der Bedingungen (vgl. Herbst u. Knolmayer 1995, S. 152)

Zusammenfassend lässt sich feststellen, dass sowohl Ereignisse als auch Bedingungen nach elementaren und komplexen Aussagen typisiert werden können. Die Strukturen von Bedingungen, komplexen Bedingungen und komplexen Ereignissen entsprechen sich weitestgehend. Die Unterschiede liegen in der Verknüpfung unterschiedlicher Objekte (Bsp. Ereignisse, Bedingungen, Datenobjekte, Objektattribute oder Konstanten) mit unterschiedlichen Operatoren (Ereignis-Operatoren, BOOLEschen Operatoren, Mengen- oder Prädikatoperatoren).

Diese inhaltlichen Unterschiede rechtfertigen nicht die separate Behandlung von komplexen Ereignissen und Bedingungen. Zur Vereinfachung wird deshalb der Begriff „Ereigniskontext" eingeführt. Unter dem Ereigniskontext werden alle Ereignisregeln und Bedingungen verstanden, die notwendig sind, um bei Eintreten eines elementaren Ereignisses, eine Zuordnung zu einer Workflow-Aktivität zu gewährleisten.

Nachfolgend wird ein Beispiel für die Formulierung einer ECA-Regel gegeben. In der Regel wird spezifiziert, dass bei der Überschreitung eines Bestellwertes von € 5.000 in einer Bestellung ein Genehmigungs-Workflow angestoßen wird.

- *Ereignis*:   Bestellung gespeichert
- *Bedingung*:   Bestellung-Bestellwert GRÖSSER ALS 5.000
- *Aktivität*:   Workflow „Genehmigung"

Das elementare Ereignis als Auslöser für die Ereignissteuerung ist das Speichern einer Bestellung. Dies führt zur Überprüfung der Bedingung bzw. des Ereigniskontexts. Liefert die Funktion (Vergleich zweier Attribute) einen Wahrheitswert „wahr" zurück, wird der Workflow ausgelöst.

3.5.3.2 Konzept für den Workflow-Event-Server

Klassische PPS-Systeme unterstützen weder das Workflowmanagement noch eine ereignisgesteuerte Prozessgestaltung. Daten können gelesen, manipuliert und gespeichert werden, ohne dass es möglich ist, Zustandsänderungen zu erkennen und einen Anstoß für weitere Aktivitäten zu geben.

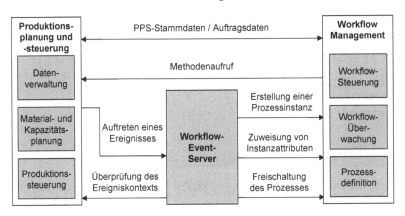

Abb. 3.5-4. Architekturentwurf des Workflow-Event-Servers

Für den Einsatz eines Workflowmanagementsystems werden zusätzliche System-komponenten benötigt. Eine solche Komponente ist der Workflow-Event-Server (vgl. Abb. 3.5-4). Der Workflow-Event-Server unterstützt die Modellierung, das Erkennen und die Behandlung von Workflow-relevanten Ereignissen in der PPS-Domäne. Er ist somit ein Modul zur Kopplung von PPS- und WfM-Systemen.

Für das Erkennen von Ereignissen im PPS-System wird der nachfolgend be-schriebene, objektorientierte Ansatz gewählt. Allen Geschäftsobjekten (Business Objects - BO), wie z.B. Aufträgen, Bestellungen oder Arbeitsplänen, werden Me-thoden zugeordnet, die eine Zustandsänderung hervorrufen. Dazu zählen bei-spielsweise das Anlegen, Ändern, Löschen und Aktivsetzen. Diese Zustandsände-rungen werden über einen Schlüssel, der sowohl das Geschäftsobjekt als auch die darauf ausgeführte Methode beschreibt, eindeutig identifiziert. Bei der Ausfüh-rung einer Methode werden die zuvor definierten Zustandsänderungen mit Para-metern in ein Business-Object-Inferface geschrieben, das für die Nutzung durch externe Systeme bereitsteht. Diese Ereignisliste kann in zyklischen Abständen ausgewertet werden (vgl. auch Abschn. 3.2.7.3).

Dieser Ansatz erlaubt zunächst nur das Erkennen elementarer Ereignisse im PPS-System, die zudem auf einer groben Betrachtungsebene auftreten. Das Än-dern eines Kundenauftrags beispielsweise gibt noch keine Auskunft über auszu-führende Workflows. Es wird nicht erkannt, welche Attribute geändert wurden oder welche weiteren Ereignisaspekte eine Rolle spielen. Um den Anforderungen des Workflowmanagements gerecht zu werden, wird der Ereigniskontext definiert. Dieser umfasst zusätzliche Faktoren eines Ereignisses (Zeitpunkt, auslösender Mitarbeiter u.a.) und zugehörige Bedingungen (Referenzen auf weitere Datenob-jekte, Vergleiche von Attributen u.a.).

Das Datenmodell zur Beschreibung der Ereignisse, des Ereigniskontexts und die Zuordnung zu Workflow-Aktivitäten ist in Abb. 3.5-5 dargestellt.

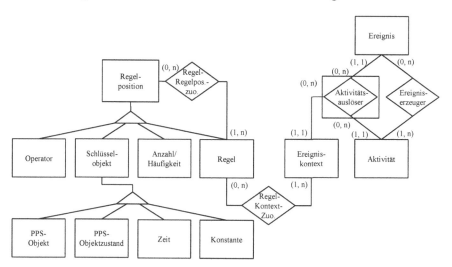

Abb. 3.5-5. Datenmodell der Ereignissteuerung (vgl. Birn u. Lassen 2002)

Der Ereigniskontext referenziert auf eine Regel, die aus einzelnen Positionen besteht. Eine solche Regelposition kann entweder ein sogenanntes Schlüsselobjekt (PPS-Objekt, Attribut, Zeit oder Konstante), eine Anzahl oder Häufigkeit, ein Operator oder wiederum eine Regel sein.

Die zur Verfügung stehenden Operatoren umfassen Ereignisoperatoren (z.B. UND, ODER, INNERHALB VON) und Bedingungsoperatoren (z.B. EXISTENT ZU, GRÖSSER ALS, ODER, UND). Dadurch wird eine allgemeingültige Darstellung des Ereigniskontexts ermöglicht. Die Operatoren müssen in der Laufzeit des Systems in Funktionen umgesetzt werden, die den Wahrheitswert aus einer Abfrage liefern. Auf diese Weise wird der Ereigniskontext für ein Ereignis überprüft, und bei Übereinstimmung mit dem Aktivitätsauslöser wird eine Aktivität getriggert.

Der Ereigniskontext kann bspw. mit Hilfe eines Regelkonfigurators definiert werden. Dieser sollte insbesondere die Elemente Anwenderentscheidungen, Prozessattribute, BO-Attribute, Referenzbeziehungen (Mengenbedingungen) und Operatoren beinhalten. Im Rahmen der Bedingungsprüfung (Run-time) wird nur auf zuvor definierte Attribute zugegriffen.

Eine Verbesserung der Performance des Systems kann erreicht werden, indem die in den jeweiligen Ereigniskontexten beinhalteten Schlüsselobjekte als Snapshot, d.h. als Datenvorrat, gelesen werden. Dieses Snapshot steht zur Verfügung für die Auswertung und die Zuordnung einer Aktivität im Workflow-Event-Server sowie für die regel- und rollenbasierte Steuerung der Geschäftsprozesse in der Workflowmanagement-Komponente. Die Anzahl der Anfragen an das PPS-System verringert sich; Mehrfach-Anfragen werden vermieden.

Entsprechend des Auslesezyklus des Business-Object-Interface durch den Workflow-Event-Server wird jedes Ereignis nur einmal berücksichtigt. Zudem muss die Workflow-Steuerung in der Lage sein, die Bearbeitung eines instanziierten Prozessobjekts zu überwachen und Doppelbearbeitungen auszuschließen.

In den bisherigen Betrachtungen wurde davon ausgegangen, dass Ereignisse nur auf der Datenbank-Ebene des Anwendungssystems auftreten. Je nach Anzahl der Schichten der Client-Server-Architektur können Ereignisse auch auf der Applikations-Ebene erkannt und berücksichtigt werden. In dem vorliegenden Fall wird von einer 4-Schichten-Architektur ausgegangen, in dem es einen Application Server und einen Application Client gibt. Die Abb. 3.5-6 stellt dar, wie die Verknüpfungen des Workflow-Event-Servers zu den unterschiedlichen Schichten und zu externen Anwendungen über Aktivitätsauslöser (RaiseEvent) aussehen können. Alle Ereignisse führen gleichermaßen zum Start eines Prozesses in der Workflow-Engine.

Beispiele für die unterschiedlichen Ereignisse auf den Ebenen des Anwendungssystems unterhalb des Network User Interface werden im Folgenden gegeben:

- *Application Client*: Meldungen über externe Ereignisse, Ereignisse die durch Benutzerinteraktion hervorgerufen werden: Eingabefehler (z.B. Dateiname zu lang, max. Stellenanzahl wurde überschritten), Plausibilitätsprüfung von Benutzereingaben (z.B. Grenzwerte wie min. Bestellmenge), Status (z.B. Kun-

denvorgangsposition freigegeben), fehlende und ungültige Daten.
- *Application Server*: interne Ereignisse, die aus Systemanwendungen resultieren: Unterdeckung/Überdeckung, Gutmenge kleiner Auftragsmenge, Fehler beim Rückmelden der Lagerbewegung.
- *Datenbank-Server*: Aktivitäten bzw. Aktionen auf der Oberflächen- oder Applikationsschicht führen auch zu Zustandsänderungen auf der Datenbankschicht.

Die Einsatzszenarien der Ereigniserkennung und Prozessansteuerung bestimmen letztendlich die Nutzung der einzelnen Funktionen und Anbindungsmöglichkeiten des Workflow-Event-Servers.

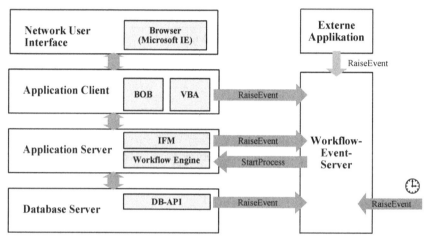

IE	Internet Explorer	**IFM**	Information Flow Management
BOB	Business Object Broker	**DB**	Database
VBA	Visual Basic Application	**API**	Application Programming Interface

Abb. 3.5-6. Einbindung des Workflow-Event-Servers in das 4-Schichten Architekturmodell (vgl. PSIPENTA 2001)

3.5.4 Ereignissteuerung am Beispiel der Auftragsabwicklung

Am Beispiel der Auftragsabwicklung wird im Folgenden ein mögliches Einsatzszenario für den Workflow-Event-Server abgeleitet. Workflowmanagementsysteme und der Workflow-Event-Server sollen nur gezielt in den Teilbereichen der PPS genutzt werden, in denen sich operative Nutzenpotenziale erschließen lassen.

Zu den Workflow-geeigneten Prozessen gehören insbesondere die Eskalations- und Kompensationsprozesse, bei denen es um das Erkennen von unplanmäßigen Ereignissen (bspw. Maschinenstörung, Änderung eines Auftrags, fehlendes Material) und die entsprechende Problemlösung (Störungsbehebung, Neuterminierung eines Kundenauftrags, Mitteilung an den Kunden) geht. Der Einsatz einer Work-flow-Steuerung ist an dieser Stelle mit dem Ziel verbunden, die Flexibilität und Agilität in der Auftragsabwicklung zu erhöhen.

In der Tabelle 3.5-1 werden beispielhaft Ereignisse systematisiert, die den ide-ellen Ablauf in der Auftragsabwicklung konterkarieren. Das Auftreten dieser Er-eignisse führt zum Auslösen von Kompensationshandlungen, die unterschiedliche Informationsbedarfe aufweisen und unterschiedliche Organisationseinheiten be-treffen.

Tabelle 3.5-1. Kompensationsbedürftige Ereignisse in der Auftragsabwicklung (vgl. Luczak et al. 1999, S. 22)

Bereich	Beispiele für Ereignisse
Vertrieb	- Kundenauftragsänderung - konstruktive Änderung - falsche Marktbeurteilung - neue Bestellung - Preisänderung - Kursänderung
Konstruktion	- Stücklistenfehler - Konstruktionsfehler/-änderung - Zeichnungsfehler - unvollständige Erzeugnisdokumentation
Beschaffung/Einkauf	- Lieferantenausfall - Bestelländerung (Menge, Liefertermin) - Preisänderung - Kursänderung
Arbeitsvorbereitung	- Arbeitsunterlagen fehlen - Arbeitsplan ist fehlerhaft
Produktion	- fehlende Kapazität/Kapazitätsausfall - Werkzeug-/Vorrichtungsbruch - Reihenfolgeänderung auf vorhergehender Maschine - unzweckmäßiges Fertigungsverfahren - fehlerhafte oder überkomplizierte Konstruktion - Maschine oder Werkzeug ungeeignet - falsche Arbeitsanweisung - Arbeitsfehler (un-)verschuldet - Fabrikationsänderung - Eilauftrag in der Produktion - Erstauftrag mit Fertigungsschwierigkeiten - Einrichtungsschwierigkeiten
Versand	- falsche Kommissionierung - falsche Versandbereitstellung

Diese ungeplanten Ereignisse können als datenbezogene Ereignisse beim Anlegen oder Ändern von Geschäftsobjekten, wie z.B. einem Kundenauftrag, einer Be-triebsmittelkapazität oder einem Materialstamm erkannt werden. Für bestimmte Ereignisse ist es notwendig, zusätzliche Informationsobjekte, insbesondere Mel-dungen anzulegen. Meldungen können für eine Änderung, einen Qualitätsmangel, eine Information oder eine Warnung stehen. Sie stellen gekapselte Datenobjekte mit prozessrelevanten Informationen dar, die eine Ereignissteuerung und die Definition von Regeln vereinfachen.

Neben den elementaren Ereignissen (z.B. Anlegen, Ändern und Löschen von Datenobjekten) ist der Ereigniskontext zu spezifizieren. Erst mit Hilfe des Ereigniskontexts kann ein Ereignis als kompensationsbedürftig erkannt und Workflows zugeordnet werden. Für die Beschreibung von ungeplanten Ereignissen und die Steuerung der Ereignisbehandlung in der Auftragsabwicklung wurden die folgenden Kriterien entwickelt (Heiderich 2001, S. 96):

- Entdeckungsort (Bsp. Teilefertigung),
- Entstehungsort (Bsp. Lieferant),
- Produktionsfaktor (Bsp. Material),
- Zustand des Produktionsfaktors (Bsp. nicht vorhanden).

Diese PPS-Objekte und -Attribute werden maßgeblich für die Definition der Zuordnungsregeln geeigneter Kompensationshandlungen genutzt. Ein vereinfachtes Beispiel für eine Zuordnungsregel soll an dieser Stelle gegeben werden. Nach dem Ausfall einer Maschine sowie der unausweichlichen Verschiebung des Fertigungsendtermins und Kunden-Liefertermins soll der Workflow „Kunde benachrichtigen" ausgelöst werden. Folgende Bestandteile der ECA-Regel könnten im Regelkonfigurator spezifiziert werden:

- *Ereignis*:   Änderung eines Betriebsmittels;
- *Regel*:   Betriebsmittel-Betriebsstatus „unterbrochen" UND
                  (Arbeitsgangzuo EXISTENT ZU Betriebsmittel) UND
                  (Auftragsarbeitsgangzuo EXISTENT ZU Arbeitsgang) UND
                  (Auftragsarbeitsgangzuo-Startzeit INNERHALB
                  (Unterbrechung-Zeit NACH Ereignis-Zeit) UND
                  (Auftragsarbeitsplan EXISTENT ZU Auftragsarbeitsgangzuo)
                  UND
                  (Fertigungsauftrag EXISTENT ZU Auftragsarbeitsplan) UND
                  (Kundenauftrag EXISTENT ZU Fertigungsauftrag);
- *Aktivität*:   Kunde benachrichtigen.

Sollte die Regel zu einem positiven Wahrheitswert führen und den Workflow auslösen, kann eine Benutzerentscheidung zur nochmaligen Verifizierung verlangt werden. Dadurch wird ein angemessener Kundenkontakt sichergestellt.

Alternativ zu dieser beispielhaften Zuordnungsregel könnte eine Störungsmeldung angelegt werden, die alle bezogenen Geschäftsobjekte (Betriebsmittel, Fertigungsauftrag usw.) beinhaltet. Die Zuordnungsregel wäre dann auf Basis der Meldungsdaten möglich.

Die Definition der weiteren Aktivitäten-Abfolge und der Kompensationsprozesse obliegt der Konfiguration in der Workflow-Engine und ist weitestgehend unabhängig von der Ereigniserkennung und Prozessansteuerung. Der Workflow-Event-Server übergibt dazu an das Workflowmanagement.

3.5.5 Literatur

Berndtsson, M., Lings, B.: Logical Events and ECA Rules, Technical Report, University of Skövde, Department of Computer Science, 2001.

Birn, L., Lassen, S.: Konzeption eines Workflow-Event-Servers für die Auftragsabwicklung – Unterstützung der technischen Auftragsabwicklung durch aktive Ereignissteuerung, Tagungsband der Multi-Konferenz Wirtschaftsinformatik 2002, 9.-11. September 2002 in Nürnberg.

Chakravarthy, S., Mishra, D., Snoop: An Expressive Event Specification Language for Active Databases", Technical Report UF-CIS-TR-93-007, University of Florida, 1993, In: Herbst, H., Knolmayer, G.: Ansätze zur Klassifikation von Geschäftsregeln, Wirtschaftsinformatik Band 37 (2), 1995, S. 151.

Dayal, U., Buchmann, A.P., McCarthy D.R.: Rules Are Objects Too: A Knowledge Model for Active, Object-Oriented Database Management System", 1988, In: Herbst, H., Knolmayer, G.: Ansätze zur Klassifikation von Geschäftsregeln, Wirtschaftsinformatik Band 37 (2), 1995, S. 150.

FIR o.V.: Aachener Marktspiegel – PPS-/ERP-Systeme für den Mittelstand, Forschungsinstitut für Rationalisierung Aachen 2000.

Friedrich, M.: Beurteilung automatisierter Prozesskoordination in der technischen Auftragsabwicklung, Dissertation, Fakultät für Maschinenwesen der Rheinisch-Westfälischen Technischen Hochschule Aachen 2002.

Heiderich, T.: Informationsflüsse nach ungeplanten Ereignissen in der technischen Auftragsabwicklung, Dissertation, Fakultät für Maschinenwesen der Rheinisch-Westfälischen Technischen Hochschule Aachen 2001.

Herbst, H., Knolmayer, G: Ansätze zur Klassifizierung von Geschäftsregeln, Wirtschaftsinformatik Band 37, Heft 2, 1995, S. 149 - 159.

Luczak, H., Heiderich, T., Kees, A., Philippson, C. Ereignisorientierte Modellierung für PPS-Systeme, DFG-Projekt, FIR Aachen 1999.

PSIPENTA o.V.: Produkte und Systeme der Informationstechnologie - Workflow in PSIPENTA, Produktbeschreibung, Berlin 2001.

REFA o.V.: Methodenlehre der Betriebsorganisation – Planung und Steuerung (Teil 1), Carl Hanser Verlag, München 1991.

Scheer, A.-W.: Wirtschaftsinformatik - Referenzmodelle für industrielle Geschäftsprozesse, Springer-Verlag, Berlin u.a. 1997.

Skidmore, S., Farmer, R., Mills, G.: SSADM Version 4 - Models & Methods, Manchester 1992, In: Herbst, H./Knolmayer, G.: Ansätze zur Klassifikation von Geschäftsregeln, Wirtschaftsinformatik Band 37 (2), 1995, S. 151.

WFMC o.V.: Workflow Management Coalition - Terminology & Glossary, WfMC, 3. Auflage, Winchester April 1999, S. 7-9.

Wieser, O, Lauterbach, B.: Supply Chain Management mit mySAP SCM (Supply Chain Management), In: HMD Praxis der Wirtschaftsinformatik, Heft 219, Juni 2001, S. 65-71.

3.6 Geschäftsprozessorientiertes Wissensmanagement

von Thomas Serries

3.6.1 Wissensintensive Geschäftsprozesse in der Produktion

Neben Arbeit, Boden und Kapital hat sich das Wissen als ein wichtiger Produktionsfaktor etabliert (vgl. Probst et al. 1998, S. 17f.).[9] Im Gegensatz zu vielen anderen Produktionsfaktoren steigert sich sein Wert mit der Häufigkeit der Nutzung; es entwickelt seinen Wert nur durch ständiges Anwenden und Weiterentwickeln.

Deutlich wird der lebendige Charakter im Kleinen durch Lernkurveneffekte, die ein Mitarbeiter erzielt, wenn er bestimmte Aufgaben mehrfach hintereinander ausführt. Im Großen wird Wissen zum Beispiel bei der Neugestaltung von betrieblichen Prozessen eingesetzt. Basierend auf gesammelten Informationen und Erfahrungen werden alte Prozesse neu gestaltet, um alte Schwächen zu beseitigen.

Die Intensität des Wissenseinsatzes ist stark von der zu bearbeitenden Aufgabe abhängig. So erfordern Regelprozesse, die häufig in immer gleicher Weise ausgeführt werden, in der Regel weniger Wissen, als Prozesse, deren genauer Ablauf erst zur Laufzeit erkannt und modelliert werden kann. Bspw. ist bei Ad-hoc-Workflows neben dem Wissen zur Bearbeitung der Aktivitäten auch noch das Wissen erforderlich, um den weiteren Verlauf des Workflows zu bestimmten. Der Grad der Wissensnutzung ist hier deutlich höher.

Allgemein weisen wissensintensive Geschäftsprozesse einen hohen „Anteil informationsverarbeitender Tätigkeiten, bei denen nicht planbare Informationsbedarfe auftreten und häufig neue Informationen generiert werden" (Goesmann, Hoffmann 2000, S. 140), auf. Sie bestehen aus wissensintensiven Aufgaben (Funktionen) die von Natur aus schwer plan- und vorhersehbar sind. (vgl. z.B. Davenport et al. 1996, S. 54). Die Bearbeitung wissensintensiver Aufgaben und Prozesse kann somit als ein kreativer Akt umschrieben werden.

Dass Informationssysteme im Allgemeinen nicht zur Unterstützung von wissensintensiven Prozessen geeignet sind, lässt sich leicht nachvollziehen, indem man die obige Definition mit den Eigenschaften von Informationssystemen vergleicht. Informationssysteme wurden geschaffen, um Anwendern bei der Lösung von Problemen zu helfen, indem sie programmierte Algorithmen einsetzen. Algorithmen sind deterministisch und somit vorhersagbar. Vor ihrer Ausführung ist bekannt, welche Informationen sie benötigen und welche Informationen sie daraus erzeugen. Somit können die von ihnen bearbeiteten Aufgaben nicht wissensintensiv sein.

---

[9] Andere Autoren fassen die *Information* als neuen Produktionsfaktor auf (vgl. z.B. Martiny u. Klotz 1990, S. 13-19 oder Schütte 1996, S. 133ff.). Inwieweit sich dabei die Information von dem hier untersuchten Wissen unterscheidet wird im Folgenden genauer untersucht.

Zur Unterstützung wissensintensiver Prozesse müssen Informationssysteme nicht planbare Informationsbedarfe unterstützen. Eine Möglichkeit besteht darin, dem Anwender die Wahl zu lassen, welche Funktionen er in welche Reihenfolge ausführt. So lassen PPS-Systeme die Reihenfolge offen, in der Funktionen auf Objekten ausgeführt werden. Lediglich durch Status wird verhindert, dass ggf. unzulässige Operationen ausgeführt werden. Mit derart flexiblen Prozess„modellen" lassen sich zwar wissensintensive Prozesse durchführen. Doch beim wissensintensiven Akt, die jeweils richtige Funktion aufzurufen, bieten sie dem Anwender keine Unterstützung.

Solange alle für die Bearbeitung von Funktionen erforderlichen Daten im System gespeichert sind und den Anforderungen des Systems genügen, erfordern die mit dem PPS-System abgewickelten Geschäftsprozesse relativ wenig Wissen. Die Abläufe lassen sich über Prozessmodelle formalisieren und in Workflowmodelle überführen, deren Ausführung deterministisch ist. Liegt ein ermittelter Produktionsbeginn in der Vergangenheit oder ist ein Material entgegen der gespeicherten Daten doch nicht auf Lager – weichen die Daten des Systems also von der Realität ab –, lassen sich die Prozesse nicht mehr leicht formalisieren und der Wissensbedarf zur Fertigstellung des Produktes steigt.

Außer, dass das PPS-System einen Nutzer darauf hinweist, dass eine Abweichung von der geplanten Situation aufgetreten ist, leistet es keinerlei Unterstützung bei dem Umgang mit dieser Situation. So muss der Anwender selbst entscheiden, welche Informationen er benötigt, und wo er diese findet. Gerade in den Situationen, in denen das Planungssystem keine zulässige Lösung mehr findet, reichen die Informationen und Algorithmen nicht aus. Der Anwender muss sich die fehlenden Informationen selbst beschaffen und/oder einen anderen (als den vom System versuchten) Lösungsweg beschreiten.[10]

In Ansätzen können WfMS dazu eingesetzt werden, diese Schwäche der Planungssysteme zu kompensieren, indem für Störereignisse entsprechende Kompensations-Workflows definiert werden (vgl. Abschn. 3.5). Durch eine geeignete Workflowmodellierung kann somit der Aufwand für die Informationsbeschaffung für den Einzelnen reduziert und ein geeignetes Lösungsverfahren umgesetzt werden. An die Grenzen stoßen diese Vorhaben aber, wenn z.B. Erfahrungen oder Wissen der Mitarbeitern den Verlauf der Problemlösung beeinflussen. Allein die Vielzahl der möglichen Störereignisse macht darüber hinaus eine vollständige Modellierung der entsprechenden Kompensations-Workflows unmöglich.

Die Konzepte der flexiblen Workflows und des Ad-hoc-Workflows erlauben, dass auch nicht ex ante definierte Kompensations-Workflows durch das WfMS unterstützt werden können (vgl. Abschn. 1.3). Da die Prozesse individuell gestaltet werden können, stellen diese Konzepte geeignete Instrumente zur Koordination der Arbeitsabläufe zur Verfügung. Für den wissensintensiven Akt der Prozessdefinition bieten sie dem Anwender jedoch keine Unterstützung.

---

[10] Auch wenn er die benötigten Informationen im PPS-System aufrufen kann, wird hier nicht von einer Unterstützung gesprochen, solange das System ihn nicht aktiv auf die verfügbare und relevante Information hinweist.

Aus der Erkenntnis, dass wissensintensive Prozesse bisher nur unzureichend durch Informationssysteme unterstützt werden, entwickelte sich die Forderung, Planer zukünftig bei Ihrer Arbeit durch systemgestützte Wissensbasen zu unterstützen (vgl. Augustin 1997, S. 54). Dieser Forderung wurde durch die Anreicherung von Anwendungssystemen um Funktionalitäten zur Wissensverwaltung begegnet.

3.6.2 Grundlagen des Wissensmanagements

Bevor Informationssysteme einen Anwender durch eine *Wissensbasis* bei der Lösung von Problemen unterstützen können, muss die Wissensbasis mit Inhalten gefüllt werden. Dabei ist zu klären, welche Eigenschaften diese Inhalte aufweisen müssen. Einen Ansatz zur Klassifikation der Inhalte hat Morris in den 40'er Jahren mit der von Ihm entwickelten *Semiotik* geliefert (vgl. Morris 1975). Sie unterteilt Inhalte dabei in:

- *Satz*: Eine Zeichenfolge entspricht einer Syntaktik.
- *Nachricht*: Zeichen, die für einen Empfänger eine Bedeutung haben (Semantik).
- *Information*: Eine Nachricht, die beim Empfänger eine Reaktion auslösen (Pragmatik).

Erweitert wurde dieses Modell um die *sigmatische* Betrachtung, die der Tatsache Rechnung trägt, dass die Semantik eine Trennung von Inhalt (Daten) und seiner Bedeutung unterstellt (vgl. Krcmar 2000, S. 21). *Daten* sind Sätze, denen eine Abbildungsfunktion zugeordnet ist; z.B. die Bedeutung der Schulnote „2". Sie sind zwischen Satz und Nachricht einzuordnen. Nachrichten sind somit Daten, die für einen Empfänger eine Bedeutung haben.

Da sich die folgenden Betrachtungen auf die in Informationssystemen gespeicherten Informationen beschränken, wird der Akt der Übermittlung von Daten (Nachricht) nicht weiter betrachtet. Im Folgenden beschränkt sich die Untersuchung daher auf Zeichen, Daten, Information und Wissen.

Dem Fakt, dass die Unterscheidung zwischen Daten und Information nur subjektiv vorgenommen werden kann, wird von vielen Autoren auch für Wissen entsprochen (vgl. z.B. Warschat et al. 1999, S. 55). So definieren Warschat, Ribas und Ohlhausen *Wissen* als „die Fähigkeiten und Kenntnisse, die ein Individuum zur Lösung von Problemen einsetzen kann." Neben dem Bezug auf Individuen enthält diese Definition noch das Problem als charakteristisches Merkmal, wodurch Informationen in einer Situation zu Wissen werden in einer anderen Situation aber „nur" Informationen bleiben. Die Autoren erweitern ihre Definition daher noch um: „[Das Wissen] stützt sich dabei auf Informationen, Daten und Zeichen und wird immer in einem spezifischen Kontext angewendet." Wissen wird nur im Kontext der Handlungen und Entscheidungen einer Person sichtbar (vgl. Diefenbruch u. Hoffmann 2001, S. 39). Menschen interpretieren Informationen und können dadurch *Wissen erwerben*, indem sie es erweitern, umstrukturieren oder verändern. (vgl. Föcker et al. 1999, S. 36, Heilmann 1999, S. 8, Nonaka u. Takeuchi 1997, S. 81).

Wissen wird vielfach nach der Darstellungsform in implizit und explizit bzw. nach dem Träger in individuell und kollektiv klassifiziert (vgl. Heilmann 1999, S. 8, Nonaka u. Takeuchi 1997, S. 68f.). *Kollektives Wissen* (auch organisationales Wissen) wird dadurch gebildet, dass mehrere Personen kleine Wissensbestandteile zu einem größeren Wissensblock zusammenfügen und gemeinsam nutzen. *Individuelles Wissen* wird hingegen von Einzelpersonen eingesetzt. Ist Wissen im Kopf einer Person vorhanden, spricht man von *implizitem Wissen*; ist es niedergeschrieben oder in einem System gespeichert ist es *explizit*. Die Abb. 3.6-1 zeigt sowohl für explizites Wissen (nach obiger Definition Informationen) als auch für implizites Wissen Beispiele für individuelles und kollektives Wissen.

	individuell	kollektiv
explizit	wiedergegebene bzw. ausgedruckte Informationen z. B. aus einem Informationssystem	Prozess-/ Workflowmodelle, Anwendungssysteme
implizit	"Wissen", Erfahrung	gelebte Prozesse, ungeschriebene Regeln (Unternehmenskultur)

Abb. 3.6-1. Beispiele für Wissen in unterschiedlichen Formen (vgl. Heilmann 1999, S. 8.)

Die Weitergabe von Wissen zwischen Personen beruht auf einem Zusammenspiel von *Externalisierung* von Wissen und der *Internalisierung* der aus dem Wissen entstandenen Informationen (vgl. Nonaka u. Takeuchi 1997, S. 75f.). Durch *Kombination* vorhandenen Wissens kann ebenfalls neues Wissen entstehen. Als *Sozialisation* wird bezeichnet, wenn implizites Wissen von einer oder mehreren Person(en) auf andere Personen übertragen wird, ohne dass dabei das Wissen expliziert wird (z.B. das Nachahmen von Verhaltensweisen).

Das *Wissensmanagement* zielt darauf ab, den wiederkehrenden Zyklus aus Externalisierung, Kombination und Internalisierung innerhalb der Unternehmens zu unterstützen. Innerhalb des Wissensmanagements werden dabei die sechs in Abb. 3.6-2 dargestellten Teilprozesse unterschieden (vgl. Probst et al. 1998, S. 51ff.).

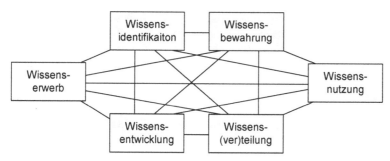

Abb. 3.6-2. Kernprozesse des Wissensmanagements (Probst et al. 1998, S. 51)

- *Wissensidentifikation*. Sowohl interne als auch externe Wissensquellen werden identifiziert, um Transparenz hierüber zu schaffen und den Mitarbeitern bei der Informationssuche zu unterstützen.
- *Wissenserwerb*: Unabhängig von der Herkunft des Wissens müssen die Quellen den Mitarbeitern zugänglich gemacht werden; z.B. durch Kooperationen mit Partnern oder die Einstellung von Experten.
- *Wissensentwicklung*: Es werden gezielt neue Fähigkeiten, Produkten oder Ideen entwickelt. Das Management muss die Organisation in diesen Bemühungen unterstützen.
- *Wissensverteilung*: Es müssen die Strukturen geschaffen werden, die eine Verteilung des im Unternehmens vorhandenen Wissens nach ökonomischen Gesichtspunkten unterstützen.
- *Wissensnutzung*: Die Wissensnutzung ist das Hauptziel des Wissensmanagements. Nur durch die Nutzung gewinnt Wissen Produktivität und somit Wert für das Unternehmen.
- *Wissensbewahrung*: Die gezielte Bewahrung von vorhandenem bzw. erworbenem Wissen sichert die Verfügbarkeit für die Zukunft. Es ist ein Gedächtnis zu schaffen, in dem das Wissen der Organisation aufbewahrt wird.

Beim Wissensmanagement können generell zwei Ansätze unterschieden werden, die sich im Freiheitsgrad des Einzelnen, auf die Informationsversorgung Einfluss zu nehmen, unterscheiden. Die *Personalisierung* strebt danach, die Informationsversorgung individuell zu gestalten (vgl. Diefenbruch u. Hoffmann 2001, S. 42). Das Informationsvolumen wird auf die für die jeweilige Person relevante Teilmenge reduziert. Dabei bestimmt der Benutzer, welche Informationen für ihn relevant sind. Das *geschäftsprozessorientierte Wissensmanagement* zielt auf die Bereitstellung von kontextspezifischen Informationen im Rahmen von Geschäftsprozessen ab. Prozessspezifische Informationen wie die bearbeiteten Geschäftsobjekte und deren Beziehungen werden ausgewertet. Die Kombination aus personalisiertem und geschäftsprozessorientiertem Wissensmanagement bezeichnen Diefenbruch und Hoffmann als *situationsgerechtes Wissensmanagement* (vgl. Diefenbruch u. Hoffmann 2001. S. 42). Es stellt benutzerindividuell die im aktuellen Kontext relevanten Informationen zur Verfügung.

Eine Wissensmanagementanwendung als sozio-technisches System wird technisch durch ein *Wissensmanagementsystem* (*WMS*) unterstützt. In der Literatur existiert jedoch keine einheitlich anerkannte Definition für ein solches System. So haben Maier und Lehner für *Organizational Memory Systems* (*OMS*) als das dem Wissensmanagement zugrunde liegende Konzept sechs Definitionen zusammengetragen, die WMS aus unterschiedlichen Perspektiven beschreiben (Maier u. Lehner 2000, S. 686-688). Im Rahmen dieses Abschnitts wird die vierte der von Maier und Lehner vorgeschlagenen Definitionen verwendet, da sie den hier untersuchten Bereich exakt beschreibt:

„OMS als Eigenschaften von Systemen: Ein Informationssystem ist ein OMS, wenn es das automatische Speichern von und Suchen nach einer Menge von Informationen und explizitem Wissen im Kontext eines Geschäftsprozesses unterstützt."

Dadurch dass Technologien zur Unterstützung von Wissensmanagement wie Dokumenten- und Content-Management-Systeme oder ERP-Systeme (vgl. Diefenbruch u. Hoffmann 2001, S. 40, Föcker et al. 1999, S. 37) ebenfalls in diese Definition passen, zeigt sich, dass diese Definition nicht eindeutig zwischen Wissensmanagementsystemen und anderen Informationssystemen differenziert. Die Unterscheidung, ob ein System als Wissensmanagementsystem angesehen werden kann, kann somit nur im Kontext des jeweiligen Einsatzes getroffen werden.

3.6.3 Anforderungen an eine systemseitige Unterstützung

Der nicht vorhersagbare Informationsbedarf im Rahmen von wissensintensiven Geschäftsprozessen erfordert, dass so viele Informationsquellen wie möglich in ein Wissensmanagementsystem integriert werden. Gleichzeitig muss diese Informationsmenge in einer konkreten Situation auf ein für den Anwender auswertbares Maß reduziert werden.

Vergleichbar zum Charakter eines *Enterprise Information Portal* (vgl. Shilakes u. Tylman 1998, S. 3) sollte ein Wissensmanagementsystem einen möglichst umfassenden Überblick über das relevante Umfeld bieten und möglichst viele Informationsquellen und Anwendungssysteme unter einer einheitlichen Oberfläche integrieren. Inhalte, die keinen Bezug zu einer bekannten Informationsquelle oder einem Anwendungssystem haben, sind ebenfalls in das WMS einzustellen. Best-Practices, Case-Studies oder Lösungsvorschläge sind für Hilfesuchende vielfach sinnvoller anzuwenden, als aus allen verfügbaren Informationen die richtige Handlung herzuleiten. Abhängig von den im Unternehmen eingesetzten Anwendungen sollte ein WMS zur Unterstützung wissensintensiver PPS-Prozesse z.B. ERP-System, Leitstand, Lagerverwaltung, BDV-System oder Links zu WWW-Seiten, auf denen die Lagerbestände von Lieferanten abgefragt werden können, integrieren.

Eine reine Sammlung von Verweisen auf Informationsquellen alleine ist nicht zielführend, da sie die einzelnen Inhalte nicht zueinander in Beziehung setzt. Vielmehr muss es das Ziel des Wissensmanagements sein, die Zugriffsstrukturen so zu gestalten, dass diese über die unterschiedlichen Quellen hinweg vereinheitlicht und auf einander abgeglichen werden und so ein einheitlicher Bezugsrahmen für die Informationen aus unterschiedlichen Quellen geschaffen wird. Dies kann durch den Aufbau einer unternehmensweiten *Ontologie* gewährleistet werden. Sie stellt ein verpflichtendes Vokabular für alle am WMS Beteiligten zur Verfügung, auf dessen Grundlage die Funktionen wie Suchen, Speichern und Präsentation der Inhalte basieren (vgl. O'Leary 1998, S. 58). Elemente der Ontologie, die in den Anwendungssystemen durch deren Daten repräsentiert werden, können analog zu den Beziehungen zwischen den Daten im Anwendungssystem zueinander in Beziehung gesetzt werden und so dem Anwender die Navigation in den Daten erleichtern.

Der Kontext eines Prozesses bietet vielfältige Möglichkeiten, einen Bezug zur Ontologie des WMS herzustellen. Neben dem Prozessmodell werden im Prozessverlauf Kontextinformationen in den Prozessvariablen der Workflowinstanz oder die Bearbeiter von Aktivitäten protokolliert. Diese Informationen können z.b. für ein fallbasiertes Schließen hilfreich sein. Anhand der protokollierten fallspezifischen Informationen lassen sich vergleichbare Workflows aus der Vergangenheit ermitteln und stellen für den Anwender eine weitere Informationsquelle dar (vgl. Föcker et al. 1999, S. 40).

Die Forderung nach einer geschäftsprozessorientierten Unterstützung setzt voraus, dass das WMS kontextsensitiv – im Kontext des jeweiligen Prozesses – aufrufbar ist. Der Teilprozess der Wissensverteilung sollte sowohl durch den Anwender als auch durch das WMS kontextsensitiv aufrufbar sein. Beim *Pull-Prinzip* – Wissen ist Holschuld – obliegt es den Mitarbeitern, sich selbst mit dem erforderlichen Informationen zu versorgen (vgl. Heilmann 1999, S. 16). Basierend auf der Wissensbasis suchen sie gezielt nach für den aktuellen Kontext relevanten Informationen. Die Umsetzung eines *Push-Prinzips* entlässt den Anwender aus der alleinigen Pflicht, sich selbst um die Informationsversorgung zu kümmern, indem ihm das WMS automatisch bei der Bearbeitung auf möglicherweise im Kontext relevante Informationen hinweist. Durch Push-Mechanismen werden Strategien umgesetzt, in denen Wissen als Bringpflicht angesehen werden.

Da Wissen in Prozessen genutzt wird und dort entsteht, „liegt es nahe, Wissensmanagement in Prozesse einzubetten" (Heilmann 1999, S. 15). In wie weit die Unterstützung von Geschäftsprozessen die Durchführung der Teilprozesse des Wissensmanagements erforderlich macht, soll für den Einzelnen jedoch transparent sein und keinen Mehraufwand bedeuten. Daraus ergibt sich insbesondere, dass neue Informationen möglichst automatisch in die Wissensbasis aufgenommen und über die Ontologie verfügbar gemacht werden. Werden die Inhalte der Wissensbasis automatisch von den Systemen, die diese bereitstellen, aktualisiert und erweitert, ist sichergestellt, dass die Wissensbasis einen Grundstock an aktuellen Informationen bereitstellt. Um Informationen verwalten zu können, die über den Bestand er Anwendungssysteme hinaus gehen (z.B. beispielhafte Problemlösungen), muss der Anwender kontextsensitiv Inhalte beliebiger Art einstellen können.

3.6.4 Wissensmanagement in PPS-, WfM und integrierten Systemen

Wie einleitend festgestellt wurde, gibt es keine Definition von Wissensmanagementsystemen, die Wissensmanagementsysteme eindeutig von „normalen" Informationssystemen abgrenzt. Folglich lassen sich in Informationssystemen regelmäßig Eigenschaften finden, die für Wissensmanagementsysteme gefordert werden. In den beiden folgenden Abschnitten werden PPS- und Workflowmanagementsysteme insbesondere darauf untersucht, inwieweit sie die Verknüpfung von Informationen unterstützen und inwieweit dabei systemfremde Inhalte Berücksichtigung finden. Daran schließt sich eine Wertung der in Abschn. 3.1 vorgestellten Planungsstruktur an. In der abschließenden Fallstudie wird am Beispiel von PSIPENTA gezeigt, wie die Wissensmanagementelemente der PPS in aktuellen PPS-Systemen unterstützt werden bzw. unterstützt werden können. Darüber hinaus werden die Vorteile einer in ein PPS-System integrierten WfM-Komponente dargestellt, indem auf die Erweiterungen eingegangen wird, die durch das PROWORK-Projekt Einzug in das PSIPENTA-System gehalten haben.

3.6.4.1 Wissensmanagement in PPS-Systemen

PPS-Systeme enthalten eine Vielzahl von Informationen auf unterschiedlichen Ebenen. So stellen die umgesetzten Algorithmen Informationen über die Domäne der Produktionsplanung und -steuerung dar, wohingegen die im System gespeicherten Daten Informationen aus dem Umfeld des Unternehmens sind. Für den Anwender stellen sich die implementierten Lösungsverfahren als eine Blackbox dar, die bestimmte Funktionen zur Verfügung stellen. Informationen über die Funktionsweise erhält der Anwender – wenn überhaupt – nur durch die Systemdokumentation. Der Aufbau der Systemdokumentation ist in der Regel kontextsensitiv gestaltet, so dass der Anwender immer den Hilfetext angezeigt bekommt, der zu seinem momentanen Arbeitsumfeld gehört. Die kontextsensitive Hilfe eignet sich somit gut, Anwender bei der Bedienung einer Funktion zu unterstützen. Die Voraussetzung, dass der Anwender die als nächstes auszuführende Funktion bestimmen kann, ist für wissensintensive Geschäftsprozesse jedoch nicht zwangsläufig erfüllt.

ERP-Anbieter versuchen dieses Manko durch Erweiterung der Dokumentation um Fallstudien oder beispielhafte Prozesse zu beheben. Diese zeigen auf, wie das System zur Lösung von komplexeren Aufgaben genutzt werden kann und welche Funktionen dabei in welcher Reihenfolge zum Einsatz kommen. Diese Prozessorientierung kann jedoch über die Behandlung von Standardprozessen nicht hinaus gehen. Darüber hinaus zeichnen sich die vorgestellten Prozesse durch einen festen Ablauf und somit definierten Informationsbedarfen und ebenso definierten erzeugten Informationen aus. Für wissensintensive Prozesse bieten sie keine Hilfe.

Die in PPS-Systemen umgesetzten Algorithmen greifen auf die gespeicherten Daten zurück und werten Beziehungen zwischen diesen aus. Die Abhängigkeiten zwischen Daten stellen gerade in wissensintensiven Prozessen relevante Informationen dar. So ist bei der Verschiebung von Aufträgen an einer Maschine interessant, inwieweit andere Aufträge hiervon betroffen sind. Der Planer wird von einem PPS-System gut unterstützt, wenn er in dieser Situation von verspäteten Fertigungsauftrag zur Maschine und von dort zu den Fertigungsaufträgen wechseln kann, die von einer Umplanung betroffen wären. Durch Übergänge zwischen Daten (ggf. verbunden mit einem Wechsel der Anwendungsfunktion) entlang der von den Algorithmen genutzten Beziehungen werden Anwender in wissensintensiven Situationen unterstützt.

Die von einer Bearbeitung betroffenen Dateninstanzen können in der Regel über Suchmasken ausgewählt werden. Da in vielen Produktionsunternehmen eine Aufgabenteilung entlang der Aufgabenbereiche ungesetzt ist, rufen Anwender immer wieder die gleichen Funktionen auf. Um dabei eine Mehrfacheingabe von gleichen Werten zu vermeiden, können die PPS-Systeme für bestimmte Selektionsmerkmale Werte vorgeben. Werden dabei automatisch die zuletzt verwendeten Werte eingetragen, wird dem Anwender das Arbeiten in einem über längere Zeit gleichen Kontext erleichtert. Erfolgt die Vorbelegung aufgrund von benutzerindividuellen Einstellungen, unterstützt das System den Anwender bei einer personalisierten Informationsversorgung. Vielfach kann der dargestellte Funktionsumfang eines Systems angepasst werden, indem Teile das Menüs ausgeblendet und der verbleibende Teil neu angeordnet werden kann. Neben der individuellen Menügestaltung können auch aufgabenbereichsspezifische Menüs bereitgestellt werden.

Für das Wissensmanagement eignen sich PPS-Systeme insbesondere dadurch, dass sie mit ihren Daten einen großen Teil der relevanten Informationen abdecken. Durch die Bereitstellung der Beziehungen zwischen den Informationen für den Benutzer kann dieser leichter die Folgen seiner Entscheidungen in wissensintensiven Prozessen abschätzen. Die Personalisierung beschränkt sich auf die Informationsdarstellung und -auswahl. In beiden Aspekten bleibt eine Unterstützung der Informationsversorgung in wissensintensiven Geschäftsprozessen eher schwach.

3.6.4.2 Wissensmanagement in WfMS

Die Wissensmanagementfunktionen in WfMS lassen sich am einfachsten beschreiben, indem die von einem WfMS verwalteten Daten in Stamm- und Bewegungsdaten unterteilt werden. Zu den Stammdaten eines WfMS zählen insbesondere die Workflowmodelle (vgl. Abschn. 1.3.2). Deren Entwicklung ist in der Regel ein aufwändiger Vorgang, in den das Wissen vieler Fachvertreter einfließt. Ein Workflowmodell expliziert somit das gesammelte Wissen mehrerer Personen eines Unternehmens. Es zeigt, welche Funktionen in welcher Reihenfolge zu bearbeiten sind. Zu den Funktionen ist angegeben, von welcher Rolle diese auszuführen sind, wodurch die Aufgaben und Kompetenzverteilung innerhalb des Unternehmens abgebildet wird. Schließlich zeigt das Workflowmodell noch den Datenfluss zwischen den einzelnen Aktivitäten und kann somit als Informationsquelle für den Fall dienen, dass Informationen nicht verfügbar sind.

Auf Seiten der Bewegungsdaten bieten WfMS insbesondere die Audit-Trail-Daten das Potenzial, im Sinne des Wissensmanagements eingesetzt zu werden. Durch Monitoring-Werkzeuge sind die Anwender in der Lage, den bisherigen Verlauf einer Workflowinstanz nachzuvollziehen (vgl. Abschn. 2.6). Die Information, wer eine vorgelagerte Funktion bearbeitet hat, kann in Analogie zu „Gelben Seiten" als die Kompetenz aufgefasst werden, instanzspezifische Fragen beantworten zu können.

Durch die Auswertung von Audit-Trail-Daten mehrerer Workflowinstanzen lassen sich die Workflows ermitteln, die als „Best-Practice" angesehen werden können. Der Best-Practice kann Hinweise darauf geben, in welcher Konstellation (z.b. bei welchen Zuordnungen von Aktivitäten zu Bearbeitern) die kürzesten Durchlaufzeiten erzielt werden. Diese können bei der Überarbeitung der Workflowmodelle in eine Neugestaltung der Rollenzuordnung einfließen. Ebenso können die Protokolldaten dabei helfen, Engpässe bei der Bearbeitung einzelner Funktionen (hohe Liegezeiten) oder mangelnde Qualifikation oder Ausbildung der Mitarbeiter, die sich in hohen Bearbeitungszeiten äußern.

Über die protokollierten Anwendungsdaten (in den Prozessvariablen) können WfMS Methoden des fallbasierten Schließens einsetzen. Dabei werden anhand der bisher innerhalb einer Workflowinstanz festgelegten Werte der Prozessvariablen vergleichbare Instanzen aus der Vergangenheit ermittelt. Hieraus lassen sich beispielsweise die noch zu erwartende Durchlaufzeit oder die Prozesskosten für den Gesamtprozess prognostizieren.

Da sich Workflowmanagementsysteme auf Modelle stützen, ist ihr Beitrag zur Unterstützung wissensintensiver Geschäftsprozesse eher gering einzustufen. Die statischen Modelle widersprechen der Natur wissensintensiver Prozesse.

Wie die Schnittstellen-Spezifikation der WfMC (vgl. Abschn. 1.3.4) zeigt, ist es das Ziel des Workflowmanagements, die Steuerungslogik von der Anwendungslogik zu trennen. Diese Trennung führt jedoch dazu, dass die Beziehung zwischen den in Prozessen verwendeten Anwendungsdaten nicht abgebildet werden kann.

Bei der Visualisierung der einem Anwender zugeordneten Workitems setzen Workflowmanagementsysteme Push-Mechanismen ein, durch die Benutzer individuell informiert werden. Darüber hinausgehende Informationen müssen explizit erfragt werden. Im Kernbereich des Workflowmanagements bietet sich kaum Potenzial für Ansätze zur Personalisierung, da Rollenauflösung gemäß der Workflowmodelle zu erfolgen hat und somit keinen Platz für individuelle Einstellungen bietet.

3.6.4.3 Wissensmanagement in Workflow-integrierten PPS-Systemen

Die im Abschn. 3.1.3 vorgestellte Planungsstruktur erhebt nicht den Anspruch, das Datenmodell eines PPS-Systems vollständig zu ersetzen. Vielmehr zielt es darauf ab, die PPS aus einer anderen Sicht – nämlich der Sicht auf die Planungsaufgaben – zu erschließen und so das PPS-Datenmodell anzureichern. Da wissensintensive Aufgaben in der PPS häufig dadurch entstehen, dass Planungsfunktionen zu keinem gültigen Ergebnis kommen oder die Planungen aufgrund von externen Ereignissen nicht eingehalten werden können, sind in deren Kontext regelmäßig Planungsaufgaben auszuführen. Über die von den Störungen betroffenen Objekte sind zum einen die bereits ausgeführten Planungsaufgaben und deren Ergebnisse verzeichnet. Zum anderen können Informationen über mögliche neue Planungsaufgaben abgeleitet werden. Für wissensintensive Prozesse ist die Zuordnung der Planungsstruktur zu den Elementen des Workflowmanagements von Interesse, da hierin zum einen instanzspezifische Informationen enthalten sind (Wer hat welches Planungsergebnis erzeugt?) und zum anderen Informationen über generelle Planungsprozesse, Aufgabenverteilungen und Kompetenzen durch die Workflowmodelle abgebildet sind.

Durch die Integration der Workflow-Komponente in das PPS-System erhält der Anwender aus einem Workflow heraus direkten Zugriff auf die Daten, die einer Workflowinstanz über die Prozessvariablen zugeordnet sind, und die Bearbeitungsfunktionen. Der Vorteil ist darin zu sehen, dass hierdurch das Beseitigen von Fehlern in Datenbeständen oder das Ausführen von korrigierenden PPS-Funktionen erleichtert wird. Da das integrierte System die Konsistenz der ausgeführten Workflows und Objekten sichert, wird dem Anwender zum Beispiel die Aufgabe abgenommen, Fertigungsaufträge anzulegen, wenn während eines wissensintensiven Prozesses Bedarfe entstehen. Hierdurch wird er von Routineaufgaben innerhalb des Prozesses entlastet und kann sich auf die wissensintensiven Aufgaben konzentrieren. Abhängigkeiten zwischen Workflowinstanzen, die dadurch gegeben sind, dass das PPS-System ein Splitting oder eine Losbildung vornimmt, sind in normalen WfMS nicht korrekt abzubilden. Durch die in Abschn. 3.1.3 vorgestellte Integration werden dem Anwender diese Informationen jedoch zugänglich gemacht.

Mit der Ereignisverwaltung steht dem Unternehmen ein Werkzeug zur Verfügung, um auf zuvor definierte Ausnahmesituationen reagieren zu können. Dabei ist es nicht zwangsläufig erforderlich, dass für die betroffenen Ereignisse vollständige Workflows definiert werden. Vielmehr wird die Information über das Ereignis an einen verantwortlichen Mitarbeiter weitergeleitet. Da das Ereignis das auslösende Objekt (mit ggf. Before- und After-Image) mit sich führt, liegen dem Anwender alle relevanten Kontext-Informationen über das Ereignis vor.

3.6.4.4 Fallstudie PSIPENTA

Das PPS-System PSIPENTA setzt einige Verfahren ein, die für die Unterstützung wissensintensiver Prozesse in der PPS gefordert wurden. Dem Anwender werden fachliche Beziehungen zwischen den Daten durch das Instrument der *Referenzübergänge* zugänglich gemacht. Sie stellen die Zusammenhänge und Abhängigkeiten zwischen Business-Objekt-Instanzen dar und abstrahieren davon, wie diese im System umgesetzt sind.

Ein Business-Objekt kann mehrere Referenzübergänge besitzen. Je nach Bedeutung der Beziehung, in der die Instanzen zueinander stehen, führen Referenzübergänge dabei zu Instanzen bzw. Instanzmengen der assoziierten Business-Objekt-Klassen. Interpretiert im Sinne der Entity-Relationship-Modelle (vgl. Chen 1976) entsprechen sie den Relationship-Typen bzw. den Kanten zwischen Entity-Typ und Relationship-Typ.

Referenzübergänge können auch ausgehend von einer Menge von Business-Objekt-Instanzen durchgeführt werden. Dabei werden die betroffenen Instanzen ausgewählt und der gewünschte Referenzübergang durchgeführt. Das Ergebnis ist eine Menge von Instanzen, die zu mindestens einer der ursprünglichen Instanzen in der entsprechenden Beziehung stehen.

Die Informationen über die Referenzübergänge werden im sog. Business-Objekt Modell mittels XML gespeichert und können auch zur Laufzeit beliebig erweitert und modifiziert werden, ohne dass dafür der Programmcode geändert werden muss. Da diese Änderungen auf unterschiedlichen Hierarchien abgelegt werden können (System, Rolle oder Anwender), erhält der Anwender dadurch personalisierte Informationen.

Die Integration von Informationen außerhalb des PPS-Systems unterstützt PSIPENTA durch einen einfachen Dokumentenverwaltungsansatz. Jeder Business-Objekt-Instanz können beliebig viele sog. Dokumente unterschiedlichen Typs zugeordnet werden:

- Textbaustein: Es handelt sich dabei um reinen (unformatierten) Text, der direkt in der Datenbank abgelegt wird.
- Datei: Es wird der absolute Pfad zu einer mit der Business-Objekt-Instanz in Beziehung stehenden Datei gespeichert. Die Anzeige erfolgt mit den für den Dateityp (.doc, .xls, .pdf etc) definierten Standardprogramm.
- URL: Der hinterlegte Link wird mit dem WWW-Browser angezeigt. Das Dokument kann auch außerhalb des Unternehmens gehostet sein.
- Fremdsystem: Der Verweis auf den Schlüssel innerhalb eines Fremdsystems kann genutzt werden, um Beziehungswissen, das nicht durch das System verwaltet wird, zu hinerlegen.

Informationen zum Anwendungssystem verwaltet PSIPENTA in einer auf XML/HTML basierenden Struktur und werden innerhalb des Knowledge Servers präsentiert. Diese Informationen können dabei um unternehmensspezifische Anmerkungen erweitert werden. Dazu werden die spezifischen Informationen in einer zur Standard-Hilfe analogen Struktur gespeichert und von PSIPENTA automatisch zur Laufzeit in die Hilfe eingeblendet. Somit lassen sich Ausfüllanleitungen oder Verfahrensanweisungen in das System integrieren.

PSIPENTA hat als Projektpartner im PROWORK-Projekt sein PPS-System um eine Workflowmanagement-Komponente erweitert. Da alle hierfür benötigten Elemente wieder als Business-Objekt umgesetzt wurden, gelten die oben gemachten Aussagen auch für die Workflowmanagement-Komponente. Die Referenzübergänge können z.B. genutzt werden, um von einer Workflowinstanz zum zugehörigen Modell zu gelangen oder alle Instanzen eines Workflowmodells ermitteln zu lassen. Prozessbegleitende Dokumente wie das Auftragsfax vom Kunden oder die Kundenzeichnung des zu erstellenden Produktes können der Workflowinstanz als Dokumente ebenso zugewiesen werden wie das Modell eines Geschäftsprozesses dem Workflowmodell oder eine Verfahrensanweisung einer Aktivität.

Personalisierung kann in PSIPENTA über individuelle Voreinstellungen für Filtermasken umgesetzt werden. Um wiederkehrende Eingaben in Fenstern zu vermeiden, können Anwender die Werte eines ausgefüllten Fensters auf eine sog. Fensterablage legen. Bei Bedarf wählt der Anwender die gewünschte Fensterablage aus. Die darin gespeicherten Informationen werden übernommen und es müssen nur noch die fehlenden Daten eingetragen bzw. die voreingestellten Werte angepasst werden. Durch die Integration der Workflowmanagement-Komponente in PSIPENTA steht die sog. Organisationsmodellierung als weiteres Konstrukt zur Personalisierung zur Verfügung. Alle Fensterablagen können damit system-, rollen- oder anwenderspezifisch erstellt und herangezogen werden.

Die PPS-spezifischen Verknüpfungen (Referenzübergänge) werden durch Workflowmodelle und Workflowinstanzen um prozessspezifische Beziehungen erweitert. Sofern externe Systeme in den Abläufen integriert sind, lassen sich die Beziehungen zwischen internen und externen Komponenten über die Verflechtungen in den Workflows leichter ermitteln.

3.6.5 Geschäftsprozessorientierte Wissensmanagement-Konzepte

Eine informationstechnische Infrastruktur, die im Sinne eines Enterprise-Information-Portals als Wissensbasis für wissensintensive Geschäftsprozesse in der PPS dienen soll, muss sowohl die Inhalteintegration aus PPS- und WfM-System gewährleisten als auch geeignete Funktionen zu Bereitstellung der Inhalte zur Verfügung stellen. Ausgehend von einem Vorschlag zur Strukturierung prozessorientierten Wissens in der PPS (Abschn. 3.6.5.1) wird in Abschn. 3.6.5.2 eine Metadatenstruktur hergeleitet, mit der die gestellten Anforderungen an ein Wissensmanagementsystem umgesetzt werden können. Abschn. 3.6.5.3 stellt Shortcuts als Möglichkeit vor, eine Folge von Referenzübergängen für den Anwender abzukürzen und so zielgerichteter an Informationen zu gelangen. Nach einer Analyse, inwieweit das entwickelte Modell auf eine Personalisierung anwendbar ist (Abschn. 3.6.5.4), schließt der Abschnitt mit der Präsentation einer möglichen Systemarchitektur. Beispielhaft wird gezeigt, wie die Metadatenstruktur zur Abbildung der benötigten Informationen eingesetzt werden kann (Abschn. 3.6.5.5).

3.6.5.1 Metaattribute zur Strukturierung der Inhaltsbasis

Damit eine umfangreiche Wissensbasis als hilfreiche Quelle bei der Suche nach Informationen dienen kann, müssen die Inhalte strukturiert werden. In Wissensmanagementsystemen dienen Ontologien als Strukturierungsgrundlage (vgl. O'Leary 1998, S. 58). Da Ontologien jedoch nicht allgemeingültig sondern immer nur unternehmens- und zweckgebunden definiert werden können, wird im Folgenden ein Vorschlag gemacht, wie die in WfMS und PPS-Systemen verfügbaren Klassifikationsmöglichkeiten zu einem einheitlichen Merkmalsschema zusammengeführt werden können (vgl. im Folgenden Becker et al. 2002, S. 26, 25). Die Ontologie ist in sechs Dimensionen aufgeteilt. Innerhalb der Dimensionen können

Elemente hierarchisiert bzw. aggregiert werden, wie aus Data-Warehouse-Systemen bekannt ist (vgl. z.B. Jahnke et al. 1996, Holten 1999, S. 49ff.).

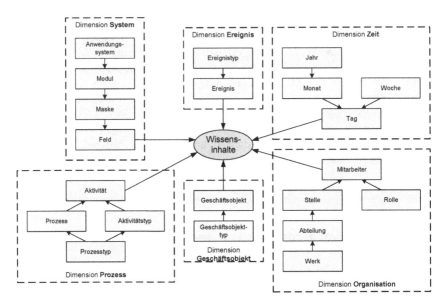

Abb. 3.6-3. Merkmale zur Strukturierung der Wissensbasis
(Quelle: Becker et al. 2002, S. 23)

- Die Online-Hilfe stellt Informationen für Elemente der Dimension Anwendungssystem dar. Sie kann durch unternehmsspezifische Dokumentationen wie Regeln zu Verwendung von Auftragsarten erweitert werden.
- Sollen Informationen zu Problemsituationen wie dem Ausfall einer Maschine verwaltet werden, bietet sich die Dimension *Ereignis* an. Ebenso lassen sich hiermit Informationen zu außergewöhnlichen Geschäftsvorfällen wie der Übernahme von Fremdfirmen referenzieren.
- Zur Abbildung von Gültigkeitszeiträumen für Informationen bietet sich die *Zeit* als Dimension an. Informationen zu saisonbedingten Preis- oder Durchlaufzeitschwankungen lassen sich entsprechend klassifizieren.
- In einem Workflow-unterstützten PPS-System sind Prozesse ein geeignetes Klassifikationsmerkmal für Inhalte. Hilfestellung für den Anwender können sich dabei auf unterschiedliche Ebenen der Hierarchie *Prozess* beziehen. Auf der Ebene des Workflowmodells sind z.B. Prozessdokumentation und grafische Darstellung des Modells mögliche relevante Inhalte. Für Workflowinstanzen sind prozessbegleitende Dokumente wie Kundenzeichnungen oder Auftragsfaxe von Bedeutung. Für Aktivitäten in einem Workflowmodell können Verfahrensanweisungen und Ausfüllanleitungen hinterlegt werden. Auf der Ebene der Aktivtätsinstanz (Workitem) können protokollierte Laufzeitdaten referenziert werden.

- Inhalte der Wissensbasis können sich auf Geschäftsobjekte wie z.B. Artikel, Lieferanten oder Bestellpositionen beziehen. Zugeordnetes Wissen kann dabei sowohl unstrukturiert (Anleitung, Broschüre oder Produktzeichnung) als auch strukturiert sein (Konfigurationsregel, Preisliste) sein. Des weiteren kann auch der Geschäftsobjekttyp als Klassifikationsmerkmal von Inhalten relevant sein. Werden auch Gruppen von Geschäftsobjekten als Merkmal zugelassen, ist die Hierarchie um entsprechende Ebenen zu erweitern. In einem WMS würde für jede Art von Geschäftsobjekt eine eigene Dimension angelegt werden. Insofern fasst die Dimension Geschäftsobjekt ähnliche Hierarchien unabhängiger Geschäftsobjekttypen zusammen.
- Inhalte der Wissensbasis können in der Gültigkeit auf Elemente der Dimension Organisation (Abteilung, Stellen, Rollen) beschränkt sein. So sind Konstruktionsregeln zwar für Techniker jedoch weniger für Mitarbeiter im Vertrieb oder der Geschäftsführung von Interesse.

3.6.5.2 Konzept eines Metadatenmodells

Die dargestellten Dimensionen geben einen Eindruck von den möglichen Ansatzpunkten zur Strukturierung der Wissensbasis. Wie schon die Ausführungen zur Dimension Geschäftsobjekt zeigen, kann diese vorgeschlagene Strukturierung der Ontologie nicht als vollständig angesehen werden. Unter der Berücksichtigung der Forderung, dass das Wissensmanagementsystem neben dem PPS- und WfM-System ggf. weitere Anwendungssysteme unterstützen soll, muss das dem WMS zugrundeliegende Konzept entsprechend offen gestaltet werden.

Der hier verfolgte Ansatz besteht darin, eine Metadatenstruktur zu nutzten, in der sowohl die Wissensbasis selbst als auch die Ontologie abgebildet werden können (Zur Verwendung von Metadaten zur Klassifikation von Inhalten vgl. Rieger et al. 2000 und Becker et al. 2001.). Vergleichbar mit dem aus Contentmanagementsystemen bekannten Vorgehen werden Inhalte mit Hilfe von (frei definierbaren) Metaattributen beschrieben (vgl. Büchner et al. 2001, S. 111, 118). Die Anzahl und Struktur der Metaattribute kann dabei zur Laufzeit verändert werden. Somit lassen sich neue Dimensionen (z.B. durch neue Anwendungssysteme) leicht integrieren.

Ausgehend von einem Metadatenmodell der PPS werden die dort definierten Strukturen schrittweise verallgemeinert, um auch Metadaten anderer Anwendungssysteme integrieren zu können. Grundlage dabei ist die Konzentration auf die Beschreibung der Datenstrukturen der Anwendungssystem innerhalb des Metamodells.

Metadatenmodell für PPS-Systeme

Der Entity-Typ *Business–Objekt* umfasst alle Daten des PPS-Systems auf Instanzebene. Der Begriff wird gewählt, um zum Ausdruck zu bringen, dass es sich dabei um Repräsentationen von aus betriebswirtschaftlicher Sicht relevanten Objekten handelt. Zur Strukturierung wird jedem Business-Objekt eine eindeutige *Klasse* zugeordnet. Dabei repräsentiert die Klasse eine Menge von Objekten, die ähnliche Eigenschaften aufweisen (z.B. Kunde, Maschine, Fertigungsauftrag etc.). Relevante Informationen zu einer Klasse sind unter anderem die Tabellen, in denen die Daten zu den Business-Objekten im PPS-System gespeichert werden, und wie auf diese zu gegriffen werden kann (z.b. über welche Schnittstellen).

Abb. 3.6-4. Metadatenmodell für ein PPS-System

Die datentechnischen Abhängigkeiten zwischen den Klassen, insbesondere Fremdschlüsselbeziehungen, werden über den *Referenzübergang* abgebildet. Da es zwischen zwei Klassen mehr als eine Beziehung geben kann – so z.b. kann zwischen dem Entity-Typen Artikel eines PPS-Systems zum einen eine Beziehung in Form einer Stückliste und zum anderen eine Beziehung zur Abbildung eines Alternativmaterials bestehen –, reicht es nicht aus, den Referenzübergang als Relationship-Typen abzubilden.[11] Stattdessen wird hierfür ein eigener Entity-Typ modelliert, der über zwei Relationship-Typen mit jeweils der Kardinalität (1,1) mit dem Entity-Typen Klassen in Beziehung steht. Die Informationen sind so zu speichern, dass daraus zur Laufzeit automatisch Anfragen erzeugt werden können, die der Auflösung von Fremdschlüsselbeziehungen entsprechen.[12] Die Referenzübergänge selbst enthalten keine Informationen über logische Beziehungen (Beziehungen die nur durch die Anwendungslogik hergestellt werden) oder Abhängigkeiten, die über Fremdschlüsselbeziehungen hinausgehen.

Ziel der Struktur Referenzübergang ist es, in Verbindung mit den Informationen des Entity-Typen Klasse die Beziehungen zwischen den Business-Objekten, also den Instanzen der jeweiligen Klassen, automatisch herleiten zu können. Dieses soll durch die gestrichelte Darstellung des Relationship-Typen *abgeleiteter Referenzübergang* zum Ausdruck gebracht werden (Zur Erweiterung der ER-Modellierung vgl. Rauh 1992, S. 297ff.). Durch die eingehende Kante aus dem Referenzübergang wird ausgedrückt, dass jede Beziehung zwischen zwei Business-Objekten mit einer eindeutigen Semantik belegt ist.

Generalisierung des Metadatenmodells

Die Einteilung der Informationen des PPS-Systems in Klassen und Business-Objekte kann auch auf andere Anwendungssysteme übertragen werden. Um der Forderung nach einer transparenten Integration unterschiedlicher Anwendungssys-

---

[11] Ein Relationship-Typ ist definiert als eine Teilmenge des karthesischen Produkts der eingehenden Mengen (Entitytypen). Somit kann eine Beziehung (Relationship) zwischen Entitäten bestehen oder nicht bestehen. Die Abbildung von mehrfachen Beziehungen zwischen Entitäten ist nicht möglich.

[12] Dieses Vorgehen entspricht dem in der Fallstudie PSIPENTA vorgestellten Ansatz, Informationen über Referenzübergänge in eine XML-Datei auszulagern.

teme in eine Wissensbasis nachzukommen, generalisieren Entity-Typen *Merk-malsart* und *Merkmalsausprägung* die Entity-Typen Klasse und Business-Objekt (Abb. 3.6-5). Mit der Einführung der Generalisierung müssen Klasse und Business-Objekt nicht mehr als PPS-spezifisch angesehen werden. Vielmehr kann die Interpretation auf beliebige Anwendungssysteme, in denen (komplexe) Datenstrukturen genutzt werden, übertragen werden. Die Generalisierungen sind partiell, um auch Merkmalsausprägungen bzw. Merkmalsarten für die Klassifikation zuzulassen, die nicht aus integrierten Anwendungssystemen stammen.

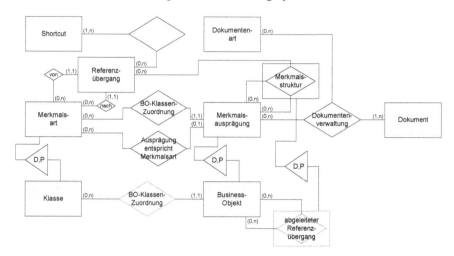

Abb. 3.6-5. Metadatenmodell zur allg. Verwaltung von Anwendungssystemdaten

Der Referenzübergang als Abbildung von Beziehungswissen zwischen Klassen bzw. Merkmalsarten ist nicht PPS-spezifisch. Daher bildet er im generalisierten Metamodell eine Struktur über die Merkmalsart. Die Referenzübergänge zwischen den PPS-Klassen sind dadurch abgebildet, dass Klassen Spezialisierungen der Merkmalsarten sind.

Die *Merkmalsstruktur* zeigt die Beziehungen der Merkmalsausprägungen entlang der Referenzübergänge auf. Sie ist daher eine Generalisierung des abgeleiteten Referenzübergangs, der diese Beziehungen anwendungssystemspezifisch darstellt. Um in der Merkmalsstruktur auch Beziehungen zwischen Merkmalsausprägungen abbilden zu können, die sich nicht direkt aus den Referenzübergängen innerhalb der jeweiligen Systeme (z.B. der Verweis einer besonders effizienten Workflowinstanz zum dazugehörigen Workflowmodell) oder der Anwendung der Referenzübergänge auf Business-Objekte unterschiedlicher Systeme ergeben (z.B. der Verweis von einem Artikel auf eine kundenspezifische Konfigurationsregel im automatischen Konfigurationssystem), ist die Merkmalsstruktur nicht abgeleitet. Die abgeleiteten Informationen aus den Referenzübergängen innerhalb eines Anwendungssystems bleiben von der expliziten Speicherung jedoch unberührt.

Die Prozessvariable als Bestandteil von Workflow*modellen* stellt einen Sonderfall im Geflecht der Beziehungen zwischen Merkmalsarten bzw. Merkmalsausprägungen dar. Innerhalb eines Workflowmodells ist eine Prozessvariable eine Merkmals*ausprägung* der Merkmals*art* Prozessvariable. Gleichzeitig ist sie jedoch typisiert. Das bedeutet, dass die Merkmalsausprägung eine Beziehung zu genau einer Merkmalsart wie z.B. Kunde oder Lieferant herstellt. Somit muss das Metamodell um die Beziehung *entspricht Merkmalsart* erweitert werden.

Integration einer Dokumentensammlung

Neben strukturierten Informationen aus den Anwendungssystemen unterstützt das Metadatenmodell die Verwaltung unstrukturierter Informationen durch *Dokumente*. Diese zeichnen sich dadurch aus, dass die in ihnen enthaltenen Informationen von Anwendungssystemen nicht weiter verarbeitet, sondern als Ganzes dargestellt werden.

Merkmalsausprägungen klassifizieren die Dokumente, indem Dokumenten über den Relationship-Typen *Dokumentenverwaltung* eine beliebige Anzahl von Merkmalsausprägungen zugeordnet werden. Dieses kann mit der aus Contentmanagementsystemen bekannten Attributierung von Inhalten verglichen werden. CMS führen darüber hinaus eine Strukturierung der Attribute ein bzw. legen die Bedeutung der Attribute vergleichbar mit der sprechenden Benennung von Variablen in der Programmierung (vgl. z.B. Rothfuss u. Ried 2001, S. 77f., Nakano 2002, S. 188, Büchner et al. 2000, S. 104), wodurch die Bedeutung eines Attributs genauer spezifiziert wird. So lässt sich z.B. bei der Zuordnung einer Person als Merkmal eines Briefes unterscheiden, ob die Person Autor, Empfänger oder das Objekt, über das eine Aussage gemacht wird, ist. Für das Wissensmanagement in der PPS ist diese Typisierung z.B. für die Unterscheidung von Ist-, Soll- und Planmodell eines Prozesses oder Workflows sinnvoll. Da ein Dokument darüber hinaus für verschiedene Merkmalsausprägungen unterschiedliche Bedeutungen haben kann (z.B. kann in einem Fall eine Kundenzeichnung eines Artikels als solche im Rahmen des Auftrags und gleichzeitig als Konstruktionszeichnung für diesen Artikel klassifiziert werden, während eine andere Kundenzeichnung nur als Vorlageskizze für den zu fertigenden Artikel darstellt und somit die Konstruktionszeichnung noch zu erstellen ist), wird die Dokumentenverwaltung als trinäre Beziehung zwischen Merkmalsausprägung, *Dokumentenart* und Dokument abgebildet. Durch die Minimalkardinalität von eins auf Seiten der Dokumente wird sichergestellt, dass jedes Dokument über mindestens eine Merkmalsausprägung referenziert wird und somit auffindbar ist.

Da eine Merkmalsausprägung auch einer Merkmalsart entsprechen kann[13], kann die Dokumentenverwaltung auch abbilden, dass ein Dokument für alle Ausprägungen einer Merkmalsart relevant ist, ohne dieses Dokument explizit jeder Ausprägung einzeln zuzuweisen. So können z.B. Vorschriften für die Bewertung von

---

[13] Vgl. hierzu die Ausführungen zum Relationship-Typen „Ausprägung entspricht Merkmalsart" weiter oben in diesem Abschnitt.

Lieferanten der Merkmalsausprägung zugeordnet werden, die der Merkmalsart Lieferant entspricht.

3.6.5.3 Spezifische und anwendungssystemübergreifende Abbildung von Beziehungswissen

Die Referenzübergänge als Abbildung der anwendungsspezifischen Beziehungen zwischen Merkmalsausprägungen binden ein feines Netz aus verknüpften Informationen. Goesmann und Herrmann fassen dieses zwar schon als Wissen auf (vgl. Goesmann u. Herrmann 2000, S. 85); ihre Herkunft aus der Implementierung der Anwendungssysteme zeigt jedoch auch, dass sie in erster Linie für die Verarbeitungszwecke des Systems und nicht zur Informationsversorgung der Anwender entwickelt wurden. Folglich sind trotz der vernetzten Informationen noch Defizite in der Informationsversorgung dadurch zu erwarten, dass der Anwender die gesuchte Information nicht findet bzw. der Aufwand, diese zu suchen, ihm zu groß erscheint. So zeigt Abb. 3.6-6 eine beispielhafte Folge von Referenzübergängen, um ausgehend von einem Workitem in der persönlichen Aufgabenliste zum zugrundeliegenden Workflowmodell zu gelangen.

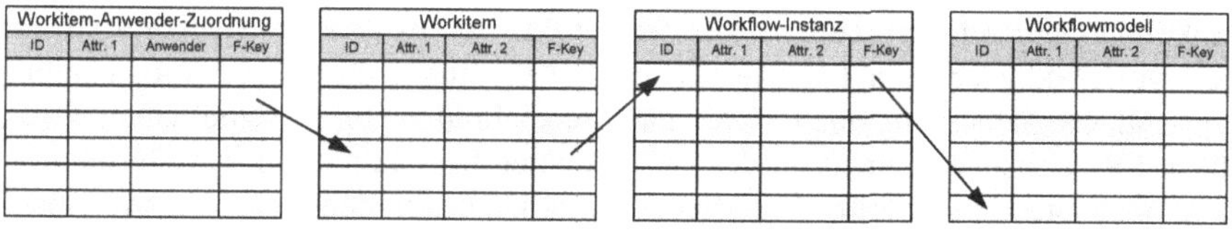

Abb. 3.6-6. Referenzübergänge vom Workitem zum Workflowmodell

Shortcuts, die häufig genutzte Sequenzen von Referenzübergängen zusammenfassen, können Anwender bei der kontextsensitiven Informationssuche unterstützen. Sie bestehen aus einer Menge von Referenzübergängen, die vom Wissensmanagementsystem in einer definierten Reihenfolge angewendet werden. Voraussetzung ist, dass die Ziel-Merkmalsart eines Referenzübergangs die gleiche ist wie die Start-Merkmalsart des direkt darauf folgenden Referenzübergangs.[14] Bei der kontextsensitiven Informationssuche selektiert das Wissensmanagementsystem die Shortcuts, bei denen die Merkmalsarten der aktuellen Kontextinformationen mit den Start-Merkmalsarten des ersten Referenzübergangs übereinstimmen. Die selektierten Shortcuts können dann – ausgehend von den bekannten Kontextinfor-

---

[14] Eine Ausnahme stellen Merkmalsausprägungen dar, die einer Merkmalsart entsprechen. Ergibt ein Referenzübergang eine Merkmalsausprägung, die einer Merkmalsart entspricht, kann diese berücksichtigt werden, sofern die Merkmalsart mit der Start-Merkmalsart des folgenden Referenzübergangs übereinstimmt. Da die zu einer Merkmalsausprägung gehörende Merkmalsart zum Zeitpunkt der Definition eines Shortcut nicht bestimmt werden kann, müssen bei der Definition Vorgaben gemacht werden, welche Merkmalsart in der Kette des Shortcuts betrachtet werden soll. Inwieweit die Reduktion von einer Menge von Merkmalsarten auf eine einzelne Merkmalsart im Vorhinein möglich ist, muss individuell entschieden werden.

mationen – entlang der Kette aus Referenzübergängen ausgewertet werden. Das Ergebnis der kaskadierenden Referenzübergänge wird dem Anwender als erweiterte Kontextinformation zur Verfügung gestellt.

3.6.5.4 Personalisierung

Das vorgestellte Metamodell bietet unterschiedliche Möglichkeiten, situationsgerechtes Wissensmanagement durch Personalisierung der Informationsversorgung zu unterstützen. So kann ein Anwender durch Auswählen von vorhandenen bzw. Definieren eigener Shortcuts die ihm angezeigten Informationen bedarfsgerecht einschränken und somit seiner Holschuld nachkommen. Die Umsetzung von Push-Mechanismen zur Informationsversorgung (Bringschuld) kann das Unternehmen z.B. durch Festlegen rollenindividueller Shortcuts nachkommen. Somit kann sichergestellt werden, dass den Anwendern bei der Ausübung einer Rolle, alle für ihn relevanten Informationen vorliegen.

3.6.5.5 Architekturvorschlag

Die Tatsache, dass auch nach Jahren, in denen ERP-Systeme um immer mehr Funktionen angereichert wurden, auf den Einsatz von externen Systemen vielfach nicht vollständig verzichtet werden kann, lässt vermuten, dass diese Aufgabenteilung und Spezialisierung auch in den nächsten Jahren weiter Bestand haben wird. Für das Wissensmanagement in der PPS bedeutet dies, dass es auch weiterhin heterogene Systemlandschaften integrieren muss. Da das in den einzelnen Systemen abgebildete Wissen folglich nicht vom Hersteller des Wissensmanagementsystems bereitgestellt werden kann, muss das System vor einem Einsatz an die unternehmensspezifischen Bedingungen angepasst werden.

Der in Abb. 3.6-7 dargestellte Architekturvorschlag zeigt Auszüge aus den benötigten Schnittstellen. Er unterstellt – ohne Einschränkung der Allgemeingültigkeit – ein eigenständiges Wissensmanagementsystem.

Bevor das Wissensmanagementsystem eingesetzt werden kann, müssen die grundlegenden Informationen über die integrierten Anwendungssysteme in die Metadatenstruktur eingefügt werden. So muss jedes System Informationen über die von ihm bereitgestellten Klassen (als Merkmalsarten wie z.B. „Kunde", „Workflowmodell", „Rolle" oder „Auftrag") an das Wissensmanagementsystem übergeben. Ebenso sind die Beziehungen, welche von den bereitstellenden Systemen zwischen den Merkmalsarten genutzt werden, als Referenzübergänge dem Wissensmanagementsystem bekannt zu machen. Merkmalsarten, die nicht aus integrierten Systemen stammen und Referenzübergänge, die Merkmalsarten über Systemgrenzen hinweg in Beziehung setzen, sind manuell zu pflegen.

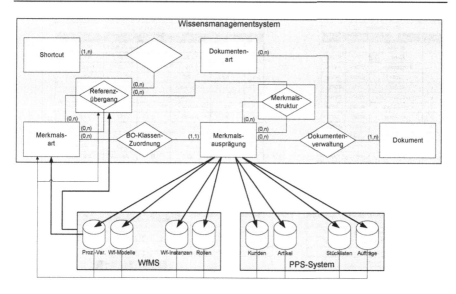

Abb. 3.6-7. Vorschlag für eine Wissensmanagementsystem-Architektur

Aufgrund der Informationen, mit denen das Wissensmanagementsystem auf Merkmalsausprägungen in den integrierten Systemen zugreifen kann, müssen weder die einzelnen Ausprägungen noch die abgeleiteten Referenzübergänge im Wissensmanagementsystem gespeichert werden. Dieses wird in der Abb. 3.6-7 durch die direkten Zugriffe auf die Datenbestände des PPS- und WfM-Systems dargestellt. Explizit müssen im Wissensmanagementsystem nur die Informationen gespeichert werden, die hierüber hinausgehen.

Um für die korrekte Abbildung von Prozessvariablen die Beziehung zu den referenzierten Merkmalsarten herstellen zu können, benötigt das WfMS Zugriff auf diese Informationen im Wissensmanagementsystem. Der Tatsache, dass Prozessvariablen in einer Workflowinstanz Merkmalsausprägungen unterschiedlicher Merkmalsarten repräsentieren können (eine Prozessvariable entspricht dem Kunden Meier während eine zweite Prozessvariable in der gleichen Workflowinstanz dem bestellten Artikel entspricht), ist dadurch Rechnung zu tragen, dass das WfMS bei der Workflowmodellierung sicherstellt, dass von der Merkmalsart Prozessvariable alle Referenzübergänge zu den jeweiligen Merkmalsarten (hier Kunde und Artikel) angelegt werden.

Das Relationenschema in Abb. 3.6-8 zeigt in Auszügen eine exemplarische Umsetzung des Metamodells. **Fett** geschriebene Einträge werden bei der Einrichtung des Wissensmanagementsystems vorgenommen, *kursiv* geschriebene Einträge lassen sich automatisch aus den integrierten Systemen bestimmen bzw. sind von den Herstellern der Systeme zu liefern.

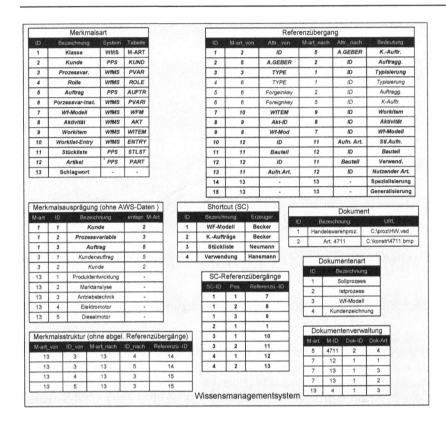

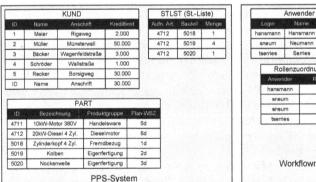

Abb. 3.6-8. Relationenschema eines Wissensmanagementsystems für wissensintensive Geschäftsprozesse in der PPS

3.6.6 Literatur

Augustin, H.: Wissensbasierte Produktionsplanung und -steuerung. In: VDI-Z Integrierte Produktion 139 (1997) 3, S. 52-54.

Becker, J., Knackstedt, R., Serries, T. (Führungsinformationssysteme - Informationsportale): Gestaltung von Führungsinformationssystemen mittels Informationsportalen: Ansätze zur Integration von Data-Warehouse und Content-Management-Systemen. In: Becker, J., Grob, H. L., Klein, St., Kuchen, H., Müller-Funk, U., Vossen, G.: Arbeitsbericht des Instituts für Wirtschaftsinformatik. O. J.. Nr. 80.

Becker, J., Neumann, S., Serries, T. (Workflowmanagement in der industriellen Produktion): Integration von Workflow- und Wissensmanagement zur Flexibilisierung industrieller Geschäftsprozesse. In: Industriemanagement 18 (2002) 3, S. 23-27.

Büchner, H., Zschau, O., Traub, D., Zahradka, R.: Web content management. Websites professionell betreiben. Bonn 2000.

Chen, P. P.: The Entity-Relationship model. Toward a unified view of data. In: ACM Transactions on Database Systems 1, 1976, 1, S. 9-36.

Davenport, T. H., Sirkka, L. J., Beers, M. C.: Improving Knowledge Work Processes. In: Sloan Management Review 37 (1996) 4, 1996, S. 53-65.

Diefenbruch, M., Hoffmann, M.: Informationen nach Maß. In: ExperPraxis o. J. (2002), S. 39-43.

Goesmann, T., Herrmann, T.: Wissensmanagement und Geschäftsprozessunterstützung. am Beispiel des Workflow Memory Information System WoMIS. In: Herrmann, T., Scheer, A. W., Weber, H. (Hrsg.): Verbesserung von Geschäftsprozessen mit flexiblen Workflow-Management-Systemen, Bd.4. Workflow-Management für die lernende Organisation.Einführung, Evaluierung und zukünftige Perspektiven. Heidelberg 2001. S. 83-101.

Goesmann, T., Hoffmann, M.: Unterstützung wissensintensiver Geschäftsprozesse durch Workflow-Management-Systeme. In: Reichwald, R., Schlichter, J. (Hrsg.): Verteiltes Arbeiten - Arbeit der Zukunft. Tagungsband D-CSCW 2000. 2000. S. 139-152.

Heilmann, H.: Wissensmanagement - ein neues Paradigma?. In: HMD Theorie und Praxis der Wirtschaftsinformatik 36 (1999) 208, S. 7-23.

Holten, R. (Führungsinformationssysteme - Data Warehousing): Entwicklung von Führungsinformationssystemen. Ein methodenorientierter Ansatz. Wiesbaden 1999.

Jahnke, B., Groffmann, H. D., Kruppa, S.: On-Line Analytical Processing (OLAP). In: Wirtschaftsinformatik 38 (1996) 3, S. 321-324.

Köcker, E., Goesmann, T., Striemer, R.: Wissensmanagement zur Unterstützung von Geschäftsprozessen. In: HMD Theorie und Praxis der Wirtschaftsinformatik 36 (1999) 208, S. 36-43.

Krcmar, H.: Informationsmanagement. Berlin u.a. 1997.

Maier, R., Lehner, F.: Perspectives on Knowledge Management Systems. Theoretical Framework and Design of an Empirical Study. In: Hansen, H. R., Bichler, M., Mahrer, H. (Hrsg.): Proceedings of the 8th European Conference on Information Systems (ECIS 2000). A Cyberspace Odyssey. S. 685-693.

Martiny, L., Klotz, M.: Strategisches Informationsmanagement. Bedeutung und organisatorische Umsetzung. München-Wien 1990.

Morris, C. W.: Grundlagen der Zeichentheorie. Ästhetik und Zeichentheorie. München 1972.

Nakano, R.: Web Content Management. A Collaborative Approach. Boston u.a. 2002.

Nonaka, I., Takeuchi, H.: Die Organisation des Wissens. Wie japanische Unternehmen eine brachliegende Ressource nutzbar machen. Frankfurt/Main, New York 1997.

O'Leary, D. E.: Enterprise Knowledge Management. In: IEEE Transactions on Computers 31 (1998) 3, S. 54-61.

Probst, G. J. B., Raub, S., Romhardt, K.: Wissen managen. Wie Unternehmen ihre wertvollste Ressource optimal nutzen. Wiesbaden 1998.

Rauh, O.: Überlegungen zur Behandlung ableitbarer Daten im Entity-Relationship-Modell (ERM). In: Wirtschaftsinformatik 34 (1992) 3, S. 294-306.

Rieger, B., Kleber, A., von Maur, E.: Metadata-Based Integration of Qualitative and Quantitative Information Resources Approaching Knowledge Management. In: Hansen, H. R., Bichler, M., Mahrer, H. (Hrsg.): Proceedings of the 8th European Conference on Information Systems (ECIS 2000). A Cyberspace Odyssey. 2000, S. 372-378.

Rothfuss, G., Reid, C.: Content Management mit XML. Berlin u.a. 2001.

Schütte, R.: Entwicklung einer Informationsstrategie. In: Becker, J., Grob, H. L., von Zwehl, W. (Hrsg.): Münsteraner Fallstudien zum Rechnungswesen und Controlling. München-Wien 1996. S. 129-157.

Shilakes, C. C., Tylman, J.: Enterprise Information Portals. New York 1998.

Warschat, J., Ribas, M., Ohlhausen, P.: Wissensbasierte Informationssysteme zur Unterstützung wissensintensiver Prozesse im Unternehmen. In: HMD Theorie und Praxis der Wirtschaftsinformatik 36 (1999) 208, S. 53-59.

4 Zusammenfassung und Ausblick

von Svend Lassen und Holger Luczak

4.1 Behandelte Themen und Erkenntnisse

Die folgende Darstellung unterstützt die Gewinnung eines Überblicks über die Forschungsergebnisse von PROWORK. Wesentliche Erkenntnisse werden aufgegriffen und im Zusammenhang des Projekts beschrieben. Des Weiteren werden nicht weiterverfolgte Forschungsrichtungen vermerkt.

4.1.1 Erstes Kapitel – Workflowmanagement in der Produktion

Ausgangssituation und Zielsetzung (1.1)

Die Motivation des Projekts PROWORK und des zugehörigen Buches ergibt sich aus der mangelnden aktiven Prozessunterstützung von PPS-Systemen. Der Betrachtungsbereich wird auf die technische Auftragsabwicklung gelegt, die als kundenorientierter Geschäftsprozess das gesamte Fertigungsunternehmen durchzieht. An dieser Stelle wird auf einige weitere Forschungsprojekte verwiesen, die sich mit angrenzenden Themen beschäftigt haben. Die Ziele von PROWORK sind im Gegensatz dazu die Verknüpfung von Funktionen der PPS über das Workflowmanagement. Um dieser Zielsetzung nach wissenschaftlichen, informationstechnischen und praxisorientierten Gesichtspunkten folgen zu können, wurde eine Konsortium aus Forschungsinstituten, Softwareunternehmen und Industriepartnern zusammengestellt. Die Ergebnisse des Projekts sind in diesem Buch abgebildet; Aufbau und Gestaltung orientieren sich am Projektvorgehen.

Grundlagen der Produktionsplanung und -steuerung (1.2)

Für die Betrachtung der Produktionsplanung und -steuerung wird das Aachener PPS-Modell zugrunde gelegt. Dieses Modell ist aus den Sichten Aufgaben, PPS-Funktionen, Prozessen und PPS-Daten aufgebaut. Die Aufgabenreferenzsicht wird anhand der zentralen PPS-Aufgaben Produktionsprogrammplanung, Eigenfertigungsplanung und -steuerung sowie Auftragskoordination beschrieben. Als ein Ausblick für neue Anwendungsszenarien wird anschließend kurz auf den Übergang von der lokalen PPS zur PPS in Produktionsnetzwerken eingegangen. Dieser Fokus wird in Zukunft durch das Erweiterte Aachener PPS-Modell repräsentiert und für die zweite Entwicklungsstufe benötigt. Dort geht es u.a. um die Workflow-Unterstützung einer verhandlungsbasierten Koordination von Fertigungsstandorten.

Grundlagen des Workflowmanagements (1.3)

Wurde bis dahin die Ausgangssituation in der Domäne der Produktionsplanung und -steuerung beschrieben, so folgt nun die Betrachtung des Workflowmanagements. Das Workflowmanagement motiviert sich aus dem Wandel von der Funktions- zur Prozessorientierung. Angrenzende Ansätze wie bspw. das Business Process Reengineering, Continuous Improvement und das Kontinuierliche Prozessmanagement werden benannt, können aber nicht weiterverfolgt werden. Es werden die grundlegenden Begriffe der prozessorientierten Organisationsgestaltung und deren Abbildung in Informationsmodellen vorgestellt. Daraus leitet sich anschließend die Beschreibung von Workflowmanagementsystemen, Grundbegriffen des Workflowmanagements und des Workflow-Lebenszyklus ab. Die Anforderungen des Workflow-Lebenszyklus, der grob aus der Modellierung von Workflows, der Ausführung und dem Monitoring besteht, bestimmen die Anwendungsarchitekturen von Workflowmanagementsystemen. Anforderungen und Umsetzungsalternativen werden in Kurzform dargestellt.

Koordinationsansätze für die Produktionsplanung und -steuerung (1.4)

Die Unterschiede zwischen den Anwendungssystemen für die PPS und das Workflowmanagement sind begründet in den Mechanismen zur Prozesskoordination. Um die Beschreibung und Bewertung der Koordinationsmechanismen zu ermöglichen, werden Interdependenzen als Ursache für Koordinationsbedarfe typisiert und die Grundlagen der Koordinationstheorie dargestellt. Anschließend wird die Umsetzung unterschiedlicher Koordinationsformen in Workflowmanagement- und PPS-Systeme erörtert. Den Abschluss bildet eine Anforderungsspezifikation für die Workflow-basierte Koordination in der PPS.

Workflowmanagement in der Produktion (1.5)

Ging es in dem vorherigen Unterkapitel um theoretische Ansätze und Anforderungen an Anwendungssysteme, so stehen nun die bereits realisierten Koordinationsmechanismen in gängigen PPS-Systemen und bei Produktionsunternehmen im Fokus der Analyse. Zum einen wird dazu eine Befragung von Software-Anbietern durchgeführt, die Defizite bei der Prozessunterstützung in den meisten PPS-Systemen aufzeigt. Zum anderen wird empirisch untersucht, welche Mängel derzeit in der Prozessunterstützung der technischen Auftragsabwicklung vorliegen und inwiefern Ansätze des Workflowmanagements bereits in den Unternehmen genutzt werden.

4.1.2 Zweites Kapitel – Einführung von Workflowmanagement

Vorgehensmodell zur Einführung von Workflowmanagement (2.1)

Zur Strukturierung der ersten Entwicklungsstufe in PROWORK und zur Beschreibung dieser im zweiten Kapitel dieses Buches wird ein Ordnungsrahmen in Form eines Vorgehensmodells aufgestellt. Darin wird das Vorgehen bei der Einführung von Workflowmanagement in Fertigungsunternehmen normativ beschrieben. Das Vorgehensmodell umfasst die Phasen Projekteinrichtung, Unternehmensanalyse, Konzeption des Workflow-Einsatzes, technische und organisatorische Implementierung sowie Betrieb und kontinuierliche Verbesserung. Diese Phasen liegen im Fokus der Beschreibung. Sie basieren dabei größtenteils auf neu entwickelten Methoden und Verfahren, die in den nachfolgenden Unterkapiteln vorgestellt werden.

Ermittlung Workflow-geeigneter PPS-Prozesse (2.2)

Die Analyse von Geschäftsprozessen und deren Bewertung hinsichtlich der Eignung für den Einsatz von Workflowmanagement sind methodisch zu Beginn eines Implementierungsprojekts angesiedelt. Es wird ein Ansatz beschrieben, wie die Prozesse strukturiert und klassifiziert werden können. Daraufhin folgt ein Konzept zur Bewertung der Prozesse aus Sicht ausgewählter Kriterien zur Beschreibung von Koordinationsanforderungen. Der Merkmalskatalog gliedert sich grob nach Gesichtspunkten zur Analyse der Ressourcen-, Aktivitäten- und Regulierenden Koordination. Mit Hilfe einer Nutzwertanalyse kann die Priorisierung der Prozesse nach dem Workflow-Potenzial erfolgen. Die Methode wird auf ausgewählte Referenzmodelle angewandt und anschließend auch vor dem Hintergrund der Prozesse bei den Industriepartnern validiert. In einer Konsolidierung der Erkenntnisse können einige Prozesse, wie bspw. die Artikelstammverwaltung, das Störungsmanagement und die Bestellüberwachung, grundlegend mit einem überdurchschnittlichen Workflow-Potenzial identifiziert werden.

Wirtschaftlichkeitsorientierte Workflow-Gestaltung (2.3)

Das an dieser Stelle beschriebene Verfahren zur Bewertung und Gestaltung von Workflows basiert auf einer reinen Kosten-Nutzen-Betrachtung. Es bildet somit den Gegenpol zum vorangegangenen Unterkapitel, in dem eine koordinationstheoretische Analyse vorgeschlagen wird. Für die Bestimmung des Nutzens von Workflowmanagement wird auf die Leistungsziele der Auftragsabwicklung zurückgegriffen. Die organisatorischen und informationstechnischen Empfehlungen zur Erschließung von Nutzeneffekten ergeben sich aus den verbesserten Möglichkeiten der Prozesskoordination. Bestandteile des in diesem Zusammenhang aufgestellten Vorgehenskonzepts zur wirtschaftlichkeitsorientierten Bewertung sind die Ermittlung der statischen und dynamischen Auswirkungen von Gestaltungsalternativen. Zur Validierung der Zusammenhänge wird ein Simulationsexperiment kurz beschrieben.

Modellierung von Prozessen und Workflows in der Produktion (2.4)

Als grundlegende Methode zur Abbildung von Geschäftsprozessen wird für das Projekt PROWORK auf die Ereignisgesteuerten Prozessketten zurückgegriffen. Die Elemente dieser Darstellungsmethode, wie Ereignisse, Funktionen und Verknüpfungsoperatoren, werden vorgestellt. Die Anwendung dieser Methode wird anhand von Beispielen und Abbildungen demonstriert. Des Weiteren werden Erweiterungen vorgenommen, die eine Anwendung in der Auftragsabwicklung optimieren sollen. Diese Erweiterungen umfassen neue Modellierungselemente und neu abzubildende Inhalte für Prozessmodelle. Um die Anwendung dieser Prozessmodelle im Workflowmanagement zu ermöglichen, müssen darüber hinaus Workflow-relevante Informationen ergänzt und nicht Workflow-relevante Inhalte eliminiert werden. Bei der Transformation von Prozess- zu Workflowmodellen sind bspw. Regeln für die Zuweisung von Rollen, mathematisch zugängliche Bedingungen für Verknüpfungen und benötigte Programmcodes in WfMS zu berücksichtigen. Den Abschluss des Unterkapitels bildet die Definition von Grundsätzen ordnungsgemäßer Prozessmodellierung (GOM), die zur Vermeidung von Modellierungsfehlern und -mängeln dienen sollen.

Gestaltung Workflow-integrierter Architekturen von PPS-Systemen (2.5)

Nachdem die fachkonzeptionelle Betrachtung des Workflowmanagements in der PPS in der ersten Entwicklungsstufe abgeschlossen ist, wird nun die informationstechnische Umsetzung beschrieben. Dabei geht es um die Schaffung einer Integrationsarchitektur zwischen PPS- und WfM-Systemen. Die Herangehensweise führt von der Gestaltung des Engineering-Prozesses über die Beschreibung der Integrationsebenen der Systeme zu einer DV-Konzeption für die Integrationskomponenten. Die Beschreibung der Konzeption gliedert sich nach den Client-Server-Ebenen Datenzugriffsschicht, Verarbeitungsschicht und Präsentationsschicht. Für die Gestaltung der Integrationsarchitektur werden darauffolgend Empfehlungen gegeben, die verschiedene Anwendungsbedingungen, wie IT-Strategie, Organisationsmerkmale, Systemvoraussetzungen usw., berücksichtigen.

Workflow-basiertes Monitoring und Controlling (2.6)

Mit dem Einsatz von Workflowmanagementsystemen zur Unterstützung der Geschäftsprozesse können neben den Koordinationsanforderungen auch weitere Anforderungen zum Überwachen und Steuern von Prozessen realisiert werden. In dem Unterkapitel wird ein Konzept entwickelt, mit dem die Anforderungen der Auftragsabwicklung an das Workflow-Monitoring und Controlling Berücksichtigung finden. Aus den Informationsbedarfen wird ein Datenmodell zur gemeinsamen Nutzung von ERP- und Workflow-Daten abgeleitet, aus dem anschließend Workflow-integrierte Kennzahlen gebildet werden können. Wichtige Kennzahlen zur Workflow-Analyse werden benannt und erläutert. Damit lassen sich Informationsdefizite heutiger ERP-Systeme ausgleichen.

Software zur Unterstützung von Workflow-Einführungsprojekten (2.7)

Zum Abschluss des zweiten Kapitels, in dem es um die Einführung von Workflowmanagement in PPS-Prozessen geht, werden Software-Werkzeuge vorgestellt, die einzelne der vorangehend genannten Methoden und Verfahren unterstützen. Das sind zum einen Geschäftsprozessmodellierungstools, mit denen Prozess- und Workflowmodelle erstellt werden können. Auch wenn einige Kriterien zur Bewertung und Auswahl eines geeigneten Modellierungstools genannt werden, kann eine ausgiebige Behandlung dieses Themas nicht erfolgen. Zum anderen wird die Entwicklung eines Software-Assistenten beschrieben, der eine Umsetzung des Vorgehensmodells von PROWORK und dessen Anwendung in Produktionsunternehmen ermöglicht.

4.1.3 Drittes Kapitel – Workflow-basierte PPS-Systeme

Anforderungen an Workflow-basierte PPS-Architekturen (3.1)

An dieser Stelle wird der Ordnungsrahmen für die zweite Entwicklungsstufe von PROWORK und somit für das dritte Kapitel des Buches aufgestellt. In der ersten Entwicklungsstufe wird der Einsatz der konventionellen in WfMS vorhandenen Mechanismen der Aktivitäten- und Akteurskoordination in PPS-Systemen betrachtet. Neuartige, Workflow-basierte Konzepte und Architekturen finden dabei keine Berücksichtigung. Im Folgenden werden neben der aktivitätsbasierten insbesondere auch eine objektbasierte und eine verhandlungsbasierte Workflowsteuerung untersucht. Damit einhergehend können bestimmte Anwendungsfelder besser erschlossen werden, die über die proaktiven Prozesse hinaus die Gestaltung der PPS-Planungsstruktur und auch reaktive Prozesse, bspw. das Störungsmanagement, beinhalten. Der objektbasierte Workflowmanagement-Ansatz wird hier kurz erläutert und bewertet. Eine Beschreibung der verhandlungsbasierten Workflowsteuerung erfolgt in einem späteren Kapitel, da zur Schaffung der Grundlagen umfangreiche Vorarbeiten nötig sind. Zur Umsetzung des neuartigen, fachkonzeptionellen Ordnungsrahmens werden neue Integrationskomponenten benötigt. Eine Übersicht und das Entwicklungskonzept zu diesen Komponenten findet sich am Ende dieses Unterkapitels.

Workflow-Funktionalitäten eines ERP-Systems (3.2)

Alle konzeptionellen Arbeiten zur Integration von Workflowmanagement- und PPS-Systemen sind mit dem vorangegangenen Unterkapitel abgeschlossen. Aus diesem Grund wird nun die Umsetzung der Konzepte im Software-System der PSIPENTA in gebündelter Form vorgestellt. Das PSIPENTA.COM ist eine objektorientiertes ERP-System, für das im Rahmen von PROWORK eine Workflow-Engine realisiert wurde. Der Anwender des PSIPENTA.COM hat nunmehr die Möglichkeit, neben dem Zugriff auf die Geschäftsobjekte (Business Objects) und zugehörigen Funktionen auch mit Hilfe von zwei Workflow-Mechanismen zu arbeiten. Das sind zum einen der objektbasierte und zum anderen der vorgangsbezogene oder auch aktivitätsbasierte Workflow. Das Unterkapitel beschreibt, wie aus Sicht des Anwenders die Nutzung des Workflowsystems und auch die Modellierung von Workflows vonstatten gehen. Zusätzlich werden die Workflow-Mechanismen, wie z.b. Prozessverzweigungen, Prozessschleifen, Regeln, Subprozesse u.a., beschrieben, die zur Abbildung von Workflows zur Verfügung stehen.

Beschreibung und Bewertung von Planungsszenarien (3.3)

Die Bewertung von Planungen und Planungsstrukturen bildet die Grundlage zur Realisierung von ereignisabhängigen Umplanungs-Workflows in der Laufzeit des Systems. Das entsprechende Planungsgerüst wird aus dem Aachener PPS-Modell und den Einflussgrößen auf Planungen, wie Entscheidungen, Informationen, Zielsystem, Kapazitäten, zeitliche Detaillierung und Auftragsbezug hergeleitet. Daraus ergibt sich schlussfolgernd die Beschreibung und Klassifikation von Planungen. Besonderes Augenmerk findet die Untersuchung der Abhängigkeiten von Informations- und Materialflüssen, aus der sich für das Workflowmanagement die Zuordnung von Informationen und Aktivitäten zu Bearbeitern nach ungeplanten Ereignissen im Materialfluss ergibt.

Verhandlungsbasiertes Workflowmanagement (3.4)

Die Betrachtung von Verhandlungen in der PPS wird mit dem Auftreten von dezentralen Organisationsstrukturen zunehmend wichtiger. Verhandlungsprozesse stellen besondere Anforderungen an das Workflowmanagement. So sind bspw. die Aktivitäten- bzw. Entscheidungsfolge, die organisatorisch eingebundenen Verhandlungspartner und auch das Ergebnis einer Verhandlung vorher nicht bestimmbar. Zur Herleitung der betriebswirtschaftlichen Anforderungen an Verhandlungen wird auf die Agentenmodellierung zurückgegriffen, die Koordinationsprozesse zwischen dezentralen, autonomen Einheiten modellimmanent zugrundelegt. Mit dieser Methode werden ein Strukturentwurf aus Planungs- und Koordinationsagenten und ein Prozessentwurf für Verhandlungen entwickelt. Anschließend wird als ein mögliches Anwendungsszenario die standortübergreifende Abstimmung zwischen Primär- und Sekundärbedarfen und Bedarfsdeckern detailliert dargestellt.

Ereignisbehandlung in der Produktionsplanung und -steuerung (3.5)

Das Unterkapitel beschreibt die Entwicklung und Nutzung einer neuartigen Integrationskomponente, die Ereignisse im PPS-System erkennt und regelbasiert Workflows im WfMS zuordnet. Die systematische Beschreibung von Ereignissen mit Hilfe der ECA-Regel (*event, condition, action*) bildet die Grundlage für die Verarbeitung von Ereignissen. Darauf aufbauend, werden ein Fach- und ein DV-Konzept für die Ereignisbehandlung entwickelt. Den Abschluss bildet die Beschreibung eines Anwendungsbeispiels in der technischen Auftragsabwicklung, bei dem ungeplante Ereignisse geeignet zur Anzeige gebracht und über reaktive Geschäftsprozesse kompensiert werden.

Geschäftsprozessorientiertes Wissensmanagement (3.6)

Wissensmanagement ist in Unternehmen oft eng verknüpft mit der Ablauflogik von Geschäftsprozessen. Das Unterkapitel erläutert kurz die Grundlagen und Begriffe des Wissensmanagements und zeigt, welche Anforderungen aus Sicht wissensintensiver Geschäftsprozesse bestehen. Es wird der derzeitige Stand von Wissensmanagement in PPS-, WfM- und integrierten Systemen aufgezeigt. Darüber hinaus wird ein Konzept für ein geschäftsprozessorientiertes Wissensmanagement in PPS-Systemen vorgestellt, dass die neu entwickelten Ansätze zur Unterstützung der Prozessausführung berücksichtigt.

4.2 Weiterentwicklungsrichtungen

In den folgenden Abschnitten werden in loser Folge Szenarien zu Weiterentwicklung des Themas Workflowmanagement in der Produktionsplanung und -steuerung skizziert. Diese Darstellung ist nicht vollständig und nur als Anregung und subjektiver Ausblick zu verstehen.

4.2.1 Workflowmanagement und Teamarbeit

Die Konzepte zum Workflowmanagement und zur Teamarbeit haben den gleichen Ursprung. Beide setzen bei den Mängeln der Funktionsorientierung an. Die reine Funktionsorientierung führt mit der hohen Anzahl von organisatorischen Schnittstellen u.a. zu langen Durchlaufzeiten, schlechter Kundenorientierung und geringer Prozesstransparenz.

Beim Workflowmanagement erfolgt die Koordination von Aufgaben und Entscheidungen über ein Informationssystem, so dass eine „technische" Prozessorientierung geschaffen wird. Die Teamarbeit umgeht die Mängel durch die Bildung von Teams aus unterschiedlichen Kompetenzbereichen, die für komplette Prozesse verantwortlich sind. In der Auftragsabwicklung sind Auftragsteams ein möglicher Ansatz, die Prozessorientierung zu erhöhen. Die Ausführung von Teamarbeit ist zunächst auch ohne Informationstechnik möglich, da sie auf einer interaktiven Koordination beruhen. Systeme, die allerdings Teamarbeit effizienter gestalten, existieren unter dem Begriff Workgroup-Computing. Das Workgroup-Computing und das Workflowmanagement werden wiederum unter dem Begriff Computer-Supported-Cooperative-Work (CSCW) zusammengefasst.

Während Workflowmanagementsysteme in (teil)strukturierten Prozessen ihre Anwendung finden, sind Workgroup-Lösungen bei unstrukturierten Prozessen im Einsatz. In der technischen Auftragsabwicklung treten alle Strukturierungsgrade von Prozessen auf. Die Konstruktion ist bspw. eher unstrukturiert und teamorientiert. Ebenso ist die Auftragsplanung und -steuerung bei komplexen Produkten oder großen Kundenaufträgen gering formalisierbar. In diesen Szenarien werden oft Projekt-Management-Systeme als weitere Software-Unterstützung der Koordination eingesetzt. Damit lassen sich Aufgaben und Aufgabenträger besser über dem Zeit- und Kostenraster steuern. Andere Prozesse, bspw. in der Beschaffung oder in der Stammdatenanlage, besitzen einen großen Strukturierungsgrad. Dort liegen die Vorteile von Workflowmanagement.

Zusammenfassend lässt sich festhalten, dass nur die geeignete Verbindung von Workflow, Workgroup und Projekt Management mit PPS-Systemen die Koordinationsanforderungen der Auftragsabwicklung ausreichend abdeckt. Das Zusammenspiel dieser Konzepte erscheint als ein aussichtsreicher Untersuchungsgegenstand.

4.2.2 Prozessübergreifendes Workflowmanagement

Unter dem Begriff prozessübergreifendes Workflowmanagement wird die Verknüpfung von verschiedenen Geschäftsprozessen über Ereignisse verstanden. Das Thema wurde in der zweiten Entwicklungsstufe bereits aufgegriffen. Es ist allerdings noch nicht ausgeschöpft und ausreichend behandelt.

Die Strukturierung und Verwaltung von Geschäftsprozessen, die wiederum aus Teil- und Parallelprozessen bestehen, wird erschwert, wenn zusätzlich Verknüpfung mit externen Prozessen möglich sind. Es wird eine erweiterte Koordinationstheorie benötigt, bei der nicht mehr nur die Interdependenzen von Aufgaben und Entscheidungen untersucht werden, sondern die Interdependenzen zwischen Geschäftsprozessen und Geschäftslogiken im allgemeinen. Von der Koordination auf der Mikroebene Prozess muss nun zur Koordination eines „Prozessnetzwerks" auf Makroebene übergegangen werden. Die Lösung des Problems wird zukünftig durch ein „Management des Workflowmanagements" bzw. „Meta-Workflowmanagement" geliefert werden.

4.2.3 Unternehmensübergreifendes Workflowmanagement

Während zuvor die ablauforganisatorische Erweiterung des Workflowmanagements beschrieben wurde, so ist parallel eine aufbauorganisatorische Entwicklungsmöglichkeit gegeben. Während der Fokus der Funktionsorientierung auf dem einzelnen Arbeitsplatz lag, werden beim prozessorientierten Workflowmanagement bereits abteilungsübergreifende Aufgaben, bei PROWORK der Prozess der technischen Auftragsabwicklung, eines Unternehmen betrachtet.

Durch die Bildung von logistischen Unternehmenskooperationen, Unternehmensnetzwerken und virtuellen Unternehmen rücken nun auch die unternehmensübergreifenden Prozesse näher in den Fokus der Betrachtung. Dies ist insbesondere für den Prozess der Auftragsabwicklung von Bedeutung, der sich strenggenommen vom Vorlieferanten, Lieferanten über das eigene Unternehmen bis hin zum Kunden und Endkunden erstreckt. Workflowmanagement muss dementsprechend unternehmensübergreifend erweitert werden und sich in neue Systemkonzepte wie Supply Chain Management, Marktplätze und Shop-Lösungen integrieren lassen.

4.2.4 Systemübergreifendes Workflowmanagement

Obwohl nicht völlig losgelöst vom vorherigen Punkt, so ist doch das systemübergreifende Workflowmanagement als Weiterentwicklungskonzept wegen seiner informationstechnischen Dimension erwähnenswert.

Bei PROWORK wurde die Integration eines Workflowmanagementsystems in ein ERP-System zur Unterstützung der Auftragsabwicklung betrachtet. Obwohl die Möglichkeit, das Workflowmanagementsystem auch mit weiteren „Fremdanwendungen" zu integrieren, erwähnt wurde, so war es nicht Ziel des Projekts, ein systemübergreifendes Workflowmanagement zu realisieren.

Workflowmanagement könnte als Integrationslösung dazu beitragen, Prozessabläufe in heterogenen Systemlandschaften zu unterstützen. Damit stünde es auf einer Ebene mit den neuartigen Ansätze Enterprise Application Integration (EAI) und Unternehmensportale. Während EAI-Lösungen eine intelligente Bündelung von Konnektoren, Schnittstellen und Middleware darstellen, wurden Portale mit dem Ziel entwickelt, Inhalte aus verschiedenen Systemen auf einer webbasierten Systemoberfläche zu präsentieren.

Bereits jetzt sind EAI-Systeme und Portale miteinander verschmolzen. Zum einen werden durch sogenannte Unternehmensportale (Bsp. IBM WebSphere Portal, mySAP Enterprise Portal, Movex Corporate Portal, BEA WebLogic Enterprise Platform) unterschiedliche Systeme angebunden. Zum anderen sind die Darstellung und Bedienung der Systeme unter einer gemeinsamen Oberfläche realisiert. Die aktive Prozessunterstützung durch Workflowmanagement ist in diesem Zusammenhang noch nicht möglich. Diese Anforderung an die Unternehmensportale wird aber zukünftig Bedeutung gewinnen und eine Weiterentwicklung von Workflowmanagementsystemen notwendig machen.

5 Anhang

5.1 Sachverzeichnis

5.2 Autoren

Prof. Dr. Jörg Becker (Jahrgang 1959), Diplom-Kaufmann, studierte Betriebswirtschaftslehre an der Universität des Saarlandes (1977-82) sowie Betriebs- und Volkswirtschaftslehre an der University of Michigan, Ann Arbor, USA (1980-81). Er war wissenschaftlicher Mitarbeiter am Institut für Wirtschaftsinformatik (IWi) der Universität des Saarlandes (1982-90), Berater der IDS Gesellschaft für Integrierte Datenverarbeitungssysteme GmbH (1987) und ist seit 1990 Universitätsprofessor sowie Direktor des Instituts für Wirtschaftsinformatik, Inhaber des Lehrstuhls für Wirtschaftsinformatik und Informationsmanagement. Seine Arbeitsgebiete sind Informationsmanagement, Informationsmodellierung, Datenmanagement, Logistik und Handelsinformationssysteme.

Jörg Bergerfurth (Jahrgang 1971), Diplom-Ingenieur (FH), Diplom-Kaufmann, studierte Maschinenbau an der Fachhochschule Steinfurt (1992-96) sowie Betriebswirtschaftslehre an der Westfälischen Wilhelms-Universität Münster (1996-99). Seit 1999 ist er wissenschaftlicher Mitarbeiter am Lehrstuhl für Wirtschaftsinformatik und Informationsmanagement des Instituts für Wirtschaftsinformatik der Universität Münster. Seine Forschungsschwerpunkte liegen in den Bereichen rechnerintegrierte Produktion, Workflowmanagement und ERP-Systeme.

Lukas Birn (Jahrgang 1973), Diplom-Ingenieur, studierte von 1992 bis 1998 an der Universität Stuttgart und der TU Hamburg-Harburg Maschinenbau mit dem Schwerpunkt Fertigungstechnik. Seit 1998 arbeitet er als Produktmanager in der Forschungsabteilung der PSIPENTA Software Systems GmbH in Berlin. Zu seinen Themenschwerpunkten zählen die Bereiche Geschäftsprozessmodellierung, Workflow, Softwareergonomie und Basistechnologien.

Dr. Matthias Friedrich (Jahrgang 1971), Diplom-Ingenieur, studierte von 1991 – 1997 Maschinenbau an der Rheinisch-Westfälisch Technischen Hochschule Aachen. Von 1997 – 2002 arbeitete er als wissenschaftlicher Mitarbeiter, Projektleiter und stellvertretender Bereichsleiter im Bereich Produktionsmanagement des Forschungsinstituts für Rationalisierung in Aachen. Seine Forschungsschwerpunkte lagen in den Bereichen technische Auftragsabwicklung, Produktionsplanung und -steuerung sowie ERP- und Workflowmanagementsystem-Einsatz in der industriellen Produktion. 2002 promovierte er zum Doktor der Ingenieurwissenschaften an der RWTH Aachen. Zur Zeit ist er als Business Area Controller der Magazine Paper Division des StoraEnso-Konzerns beschäftigt.

David Frink (Jahrgang 1972), Diplom-Kaufmann, studierte von 1994 – 1998 Betriebswirtschaftslehre an der Rheinisch-Westfälischen Technischen Hochschule Aachen, nachdem er eine Ausbildung zum Bankkaufmann bei der Deutsche Bank AG absolviert hatte. Seit 1998 ist er als wissenschaftlicher Mitarbeiter, Forschungsgruppen-Koordinator, Projektleiter und stellvertretender Bereichsleiter im Bereich Produktionsmanagement des Forschungsinstituts für Rationalisierung in Aachen. Seine Forschungsschwerpunkte liegen in den Bereichen Unternehmensstrategie, Managementsysteme, technische Auftragsabwicklung sowie Produktionsplanung und -steuerung in der industriellen Produktion.

Holger Hansmann (Jahrgang 1972), Diplom-Wirtschaftsinformatiker, absolvierte von 1992-1998 ein Studium der Wirtschaftsinformatik an der Technischen Universität Braunschweig und der Westfälischen Wilhelms-Universität Münster. Seit 1998 ist er wissenschaftlicher Mitarbeiter am Lehrstuhl für Wirtschaftsinformatik und Informationsmanagement des Instituts für Wirtschaftsinformatik der Universität Münster. Seine Forschungsschwerpunkte liegen in den Bereichen Prozessmanagement, Prozess- und Workflowmodellierung, ERP-Systeme und Workflowmanagement in der industriellen Produktion.

Svend Lassen (Jahrgang 1976), Diplom-Wirtschaftsingenieur, studierte in den Jahren 1996 bis 2001 an der
Technischen Universität Dresden mit den Schwerpunkten Controlling, Wirtschaftsinformatik und Elektro-
technik, insb. Informations- und Automatisierungs-
technik. Von 1998 bis 1999 absolvierte er zwischenzeitlich ein einjähriges Auslandsstudium an der European Business Management School der University of
Wales in Swansea, Uk. Nach dem Abschluss des Stu-
diums in Dresden begann er 2001 die Arbeit als wissenschaftlicher Mitarbeiter am Forschungsinstitut für
Rationalisierung (FIR). Seine Themenschwerpunkte
liegen in den Bereichen industrielles IT-Management,
ERP-Systeme und Produktionsplanung und -steuerung
in Netzwerken.

Thorsten Lücke (Jahrgang 1974), Diplom-Ingenieur,
studierte von Oktober 1994 bis Dezember 1999 an der
RWTH Aachen Maschinenbau mit der Vertiefungsrichtung Fertigungstechnik. Seit Januar 2000 ist er wissenschaftlicher Mitarbeiter am Forschungsinstitut für
Rationalisierung (FIR) im Bereich Produktionsmanagement. Dort beschäftigte er sich intensiv mit den
Themengebieten Auftragsmanagement sowie Produktionsplanung und -steuerung in Einzelunternehmen und
Unternehmensverbünden. Im Juli 2002 hat er die Leitung des Bereichs Produktionsmanagement am FIR
übernommen.

Prof. Dr. Holger Luczak (Jahrgang 1943), Diplom-
Wirtschaftsingenieur, absolvierte das Studium für
Wirtschaftsingenieurwesen und Maschinenbau an der
TH Darmstadt. Nach mehrjähriger Tätigkeit als wissenschaftlicher Mitarbeiter promovierte er 1974 am Institut für Arbeitswissenschaft der TH Darmstadt zum
Dr.-Ing., wo er sich 1977 auch habilitierte. Von 1977
bis 1983 war er o. Professor für Produktionstechnik an
der Universität Bremen; dort gründete er den Fachbe-
reich Produktionstechnik sowie das Institut für Be-
triebstechnik und angewandte Arbeitswissenschaft. Er
stand von 1983 bis 1992 als geschäftsführender Direktor dem Institut für Arbeitswissenschaft der TU Berlin
vor. Seit 1992 ist er Lehrstuhlinhaber und Direktor des
Instituts für Arbeitswissenschaft der RWTH Aachen
sowie geschäftsführender Direktor des Forschungsinstituts für Rationalisierung an der RWTH Aachen.

Dr. Stefan Neumann (Jahrgang 1972), Diplom-Wirtschaftsinformatiker, studierte an der Universität Münster Wirtschaftsinformatik mit den Schwerpunkten Praktische Informatik und Betriebswirtschaftslehre. Seit 1998 arbeitet er als wissenschaftlicher Mitarbeiter am Institut für Wirtschaftsinformatik in Münster (Lehrstuhl Prof. Dr. Becker). Seine Forschungsschwerpunkte liegen in den Bereichen Prozessmodellierung und Workflowmanagement, Produktionsplanung und -steuerung (PPS) und Servicemanagement-Systeme.

Dr. Clemens Philippson (Jahrgang 1970), Diplom-Ingenieur, absolvierte von 1990 bis 1995 ein Studium des Maschinenbaus mit der Vertiefungsrichtung Fertigungstechnik an der Rheinisch-Westfälischen Technischen Hochschule (RWTH) in Aachen. Von 1995 bis 2002 war er wissenschaftlicher Mitarbeiter am Forschungsinstitut für Rationalisierung (FIR) an der RWTH Aachen und ab 1999 Leiter des Bereichs Produktionsmanagement. Seine Arbeits- und Forschungsschwerpunkte waren die Bereiche Produktions- und Supply Chain Management sowie ERP- und SCM-Systeme zur Unterstützung der industriellen Produktion. Seit seiner Promotion 2002 ist er Leiter der Produktionsplanung bei BSH Bosch und Siemens Hausgeräte in Giengen.

Philipp Schiegg (Jahrgang 1973), Diplom-Wirtschaftsingenieur, studierte Wirtschaftsingenieurwesen (Fachrichtung Unternehmensplanung) an der Universität Karlsruhe (TH) (1994-2000) und an der University of Massachusetts, Amherst, MA, USA (1998-1999). Seit 2000 ist er wissenschaftlicher Mitarbeiter am Forschungsinstitut für Rationalisierung (FIR) an der RWTH Aachen. Seine Arbeitsgebiete liegen in der Entwicklung von Organisationskonzepten für die Produktionsplanung und -steuerung (PPS) und das Supply Chain Management (SCM).

Thomas Serries   (Jahrgang   1974),   Diplom-Wirtschaftsinformatiker, studierte von 1994 bis 1999 Wirtschaftsinformatik mit den Schwerpunkten Praktische Informatik und Betriebswirtschaftslehre an der Universität Münster. Seit 1999 ist er als wissenschaftlicher Mitarbeiter am Institut für Wirtschaftsinformatik in Münster (Lehrstuhl Prof. Dr. Becker). Seine Forschungsschwerpunkte   liegen   in   den   Bereichen Workflowmanagement,   Produktionsplanung   und -steuerung (PPS) sowie Wissensmanagementsysteme.

Klaus Wienecke (Jahrgang 1969), Diplom-Physiker Diplom-Wirtschaftsphysiker, studierte Physik (Fachrichtung Halbleiterphysik) an der RWTH Aachen (1989 - 1995). Von 1995 bis 1998 absolvierte er das wirtschaftswissenschaftliche Zusatzstudium (Vertiefungsrichtung Bilanzierung und Auswahl betrieblicher Software). Seit 1998 ist er wissenschaftlicher Mitarbeiter am Forschungsinstitut für Rationalisierung (FIR) an der RWTH Aachen. Seine Arbeitsschwerpunkte liegen in den Bereichen IT-Management, Analyse des ERP/PPS-Marktes und der Entwicklung von Organisations- und Koordinationskonzepten für die Produktionsplanung und -steuerung sowie im Rahmen von Supply Chain Management.

Die Autoren sind in alphabetischer Reihenfolge aufgeführt.